高等学校"十二五"规划教材
市政与环境工程系列丛书

环境实验化学

主　编　尤　宏　沈吉敏　孙丽欣
主　审　黄君礼

哈爾濱工業大學出版社

内容简介

环境实验化学具有很强的专业综合分析的特点，其分析方法对各相关专业的专业实验和科学研究具有普遍的意义。本书以环境化学实验、环境分析化学实验、水分析化学实验、化学仪器分析实验和环境监测实验的相应理论与分析方法为主线，进行高度综合，建立环境化学实验课程的新体系，形成系统、完整、独立的新课程。本书分为环境实验化学基础知识与操作技能、物质的定量分析、分子光谱仪器分析、电化学仪器分析、色谱仪器分析、原子光谱仪器分析、流动注射分析、环境物质的物理化学性质、综合实验与环境监测，共9章五十二个实验。

本书可作为高等学校的环境科学、环境工程专业的配套教材使用，也可供从事化学及化工专业实验工作或从事科研院所工作人员作参考手册。

图书在版编目(CIP)数据

环境实验化学/尤宏，沈吉敏，孙丽欣主编. —哈尔滨：哈尔滨工业大学出版社，2013.12

ISBN 978-7-5603-4404-1

Ⅰ.①环… Ⅱ.①尤…②沈…③孙… Ⅲ.①环境化学-化学实验-高等学校-教材 Ⅳ.①X13-33

中国版本图书馆CIP数据核字(2013)第274097号

策划编辑 贾学斌
责任编辑 张 瑞 李广鑫
封面设计 卞秉利
出版发行 哈尔滨工业大学出版社
社 址 哈尔滨市南岗区复华四道街10号 邮编150006
传 真 0451-86414749
网 址 http://hitpress.hit.edu.cn
印 刷 黑龙江省委党校印刷厂
开 本 787mm×1092mm 1/16 印张21.25 字数520千字
版 次 2013年12月第1版 2013年12月第1次印刷
书 号 ISBN 978-7-5603-4404-1
定 价 45.00元

前　言

化学学习是环境科学、环境工程、市政工程以及相关学科重要的基础。为适应21世纪着重培养学生创新精神和进行整体化知识教育的现代教育思想，我们将原来附属于有关课程的环境化学实验、环境分析化学实验、水分析化学实验和环境监测实验，从相应理论课中分离出来，进行高度综合，建立环境化学实验课程的新体系，形成系统、完整、独立的新课程——环境实验化学。

本书是以有关化学实验理论为基础、以化学实验在相关专业的应用为重点，既注重基本操作技能训练，又突出综合应用能力和素质培养。

本书首先是一本教材，在内容与结构安排上，既有本门课程自身的系统性、科学性和独立性，又兼顾与现有其他课程的衔接，相互配合、相互补充。因此既可以作为一门课程单独开课，也可以作为有关理论课程的配套教材使用。

本书是一本实用的参考手册，很多实验内容取自于相关的国家标准，同时对相关的基本操作规范与仪器使用方法作了详细说明，适合于从事环境科学、环境工程、市政工程以及相关领域工作和科研的人员使用。

全书共分9章，主要内容包括绪论、环境实验化学基础知识与操作技能、物质的定量分析、分子光谱仪器分析、电化学仪器分析、色谱仪器分析、原子光谱仪器分析、流动注射分析、环境物质的物理化学性质、综合实验与环境监测。

本书由哈尔滨工业大学市政环境工程学院的尤宏、孙丽欣、沈吉敏、余敏、齐虹、欧阳红、张金娜编写，各章分工如下：绪论、第1章、第2章由尤宏、孙丽欣、欧阳红、张金娜编写；第3章、第4章由孙丽欣、欧阳红、余敏、张金娜编写；第5章、第6章、第7章由齐虹、余敏、沈吉敏编写；第8章、第9章、附录由孙丽欣、欧阳红编写，全书由尤宏、沈吉敏、孙丽欣任主编并统稿，由黄君礼主审。

因编写人员水平有限，书中的疏漏、不妥之处在所难免，敬请读者批评指正。

编　者

2013年10月

目　录

绪　论

环境是指围绕着人类所构成的空间中可以影响人类生存与发展的各种自然因素与社会因素的总体,一般包括自然环境与社会环境两方面。本书所讨论的环境,主要指的是自然环境。为了寻求自然环境质量变化的原因,人们着手调查研究污染物质的性质、来源、含量、分布状态及其迁移转化规律,并以基本化学物质为单位进行定性、定量分析与表征,这就是环境实验化学所涉及的内容。

0.1　环境实验化学的目的和任务

环境实验化学涵盖环境分析、环境监测以及环境化学的相关内容,以有关化学实验理论为基础、以化学实验在相关专业的应用为重点,其目的是培养学生各种实际能力(包括有关知识、操作技能和使用现代化仪器设备的能力、观察能力、科学研究与创新能力、独立处理突发事件的能力等)。它不是理论教学的简单验证过程,是与理论教学相辅相成、互为补充的自成体系的课程。

环境实验化学的主要任务是对单个污染物的分析研究。在环境污染物分析领域,除经典的化学物质定量分析方法之外,各种仪器分析方法不断涌现,如分子光谱仪器分析、电化学仪器分析、色谱仪器分析、原子光谱仪器分析,还有流动注射分析、色谱-质谱联用等一些新的分析测试手段和技术,另外还有环境物质的物理化学性质分析、综合实验与环境监测等。

0.2　环境实验化学的学习方法

环境实验化学是一门实验科学。学习环境实验化学,首先要准确、牢固地掌握环境化学与环境分析的基本概念、基本知识和基本技能,学会带着问题学习。透过实验现象,认识所学知识的本质。培养良好的思维方法和正确的实验习惯。

环境实验化学的学习方法,主要侧重于下列3个环节:预习、实验、实验报告。

0.2.1　预习

预习是实验前必须完成的准备工作,是做好实验的前提。但是,学生往往对预习环节不够重视,甚至不预习就进实验室。对实验的目的、要求和内容全然不知,严重地影响了实验效果。为了确保实验质量,实验前任课教师要检查每个学生的预习情况。对没有预习或预习不合格者,任课教师有权不让其参加本次实验,学生应严格服从教师的安排指导。

实验预习一般应达到下列要求:

(1)阅读实验教材,明确实验的目的和实验内容。

(2)掌握本次实验主要内容,阅读实验中有关的实验操作技术及注意事项。

(3)按教材规定设计实验方案,并回答“思考题”。

(4)写出实验预习报告,预习报告是进行实验的依据,因此预习报告应包括简要的实验步骤与操作、实验所需药品及仪器、实验现象、测量数据以及定量实验的计算公式等。

0.2.2 实验

实验是培养学生独立工作和思维能力的重要环节,必须认真、独立地完成实验。

(1)按照实验内容,认真操作,细心观察,一丝不苟,如实地将实验现象和数据记录在实验报告中。

(2)对于设计性实验,审题要确切,方案要合理,现象要清晰。实验中发现设计方案存在问题时,应找出原因,及时修改方案,直至达到满意的结果。

(3)在实验中遇到疑难问题或者“反常现象”时,应认真分析操作过程,思考其原因。为正确说明问题,可在教师指导下,重做或补充进行某些实验。自觉养成动脑筋分析问题的习惯。

(4)遵守实验工作规则。实验过程中应始终保持台面布局合理、环境整洁卫生。

0.2.3 实验报告

实验报告是每次实验的总结,反映学生的实验水平和总结归纳能力,必须严肃认真完成。一份合格的实验报告应包括以下5部分内容:

(1)实验目的。定量测定实验还应简介实验有关基本原理和主要反应方程式。

(2)实验内容。尽量采用表格、框图、符号等形式,清晰、明了地表示实验内容。切忌照抄书本。

(3)实验现象和数据记录。实验现象要正确,数据记录要完整,绝不允许主观臆造,抄袭别人的实验结果。

(4)解释、结论或数据计算。对现象加以简明的解释,写出主要反应方程式,分标题小结或者最后得出结论。数据计算要准确。

(5)完成实验教材中规定的作业。针对实验中遇到的疑难问题提出自己的见解或收获。定量实验应分析实验误差出现的原因。对实验教学、实验方法和实验内容等提出意见和建议。

0.3 学生实验守则

(1)实验前要认真预习,写出预习报告。明确实验目的要求,了解实验的基本原理、方法和步骤。

(2)到实验室后首先熟悉实验室环境、布置和各种设施的位置,清点实验中所需要的玻璃器皿、试剂及仪器。

(3)实验时应遵守操作规则,保持安静,集中注意力,仔细观察,如实记录,积极思考,独立完成各项实验任务,保证实验安全。

(4)使用玻璃仪器要小心谨慎,若有损坏要报告教师,并根据情况给予适当赔偿。

(5)使用精密仪器时,必须严格按照操作规程,遵守注意事项。若发现异常情况或出了故障,应立即停止使用,报告教师,找出原因,排除故障。

(6)使用试剂时应注意以下几点:

①试剂应按书中规定的规格、浓度和用量取用,以免浪费,如果书中未规定用量或自行设计的实验,应尽量少用试剂,注意节省。

②取用固体试剂时,勿使其散落在实验容器外。

③公用试剂用后应立即放回原处。

④试剂瓶的滴管和瓶塞是配套使用的,用后立即放回原处,避免张冠李戴。

⑤使用试剂时要遵守正确的操作方法,避免污染试剂。

(7)指定回收的药品,要倒入回收瓶内,未指定回收的废液或残渣要倒入废液缸内,不要倒入水槽,废纸要扔入纸篓内,以免腐蚀或堵塞下水道。

(8)注意安全操作,遵守安全守则。化学实验室存在中毒、易燃、易饱和、易腐蚀等多种隐患,是事故发生的地点,必须注意安全操作,遵从教师的指导。

(9)完成实验后将仪器洗刷干净,放回原来位置,整理桌面,保持地面和桌面的清洁。值日生要负责监督和检查每个同学的实验完成情况。同学们应该听从值日生的意见。

0.4　实验室安全守则

化学实验室中许多试剂易燃、易爆,具有腐蚀性和毒性,存在着不安全因素,所以进行化学实验时,必须重视安全问题,绝不可麻痹大意。初次进行化学实验的学生,应接受必要的安全教育,且每次实验前都要仔细阅读本实验的安全注意事项。在实验过程中要严格遵守下列安全守则:

(1)实验室内严禁吸烟、饮食、大声喧哗、打闹。

(2)水、电、气用后立即关闭。

(3)洗液、浓酸、浓碱具有强烈的腐蚀性,使用时应特别注意。

(4)有刺激性或有毒气体的实验,应在通风橱内进行。嗅闻气体时,应用手轻拂气体,把少量气体煽向自己再闻,不能将鼻孔直接对着瓶口。

(5)含有易挥发和易燃物质的实验,必须在远离火源的地方进行,最好在通风橱内进行。

(6)加热试管时,不要将试管口对着自己或他人,也不要俯视正在加热的液体,以免液体溅出受到伤害。

(7)有毒试剂如氰化物、汞盐、铅盐、钡盐、重铬酸钾等要严防进入口内或接触伤口,也不能随便倒入水槽,应回收处理。

(8)稀释浓硫酸时,应将浓硫酸慢慢注入水中,并不断搅动。切勿将水倒入浓硫酸中发生迸溅,造成灼伤。

(9)禁止随意混合各种试剂药品,以免发生意外事故。

(10)实验完毕,应将实验桌整理干净,洗净双手,关闭水、电、煤气等阀门后才能离开实验室。

0.5 实验室意外事故处理

(1)若因酒精、苯或乙醚等引起着火,应立即用湿布或砂土(实验室应备有灭火砂箱)等扑灭;若遇电器设备着火,必须先切断电源,再用二氧化碳或四氯化碳灭火器灭火。

(2)遇有轻度烫伤事故,可用高锰酸钾或苦味酸溶液揩洗灼伤处,再擦上凡士林或烫伤油膏;重度烫伤应立即送医院治疗。

(3)若在眼睛或皮肤上溅着强酸或强碱,应立即用大量清水冲洗。若是浓硫酸则应先用干布擦去,然后用大量水冲洗,再用3% 碳酸氢钠溶液(或稀氨水)洗。若碱灼伤,需先用质量分数为2%的醋酸(或硼酸)洗,最后涂些凡士林在皮肤上。

(4)氢氟酸烧伤皮肤时,先用质量分数为10%的碳酸氢钠溶液(或质量分数为2%的氯化钙溶液)洗涤,再用二份甘油与一份氧化镁制成的糊状物涂在纱布上掩盖患处,同时在烧伤的皮肤下注射质量分数为10%的葡萄糖溶液。

(5)四氯化碳有轻度麻醉作用,对肝和肾有严重损害,如遇中毒症状(恶心、呕吐)应立即离开现场,按一般急救处理,眼和皮肤受损害时,可用质量分数为2%碳酸氢钠溶液或质量分数为1%的硼酸溶液冲洗。

(6)金属汞易挥发,它通过人的呼吸进入人体内,逐渐积累会引起慢性中毒,所以不能把汞洒落在桌上或地上,一旦洒落,必须尽可能收集起来,并用硫黄粉盖在洒落的地方,使汞转变成不挥发的硫化汞。

(7)毒物进入口内,把5~10 mL稀硫酸铜溶液加入一杯温水中,内服后,用手指伸入咽喉部,促使呕吐,然后立即送医院。

(8)若吸入氯、氯化氢气体,可吸入少量酒精和乙醚的混合蒸汽以解毒,若吸入硫化氢气体而感到不适或头晕时,应立即到室外呼吸新鲜空气。

(9)被玻璃割伤时,伤口若有玻璃碎片,须先挑出,然后抹上红药水并包扎。

(10)遇有触电事故,应切断电源,必要时进行人工呼吸,对伤势较重者,应立即送医院。

第1章　环境实验化学基础知识与操作技能

1.1　实验室用水的规格、制备及检验方法

纯水是实验室用量最大的溶剂，实验室所用纯水的纯度关系整个分析操作过程的成败，因此，要重视实验室用水质量，要明确不同实验所需纯水质量不同，要合理使用实验室纯水，要对实验室所用不同纯水进行定期质量监控。

我国已经建立了实验室用水规格的国家标准（GB/T 6682—1992），该标准规定了实验室用水的技术指标、制备方法及检验方法。

1.1.1　纯水的规格及技术指标

纯水是分析工作必不可少的物质条件之一。因此，在开展分析监测之前，首先要制备出合乎分析要求的纯水。纯水的制备是将原水中可溶性和非可溶性杂质除去的水处理方法。一般情况下，合格的试剂级纯水的纯度标准见表1.1。

表1.1　试剂级纯水的纯度标准

指　　标	标准值
比电阻（25 ℃）	$>5\times10^5\ \Omega/cm$
硅酸盐（SiO_2）	<10 ng/mL
重金属（以铅表示）	<10 ng/mL
还原高锰酸盐的物质	合格①

注：①500 mL水中加1 mL浓硫酸和0.03 mL 0.02 mol/L的高锰酸盐溶液，在室温放置1 h后，高锰酸盐的粉红色不完全褪色为合格

根据用途不同，可将实验室用水分为一级水、二级水、三级水和四级水等不同等级。其中一级水主要可用于配置痕量金属溶液，二级水适用于去除有机物比痕量金属离子更为重要的场合，三级水主要用于实验室中玻璃器皿的初步洗涤和冲洗，四级水用于对纯水纯度要求不很高的场合。各种级别纯水的规格和技术指标见表1.2。

表1.2　实验室纯水纯度级别及相应技术指标

性　质	级别			
	一	二	三	四
全物质最高含量/（$mg\cdot L^{-1}$）	0.1	0.1	1.0	2.0
最高电导（25 ℃）/（$\mu s\cdot cm^{-1}$）	0.06	1.0	1.0	5.0
最高比电阻（25 ℃）/（$\mu s\cdot cm^{-1}$）	16.66	1.0	1.0	0.20
pH值（25 ℃）	6.8～7.2	6.6～7.2	6.5～7.5	5.0～8.0
$KMnO_4$保持颜色的最低时间/min	60	60	10	10

1.1.2 纯水的制备方法

制备纯水的方法很多,通常多用蒸馏法、离子交换法、反渗透法等。依据对纯水的不同要求,采用不同的制备方法。

1. 蒸馏法

用蒸馏法制备无离子纯水的优点是操作简单,可以除去非离子杂质和离子杂质。缺点是设备要求严密,产量很低而成本又高。

用蒸馏法纯化水的机理是利用杂质不和水的蒸气一同蒸发而达到水与杂质分离的目的。大多数的无机盐、碱和某些有机化合物属于不挥发性杂质,通过蒸馏可以除去。在这种情况下,要避免发生被水蒸气带走液沫的现象。冷凝器和接受器也应由不会被水侵蚀的材料制成。

对于一些溶解在水中的气体、多种酸、挥发性有机物及完全或部分转入馏出液中的某些盐的分解产物等挥发性杂质,简单蒸馏效果不好。通常情况下,有机物可用氧化法除去,使有机物氧化成二氧化碳和硫化氢等在蒸馏之前被除去。如有氨和胺存在,可加入铬酸酐或磷酸酐与之化合。

制备纯水的蒸馏器的形式是多种多样的,但用于制造蒸馏器的材料有 3 种:金属、化学玻璃和石英玻璃。

使用铜或其他金属制成的蒸馏器,制得的蒸馏水中所含的金属杂质,例如铜、锡等常多于原水。对于痕量元素分析来说,金属蒸馏器所蒸得的蒸馏水是不适合的。

使用硬质化学玻璃制成的蒸馏器,全部磨口连接,所蒸馏的蒸馏水比较纯净,适用于一般用途。由于硬质化学玻璃中含有一定数量的硼,故所得的蒸馏水不适用于硼的测定。

石英蒸馏器所蒸馏的蒸馏水更为纯净,适用于所有痕量元素的测定工作。但是石英蒸馏器价格昂贵,蒸馏瓶体积一般比较小,出水率较低,不应当无条件使用。

一次蒸馏的效果较差,可以通过多次蒸馏,提高纯度。例如,第一次蒸馏时加入几滴硫酸,除去重金属;第二次蒸馏时加少许碱溶液,中和可能存在的酸;第三次蒸馏时不加入酸或碱。

各种蒸馏法制得的纯水中,所含几种痕量元素的量,见表 1.3。

表 1.3 各种纯化法所制得纯水所含微量元素的比较

纯化方法	痕量元素含量/($\mu g \cdot mL^{-1}$)			
	Cu	Zn	Mn	Mo
1. 铜制蒸馏器(内壁为锡)	0.01	0.002	0.001	0.002
2. 上述的蒸馏水用硬质玻璃(pyrex)蒸馏器蒸馏一次	0.001	0.000 12	0.000 2	0.000 002
3. 同上,蒸馏二次	0.000 5	0.000 04	0.000 1	0.000 001
4. 同上,蒸馏三次	0.000 4	0.000 04	0.000 1	0.000 001
5. 硬质玻璃(pyrex)蒸馏器蒸馏一次	0.001 6	0		
6. 耶纳(Jena)玻璃蒸馏器蒸馏一次	0.000 1	0.003		
7. Amberlite IR-100 树脂处理一次	0.003 5	0		

2. 离子交换法

用离子交换树脂处理原水，所获得的水称为去离子水、离子交换水或脱盐水。用此法制备纯水的优点是操作简便、设备简单、出水量大，因而成本低，在一般情况下可以代替蒸馏法制备纯水，尤其是大量用水的场合。离子交换处理能除去原水中绝大部分盐类、碱和游离酸，但不能完全除去有机物和非电解质。因此，要获得既无电解质又无微生物及热原质等杂质的纯水，就需要将离子交换水再进行一次蒸馏。或者，为了杜绝非电解质杂质和减少离子交换树脂的再生处理，以便提高离子交换树脂的利用率，可以采用普通（市售）蒸馏水或反渗透水代替原水进行离子交换处理。

（1）树脂的选择与装柱方式。

市场已有成套的离子交换纯水器出售，实验室亦可用简易的离子交换柱制备纯水，柱子常以玻璃、有机玻璃或聚乙烯管材料制成，出水管、进水管和阀门最好也用聚乙烯制成。树脂的装柱高度以相当于柱直径的 4 ~5 倍为宜。对于离子交换树脂，一般在实验室中常选用含水率 50% 左右的。粒度 20 ~40 目，球状，交换能力很强，强度较好的强酸性阳离子交换树脂和强碱性阴离子交换树脂来制备去离子水，一般阴离子交换树脂的用量（按体积算）为阳离子交换树脂的 1.5 ~2 倍。常见的交换柱联结方式为：强酸性阳离子交换树脂柱→强碱性阴离子交换树脂柱→混合树脂柱。

（2）新树脂的处理。

市售的离子交换树脂常常混有一些有机杂质（磺酸、胺类等）和无机杂质（铁、铅、铜、铝、钙、镁等）。其离子类型也不符合制水要求，如强酸 1# 离子交换树脂的出厂离子类型是 Na^+（钠）型，强碱 201# 离子交换树脂出厂离子类型是 Cl^-（氯）型，所以新树脂应经过处理后才能使用。

首先，将潮湿的新树脂放入盆中，用自来水反复漂洗，除去其中的色素、水溶性杂质、灰尘等，并用蒸馏水浸泡 24 h。当蒸馏水中无明显悬浊物时，将水排尽，用 95% 乙醇浸没树脂层，搅拌均匀浸泡 24 h，以除去醇溶性杂质。用水漂洗至无色、无乙醇气味后，再漂洗 1 ~2 次，然后分别进行以下处理：

①强酸性阳离子交换树脂，先用质量分数为 5% ~10% 的盐酸浸泡一天，并不时搅拌，用倾倒法以蒸馏水洗涤树脂至洗液不呈色，然后将树脂带水一起装入柱中（装柱时应注意不要使树脂层中含有气泡），再继续用质量分数为 5% ~10% 盐酸淋洗，使流出液中检不出 Fe^{3+}，再以蒸馏水或去离子水洗到流出液的 pH 值为 6.6 ~7.0。

②强碱性阴离子交换树脂，先用水浸泡一天，将树脂带水一起装入柱中（装柱时应注意不要使树脂层中含有气泡），用质量分数为 5% ~10% 盐酸溶液淋洗，直至使流出液检不出 Fe^{3+}，然后用水洗到中性，再用质量分数为 6% ~8% 氢氧化钠溶液淋洗，至流出液中检不出 Cl^-，最后用蒸馏水洗至 pH 值约为 7。

（3）运行生产去离子水。

淋洗好的交换柱按阳离子交换树脂柱→阴离子交换树脂柱→混合树脂柱串联起来，接通水源，水从每个交换柱的顶部注入，生产去离子水。

（4）离子交换树脂的再生。

在制备离子交换水的过程中，当阳（或阴）离子交换树脂上的 H^+（或 OH^-）离子已被交换完了以后，流出的离子交换水质达不到标准，需要对树脂再生。

再生前通常需要进行逆洗操作，即水从交换柱的底部进入，从上面排出，其目的是将被压紧的树脂层抖松，排除树脂碎粒和其他杂质等。混合柱还需要通过逆洗将其中的阴、阳树脂分开，然后分别再生。

对于逆洗后的阳离子交换树脂，用质量分数为 6% ~8% 的氢氧化钠溶液以 50 ~60 mL/min的流速从柱顶部注入，一般用 1 ~2 倍树脂体积的酸液即可（在流出液中检查至无 Ca^{2+}），然后用离子交换水或蒸馏水以同样速度洗至接近中性（pH 值为 5 ~6）。

对于逆洗后的阴离子交换树脂，用质量分数为 5% ~10% 的盐酸以50 ~60 mL/min 的流速从柱顶部注入，一般用 1 ~2 倍树脂体积的酸液即可，或洗涤至流出液碱的浓度与加进去的碱浓度相当为止，然后用离子交换水或蒸馏水以同样速度洗至接近中性（pH 值为8 ~9）。

3. 电渗析法

根据国内外文献报道，一般采用电渗析法可制取电阻率为 $2\times10^6\ \Omega\cdot cm$（18 ℃）的纯水。它比离子交换法相比有设备和操作管理简单、不需用酸、碱再生的优点，有较大的实用价值。其缺点是在水的纯度提高后，水的电导率就逐渐降低，如继续增高电压，就会迫使水分子电离为 H^+ 和 OH^-，使得大量的电耗在水的电离上，水质却提高得很少。因此，目前也有将电渗析法和离子交换法结合起来制备纯水的，即先用电渗析法把水中大量离子除去后，再用离子交换法除去少量离子，这样制得的纯水电阻率已达 $5\times10^6 \sim 10\times10^6\ \Omega\cdot cm$。不仅纯度高而且有如下优点：

①不需用酸碱再生。

②易于设备化，易于搬迁，灵活性大。可以置于生产用水设备旁边，就地取水使用。

③系统简单。

④操作方便。

电渗析法制水原理：由于水分子是极性较大的分子，它本身就能形成氢键，形成水合氢离子（H_3^+O，$2H_2O \longrightarrow H_3^+O+OH^-$），同时也能与其他负电性大的电解质（如氢、碱、盐类）分子形成氢键发生水合作用。在水分子极性作用下与电解质分子相互作用，使电解质分离成正、负离子。如：

$$NaCl \longrightarrow Na^+ + Cl^-$$

$$CaSO_4 \longrightarrow Ca^{2+} + SO_4^{2-}$$

当水中溶解有以上这些电解质后，水就能变成能够导电的溶液，且这些离子浓度越高，溶液的导电性就越强（即溶液的电阻率越小）。电渗析过程正是利用这一原理，来制备纯水的，如图 1.1 所示。

当原水进入电渗析器时，将电渗析器的电极接上电源，水溶液即发生导电，水中离子由于电场作用发生迁移，阳离子向负极运动，阴离子向正极运动。由于电渗析器两极间设置了多组交替排列的阴、阳离子交换膜，阳离子交换膜（属聚丙乙烯强酸型 $R—SO_3^-$）显示了强烈的负电场，溶液中的阴离子受排斥，而阳离子被膜吸附。在外电场的作用下向负极方向传递交换并透过阳离子交换膜。阴离子交换膜（属苯乙烯季胺型 $R—CH_2(CH_3)_3N^+$）显示了强烈的正电场，溶液中的阳离子受排斥，而阴离子被膜吸附。在外电场的作用下向正极方向传递交换并透过阴离子交换膜。这样就形成了称为淡水室的去离子区间和称为浓水室的浓聚离子区（在电极区域则称为极水室）。在电渗析器内，淡水室和浓水室多组交替地排列，水经过电渗析器的淡水室并从其中流出，即得纯水（除盐水）。

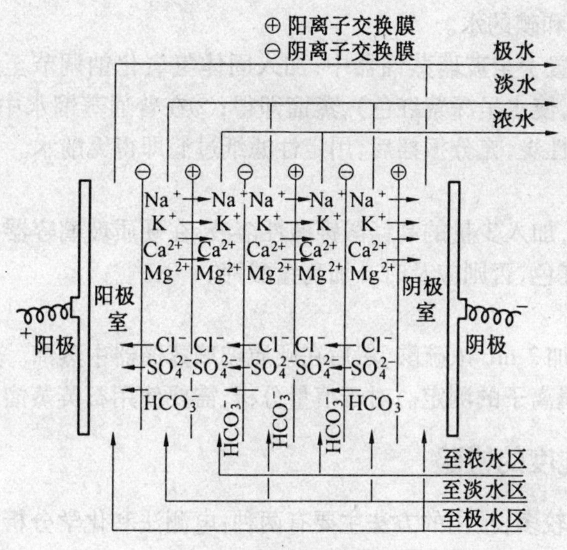

图1.1　电渗析原理图

4.特殊纯水的制备

根据不同的实验要求,经常需要用到不同的特殊质量要求的纯水。下面将实验室可能用到的一些特殊用途纯水的制备方法作一简要介绍。

(1)二次蒸馏水。

用石英蒸馏器或硬质全玻璃蒸馏器将普通蒸馏水重蒸馏。

(2)二次去离子水。

将用离子交换树脂法制得的去离子水再用离子交换树脂处理一次。

(3)无氯水。

向水中加入亚硫酸钠等还原剂将自来水中的余氯还原为氯离子(以 DPD * 检查不显色),继续用附有缓冲球的全玻璃蒸馏器(以下各项中的蒸馏均同此)进行蒸馏制取。

(4)无氨水。

有多种方法制备无氨水:①在1 L普通蒸馏水中,加入0.1~2 mL浓硫酸(也可以同时加入少许高锰酸钾,使保持紫红色),用全玻璃蒸馏器重蒸馏,用玻璃容器接收馏出液即得;②取10 g强酸性阳离子交换树脂和4 L普通蒸馏水共摇,或者让蒸馏水通过这种离子交换树脂柱来制备较大量的无氨水(去离子水可能含有来自离子交换材料的有机氮化物);③在普通蒸馏水中,按每升加入0.5~1 g的过硫酸钾(分析纯)和15 mL 0.5 mol/L的NaOH,敞口煮沸数分钟,再进行蒸馏,直到剩余150 mL时为止。

(5)无二氧化碳水。

①普通蒸馏水或去离子水,临用前煮沸20~30 min,盖好,在带钠石灰管塞子的玻璃容器中冷却至室温,避免空气中的二氧化碳重新溶入水中。②普通蒸馏水或去离子水再次经离子交换树脂制得纯度更高的去离子水即为无二氧化碳水。无二氧化碳水通常pH值应大于6.0,电导率小于2 μS/cm,不宜久存。

(6)无氧水。

用适量(2~5 L)蒸馏水煮沸30~60 min制得。在煮沸过程中将氮气通入水中鼓泡,并在通氮气鼓泡条件下使水冷至室温。临用前制备,使用时应虹吸取出。

(7)无酚、亚硝酸和碘的水。

①将普通蒸馏水置于全玻璃蒸馏器中,加入固体氢氧化钠调节至呈强碱性(也可以同时加入少许高锰酸钾,使水呈深紫红色),蒸馏即得;②在普通蒸馏水中,按10~20 mg/L的比例加入粉末状的活性炭,充分振摇后,用定性滤纸过滤即得无酚水。

(8)无有机物水。

在普通蒸馏水中,加入少量的高锰酸钾碱性溶液,在硬质玻璃容器中重蒸馏。在蒸馏过程中,水应始终保持红色,否则应及时补加高锰酸钾。

(9)无金属离子水。

在1 L蒸馏水中加2 mL浓硫酸,然后在硬质玻璃蒸馏器中蒸馏。这样制得的水中含有少量硫酸,可用于金属离子的测定。对于痕量分析,需要使用石英蒸馏器。

1.1.3　纯水纯度的检验

水质的检验方法较多,常用的方法主要有两种:电测法和化学分析法。但光谱法和极谱法有时也用于水质的检验。

1.电测法

电测法最简便,是利用水中所含导电杂质与电阻率之间的关系,间接确定水质纯度的一种简便方法。可用电导仪来测定纯水的电阻率,在25 ℃时,测出的电阻率在0.5 MΩ·cm以上者为去离子水。对于要求较高的分析工作,水的电阻率应更高。表1.4中列出由各种方法制得纯水的电阻率。

表1.4　各种方法制得纯水的电阻率

纯化方法	电阻率(25 ℃)/(Ω·cm)
自来水	1 900
蒸馏水(商品)	100 000
玻璃蒸馏器中蒸馏一次	500 000
玻璃蒸馏器中蒸馏二次	1 000 000
石英蒸馏器中蒸馏三次	2 000 000
复床离子交换水(强酸型→强碱型树脂)	2 500 000
混床离子交换水(强酸型+强碱型树脂)	12 500 000
纯水的理论值	18 300 000

2.化学分析法

(1)pH值的检查。

用广泛pH试纸或精密pH试纸(或用酸度计更好)进行检查,无离子水的pH值一般为6.5~7.5。

(2)阳离子定性检查。

取纯水25 mL于小烧杯中,加质量分数为0.2%的铬黑T指示剂1滴,加5 mL氯化铵-氢氧化铵缓冲溶液(pH≈10),搅拌后,如溶液呈天蓝色表示无Fe^{3+}、Zn^{2+}、Pb^{2+}、Ca^{2+}、Mg^{2+}等阳离子存在,若呈紫红色表示有阳离子存在。

(3)氯离子的定性检查。

取纯水 10 mL 于试管中,加入 2～3 滴 1∶1 硝酸,加入 2～3 滴 0.1 mol/L 硝酸银溶液,混匀,无白色混浊出现即表示无氯离子。

(4)硅酸盐的定性检查。

取纯水 10 mL 于试管中,加入 15 滴质量分数为 1% 的钼酸铵,8 滴草酸和硫酸混合酸(质量分数为 4% 的草酸和 4 mol/L 的硫酸按 1∶3 比例混合),摇匀,放置 10 min,加 5 滴质量分数为 1% 的硫酸亚铁铵溶液(硫酸亚铁铵要新配制的,最多能用 1 个月),摇匀,如溶液呈蓝色,则表示有可溶性硅;如不呈蓝色,可认为无可溶性硅。

由于化学分析法分析过程比较复杂,操作麻烦,分析时间较长等,因而一般都采用电测法,只有在无电导仪的情况下才采用化学分析法。

1.1.4　纯水的储存

制备好的纯水要妥善保存,不要暴露于空气中,否则由于空气中二氧化碳、氨、尘埃以及其他杂质的污染而使水质下降。由于非电解质无适当的检验方法,因此可用电解质的变化即水中离子的变化来观察其污染情况,表 1.5 中列出纯水在不同容器中储存两星期后其金属离子含量的变化情况。因此纯水储存在硬质或涂石蜡的玻璃瓶中都会使金属离子含量增加,故宜储存于聚乙烯容器中或盛有聚乙烯膜(或袋)的瓶中为妥,最好是储存于石英或高纯聚四氟乙烯容器中。

表 1.5　纯水在不同容器中储存两周后金属离子含量变化

纯水水样	储存容器	金属离子含量/(μg·L^{-1})				
		Al	Fe	Cu	Pb	Zn
蒸馏水再经硬质玻璃蒸馏器重蒸后	新蒸时	10.2	0.9	0.5	0.9	1.4
蒸馏水再经硬质玻璃蒸馏器重蒸后	硬质玻璃瓶	10.2	4.5	1.2	3.0	4.6
蒸馏水再经硬质玻璃蒸馏器重蒸后	涂石蜡玻璃瓶	15.0	10.5	1.4	4.1	5.6
蒸馏水再经离子交换树脂混合床处理后	新处理时	1.0	0.5	0.5	0.5	0.5
蒸馏水再经离子交换树脂混合床处理后	聚乙烯容器	1.3	1.5	0.6	1.5	1.5

1.2　化学试剂

1.2.1　化学试剂的分类、分级

化学试剂在分析监测实验中是不可缺少的物质,试剂的质量及选择恰当与否,将直接影响分析监测结果的成败。因此,对从事分析监测工作者来说,对试剂的性质、用途、配制方法等应进行充分的了解,以免因试剂选择不当而影响分析监测的结果。

目前我国生产的试剂质量标准可分为四级:一级试剂为优级纯或保证试剂(Guaranteed Reagents,GR);二级试剂为分析纯或分析试剂(Analytical Reagents,AR);三级试剂为化学纯试剂(Chemical Pure,CP);四级试剂为实验试剂(Laboratory Reagents,LR)。各级试剂标签和

使用范围见表1.6。

表1.6 国产试剂规格

品 级	习惯等级	标签颜色	附 注
一 级	保证试剂(GR)	绿 色	纯度很高,适用于精确分析和研究工作,有的可作基准物质
二 级	分析试剂(AR)	红 色	纯度较高,适用于一般分析及科研用
三 级	化学纯(CP)	蓝 色	纯度不高,适用于工业分析及化学试验
四 级	实验试剂(LR)	棕 色	纯度较差,只适用于一般化学实验用

此外,尚有其他特殊规格的试剂,这些试剂虽尚未经有关部门明确规定和正式公布,但多年来已为广大的化学试剂厂生产、销售和使用者所熟悉和沿用,见表1.7。

表1.7 其他规格的化学试剂

规 格	代号*	用 途	备 注
高纯物质	E. P.	配制标准溶液	包括超纯、特纯、高纯、光谱纯
光谱纯试剂	S. P.	用于光谱分析	
基准试剂		标定标准溶液	
色谱纯试剂	G. C.	气相色谱分析专用	液相色谱用者代号为L. C.
实验试剂	L. R.	配制普通溶液或合成用	瓶签为棕色等四级试剂
生化试剂	B. R.	配制生物化学检验试液	瓶签为黄色等,系生物制品
生物染色剂	B. S.	配制微生物标本染色液	
特殊专用试剂		用于特定监测项目(如无砷锌)	无砷锌粒含砷不得超过4×10^{-5}%

注:E. P.—Extra Pure;S. P.—Spec Pure;G. C.—Gas Chromatography;L. C.—Liguid Chromatography;L. R.—Laboratory Reagent;B. R.—Biochemical Reagent;B. S.—Biological stains

各国试剂规格有的和我国的试剂规格相同,有的不一致,可根据瓶签上所列杂质的含量对照判断,如常见的ACS(American Chemical Society)为美国化学会分析试剂规格;"Speac-pure"为英国Johnson Malthey出品的超纯试剂,相当于联邦德国E. Merck的Suprapur和美国G. T. Baker的Ultrex等。

在环境样品分析监测中,一级品可用于配制标准溶液;二级品常用于配制定量分析中的普通试液,本书各分析项目中未注明规格的试剂,均指分析纯试剂(即二级品);三级品只能用于配制半定量或定性分析中的普通试液和清洁液等。

有些试剂品级虽然合格,但由于包装不良或放置时间太长,使浓度因挥发而降低,或试剂由于吸收外面气体而变质。因此,在使用试剂前应进行检查,以免浪费药品。总之选用试剂是分析中的一项重要工作,分析者应对分析结果作全面的考虑,在不降低分析结果准确度的前提下,本着节约的原则选用合格试剂。

1.2.2 标准物质与标准溶液

标准物质和标准溶液是化学定性、定量分析的基础,对一些常用的标准物质和标准溶液的配制与标定的一般原则介绍如下。

1. 标准物质

能用于直接配制或标定标准溶液的物质称为标准物质或基准物质。标准物质必须满足下列条件：

(1)纯度高。其中杂质含量小于0.01%。

(2)稳定。不吸水、不分解、不挥发、不吸收CO_2、不易被空气氧化。

(3)易溶解。

(4)有较大的摩尔质量。称量时用量大，可减少称量误差。

(4)定量参加反应，无副反应。

(5)试剂的组成与它的化学式完全相符。

滴定分析中常用的标准物质见附录7。如用于酸碱滴定的有碳酸钠(Na_2CO_3)、邻苯二甲酸氢钾($KHC_8H_4O_4$)、硼砂($Na_2B_4O_7 \cdot 10H_2O$)；用于沉淀滴定的有NaCl、KCl；用于络合滴定的有Zn、Cu、$CaCO_3$、ZnO等；用于氧化还原滴定的有重铬酸钾($K_2Cr_2O_7$)、溴酸钾($KBrO_3$)、草酸钠($Na_2C_2O_4$)、草酸($H_2C_2O_4 \cdot 2H_2O$)等。

2. 标准溶液

已知准确浓度的溶液称为标准溶液。

标准溶液可通过两种途径获得，一是利用标准物质直接配制成所需浓度的标准溶液，二是用不能作为标准物质的化合物配成一个近似浓度的溶液，然后利用该化合物与某种物质的定量化学反应，用标准物质或已知准确浓度的其他标准溶液标定其准确浓度。

(1)直接法配制。

准确称取一定量基准物质，用少量水(或其他溶剂)溶解后，稀释成一定体积的溶液。根据所用物质质量和溶液体积来计算其准确浓度。例如：欲配制重铬酸钾标准溶液(1/6 $K_2Cr_2O_7$，0.100 0 mol/L)，准确称取预先在120 ℃烘干2 h的重铬酸钾4.903 g，用水溶解后，稀释至1 L。

(2)标定法配制。

标定法又叫间接配制法。不能做基准物质的NaOH、HCl、H_2SO_4、$(NH_4)_2Fe(SO_4)_2 \cdot 6H_2O$、$Na_2S_2O_3$等，不能直接配制标准溶液，首先按需要配成近似浓度的操作溶液，再用基准物质或其他标准溶液测定其准确浓度。这种用基准物质或标准溶液测定操作溶液准确浓度的过程称为标定。

例如，欲配制0.1 mol/L HCl标准溶液。先用浓HCl稀释配成浓度约为0.1 mol/L的稀溶液，然后用一定量的硼砂或已知准确浓度的NaOH标准溶液进行标定。

3. 标准溶液浓度的表示方法

标准溶液浓度常用物质的量浓度表示。物质的量浓度是指单位体积溶液中所含溶质的物质的量，其单位为mol/L与mmol/L，用符号c表示。

例如：体积为V_A(L)的溶液中所含A物质的量为n_A(mol)，则该溶液物质的量浓度为

$$c_A = \frac{n_A}{V_A}$$

若A物质的摩尔质量为M_A(g/mol)，则每升溶液中含A物质的质量m_A为

$$m_A = n_A \times M_A = c_A \times V_A \times M_A$$

应该特别指出，在滴定分析中，标准溶液配制、标定、滴定剂与待测物质之间的计量关系以及分析结果的计算等，都要涉及物质的量，且物质的量的数值与基本单元的选择有关。因此在表示物质的量浓度时，必须指明基本单元，一般采用分子、原子、离子、电子及其他粒子或这些粒子的特定组合作为基本单元。而基本单元的选择，一般以化学反应的计量关系为依据。

例如，在酸性溶液中，用草酸（$H_2C_2O_4$）作基准物质标定 $KMnO_4$ 溶液浓度时，其滴定化学反应是

$$2MnO_4^- + 5C_2O_4^{2-} + 16H^+ = 2Mn^{2+} + 10CO_2\uparrow + 8H_2O$$

由化学反应的化学计量数（过去称摩尔比）可得出

$$\frac{n_{KMnO_4}}{n_{H_2C_2O_4}} = \frac{2}{5}$$

因此，确定 $KMnO_4$ 基本单元为 1/5 $KMnO_4$，而 $H_2C_2O_4$ 为 1/2 $H_2C_2O_4$。在化学计量点（过去称等当点）时，则有

$$n(1/5\ KMnO_4) = n(1/2\ H_2C_2O_4)$$

凡是涉及物质的量和物质的量浓度时均可按此法处理和表示。例如下列溶液中：

氢氧化钠的物质的浓度 $c(NaOH) = 1$ mol/L，其基本单元是 NaOH；

硫酸的物质的量浓度 $c(1/2\ H_2SO_4) = 1$ mol/L，其基本单元是 1/2 H_2SO_4；

硫酸的物质的量浓度 $c(H_2SO_4) = 1$ mol/L，其基本单元是 H_2SO_4；

重铬酸钾的物质的量浓度 $c(1/6\ K_2Cr_2O_7) = 0.250\ 0$ mol/L，其基本单元是 1/6 $K_2Cr_2O_7$；

碳酸钠的物质的量浓度 $c(1/2\ Na_2CO_3) = 0.1$ mol/L，其基本单元是 1/2 Na_2CO_3。

使用物质的量浓度以后，过去的当量浓度、体积摩尔浓度、克分子浓度等均不再使用。

1.3 玻璃器皿及其洗涤方法

1.3.1 常用玻璃器皿

玻璃具有良好的化学稳定性，因此实验室大量使用玻璃仪器。玻璃器皿多数是用含有少量碱金属的硼硅酸盐玻璃制成，对于酸碱及其他化学试剂有一定的耐腐蚀性能，并且具有一定的耐热性能。但各种化学玻璃的耐酸耐碱和耐化学试剂侵蚀的性能并不一致，必要时在使用前应加以检验。在进行痕量元素分析时，应按照测定元素的种类来选择适用的玻璃器皿。

根据玻璃的性质分为软质和硬质，硬质玻璃耐热性能较强，一般在 430 ℃以上发生永久性的变形，500 ~ 600 ℃软化。所以硬质玻璃一般只能在 300 ℃以下加热，不应加热到400 ℃以上。若实验条件需要加热的温度高于 400 ℃，应使用石英器皿，石英器皿可以加热到 1 000 ℃而不变形或破裂。

软质玻璃的耐热性、硬度等均较差，但透明度好，一般用于制造非加热器皿，如试剂瓶、漏斗、量筒、吸管等。

1. 普通玻璃器皿

使用玻璃仪器皆应轻拿轻放，除试管等少数外都不能直接用火加热。锥形瓶不耐压，不

能作减压用。厚壁玻璃器皿(如抽滤瓶)不耐热,故不能加热。广口容器(如烧杯)不能贮放有机溶剂。带活塞的玻璃器皿用过洗净后,在活塞与磨口间应垫上纸片,以防粘住,如已粘住可在磨口四周涂上润滑剂后用电吹风吹热风,或用水煮后再轻敲塞子,使之松开。此外,不能用温度计作搅拌棒用,也不能用来测量超过刻度范围的温度。温度计用后要缓慢冷却,不可立即用冷水冲洗以免炸裂。常用的普通玻璃器皿如图 1.2 所示。

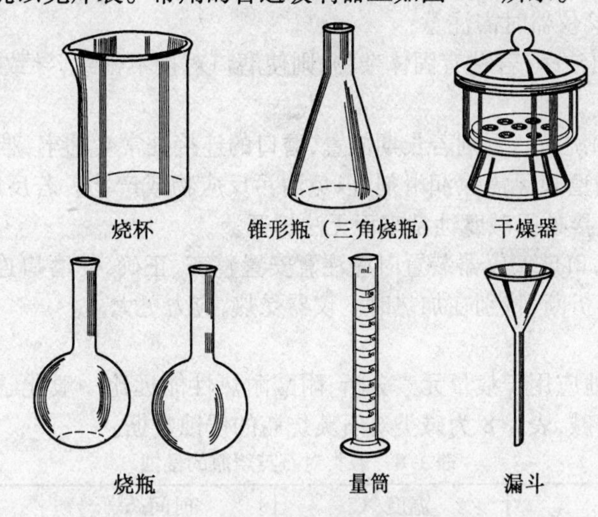

图 1.2　实验室常用普通玻璃器皿

2. 标准磨口玻璃器皿

在有机化学实验中还常用带有标准磨口的玻璃仪器,统称标准口玻璃仪器。这种仪器可以和相同编号的标准磨口相互连接。这样,既可免去配塞子及钻孔等手续,又能避免反应物或产物被软木塞(或橡皮塞)所沾污。常用的一些标准口玻璃仪器如图 1.3 所示。

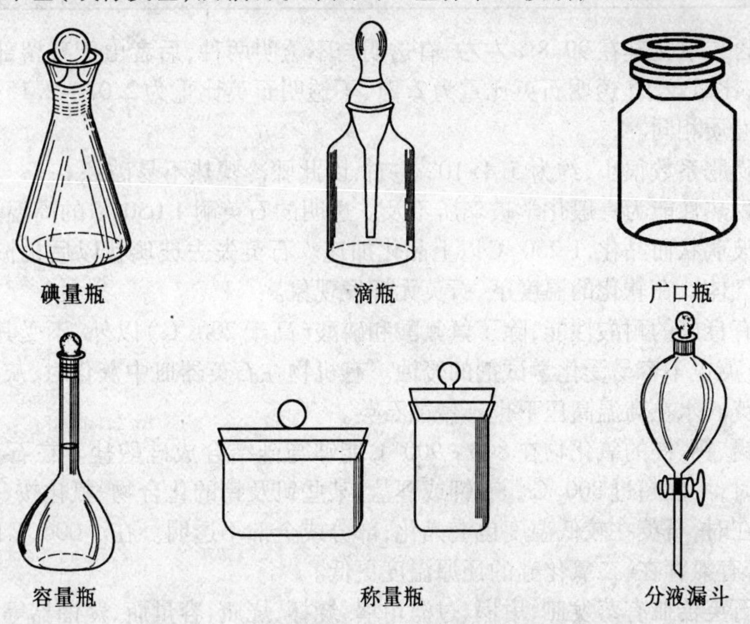

图 1.3　常用的一些标准口玻璃仪器

由于玻璃仪器容量大小及用途不一,故有不同编号的标准磨口。通常应用的标准磨口有10、14、19、24、29、34、40、50等多种。这里的数字编号是指磨口最大端直径的毫米数。相同编号的内外磨口可以紧密相接。有的磨口玻璃仪器也常用两个数字表示磨口大小,例如,10/30则表示此磨口最大处直径为10 mm,磨口长度为30 mm。有时两玻璃仪器因磨口编号不同无法直接连接,则可借助不同编号的磨口接头使之连接。

使用标准口玻璃仪器时需注意:

(1)磨口处必须洁净,若粘有固体杂物,则使磨口对接不密致,导致漏气,若杂物硬更会损坏磨口。

(2)用后应拆卸洗净。否则若长期放置,磨口的连接处常会粘牢,难以拆开。

(3)一般使用时磨口无需涂润滑剂,以免沾污反应物或产物。若反应中有强碱,则应涂润滑剂,以免磨口连接处因碱腐蚀粘牢而无法拆开。

(4)安装标准磨口玻璃仪器装置时应注意安置整齐、正确,使磨口连接处不受歪斜的应力,否则常易将仪器折断,特别在加热时。仪器受热,应力更大。

3. 石英器皿

石英器皿广泛地应用于痕量元素分析,耐酸耐热性能远比一般化学玻璃制造的器皿优越,但其缺点是不耐碱,表1.8为碱类对石英烧瓶的侵蚀数据。

表1.8　碱类对石英烧瓶的侵蚀

碱　类	温度/℃	时间/h	减重/mg
氨水(10%)	18	2	0.4
氨水(30%)	18	2	0.8
氢氧化钠(2 mol/L)	100	3	48
氢氧化钾(2 mol/L)	100	3	31
碳酸钠(1 mol/L)	100	3	12

石英中含二氧化硅在99.8%左右,有透明与不透明两种,后者由于残留部分气泡,因而影响透明度,比重较小(透明石英比重为2.21,不透明石英比重为2.07~2.15),两者的耐酸性能与物理性质相同。

石英的膨胀系数很小,约为5.4×10^{-7}左右,因此骤冷骤热不易破裂。

石英的耐热性能为一般化学玻璃所不及。透明的石英耐1 050 ℃的高温。超过此温度则逐渐改变玻璃状而晶化,1 250 ℃以上晶化加速。石英失去玻璃状以后机械强度受损,并且能够透过气体。在软化的温度下,石英无挥发现象。

石英具有良好的耐酸性能,除了氢氟酸和磷酸(高于200 ℃)以外,不受其他酸的侵蚀。除碱以外,石英也不容易受化学试剂的侵蚀。有机物在石英器皿中灰化时,灰分中的碱土金属能侵蚀石英。水在高温高压下也不侵蚀石英。

铁、铜、铅、钙、镁的氧化物在800~900 ℃能够与硅结合成硅酸盐。在石英器皿中加热上述化合物时,不能超过800 ℃。有钾或锂盐、某些钒及钨的化合物、氟化按、磷酸盐以及放射性物质存在时,石英在较低温度也会晶化,部分或全部不透明。在1 000 ℃以上碳使二氧化硅还原,若有氯存在,二氧化硅的还原温度更低。

常用的石英器皿有蒸发皿、坩埚、过滤坩埚、烧杯、烧瓶、容量瓶、蒸馏器等。石英坩埚能够代替铂坩埚用于灼烧,冷却后重量不发生改变。假若不测定硅时,还可代替铂坩埚用焦硫酸钾来熔融试样。

1.3.2　滤器、滤纸和滤膜

在进行环境样品分析时，除测定某成分的总量外，还需测定该成分的过滤态和颗粒态，以及进行沉淀分离和质量测定，需要采用过滤操作。现将常用的各种滤器、滤材的性质简介如下。

1. 常用的滤器

玻璃锥形漏斗、布氏漏斗、微孔玻璃坩埚（玻璃砂芯坩埚或玻璃垂熔坩埚）、古氏坩埚等等，如图1.4和图1.5所示。

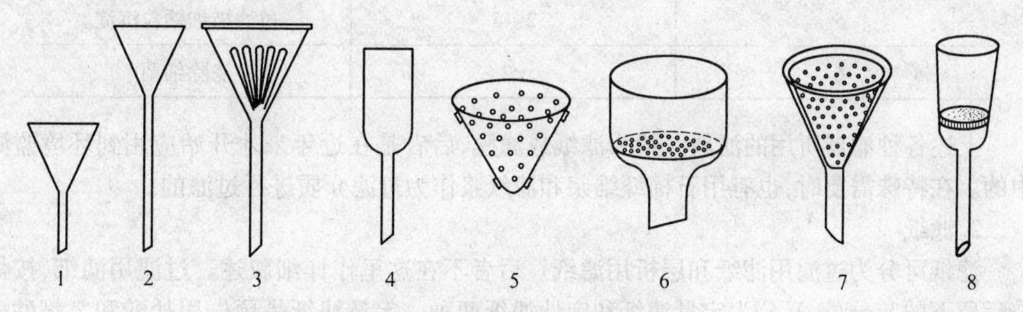

图1.4　常见各种过滤漏斗

1—短管漏斗；2—长管漏斗；3—筋纹漏斗；4—圆筒形漏斗；5—多孔金属垫；6—布氏漏斗；7—放有多孔金属垫的漏斗；8—配有玻璃砂心的筒形漏斗

玻璃锥形漏斗呈60 ℃角，它分为长颈和短颈两种，还有带水纹（直纹或曲纹）和不带水纹之分。长颈漏斗比短颈漏斗过滤速度快，带水纹的比不带水纹的过滤速度快。

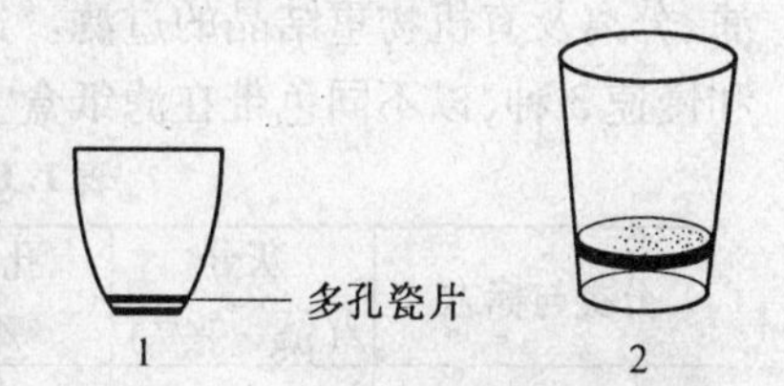

图1.5　常见的过滤坩埚

1—古氏坩埚；2—垂熔玻璃砂心坩埚

在过滤大量水样或沉淀较多、黏度较大的水样或溶液时，常采用布氏漏斗进行减压（抽滤）法过滤。当需要称重沉淀（或残渣）时，除用玻璃锥形漏斗过滤外（用适当洗涤剂洗净沉淀后，放入适宜的坩埚中，进行灼烧或烘干至恒重），还可根据沉淀的性质、粒径及实验要求，采用玻璃砂芯坩埚或古氏坩埚进行减压法过滤（滤后，洗净沉淀，把盛有沉淀的坩埚放在适宜的温度下烘干、恒重）。图1.6是常见的减压过滤装置图。有关玻璃砂芯坩埚的规格和用途见表1.9。

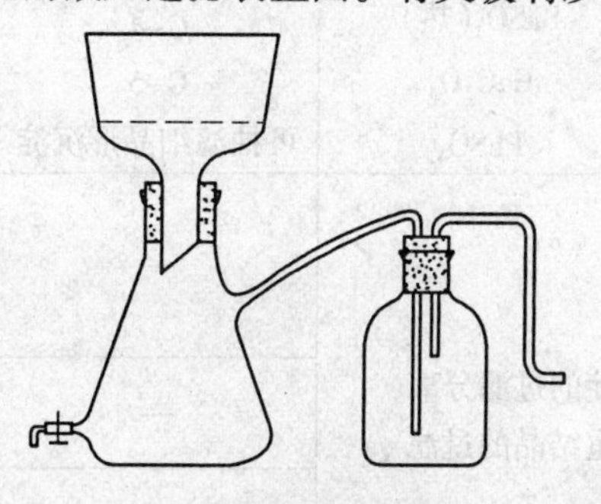

(a)布氏漏斗抽滤装置

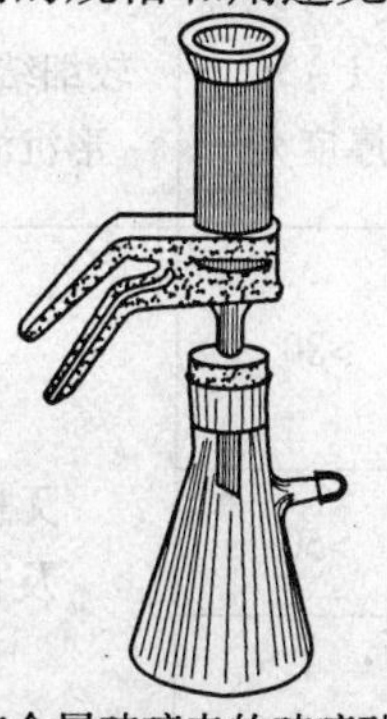

(b)带有固定金属玻璃夹的玻璃砂心抽滤器

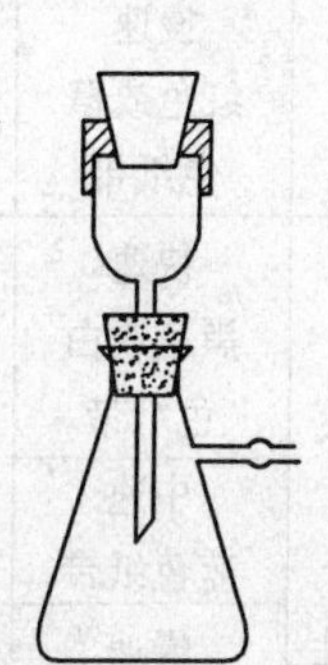

(c)固定古氏坩埚的抽滤器

图1.6　常见各种减压过滤装置

表 1.9　微孔玻璃坩埚的规格及用途

坩埚滤孔编号	滤孔平均大小/μm	一般用途
1	80~120	过滤粗颗粒沉淀
2	40~80	过滤较粗颗粒沉淀
3	15~40	过滤一般晶形沉淀及滤除杂质
4	5~15	过滤细颗粒沉淀
5	2~5	过滤极细颗粒沉淀
6	<2	滤除细菌

上述各种滤器所用的滤料一般为滤纸或滤膜,后者是在近年来才开始应用到环境监测中的。在特殊需要时,也有用石棉纤维浆和滤纸浆作为过滤介质进行过滤的。

2. 滤纸

滤纸可分为过滤用滤纸和层析用滤纸。后者不在这里作详细叙述。过滤用滤纸,按灼烧后留下的灰分量,又分为定量滤纸和定性滤纸两种。定量滤纸是预先用盐酸和氢氟酸处理过的,其中大部分无机物已被除去。灼烧后,留下的灰分小于 0.10 mg,它适用于重量分析。定性滤纸含硅量较高,灼烧后的灰分重量较大,不宜作重量分析,可用于无机沉淀的过滤、分离及有机物重结晶的过滤。这两种滤纸根据其孔径大小和疏密程度,分为快速、中速和慢速 3 种,以不同色带在滤纸盒上加以标志。它们的主要性能见表 1.10。

表 1.10　定量及定性滤纸的基本性质

分类与标志		灰分/(μg·张$^{-1}$)	孔径/μm	过滤物晶形	适应过滤物的沉淀	相对应的玻璃坩埚号
定量	快速 黑色或白色纸带	<0.10	80~120 厚度小	胶状沉淀物	$Fe(OH)_3$ $Al(OH)_3$ H_2SiO_3	G-1 G-2 可抽滤稀胶体
	中速 蓝色纸带	<0.10	30~50 厚度中	一般结晶形沉淀	SiO_2 $MgNH_4PO_4$ $ZnCO_3$	G-3 可抽滤粗晶形沉淀
	慢速 红色或橙色纸带	<0.10	1~3 厚度大	较细结晶形沉淀	$BaSO_4$(热) CaC_2O_4 $PbSO_4$	G-4 G-5 可抽滤细晶形沉淀
定性	快速 黑色或白色纸带	0.02%或 0.15%以下	>80	无机物沉淀的过滤分离及有机物重结晶的过滤		—
	中速 蓝色纸带	0.2%或 0.15%以下	>50			—
	慢速 红色或橙色纸带	0.2%或 0.15%以下	>3			—

3. 滤膜

滤膜是由氯酸纤维、硝酸纤维或聚乙烯、聚酰胺、聚碳酸酯、聚丙烯和聚四氟乙烯等高分子材料制作的。耐酸碱、耐温、耐有机溶剂的性能比滤纸好。用它代替滤纸过滤水样有如下优点：

(1)孔径较小,且均匀,孔占得比例大。

(2)孔隙率高,流速快,不易堵塞,过滤容量大。

(3)滤膜较薄,是惰性材料,过滤吸附少。

(4)自身含杂质较少,对滤液影响较小。

滤纸和滤膜,一般都呈圆形,其直径有2.5 cm、5 cm、7 cm、9 cm等,使用时可根据需要选择。用滤纸过滤时,滤纸的边缘应比漏斗上(边)缘低(小)1 cm左右。若用锥形玻璃漏斗过滤时,应把手洗净、擦干,折好滤纸(一般是对折两次,是滤纸的角度正好与漏斗的角度一致),再将三层的那一侧,撕下外层的一个小角,以使滤纸和漏斗内壁紧贴,不至漏气。然后放入漏斗中,用左手握住漏斗,左手中指顶住漏斗颈下口,加入少量蒸馏水,使颈内及漏斗下部充满水,再用右手指按压滤纸,逐出气泡,使滤纸紧贴漏斗壁。放开中指,漏斗颈内的水(水柱)不会漏掉,再开始过滤。这样在过滤时,漏斗颈内能充满溶液,并以其自身的重量,引漏斗中的溶液,加快过滤速度。

1.3.3　玻璃器皿的洗涤方法

玻璃器皿的清洁与否直接影响实验结果的准确性与精密度。因此,必须十分重视玻璃仪器的清洗工作。

1. 常规洗涤法

对于一般的玻璃仪器,应先用自来水冲洗1~2遍除去灰尘后,用毛刷蘸取洗涤剂或去污粉仔细刷净内外表面,尤其应注意容器磨砂部分。然后边用水冲,边刷洗至看不出有洗涤液时,用自来水冲洗3~5次,再用蒸馏水或去离子水充分冲洗3次。洗净的清洁玻璃仪器壁上应能被水均匀润湿(不挂水珠)。

洗涤时应按少量多次的原则用水冲洗,每次充分振荡后倾倒干净。凡能使用刷子刷洗的玻璃仪器,都应尽量用刷子蘸洗涤剂进行洗刷,但不能用硬质刷子猛力擦洗容器内壁,否则,易使容器内壁表面毛糙,易吸附离子或其他杂质,影响测定结果或者难以清洗而造成污染。测定痕量金属元素后的仪器清洗后,应用稀硝酸浸泡24 h左右,再用水洗干净。

2. 不便刷洗的玻璃仪器的洗涤法

可根据污垢的性质选择不同的洗液进行浸泡或共煮,再按常规方法用水冲净。

3. 水蒸气洗涤法

有的玻璃仪器,主要是成套的组合仪器,除按上述要求洗涤之外,还要安装起来用水蒸气蒸馏洗涤法洗涤一定的时间。如凯式微量定氮仪,每次使用前应将整个装置连同接收瓶用热蒸汽处理5 min,以便去除装置中的空气和前次实验所遗留的沾污物,从而减少实验误差。

4. 特殊的清洁要求

在某些实验中对玻璃仪器有特殊的清洁要求,需要作一些特殊清洗。

(1)如分光光度计上的比色皿,用于测定有机物之后,应以有机溶剂洗涤,必要时可用硝酸浸洗。但要避免用重铬酸钾洗液洗涤,以免重铬酸盐附着在玻璃上。用酸浸后,先用水冲净,再以去离子水或蒸馏水洗净晾干,不宜在较高温度的烘箱中烘干。如应急使用而要除去比色皿内的水分时,可先用滤纸吸干大部分水分后,再用无水乙醇或丙酮洗涤除尽残存水分,晾干即可使用。参比池也应同样处理。

(2)对测定痕量铬的玻璃器皿,不应用铬酸洗液洗涤;最好以(1+1)硝酸或等容积的浓硝酸-硫酸混合液来清洗。对用于测磷酸盐的玻璃仪器,不得使用含磷的洗涤剂。对测氨和凯氏总氮的玻璃仪器,应以无氨水洗涤。

(3)测定水中痕量有机物,如有机氯杀虫剂类时,其玻璃仪器需用铬酸洗液浸泡15 min以上,再用水、蒸馏水洗净。用于有机物分析的采样瓶,应用铬酸洗液、自来水、蒸馏水依次洗净,最后以重蒸的丙酮、乙烷或氯仿洗涤数次,瓶盖也用同样方法处理。

(4)应用于增塑剂类分析测定的玻璃仪器,经过刷洗和自来水冲净以后,还需依次用热水、丙酮、己烷等浸泡和冲刷,然后再用蒸馏水冲洗洁净。用于萃取环境样品中增塑剂的索氏脂肪提取器,应先用已烷和乙醚分别回流提取3~4 h后,才能用于环境样品的分析测定。

1.3.4 常用洗涤剂

实验室中常用肥皂、洗涤剂、洗衣粉、去污粉、洗液和有机溶剂等清洗玻璃仪器。肥皂、洗涤剂等用于清洗形状简单、能用刷子直接刷洗的玻璃仪器,如烧杯、试剂瓶、锥形瓶等。洗液主要用于清洗不易或不应直接刷洗的玻璃仪器,如吸管、容量瓶、比色管、凯氏定氮仪等。此外,长久不用的玻璃仪器以及刷不下的污垢也可用洗液来清洗,利用洗液与污物起化学反应,氧化破坏有机物而除去污垢。下面把实验室常用的洗涤液的配制和使用方法作简要介绍。

1. 强酸性氧化剂洗液

强酸性氧化剂洗液是由重铬酸钾与浓硫酸配制而成的。其配法是:将20 g重铬酸钾(工业纯)溶于40 mL热水中,冷却后,于搅拌下缓缓加入360 mL浓的工业硫酸(注意!不能将重铬酸钾溶液加入浓硫酸中)。由于两者混合时大量放热,故硫酸不要加得太快,注意防止因过热而飞溅。配好后冷却,放入磨口试剂瓶中备用。

新配制的洗液呈暗红色,氧化能力很强,使用过程应随时盖紧瓶塞,以免洗液吸收空气中的水分而降低洗涤能力。使用温热的洗液可提高洗涤效率,但失效也加快。洗液经过相当时间的反复使用后,所含的硫酸浓度和重铬酸盐的氧化能力不断下降,因此作用力会逐渐减弱,此时可加入适量的浓硫酸来帮助恢复酸的强度。如果使用过久,或受到强烈的还原性物质污染,以致整个液体变为绿色时,则其中绝大部分的高价铬盐已被还原成为低价的硫酸铬。此时洗液就不再具有氧化力,故不宜再用。因废液会污染水质,应集中进行处理,以回收铬。

2. 碱性高锰酸钾洗液

此洗液作用缓慢温和,可用于洗涤器皿上的油污。其配法是:将4 g高锰酸钾溶液于少量水中,然后加入质量分数为10%的氢氧化钠溶液至100 mL。另一配法是将4 g高锰酸钾溶于80 mL水中,再加质量分数为50%的氢氧化钠溶液至100 mL。后者更有利于高锰酸钾的快速溶解。如果使用本洗液后,玻璃器皿上沾有褐色氧化锰,可用盐酸羟胺或草酸洗液洗除之。碱性高锰酸钾洗液不应在所洗的玻璃器皿中长期存留。

3. 碱性乙醇洗液

其配法是将 25 g 氢氧化钾溶于最少量的水中，再用工业纯的乙醇稀释至 1 L。此洗液也适用于洗涤玻璃器皿上的油污。

4. 纯碱洗液

纯碱洗液多采用质量分数为 10% 以上的浓氢氧化钠、氢氧化钾或碳酸钠，用于浸泡或浸煮玻璃器皿，煮沸可以加强洗涤效果。但在被洗的容器中停留不得超过 20 min，以免腐蚀玻璃。

5. 纯酸洗液

根据污垢的性质，如水垢或盐类结垢，可直接用 1+1 盐酸或 1+1 硫酸或 1+1 硝酸或浓硫酸与浓硝酸的等体积混合液进行浸泡或浸煮器皿，但加热的温度不宜太高，以免浓酸挥发或分解。

6. 合成洗涤剂或洗衣粉配成的洗涤液

其配法是取适宜洗涤剂或洗衣粉溶于温水中，配成浓溶液。此洗液用于洗涤玻璃器皿效果很好，并且使用安全方便，不腐蚀衣物。但洗涤后最好再用 6 mol/L 的硝酸浸泡片刻，然后再用自来水充分洗净，再以少量蒸馏水冲洗数次。

7. 有机溶剂

沾有较多油脂性污物的玻璃仪器，尤其是难以使用毛刷洗刷的小件和形状复杂的玻璃仪器，如活塞内孔、吸管和滴定管的尖头、滴管等，可用汽油、甲苯、二甲苯、丙酮、酒精、氯仿等有机溶剂浸泡清洗。

1.4　环境样品的采集与预处理

环境是一个多组分和多变的开放体系，判断环境质量的好与坏，要通过样品分析才能对环境质量作出确切评价。环境样品包括水、大气、固体废物、土壤，这些样品中都具有组成复杂、含量低、流动性和不稳定性的特点，因此环境样品的采集和保存是监测工作的重要环节，它既要保证样品采集的样本能够反映被监测环境的状况，同时还必须保证水样在运输和保存过程中不发生影响分析结果的变化。因此，对样品采集的方法、工具、容器等都有一定的要求。

1.4.1　水样的采集

1. 地面水样的采集

(1) 采样前准备。

采样前，要根据监测项目的性质和采样方法的要求，选择适宜材质的盛水容器和采样器，并清洗干净，此外，还需准备好交通工具(交通工具常使用船只)。对采样器具的材质要求化学性能稳定，大小和形状适宜，不吸附欲测组分，容易清洗并可反复使用。

(2) 采样方法和采样器。

采集表层水时，可用桶、瓶等容器直接采取。一般将其沉至水面下 0.3 ~0.5 m 处采集。

采集深层水时，可使用如图 1.7 所示的单层采样瓶采取。单层采样瓶是一个装在金属框内用绳子吊起的玻璃瓶，框底带有重锤，绳上标有高度。将采样瓶沉降至所需深度，上提细绳打开瓶塞,水便充满容器。还有一种有机玻璃采水器,圆柱形,上下底面均有活门。采水器沉入水中后,活门自动开启,沉入哪一深度就能采哪一水层的水样。有机玻璃采水器现有 1 500 mL、2 500 mL 等各种容量和不同深度的型号,如图 1.7(b)所示。

对于水流湍急的河段或渠道,宜采用如图 1.8 所示的急流采样器。它是将一根长钢管固定在铁框上,管内装一根橡胶管,其上部用夹子夹紧,下部与瓶塞上的短玻璃管相连,瓶塞上另有一长玻璃管通至采样瓶底部。采样前塞紧橡胶塞,然后沿船身垂直深入要求水深处,打开上部橡胶管夹,水样即延长玻璃管流入样品瓶中,瓶内空气由短玻璃管沿橡胶管排出。这样采集的水样也可用于测定水中溶解性气体,因为它是与空气隔绝的。

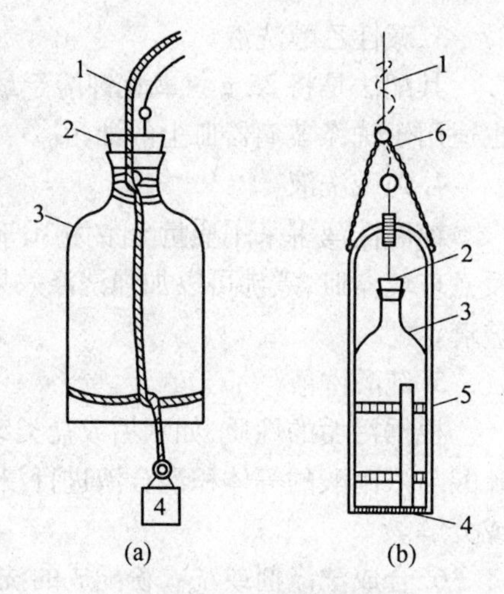

图 1.7　常用采样器

1—绳子;2—带有软绳的橡胶塞;3—采样瓶;4—铅锤;5—铁框;6—挂钩

为测定溶解气体(如溶解氧)的水样,常用如图 1.9所示的溶解氧采样器采集。将采样器沉入要求的水深后,打开上部的橡胶管夹,水样进入小瓶(采样瓶)并将空气驱入大瓶,从连接大瓶短玻璃管的橡胶管排出,直到大瓶中充满水样,提出水面后迅速密封。在环境监测过程中,通常将水样分为 3 种不同的类型。

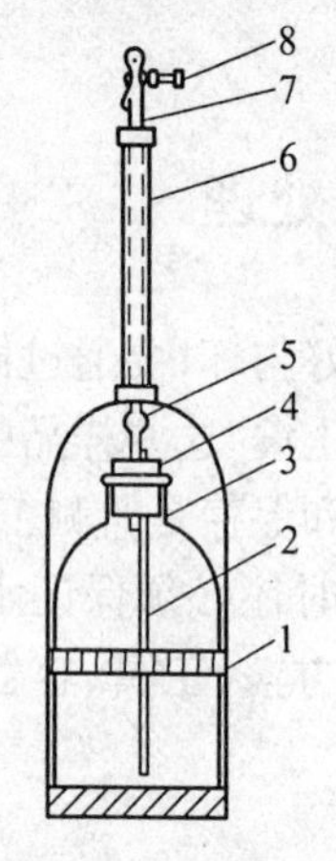

图 1.8　急流采样器

1—铁框;2—长玻璃管;3—采样瓶;4—橡胶塞;5—短玻璃管;6—钢管;7—橡胶管;8—夹子

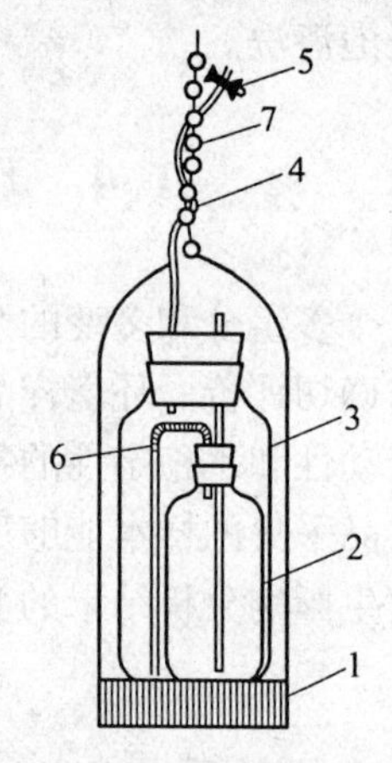

图 1.9　溶解氧采样器

1—带重锤的铁框;2—小瓶;3—大瓶;4—橡胶管;5—夹子;6—塑料管;7—绳子

(3)水样的类型。

①瞬时水样:是指在某一时间和地点从水体中随机采集的分散水样。当水体水质稳定,或其组分在相当长的时间或相当大的空间范围内变化不大时,瞬时水样具有很好的代表性;当水体组分及含量随时间和空间变化时,就应隔时、多点采集瞬时水样,分别进行分析,摸清水质的变化规律。

②混合水样:是指在同一采样点于不同时间所采集的瞬时水样的混合水样,有时称“时间混合水样”以与其他混合水样相区别。这种水样在观察平均浓度时非常有用,但不适用

于被测组分在储存过程中发生明显变化的水样。

③综合水样：把不同采样点同时采集的各个瞬时水样混合后所得到的样品称综合水样。这种水样在某些情况下更具有实际意义。例如，当为几条污水河、渠建立综合处理厂时，以综合水样取得的水质参数作为设计的依据更为合理。

采样前，要根据检测项目的性质和采样方法的要求，选择适宜材质的盛水容器和采样器，并清洗干净，此外，还需准备好交通工具。对采样器具的材质要求化学性能稳定，大小和形状适宜，不吸附预测组分，容易清洗并可反复使用。

2. 废水样品的采集

废水一般都有固定的排水口，流量较小，距地面距离近，地形也不复杂，所以采样设备和方法比较简单。

(1)浅水采样。

对水面距地面较近的浅水采样，可用容器直接灌注，注意不要用手接触污水，可以用聚乙烯塑料长把勺采集。

(2)深层水采样。

水面距地面较远时，可使用专用的深层采水器采集，也可将聚乙烯桶固定在重架上，沉入要求深度采集，或者使用塑料手摇泵、电动泵采样。

(3)自动采样。

在企业内部的检测中，利用连续自动采样器采样具有很高的效率。例如，自动分级采样式采水器，可在一个生产周期，每隔一定时间将一定量的水样分别采集在不同的容器中；自动混合采样式采水器可定时连续地将定量水样或按流量比采集的水样汇集于一个容器内。

(4)废水样类型。

①瞬时废水样：瞬时水样具有较好的代表性。对于某些特殊情况，如废水中污染物质的平均浓度合格，而高峰排放浓度超标，这时也可间隔适当时间采集瞬时水样，并分别测定，将结果绘制成浓度-时间关系曲线，以得知高峰排放时污染物质的浓度；同时也可计算出平均浓度。

②平均废水样：由于工业废水的排放量和污染组分的浓度往往随时间起伏较大，生产的周期性也影响着排污的规律性。为使监测结果具有代表性（往往要求得到平均浓度），应根据排污情况进行周期性采样。不同工厂、车间生产周期性时间长短很不相同，排污的周期性差别也很大。一般地说，应在一个或几个生产或排放周期内，按一定的时间间隔分别采样，需要增大采样和测定频率，但这势必增加工作量，此时比较好的办法是采集平均混合水样或平均比例混合水样。前者系指每隔相同时间采集等量废水样混合而成的水样，适于废水流量比较稳定的情况；后者系指在废水流量不稳定的情况下，在不同时间依照流量大小按比例采集的混合水样。有时需要同时采集几个排污口的废水样，并按比例混合，其监测结果代表采样时的综合排放浓度。

3. 地下水样的采集

从监测井中采集水样常利用抽水机设备。启动后，先放水数分钟，将积留在管道内的杂质及陈旧水排出，然后用采样容器接取水样。对于无抽取设备的水井，可选择适合的专用采水器采集水样。

对于自喷泉水，可在涌水口处直接采样。

对于自来水,也要先将水龙头完全打开,放水数分钟,排出管道中积存的死水后再采样。

地下水的水质比较稳定,一般采集瞬时水样,即能有较好的代表性。

1.4.2 水样的运输、保存和预处理

各种水质的水样,从采集到分析测定这段时间内,由于环境条件的改变,微生物新陈代谢的活动和化学作用的影响,会引起水样某些物理参数及化学组分的变化。为将这些变化降低到最低程度,需要尽可能地缩短运输时间,尽快分析测定和采取必要的保护措施;有些项目必须在采样现场测定。

1. 水样的运输

对采集的每一个水样,都应做好记录,并在采样瓶上贴好标签,运送到实验室。在运输过程中,应注意以下几点:

(1)要塞紧采样容器口的塞子,必要时使用封口胶、石蜡封口(测油类的水样不能用石蜡封口)。

(2)为避免水样在运输过程中因震动、碰撞导致损失和沾污,最好将样瓶装箱,并用泡沫塑料或纸条挤紧。

(3)需冷藏的样品,应配备专门的隔热容器,放入制冷剂,将样品瓶置于其中。

(4)冬季应采取保温措施,以免冻裂样品瓶。

2. 水样的保存

储存水样的容器可能吸附欲测组分,或者沾污水样,因此要选择性能稳定、杂质含量低的材料制作的容器。常用的容器材质有硼硅玻璃、石英、聚乙烯、聚四氟乙烯。其中,石英和聚四氟乙烯杂质含量少,但价格昂贵,一般常规监测中广泛使用聚乙烯和硼硅玻璃材质的容器。通常塑料容器用于测定金属和其他无机物的监测项目,玻璃容器用于测定有机物和生物等的监测项目。对于有特殊要求监测项目的容器,可以选用其他化学惰性材料制作的容器。

不能及时运输或尽快分析的水样,则应根据不同监测项目的要求,采取适宜的保存方法。水样的运输时间,通常以 24 h 作为最大允许时间。最长储存时间一般为:

清洁水样:72 h;

轻污染水样:48 h;

严重污染水样:12 h。

保存水样的方法有以下几种:

(1)冷藏或冷冻法。

冷藏或冷冻的作用是抑制微生物活动,减缓物理挥发和化学反应速度。

(2)加入化学试剂保存法。

依据不同的测定项目,加入相应的化学试剂,使被测组分在保存过程中不会损失。

①加入生物抑制剂:在测定氨氮、硝酸盐氮、化学需氧量的水样中加入 $HgCl_2$,可以抑制生物的氧化还原作用;对测定酚的水样,用 H_3PO_4 调节 pH 值为 4 时,加入适量 $CuSO_4$ 可以抑制苯酚菌的分解活动。

②调节 pH 值:测定金属离子的水样常用 HNO_3 酸化至 pH 值为 1 ~ 2,既可防止金属离子水解沉淀,又可避免金属被器壁吸附;测定氰化物或挥发性酚的水样加入 NaOH 调至 pH

值为12时,使之生成稳定的酚盐。

③加氧化剂或还原剂:测定汞的水样需加入HNO_3(至pH<1)和$K_2Cr_2O_7$(质量分数为0.05%),使汞保持高价态;测定硫化物的水样,加入抗坏血酸,可以防止被氧化;测定溶解氧的水样则需加入少量硫酸锰和碘化钾固定溶解氧。

应当注意:加入的保存剂不能干扰以后的测定;保存剂的纯度最好是优级纯的,还应作相应的空白试验,对测定结果进行校正。

水样的储存期限与多种因素有关,如组分的稳定性、浓度、水样的污染程度等。

(3)水样的过滤或离心分离。

如欲测水样中组分的含量,采样后立即加入保存剂,分析测试时充分摇匀后再取样。如果测定可滤(溶解)态组分的含量,国内外均采用以0.45 μm微孔滤膜过滤的方法,这样可以有效地除去藻类和细菌,滤后的水样稳定性好,有利于保存。如没有微孔滤膜,对泥沙型水样可用离心方法处理。含有机质多的水样,可用滤纸或砂芯漏斗过滤。用自然沉降后取上清液测定可滤态组分是不恰当的。

3. 水样的预处理

环境水样的组成是相当复杂的,并且多数污染组分含量低,存在形态各异,所以在分析测定之前,需要进行适当的处理,以得到预测组分适于测定方法要求的形态、浓度和消除共存组分干扰的试样体系。

水样的消解:当测定含有机水样中的无机元素时,需进行消解处理。消解处理的目的是破坏有机物,溶解悬浮性固体,将各种价态的欲测元素氧化成单一高价态或转变成易于分离的无机化合物。消解后的水样应清澈、透明、无沉淀。消解水样的方法有湿式消解法和干式分解法(干灰化法)。

(1)湿式消解法。

①硝酸消解法。硝酸消解法适用于较清洁的水样,其方法要点是:取混匀的水样50~200 mL于烧杯中,加入5~10 mL浓硝酸,在电热板上加热煮沸,蒸发至小体积,试液应清澈透明,呈浅色或无色,否则,应补加硝酸继续消解。蒸至近干,取下烧杯,稍冷后加质量分数为2%的HNO_3(或HCl)20 mL,温热溶解可溶盐。若有沉淀,应过滤,滤液冷至室温后于50 mL容量瓶中定容,备用。

②硝酸-高氯酸消解法。适用于含有机物、悬浮物较多的水样。两种酸都是强氧化性酸,联合使用可消解含难氧化有机物的水样。取适量水样于烧杯或锥形瓶中,加5~10 mL硝酸,在电热板上加热、消解至大部分有机物被分解。取下烧杯稍冷,加2~5 mL高氯酸,继续加热至开始冒白烟,如试液呈深色,再补加硝酸,继续加热至冒浓厚白烟将尽(不可蒸至干涸)。取下烧杯冷却,用质量分数为2%的HNO_3溶解,如有沉淀,应过滤,滤液冷至室温定容备用。因为高氯酸能与羟基化合物反应生成不稳定的高氯酸酯,有发生爆炸的危险,故先加入硝酸,氧化水样中的羟基化合物,稍冷后再加高氯酸处理。

③硝酸-硫酸消解法。硝酸沸点较低,而硫酸沸点高,两者结合使用,可提高消解温度和消解效果。常用的硝酸与硫酸的比例为5∶2。消解时先将硝酸加入水样中,加热蒸发至小体积,稍冷,再加入硫酸、硝酸,继续加热蒸发至冒大量白烟,冷却,加适量水,温热溶解可溶盐,若有沉淀,应过滤。为提高消解效果,常加入少量过氧化氢。

该方法不适用于处理测定易生成难溶硫酸盐组分(如铅、钡、锶)的水样。

④硫酸-磷酸消解法。两种酸的沸点都比较高,其中,硫酸氧化性较强,磷酸能与一些金属离子如 Fe^{3+} 等络合,故两者结合消解水样,有利于测定时消除 Fe^{3+} 等离子的干扰。

⑤硫酸-高锰酸钾消解法。该方法常用于消解测定汞的水样。高锰酸钾是强氧化剂,在中性、碱性、酸性条件下都可以氧化有机物,其氧化产物多为草酸根,但在酸性介质中还可继续氧化。消解要点是:取适量水样,加适量硫酸和质量分数为5%的高锰酸钾,混匀后加热煮沸,冷却,滴加盐酸羟胺溶液破坏过量的高锰酸钾。

⑥碱分解法。当用酸体系消解水样造成易挥发组分损失时,可改用碱分解法,即在水样中加入氢氧化钠和过氧化氢溶液,或者氨水和过氧化氢溶液,加热煮沸至近干,用水或稀碱溶液温热溶解。

(2)干灰化法。

干灰化法又称高温分解法。其处理过程是:取适量水样于白瓷或石英蒸发皿中,置于水浴上蒸干,移入马弗炉内,于450~550 ℃ 灼烧到残渣呈灰白色,使有机物完全分解除去。取出蒸发皿,冷却,用适量质量分数为2%的 HNO_3(或 HCl)溶解样品灰分,过滤,滤液定容后供测定。

本方法不适用于处理测定易挥发组分(如砷、汞、镉、硒、锡等)的水样。

4. 水样的富集与分离

当水样中的欲测组分含量低于分析方法的检测限时,就必须进行富集或浓缩;当有共存干扰组分时,就必须采取分离或掩蔽措施。富集和分离往往是不可分割、同时进行的。常用的方法有过滤、挥发、蒸馏、溶剂萃取、离子交换、吸附、共沉淀、层析、低温浓缩等,要结合具体情况选择使用。

(1)挥发和蒸发浓缩法。

挥发分离法是利用某些污染挥发组分挥发度大,或者将欲测组分转变成易挥发物质,然后用惰性气体带出而达到分离的目的。例如,用冷原子荧光法测定水样中的汞时,先将汞离子用氯化亚锡还原为原子态汞,再利用汞易挥发的性质,通入惰性气体将其带出并送入仪器测定;用分光光度法测定水中的硫化物时,先使之在磷酸介质中生成硫化氢,再用惰性气体载入乙酸锌-乙酸钠溶液吸收,从而达到与母液分离的目的。该吹气分离装置如图1.10所示。测定废水中的砷时,将其转变成砷化氢气体(H_3As),用吸收液吸收后供分光光度法测定。

蒸发浓缩是指在电热板上或水浴中加热水样,使水分缓慢蒸发,达到缩小水样体积、浓缩欲测组分的目的。该方法无需化学处理,简单易行,尽管存在缓慢、易吸附损失等缺点,但无更适宜的富集方法时仍可采用。据有关资料介绍,用这种方法浓缩饮用水样,可使铬、锂、钴、铜、锰、铅、铁和钡的浓度提高30倍。

(2)蒸馏法。

蒸馏是利用水样中各污染组分具有不同的沸点而使其彼此分离的方法。测定水样中的挥发酚、氰化物、氟化物时,均须先在酸性介质中进行预蒸馏分离。在此,蒸馏具有消解、富集和分离3种作用。图1.11为挥发酚和氰化物蒸馏装置示意图。氟化物可用直接蒸馏装置,也可用水蒸气蒸馏装置;后者虽然控温要求较严格,但排除干扰效果好,不易发生暴沸,使用较安全,如图1.12所示。测定水中的氨氮时,需在微碱性介质进行预蒸馏分离,图1.13为氨氮蒸馏装置的示意图。

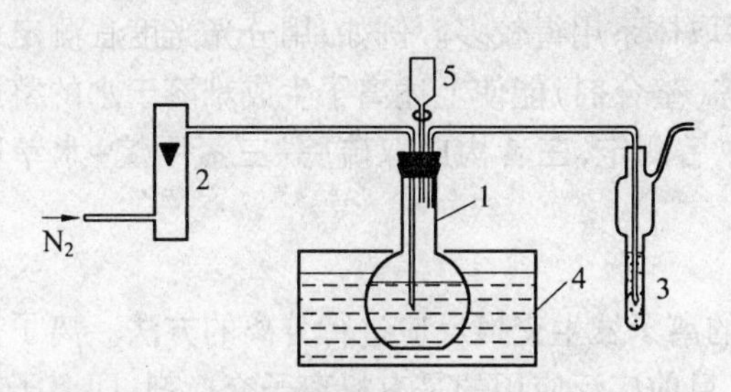

图 1.10　测定硫化物的吹气分离装置

1—500 mL 平底烧瓶(内装水样);2—流量计;3—吸收管;4—恒温水浴(50～60 ℃);5—分液漏斗

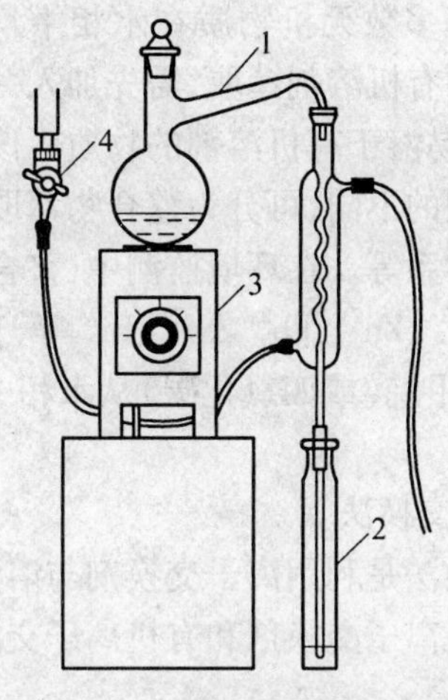

图 1.11　挥发酚、氰化物的蒸馏装置

1—500 mL 全玻璃蒸馏瓶;2—接收瓶;3—电炉;4—水龙头

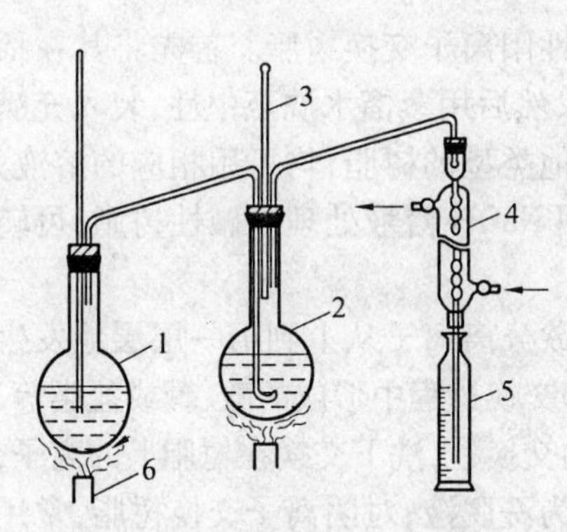

图 1.12　氟化物水蒸气蒸馏装置

1—水蒸气发生瓶;2—烧瓶(内装水样);3—温度计;4—冷凝管;5—接收瓶;6—热源

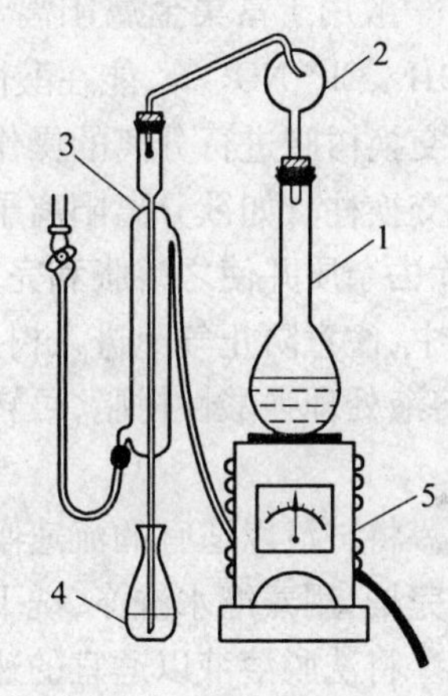

图 1.13　氨氮蒸馏装置

1—凯氏烧瓶;2—定氮球;3—直形冷凝管及导管;4—收集瓶;5—电炉

(3)溶剂萃取法。

对水质中的有机化合物进行测定时,常用溶剂萃取法进行预处理。溶剂萃取是基于物质在不同的溶剂相中分配系数不同,而达到组分的富集与分离。

分离类型为:

①有机物质的萃取:分散在水相中的有机物质易被有机溶剂萃取,利用此原理可以富集分散在水样中的有机污染物质。例如,用 4-氨基安替吡啉光度法测定水样中的挥发酚时,当酚质量浓度低于 0.05 mg/L 时,则水样经蒸馏分离后需再用三氯甲烷进行萃取浓缩;用紫外光度法测定水中的油和用气相色谱法测定有机农药(六六六,DDT)时,需先用石油醚萃取等。

②无机物质的萃取:由于有机溶剂只能萃取水相中以非离子状态存在的物质(主要是

有机物质)，而多数无机物质在水相中均以水合离子状态存在，故无法用有机溶剂直接萃取。为实现用有机溶剂萃取，需先加入一种试剂，使其与水相中的离子态组分相结合，生成一种不带电、易溶于有机溶剂的物质。该试剂于有机相、水相共同构成萃取体系。根据生成可萃取物类型的不同，可分为螯合物萃取体系、离子缔合物萃取体系、三元络合物萃取体系和协同萃取体系等。在环境监测中，螯合物萃取体系用得较多。例如，用分光光度法测定水中的 Cd^{2+}、Hg^{2+}、Zn^{2+}、Pb^{2+}、Ni^{2+}、Bi^{2+}等，双硫腙(螯合剂)能使上述离子生成难溶于水的螯合物，可用三氯甲烷(或四氯化碳)从水相中萃取后测定，三者构成双硫腙-三氯甲烷-水萃取体系。

(4)离子交换法。

离子交换法是利用离子交换剂与溶液中的离子发生交换反应进行分离的方法。离子交换剂分为无机离子交换剂和有机离子交换剂，目前广泛应用的是有机离子交换剂，即离子交换树脂。

离子交换树脂是可渗透的三维网状高分子聚合物，在网状结构的骨架上含有可电离的或可被交换的阳离子或阴离子活性基团。强酸性阳离子树脂含有活性基团—SO_3H、—SO_3Na等，一般用于富集金属阳离子。强碱性阴离子交换树脂含有—$N(CH_3)^{3+}X^-$基团，其中 X^-为 OH^-、Cl^-、NO_3^- 等，能在酸性、碱性和中性溶液中与强酸或弱酸阴离子交换。

用离子交换树脂进行分离的操作程序如下：

①制备交换柱。如欲分离阳离子，则选择强酸性阳离子交换树脂。首先将其在稀盐酸中浸泡，以除去杂质并使之溶胀和完全转变成 H 式，然后用蒸馏水洗至中性，装入充满蒸馏水的交换柱中，注意防止气泡进入树脂层。需要其他类型的树脂，均可用相应的溶液处理。如用 NaCl 溶液处理强酸性树脂，可转变成 Na 型；用 NaOH 溶液处理强碱性树脂，可转变成 OH 型等。

②交换。将试液以适宜的流速倾入交换柱，则欲分离离子从上到下一层层地发生交换过程。交换完毕，用蒸馏水洗涤，洗下残留的溶液即交换过程中形成的酸、碱或盐类等。

③洗脱。将洗脱溶液以适宜的速度倾入洗净的交换柱，洗下交换在树脂上的离子，达到分离的目的。对阳离子交换树脂，常用盐酸溶液作为洗脱液；对阴离子交换树脂，常用盐酸溶液、氯化钠或氢氧化钠溶液作为洗脱液。对于分配系数相近的离子，可用含有机络合剂或有机溶剂的洗脱液，以提高洗脱过程的选择性。

离子交换技术在富集和分离微量或痕量元素方面得到较广泛的应用。例如，测定天然水中 K^+、Na^+、Ca^{2+}、Mg^{2+}、SO_4^{2-}、Cl^-等组分，可取数升水样，让其流过阳离子交换柱，再流过阴离子交换柱，则各组分交换在树脂上。用几十毫升至 100 mL 稀盐酸溶液洗脱阳离子，用稀氨液洗脱阴离子，这些组分的浓度能增加数十倍至百倍。

(5)共沉淀。

共沉淀系指溶液中一种难溶化合物在形成沉淀过程中，将共存的某些痕量组分一起载带沉淀出来的现象。共沉淀现象在常量分离和分析中是力图避免的，但却是一种分离富集微量组分的手段。例如，在形成硫酸铜沉淀的过程中，可使水样中浓度低至 0.02 μg/L 的 Hg^{2+}共沉淀出来。

共沉淀的原理基于表面吸附、形成混晶、异电荷胶态物质相互作用及包藏等。

(6)吸附。

吸附是利用多孔性的固体吸附剂将水样中一种或数种组分吸附于表面,以达到分离的目的。常用的吸附剂有活性炭、氧化铝、分子筛、大网状树脂等。被吸附富集在吸附剂表面的污染组分,可用有机溶剂洗脱或加热解吸的方法分离出来供测定。

1.4.3　气体样品的采集

采集大气(空气)样品的方法可归纳为直接采样法和富集(浓缩)采样法两类。

1. 直接采样法

当大气中的被测组分浓度较高或者检测方法灵敏度高时,从大气中直接采集少量气样即可满足监测分析要求。例如,用非色散红外吸收法测定空气中的一氧化碳,用紫外荧光法测定空气中的二氧化硫等都用直接采样法。这种方法测得的结果是瞬时浓度或短时间内的平均浓度,能较快地测知结果。常用的采样容器有注射器、塑料袋、真空瓶(管)等。

(1)注射器采样。

常用 100 mL 注射器采集有机蒸气样品。采样时,先用现场气体抽洗 3 ~ 5 次,然后抽取 100 mL,密封进气口,将注射器进气口朝下,垂直放置,使注射器内的压力略大于大气压。样品存放时间不宜过长,一般应当天分析完毕。

(2)塑料袋采样。

应选择与样气中污染组分不发生化学反应,也不吸附、不渗漏的塑料袋。常用的有聚四氟乙烯袋、聚乙烯袋及聚酯袋等。为减少对被测组分的吸附,可选择内壁衬银、铝等金属膜的塑料袋。采样时,先用二联球打进现场气体冲洗 2 ~ 3 次,再充满样气,夹封进气口,带回实验室尽快分析。

(3)采气管采样。

采气管是两端具有旋塞的管式玻璃容器,其容积为 100 ~ 500 mL,如图 1.14(a)所示。采样时,打开两端旋塞,将二联球或抽气泵接在管的一端,迅速抽进比采样管容积大 6 ~ 10 倍的欲采气体,使采气管中原有气体被完全置换出,关上两端旋塞,采气体积即为采气管的容积。

采气管也可以预先抽真空采样。

(4)真空瓶采样。

真空瓶是一种用耐压玻璃制成的固定容器,容积为 500 ~ 1 000 mL,如图 1.14(b)所示。采样前,先用抽真空装置将采气瓶(瓶外应有安全保护套)内抽至剩余压力达 1.33 kPa 左右;如瓶内预先装入吸收液,可抽至溶液冒泡为止,关闭旋塞。采样时,打开旋塞,被采空气即充入瓶内,关闭旋塞,则采样体积为真空采气瓶的容积。如果采气瓶内真空度达不到 1.33 kPa,实际采样体积应根据剩余压力进行计算。

2. 富集(浓缩)采样法

大气中的污染物质浓度一般都比较低(10^{-6} ~ 10^{-9}数量级),当直接采样法不能满足分析方法检测限的要求时,就需要用富集采样法对大气中的污染物进行浓缩。富集时间一般比较长,测得结果代表采样时段的平均浓度,更能反映大气污染的真实情况。这种采样方法有溶液吸收法、固体阻留法、低温冷凝法及自然沉降法等。

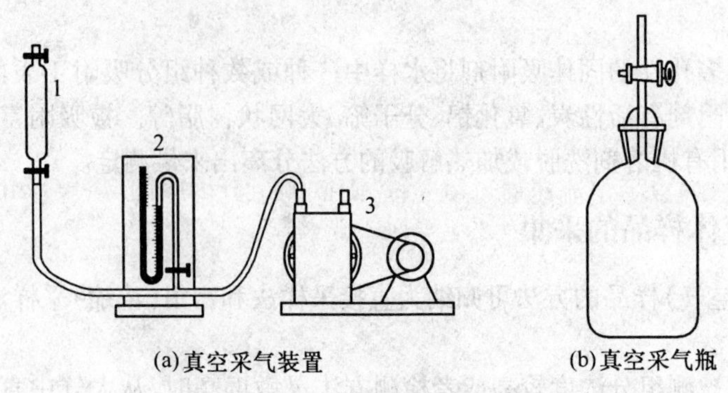

(a)真空采气装置　(b)真空采气瓶

图1.14　真空采气装置和采气瓶

1—采气瓶;2—闭管压力计;3—真空泵

(1)溶液吸收法。

溶液吸收法是采集大气中气态、蒸气态及某些气溶胶态污染物质的常用方法。采样时,用抽气装置将欲测空气以一定的流量鼓泡通过吸收管(瓶)中的吸收液,使待测物质通过物理的或化学的过程被吸收液吸收。采样结束后,倒出吸收液进行测定,根据测得结果及采样体积计算大气中污染物的浓度。溶液吸收法的吸收效率主要决定于吸收速率和样气与吸收液的接触面积。

常用的吸收管(瓶)有气泡吸收管、冲击式吸收管和多孔筛板吸收管(瓶),如图1.15所示。

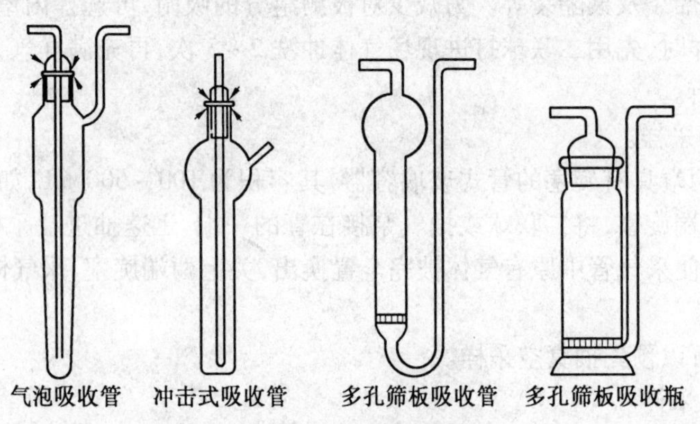
气泡吸收管　冲击式吸收管　多孔筛板吸收管　多孔筛板吸收瓶

图1.15　常用气体收集管(瓶)

气泡吸收管可装5~10 mL吸收液,采样流量为0.5~2.0 L/min,适用于采集气态和蒸气态物质。

冲击式吸收管适宜采集气溶胶态物质。这种吸收管的进气管喷嘴孔径小,距瓶底又很近,当被采气样快速从喷嘴喷出冲向管底时,气溶胶颗粒因惯性作用冲击到管底被分散,从而易被吸收液吸收。该吸收管不适合采集气态和蒸气态物质。冲击式吸收管有小型(装5~10 mL吸收液,采样流量3.0 L/min)和大型(装50~100 mL吸收液,采样流量30 L/min)两种规格。

多孔筛板吸收管可装5~10 mL吸收液,采样流量为0.1~1.0 L/min。多孔筛板吸收瓶则有小型(装10~30 mL吸收液,采样流量为0.5~2.0 L/min)和大型(装50~100 mL吸收液,采样流量为30 L/min)两种。气样通过吸收管(瓶)的筛板后,被分散成很小的气泡,且阻留时间长,大大增加了气液接触面积,从而提高了吸收效果。它们除适合采集气态和蒸气态物质外,也能采集气溶胶态物质。

(2)填充柱阻留法。

填充柱使用一根长6~10 cm、内径3~5 mm的玻璃管或塑料管,内装颗粒状填充剂制成。采样时,让气样以一定流速通过填充柱,则欲测组分因吸附、溶解或化学反应等作用被阻留在填充剂上,达到浓缩采样的目的。采样后,通过解析或溶剂洗脱,使被测组分从填充剂上释放出来进行测定。根据填充剂阻留作用的原理,可分为吸附型、分配型和反应型3种类型。

(3)滤料阻留法。

该方法是将过滤材料(滤纸、滤膜等)放在采样夹上,如图1.16所示,用抽气装置抽气,则空气中的颗粒物被阻留在过滤材料上,称量过滤材料上富集的颗粒物质量,根据采样体积,即可计算出空气中颗粒物的浓度。

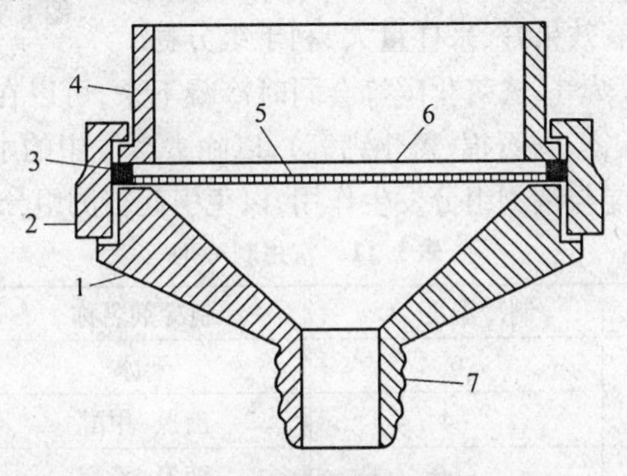

图1.16 颗粒物采样夹

1—底座;2—紧固圈;3—密封圈;4—接座圈;5—支撑网;6—滤膜;7—抽气接口

滤料采集空气中气溶胶颗粒物基于直接阻截、惯性碰撞、扩散沉降、静电引力和重力沉降等作用。采集效率除与自身性质有关外,还与采样速度、颗粒物的大小等因素有关。

常用的滤料有纤维状滤料,如滤纸、玻璃纤维滤膜、过氯乙烯滤膜等;筛孔状滤料,如微孔滤膜、核孔滤膜、银薄膜等。选择滤膜时,应根据采样目的,选择采样效率高、性能稳定、空白值低、易于处理和利于采样后分析测定的滤膜。

滤纸由纯净的植物纤维素浆制成,因有许多粗细不等的天然纤维素相重叠在一起,形成大小和形状都不规则的孔隙,但孔隙较少,通气阻力大,适用于金属尘粒的采集。因滤纸的吸水性较强不利于用重量法测定颗粒性物质。玻璃纤维滤膜由超细玻璃纤维制成,具有较小的不规则孔隙。其优点是耐高温、耐腐蚀、吸湿性小、通气阻力小、采集效率高,常用于采集大气中的飘尘,并可用于溶剂提取采集在它上面的有害组分进行分析。过氯乙烯滤膜、聚苯乙烯滤膜由合成纤维制成,通气阻力是目前滤膜中最小的,并可用有机溶解剂溶成透明溶液,进行颗粒物分散度及颗粒物中化学组分的分析。微孔滤膜是硝酸(或醋酸)纤维素等基质交联成的筛孔状膜,孔径细小、均匀,根据需要可选择不同孔径膜,如采集气溶胶常用孔径0.8 μm的膜。这种膜质量轻,金属杂质含量极微,溶于多种有机溶剂,尤其适用于采集分析金属的气溶胶。核孔滤膜是将聚碳酸酯薄膜覆盖在铀箔上,用中子流轰击,使铀核分裂产生的碎片穿过薄膜形成微孔,再经化学腐蚀处理制成。这种膜薄而光滑,机械强度好,孔径均匀,不亲水,适用于精密的重量分析,但因为孔呈圆柱状,采样效率较微孔滤膜低。银薄膜由微细的银粒烧结制成,具有与微孔滤膜相似的结构。它能耐 400 ℃高温,抗化学腐蚀性强,适用于采集酸、碱气溶胶及含煤焦油、沥青等挥发性有机物的气样。

(4)低温冷凝法。

大气中某些沸点比较低的气态污染物质,如烯烃类、醛类等,在常温下用固体填充剂等方法富集效果不好,而低温冷凝法可提高采集效率。

低温冷凝采样法是将 U 形或蛇形采样管插入冷阱中,如图 1.17 所示,当大气流经采样管时,被测组分因冷凝而凝结在采样管底部。

制冷方法有制冷剂法和半导体致冷器法,表 1.11 列举了常用制冷剂。

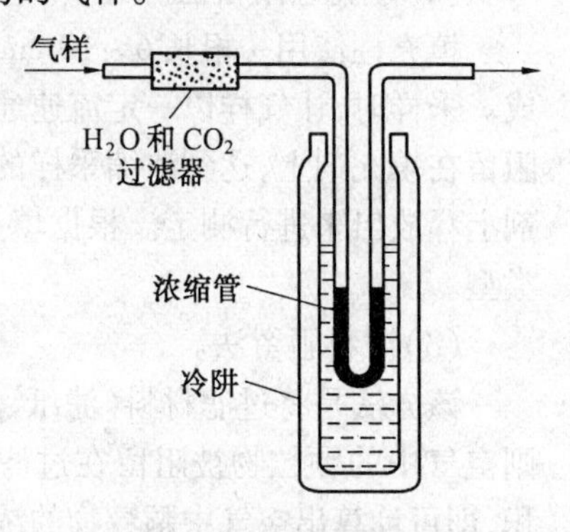

图 1.17　低温冷凝采样装置

低温冷凝采样法具有效果好、采样量大、利于组分稳定等优点,但空气中的水蒸气、二氧化碳等会同时冷凝下来,可以在采样管的进气端装置选择性过滤器(内装过氯酸镁、碱石棉、氯化钙等),以除去空气中的水蒸气和二氧化碳等。但所用干燥剂和净化剂不能与被测组分发生作用,以免引起被测组分损失。

表 1.11　常用制冷剂

制冷剂名称	制冷温度/℃	制冷剂名称	制冷温度/℃
冰	0	干冰	-78.5
冰-食盐	-4	液氮-甲醇	-94
干冰-二氯乙烯	-60	液氮-乙醇	-117
干冰-乙醇	-72	液氧	-183
干冰-乙醚	-77	液氮	-196
干冰-丙酮	-78.5		

(5)自然沉降法。

自然沉降法是利用物质的自然重力、空气动力和浓差扩散作用采集大气中的被测物质,如自然降尘量、硫酸盐化速率、氟化物等大气样品的采集。这种采样方法不需要动力设备,简单易行,且采样时间长,测定结果能较好地反映大气污染情况。

降尘式样的采集:采集大气中降尘的方法分为湿法和干法两种,其中湿法应用更为普遍。

①湿法采样。湿法采样是在一定大小的圆筒形玻璃(或塑料、陶瓷、不锈钢)缸中加入一定量的水,放置在距地面 5 ~ 15 m 高,附近无高大建筑物及局部污染源的地方(如空旷的屋顶上),采样口距基础面 1.5 m 以上,以避免顶面扬尘的影响。我国集尘缸的尺寸为内径 15 cm、高 30 cm,一般加水 1 500 ~ 3 000 mL(视蒸发量和降雨量而定),夏季需要加入少量硫酸铜溶液,以抑制微生物及藻类的生长;冰冻季节需加入适量的乙醇或乙二醇,以免结冰。采样时间为 30±2 天,多雨季节注意及时更换集尘缸,防止水满溢出。

②干法采样。一般使用标准集尘器,如图 1.18 所示。夏季也需加除藻剂。我国干法采样用的集尘缸,如图 1.19 所示。在缸底放入塑料圆环,圆环上再放置塑料塞板。

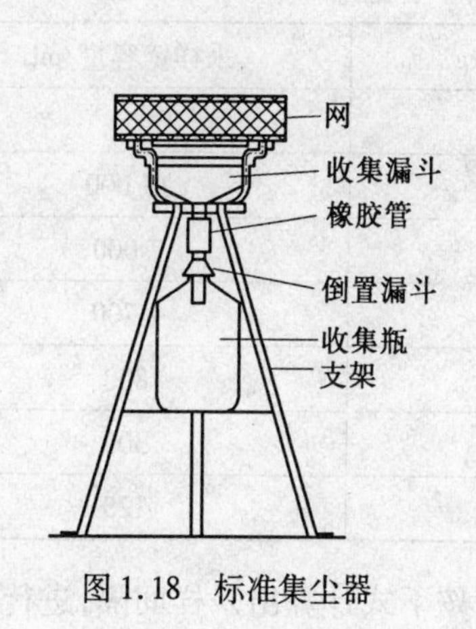

图1.18　标准集尘器

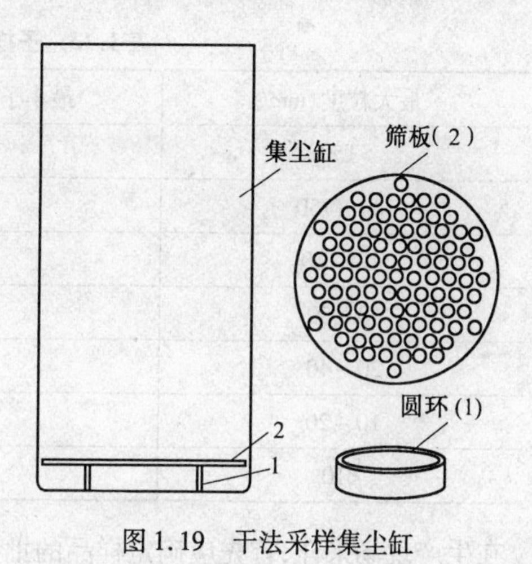

图1.19　干法采样集尘缸

1.4.4　固体样品的采集

为了使采集样品具有代表性,在采集之前要调查研究生产工艺过程、废物类型、排放数量、堆积历史、危害程度和综合利用情况。如采集有害废物则应根据其有害特性采取相应的安全措施。

1.样品的采集

固体废物采样时常使用尖头钢锹、钢尖镐(腰斧)、采样铲(采样器)、具盖采样桶或内衬塑料的采样袋等工具。

采样时,首先根据固体废物批量大小确定应采子样的个数;根据固体废物的最大粒度(95%以上能通过的最小筛孔尺寸)确定子样量;根据采样方法,随机采集子样,组成总样,如图1.20所示,并认真填写采样记录表。

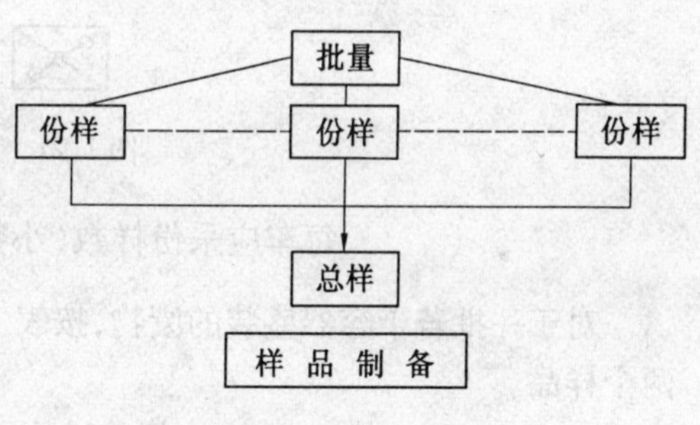

图1.20　采样示意图

每次采样应采子样的个数按表1.12确定,每个子样应采的最小质量按表1.13确定。所采的每个子样量应大致相等,其相对误差不大于20%。表中要求的采样铲容量为保证一次在一个地点或部位能取到足够数量的子样量。

表1.12　批量大小与最少子样数

批量大小(单位:液体1 kL,固体1 t)	最少子样个数
5	5
5~10	10
50~100	15
100~500	20
500~1 000	25
1 000~5 000	30
>5 000	35

表1.13 子样量和采样铲容量

最大粒度/mm	最小子样质量/kg	采样铲容量/mL
>150	30	
100~150	15	15 000
50~100	5	7 000
40~50	3	1 700
20~40	2	800
10~20	1	300
<10	0.5	125

在生产现场采样，首先应确定样品的批量，然后按下式计算出采样间隔，进行流动间隔采样：

$$采样间隔 \leqslant 批量(t)/规定的份样数$$

在运输一批固体废物时，当车数不多于该批废物规定的份样数时，每车应采份样数按下式计算。当车数多于规定的份样数时，按表1.14选出所需最少的采样车数，然后从所选车中各随机采集一个份样。在车中，采样点应均匀分布在车厢的对角线上，端点距车角应大于0.5 m表层去掉30 cm，如图1.21所示。

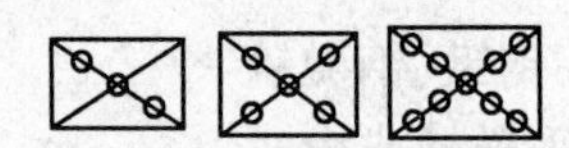

图1.21 车厢中的采样布点

$$每车应采份样数(小数应进为整数)=\frac{规定份样数}{车数}$$

对于一批若干容器盛装的废物，按表1.14选取最少容器数，并且每个容器中均随机采两个样品。

表1.14 所需最少的采样车数表

车数(容器)	所需最少采样车数
<10	5
10~25	10
25~50	20
50~100	30
>100	50

在废渣堆采样时，首先在渣堆两侧距底0.5 m处画第一条横线，然后每隔0.5 m画一条横线；再每隔2 m画一条横线的垂线，其交点作为采样点。按表1.12规定的子样数，确定采样点数，在每点上从0.5~1.0 m深处各随机采样一份。

2. 样品的制备

在制样全过程中，应防止样品产生任何化学变化和污染。若制样过程中，可能对样品的性质产生显著影响，则应尽量保持原来的状态。湿样品应在室温下自然干燥，使其达到适于破碎、筛分、缩分的程度。制备的样品应过筛后(筛孔 5 mm)装瓶备用。

制样程序如下:

(1)粉碎。

用机械或人工方法把全部样品逐级破碎,通过 5 mm 筛孔。粉碎过程中,不可随意丢弃难于破碎的粗粒。

(2)缩分。

将样品于清洁、平整不吸水的板面上堆成圆锥形,每铲物料自圆锥顶端落下,使其均匀地沿锥尖散落,不可使圆锥中心错位。反复转堆,至少 3 周,使其充分混合。然后将圆锥顶端轻轻压平,摊开物料后,用十字板自上压下,分成 4 等份,取两个对角的等份,重复操作数次,直至不少于 1 kg 试样为止。

3. 样品的保存

制好的样品密封于容器中保存,容器应对样品不产生吸附、不使样品变质。容器要贴上标签,标签上注明编号、废物名称、采样地点、批量、采样人、制样人、时间等。特殊样品,可采取冷冻或充惰性气体等方法保存。

制备好的样品,一般有效期为 3 个月(易变质的样品不在此列)。

1.4.5　土壤样品的采集

1. 污染土壤样品的采集

(1)采样布点。

选择一定数量能代表被调查地区的地块作为采样单元(1 300 ~ 2 000 m^2),在每个采样单元中,布设一定数量的采样点。同时选择对照采样单元布设采样点。

为减少土壤空间分布不均一性的影响,在一个采样单元内,应在不同方位上进行多点采样,并且均匀混合成为具有代表性的土壤样品。

(2)采样深度。

一般交接土壤污染状况,只需取 0 ~ 15 cm 或 0 ~ 20 cm 表层(或耕层)土壤,使用土铲采样。

(3)采样量。

由上述方法所得土壤样品一般是多样点均量混合而成,取土量往往较大,而一般只需要 1 ~ 2 kg 即可,因此对所得混合样须反复按四分法弃取。最后留下所需土样的量,装入塑料袋或布袋内。

2. 土壤背景值样品采集

(1)样品采集。

在每一个采样点均需挖掘土壤剖面进行采样。我国环境背景值研究协作组推荐,剖面规格一般为长 1.5 m、宽 0.8 m、深 1.0 m,每个抛面采集 A、B、C 三层土样。过渡层(AB、BC)一般不采样,如图 1.22、图 1.23 所示。当地下水位较高时,挖至地下水出露时为止。现场记录实际采样深度,如 0 ~ 20 cm、50 ~ 65 cm、80 ~ 100 cm。在各层次典型中心部位自下而上采样,切忌混淆层次、混合采样。

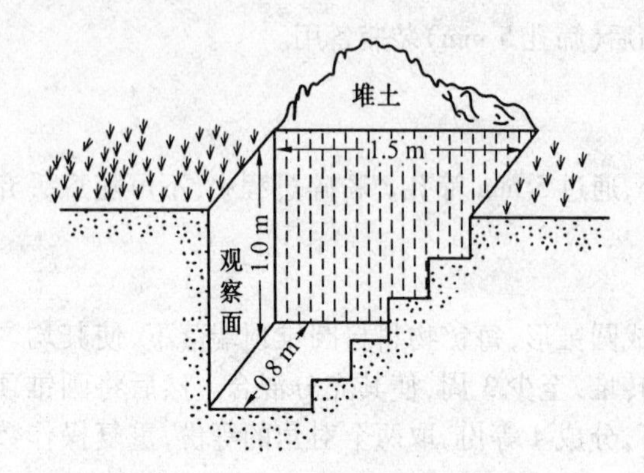

图 1.22　土壤抛面挖掘示意图

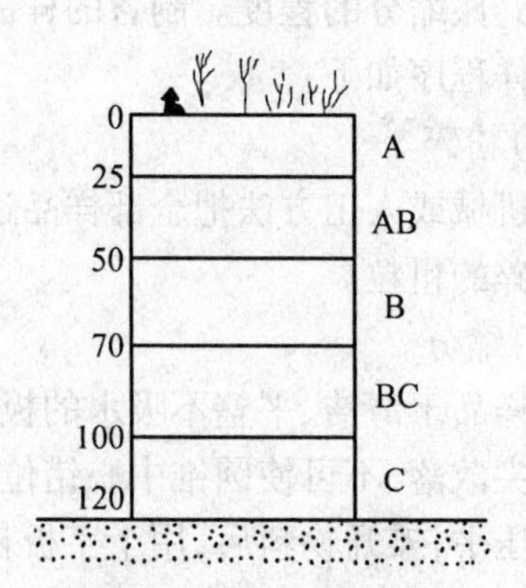

图 1.23　土壤剖面 ABC 层示意图(单位:cm)

在山地土壤土层薄的地区,B 层发育不完整时,只采 A、C 层样。

干旱地区剖面发育不完整的土壤,采集表层(0～20 cm)、中土层(50 cm)和底层(100 cm)附近的样品。

(2)采样点数的确定。

通常,采样点的数目与所研究地区范围的大小、研究任务所设定的精密度等因素有关。在全国土壤背景值调查研究中,为使布点更趋合理,采样点数依据统计学原则,即在所选定的置信水平下,与所测项目测量值的标准差、要求达到的精度相关。每个采样单元采样点位数可按下式估算:

$$n = t^2 \cdot s^2 / d^2$$

式中　n——每个采样单元中所设最少采样点位数;

t——置信因子(当置信水平为 95% 时,t 取值 1.96);

s——样本相对标准差;

d——允许偏差(若抽样精度不低于 80% 时,d 取值 0.2)。

3. 土壤样品制备与保存

(1)土样风干。

从野外采集的土壤样品运到实验室后,为避免受微生物的作用引起发霉变质,应立即将全部样品倒在塑料薄膜上或瓷盘内进行风干。当达半干状态时把土块压碎,除去石块、残根等杂物后铺成薄层,经常翻动,在阴凉处使其慢慢风干,切忌阳光直接暴晒。样品风干处应防止酸、碱等气体及灰尘的污染。

(2)磨碎与过筛。

一般常根据所测组分及称样量决定样品细度。

①物理分析。取风干样品 100～200 g,放在木板上用圆木棍碾碎,经反复处理使土样全部通过 2 mm 孔径的筛子,将土样混均贮于广口瓶内作为土壤颗粒分析及物理性质的测定。

②化学分析。一般常根据所测组分及称样量决定样品细度。分析有机质、全氮项目,应取一部分已过 2 mm 筛的土样,用玛瑙研钵继续研细,使其全部通过 60 号筛(0.25 mm)。用原子吸收分光光度法(AAS)测 Cu、Cd、Ni 等重金属时,土样必须全部通过 100 号筛(尼龙筛)研磨过筛后的样品混匀、装瓶、贴标签、编号、储存。

(3)土样的保存

一般土壤样品需保存半年至一年,以备必要时查核之用。环境监测中用以进行质量控制的标准土样或对照土样则需长期妥善保存。储存样品应尽量避免日光、潮湿、高温和酸碱气体等影响。

将风干的土样、沉积物或标准土样等储存于洁净的玻璃或聚乙烯容器内。在常温、阴凉、干燥、避阳光、密封(石蜡涂封)条件下保存30个月是可行的。

第2章　物质的定量分析

定量分析的任务是测定物质中某种或某些组分的含量。定量分析可以采用化学分析法或者仪器分析法,本章内容为采用化学分析法的定量分析。

以物质的化学反应为基础的分析方法称为化学分析法。化学分析法历史悠久,是分析化学的基础,又称经典分析法,主要有重量分析法和滴定分析(容量分析)法等。滴定分析简便、快速,可用于测定很多元素,特别是在常量分析中,由于它具有很高的准确度,常作为标准方法使用,在环境分析中也广泛应用。

2.1　称量与有效数字

物质质量的准确测定是化学实验中的基本操作之一,各种不同实验对物质质量称量的准确度要求也不同,因此进行实验时,要选用不同精确度的称量仪器。例如,我们常用的台秤能准确称出 0.1 g,而许多化学分析实验对物质质量称量要求准确到零点几毫克,能够满足这个精度的天平通常称为分析天平。最常用的分析天平能准确称到 0.000 1 g,即感量为万分之一的天平,它们的最大载荷一般为 100～200 g。

2.1.1　分析天平的分类

根据天平的平衡原理,可分为杠杆式天平、弹性力式天平、电磁力式天平、液体静力平衡式天平 4 大类;根据使用目的,又可分为通用天平和专用天平两大类;根据量值传递范畴,又可分为标准天平和工作用天平两大类,凡直接用于检定传递砝码质量量值的天平称为标准天平,其他天平一律称为工作用天平。工作用天平又可分为分析天平和其他专用天平。根据分度值的大小,分析天平又可分为常量(0.1 mg)、半微量(0.01 mg)、微量(0.001 mg)和分析天平等 4 类。按准确度等级划分,我国将天平分为 4 级:Ⅰ——特种准确度(精密天平),Ⅱ——高准确度(精密天平),Ⅲ——中等准确度(商用天平),Ⅳ——普通准确度(粗糙天平)。对于机械杠杆式的Ⅰ级和Ⅱ级天平,按其最大称量与分度值之比(m_{max}/D)即分度数 n 值的大小,在Ⅰ级中又细分为 7 个小级,Ⅱ级中细分为 3 个小级,分级标准见表 2.1。对于电子天平,目前我国暂时不细分天平的级别,只要求指明分度值 D 和最大载荷 m_{max}。

在选用天平时,不仅要注意天平的精度级别,还必须注意天平最大载重量。

在常量分析中,使用最多的是最大载重量为 100～200 g 的分析天平,属 $Ⅰ_3$、$Ⅰ_4$ 级。在微量分析中,常用最大载重量为 20～30 g 的 $Ⅰ_1$～$Ⅰ_3$ 级天平。实验室中常用的分析天平见表 2.2。

天平必须安放在牢固的水泥台上,有条件时台面可铺橡皮布防滑、减震。天平放的位置应避免阳光直射,并应悬挂窗帘挡光,以免天平两侧受热不均,横梁发生形变或使天平箱内产生温差,形成气流,从而影响称量。

表 2.1　Ⅰ级和Ⅱ级机械杠杆式天平的级别(依据 GB/T 4168—1992)

准确度级别代号	最大称量与分度值之比/n
$Ⅰ_1$	$1\times10^7 \leqslant n < 2\times10^7$
$Ⅰ_2$	$4\times10^6 \leqslant n < 1\times10^7$
$Ⅰ_3$	$2\times10^6 \leqslant n < 4\times10^6$
$Ⅰ_4$	$1\times10^6 \leqslant n < 2\times10^6$
$Ⅰ_5$	$4\times10^5 \leqslant n < 1\times10^6$
$Ⅰ_6$	$2\times10^5 \leqslant n < 4\times10^6$
$Ⅰ_7$	$1\times10^5 \leqslant n < 2\times10^5$
$Ⅱ_8$	$4\times10^4 \leqslant n < 1\times10^5$
$Ⅱ_9$	$2\times10^4 \leqslant n < 4\times10^4$
$Ⅱ_{10}$	$1\times10^4 \leqslant n < 2\times10^4$

表 2.2　常用国产分析天平的型号和规格

种　类	型　号	名　称	规　格	级别
双盘天平	TG328A	全机械加码电光天平	200 g/0.1 mg	$Ⅰ_3$
	TG328B	半机械加码电光天平	200 g/0.1 mg	$Ⅰ_3$
	TG332A	半微量天平	20 g/0.01 mg	$Ⅰ_3$
单盘天平	DT-100	单盘精密天平	100 g/0.1 mg	$Ⅰ_4$
	DTG-160	单盘精密天平	160 g/0.1 mg	$Ⅰ_4$
	BWT-1	单盘半微量天平	20 g/0.01 mg	$Ⅰ_3$
电子天平	MD110-2	上皿式电子天平	110 g/0.1 mg	$Ⅰ_4$
	MD200-3	上皿式电子天平	200 g/1 mg	$Ⅰ_6$

2.1.2　有效数字

在化学实验中,经常需要对某些物理量进行测量并根据测得的数据进行计算,那么在测定这些物理量时,应采用几位数字?在数据处理时又应保留几位数字?这是个很严格的事,不能随意增减和书写。为了合理取值并能正确运算,需要了解有效数字的概念。

1. 有效数字的位数

有效数字是指从仪器上直接读出(包括最后一位估计读数在内)的几位数字。例如,在用最小刻度为 1 mL 的量筒测量出液体的体积为 21.5 mL,其中 21 是由量筒的刻度直接读出的,而 0.5 是估计的,它不太准确,但也是有效的,记录时应该保留,它的有效数字是 3 位。若改用最小刻度为 0.1 mL 的滴定管来测量时,测得为 21.52 mL。其中 21.5 是直接从滴定管的刻度读出的,而 0.02 是估计的,它的有效数字是 4 位。所以有效数字是指科学实验中实际能测量到的数字。在这个数中,除最后一位数不太准确外,其余各位数都是准确的。

有效数字的位数是根据测量仪器和观察的精确程度来确定的。任何超过仪器精确程度的数字都是不正确的。例如,台秤上称量某物体的质量为3.5 g,所以该物体的质量范围是3.5±0.1 g。3.5中最后一位是不太准确的,有效数字是两位,不能写成3.50 g,因为这样写就超出了仪器的准确度。同理,若在千分之一天平上称量某物体的质量是3.500 g,表示物体的实际质量为3.500±0.001 g,其有效数字是4位,不能写为3.5 g或3.50 g,因为这样写不能反映出仪器的精确度。

因此有效数字与数学上的数字有着不同的含义。数学上的数只表示大小,有效数字不仅表示量的大小,而且反映了所用仪器的准确度和测量误差。

有效数字的位数可以用下面几个数字来说明,见表2.3。

表2.3 有效数字位数的表示方法

数　值	23.00	5.08	0.68	0.006 8	6.8×10^3	6.80×10^3	5 000
有效数字位数	4位	3位	2位	2位	2位	3位	不确定

从以上几个数字可以看出:

(1)有效数字的位数与小数点无关。

(2)"0"在数字前,只起定位作用,不是有效数字,因为"0"与所取的单位有关。例如,体积为15 mL与0.015 L准确度完全相同,它们都是两位有效数字。

(3)"0"在数字的中间或在小数的后面,则是有效数字,例如,3.05、0.500、0.350都是3位有效数字。

(4)采用指数法时,10^n不包括在有效数字中。对于像5 000这类数字,有效位数不好确定,这种数最好根据实际有效数字情况改写为指数形式。如果是2位有效数字,则改写为5.0×10^3,如果是3位有效数字,则写成5.00×10^3。

2. 有效数字的运算规则

(1)加减法。

在加减法中,所得结果的小数点后面的位数,应该与各加减数中小数点后的位数最少者相同。例如,将0.012 1、1.056、25.64这3个数相加:

加法Ⅰ
$$\begin{array}{r} 0.0121 \\ 1.056 \\ +\ 25.64 \\ \hline 26.708\,1 \end{array}$$

加法Ⅱ
$$\begin{array}{r} 0.01 \\ 1.06 \\ +\ 25.64 \\ \hline 26.71 \end{array}$$

在上述3个数中,小数点后的位数最少的是25.64,小数点后有两位数,因为该数中的4已不太准确,再保留小数点后第三位数字是没有意义的,正确结果是26.71。在计算中,可以先采用四舍五入的规则,弃去过多的数字,按加法Ⅱ进行。

(2)乘除法。

在乘除法运算中,所得结果的有效数字的位数应与各数中最少的有效数字位数相同,而与小数点的位置无关。例如,0.0121、1.0568、25.64这3个数相乘时,其乘积应为

$$0.0121\times1.06\times25.6=0.328$$

3个数中0.0121的有效数字位数最少,因此所得结果应取3位有效数字。

(3)对数运算。

在pH和lg K等对数值中,其中有效数字的位数仅取决于小数部分数字的位数,整数部

分决定数字的方次，只起定位作用。例如$[H^+]=0.80\times10^{-5}$ mol/L，它有两位有效数字，所以$pH=-\lg[H^+]=4.74$，其中首数4不是有效数字，尾数74是有效数字，与$[H^+]$的有效数字位数相同。

（4）化学计算中常会遇到表示分数或倍数的数字，例如，1 kg=1 000 g，其中1 000不是测定所得，可看作任意位有效数字。其他如π、1/2、$\sqrt{2}$等也是如此。

2.1.3　测量误差

1. 误差及其产生原因

在测量一个物理量大小时会发现，同一物理量用不同仪器测出来的结果往往是不相同的，即使用一台仪器，不同人测量的结果也会不相同。这种测量结果与物理量真实数值之间的差别叫作误差。根据误差的性质与产生的原因，将误差分为以下3类：

（1）系统误差。

系统误差也称固定误差，指在几次测定中，常按一定的规律性重复出现的误差，在一定条件下重复测定中出现的误差大小和正负都是相同的。这种误差的主要来源有：由于测试方法本身不够完善而引起的误差；仪器本身不够准确；试剂的纯度所引起的误差；个人生理特点引起的误差，如有的人对颜色变化不甚敏感或观察指针时总是习惯把头偏向一方造成的，这种误差可设法减小或加以校正。

（2）偶然误差。

这是由于偶然因素或不可控制的变量的影响所产生的，误差的大小或正负也不确定。如观察温度或电流时出现微小的起伏，估计仪器最小分度时偏大或偏小，控制滴定终点的指示剂颜色稍有深浅等都是难以避免的。随着测定次数的增加，偶然误差的算术平均值将逐渐减小，因此多次测定结果的平均值更接近于真实值。

（3）过失误差。

由于操作者工作疏忽，操作马虎而引起的误差。如测量过程中读数读错；记录记错；计算错误或实验条件控制不好等均属过失误差。只要在实验中严格遵守操作规程，谨慎细心就可大大减少这类误差。如果在实验中发现了过失误差，应及时纠正或除去这些数据，不能参加平均值的计算。

2. 误差的表示方法

（1）准确度和误差。

准确度是指测定结果的正确性，即测定值与真实值（理论值）偏离的程度，用“误差”表示。误差又分绝对误差和相对误差。测量值与真实值之差为绝对误差，即

$$绝对误差=测量值-真实值$$

绝对误差与真实值之比称为相对误差，即

$$相对误差=(绝对误差/真实数值)\times100\%$$

误差越小，表示测量结果的准确度越高，一般用相对误差来反映测定值与真实值之间的偏离程度（即准确度）。

（2）精密度与偏差。

精密度是指在相同条件下测量的重现性。测量结果的重复性用偏差表示。

偏差是单次测定结果与多次重复测量结果的平均值之间的偏离，也分为绝对偏差和相

对偏差两种。

$$绝对偏差=单次测定值-测定的平均值$$

$$相对偏差=(绝对偏差/测定平均值)\times100\%$$

相对偏差的大小可以反映出测量结果再现性的好坏,相对偏差小,再现性好,即精密度高。

2.2　滴定分析的基本操作与度量仪器的使用

2.2.1　玻璃量器

移液管、吸量管、滴定管、容量瓶等是化学实验中测量溶液体积的常用量器。他们的正确使用是实验的基本操作技术之一。

1.移液管

移液管是用来准确地移取一定体积液体的量器。移液管中部有个“胖肚”,由一段粗玻璃管两端焊接两段细玻璃管构成。下部细玻璃管口微拉尖,上部细玻璃内径很均匀,管上有一刻线,它表示吸取溶液面的停留处。移液管按精度分为A级和B级,其规格与允许误差见表2.4。

表2.4　常用移液管的规格(依据GB 12808—91)

标称容量/mL		2	5	10	20	25	50	100
容量允差/mL	A	±0.010	±0.015	±0.020	±0.030	±0.030	±0.050	±0.080
	B	±0.020	±0.030	±0.040	±0.060	±0.060	±0.100	±0.160
水的流出时间/s	A	7~12	15~25	20~30	25~35	25~35	30~40	35~45
	B	5~12	10~25	15~30	20~35	20~35	25~40	30~45

用移液管移取溶液时,右手拇指和中指在移液管刻线上部将移液管垂直拿好,食指悬空。左手将洗耳球捏扁挤出其中的空气并将洗耳球的尖口在移管上口堵紧,然后将管下口插入溶液中,深度大约1 cm。将握洗耳球的左手慢慢放松,则溶液上升进入移液管中。当溶液上升至刻线上面1~2 cm时,将洗耳球移开,同时迅速用右手食指将管上口堵住,将移液管提出液面并将下口靠在容器壁上,然后轻轻松动右手的食指使移液管中的溶液慢慢下降。当溶液的弯月面恰好与刻线相切时,再用食指堵紧移液管上口。将移液管移至接受容器中,保持移液管垂直,而接受容器倾斜约30°,移液管尖端出口触在器壁上,然后抬起食指使管中溶液自然地顺壁流入容器中。待溶液全部流尽后,等约30 s,取开移管,如图2.1所示。因毛细作用总有一部分溶液留在移液管口下端,此部分溶液在移液管校正时已经考虑,不要用任何外力使其流出。移液管用完后,应立即放在架上,不可在桌上乱放。

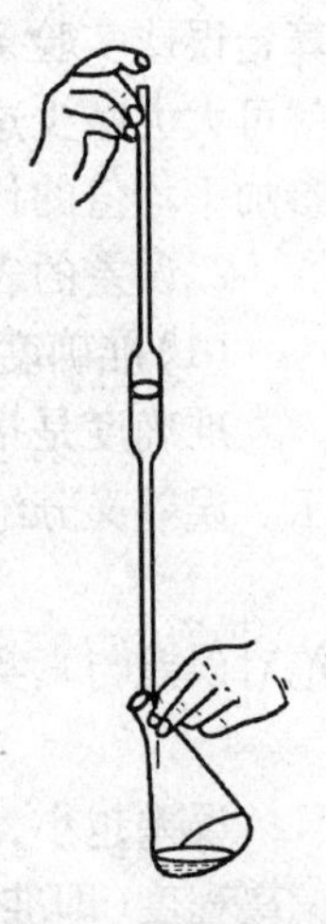

图2.1　移液管的使用方法

在使用移液管取溶液之前,必须清洗移液管,办法是用洗耳球如上面方法向移液管中吸取部分去离子水，然后两手平持移液管转动，使水清洗管的内壁，用去离子水洗两次（洗净的移液管必须是内壁不挂水珠的）。再用待吸取的溶液洗两次，即可吸量溶液。若移液管内壁有油污可先用洗液清洗，再用自来水、去离子水和溶液清洗。

2. 吸量管

吸量管是带有分度线的量出式玻璃量器，如图 2.2 所示，用于移取非固定量的溶液。吸量管产品有规定等待时间 15 s 的吸量管、不完全流出式、完全流出式以及吹出式吸量管 4 大类，精度分为 A 级和 B 级。吸量管的使用方法与移液管大致相同，但使用时注意以下几点：

(1) 吸量管的精度低于移液管，所以在移取 2 mL 以上固定量溶液时，应尽可能使用移液管。

(2) 对实验准确度要求很高时，吸量管要经过容量校正后使用。

(3) 尽量不使用吸量管的全容量，这样可以避免由于吹出与不吹出可能带来的影响。

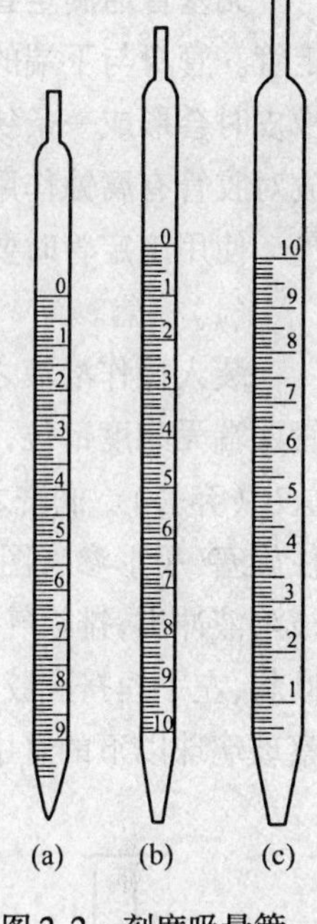

图 2.2　刻度吸量管

3. 滴定管

滴定管是可以放出不固定量液体的量出式玻璃量器，主要用于滴定分析中对滴定剂体积的测量。它的主要部分管身是用细长而且内径均匀的玻璃管制成，上面刻有均匀的分度线（线宽不超过 0.3 mm），下端的流液口为一尖嘴，中间通过玻璃旋塞或乳胶管连接以控制滴定速度。

目前，多数的具塞滴定管都是非标旋塞，即旋塞不可互换。因此，一旦旋塞被打碎，整支滴定管就报废了。

滴定管大致有具塞和无塞的普通滴定管、三通旋塞自动定零位滴定管、侧边旋塞自动定零位滴定管、侧边三通旋塞自动定零位滴定管等类型。滴定管的总容量最小的为 1 mL，最大的为 100 mL，常用的是 10 mL、25 mL、50 mL 容量的滴定管。滴定管的容量允许误差和水的流出时间列于表 2.5 中。

表 2.5　滴定管的规格标准（依据 GB 12805—91）

标称总容量/mL		2	5	10	25	50	100
分度值/mL		0.02	0.02	0.05	0.10	0.10	0.20
容量允许误差/± mL	A	0.010	0.010	0.025	0.05	0.05	0.10
	B	0.020	0.020	0.050	0.10	0.10	0.20
水的流出时间/s	A	20 ~ 35	30 ~ 45		45 ~ 70	60 ~ 90	70 ~ 100
	B	15 ~ 35	20 ~ 45		35 ~ 70	50 ~ 90	60 ~ 100
等待时间/s		30					

具塞普通滴定管的外形如图 2.3(a) 所示，由于它不能长时间盛放碱性溶液（碱性溶液对磨口和旋塞有腐蚀作用），所以惯称为酸式滴定管，它可以盛放非碱性的各种溶液。

无塞普通滴定管的外形如图2.3(b)所示，由于它可盛放碱性溶液，故通常称为碱式滴定管。管身与下端的细管之间用胶管连接，胶管内放一粒玻璃珠，用手指捏挤玻璃珠周围的橡皮时会形成一条狭缝，溶液即可流出，如图2.3(c)所示，并可控制流速。碱式滴定管不宜放对胶管有腐蚀作用的溶液，例如 $KMnO_4$、I_2、$AgNO_3$ 等溶液。

使用滴定管时要注意以下几点：

(1)检漏。

装入操作溶液之前，先用该溶液润洗滴定管2～3次，每次约10 mL溶液，双手拿住滴定管两端无刻度部位，在转动滴定管的同时，使溶液流遍内壁，再将溶液先后从流液口和上口放出(弃去)。润洗之后，随即装入溶液，然后排除管下端的气泡。对于酸式滴定管，左手握住旋塞(手形参考图2.6(b))迅速打开旋塞，同时观察旋塞以下的细管中的气泡是否全部被溶液冲出，排除气泡后随即关闭旋塞。对于碱式滴定管，右手拿住滴定管上端，并使管身倾斜，左手捏挤乳胶管玻璃珠周围，并使尖嘴上翘，如图2.4所示，使溶液迅速冲出，同时观察玻璃珠以下的管中气泡是否排尽。

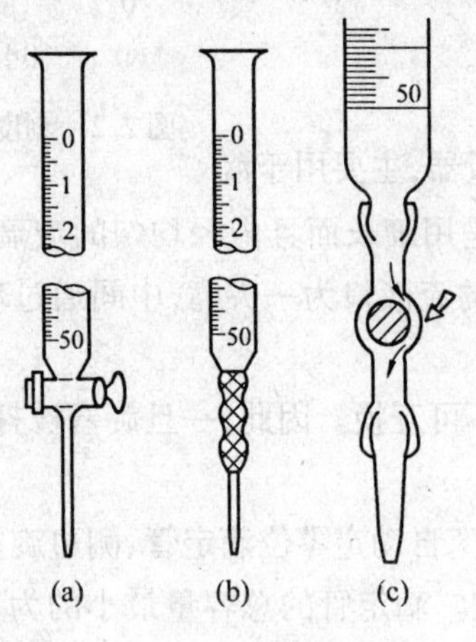

图2.3 普通滴定管

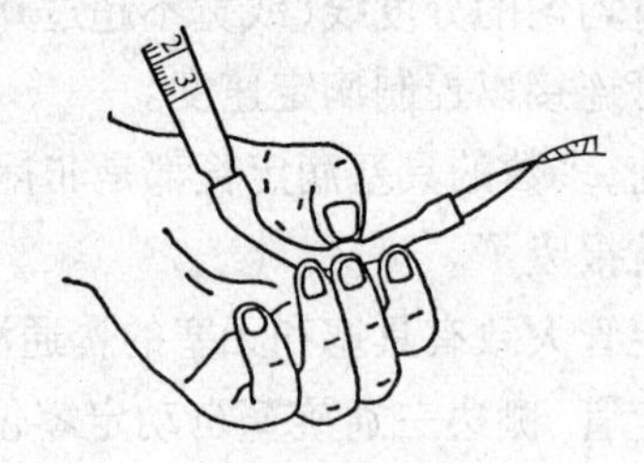

图2.4 碱式滴定管排出气泡

(2)读数。

对于常量滴定管，读数应读至小数点后第二位。为了减少读数的误差应注意：

①滴定管应垂直固定，注入或放出溶液后需静止1 min左右再读数，每次滴定前应将液面调节在“0”刻度或稍下的位置。

②视线应在所读的液面处于同一水平面上，对无色或浅色溶液应读取溶液弯月面最低点处所对应的刻度，面对弯月面看不清的有色溶液，刻度液面两侧的最高点处。初读数与终读数必须按同一方法读数，如图2.5(a)所示。

③对于乳白版蓝线衬背的滴定管，无色溶液面的读数应以两个弯月面相较的最尖部分为准，如图2.5(b)所示。深色溶液也是读取液面两侧的最高点。

④为使弯月面显得更清晰，可借助于读数卡。将黑白两色的卡片紧贴在滴定管的后面，黑色部分放在弯月面下1 mm处，即可见到弯月面的最下缘映成的黑色。读取黑色弯月面的最低点，如图2.5(c)所示。

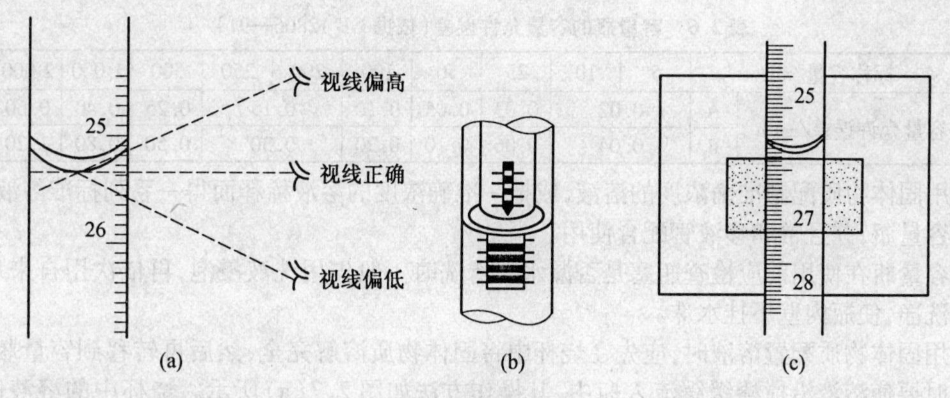

图2.5 滴定管读数

(3)滴定。

酸式滴定管的握塞方式及滴定操作如图2.6(a)所示。左手无名指及小指弯曲并位于管的左侧,其他3个手指控制旋塞(手指尖接触旋塞柄),手心内凹,以防止触动旋塞造成漏液。右手摇动锥形瓶,使溶液沿一个方向旋转,要边摇边滴,使滴下去的溶液尽快混匀。滴定过程中左手不要离开旋塞而任溶液自流。使用碘量瓶滴定时,则要把玻璃塞夹在右手的中指和无名指之间,如图2.6(b)所示。碱式滴定管的操作如图2.6(c)所示。用左手拇指与食指的指尖捏挤玻璃珠周围右侧的乳胶管,使胶管与玻璃珠之间形成一个小缝隙,溶液即可流出。

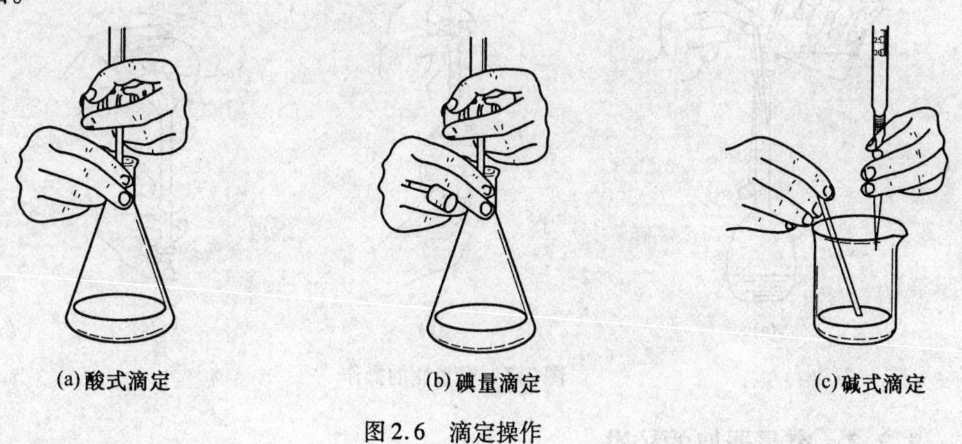

图2.6 滴定操作

(4)颜色观察。

滴定台应是白色的,否则应放一块白瓷砖,这样便于观察滴定过程中溶液颜色的变化。要控制适当的滴定速度,一般情况下以10 mL/min为宜。滴定开始时可快些,接近终点时速度要放慢,加一滴溶液时摇几秒钟。当最后加入一滴或半滴溶液使颜色发生突变,呈现终点颜色并保持半分钟不消失,即为滴定终点。

4. 容量瓶

容量瓶是细颈梨形平底玻璃瓶,瓶口有磨口或塑料塞,颈下有一刻线。当液体充满到刻线时,液体的体积恰好与瓶上所注明的体积相等。容量瓶的精度也分为A级和B级,其容量与允许误差见表2.6。

表2.6　容量瓶的容量允许误差(依据 GB 12806—91)

标称容量/mL		5	10	25	50	100	200	250	500	1 000	2 000
容量允许误差/±mL	A	0.02		0.03	0.05	0.10	0.15		0.25	0.40	0.60
	B	0.04		0.06	0.10	0.20	0.30		0.50	0.80	1.20

用固体物质配制准确浓度的溶液,或把一准确浓度的溶液稀释而得一系列标准溶液,都需用容量瓶,并且常和移液管配合使用。

容量瓶在使用前应检查瓶塞是否漏水。清洗时一般先用洗液浸泡,再依次用自来水和纯水洗净,使瓶内壁不挂水珠。

用固体物质配置溶液时,应先在烧杯中将固体物质溶解完全,然后再转移到容量瓶中。转移时要使溶液沿搅棒缓缓流入瓶中,其操作方法如图2.7(a)所示。烧杯中的溶液倒尽后,烧杯不要直接离开搅棒,而应在烧杯扶正的同时使杯嘴沿搅棒上提1~2 cm,随后烧杯即离开搅棒,这样可以避免烧杯与搅棒之间的一滴溶液流到烧杯外面。然后再用少量水(或其他溶剂)刷洗烧杯3~4次,每次都用洗瓶或滴管冲洗杯壁及搅棒,按同样的方法转入瓶中。当溶液达2/3容量时,可将容量瓶沿水平方向摆动几周以使溶液初步混合。最后加水到刻线处,如图2.7(b)所示。但需注意,当液面将近刻线时,应使用滴管小心地逐滴将水加到刻线处(注意:观察时视线、溶液弯月面与刻线均应在同一水平面上),塞紧瓶塞,将容量瓶倒转数次(此时必须用手压紧瓶塞,以免脱落),并在倒转时加以振荡,如图2.7(c)所示,以保证瓶内溶液均匀。

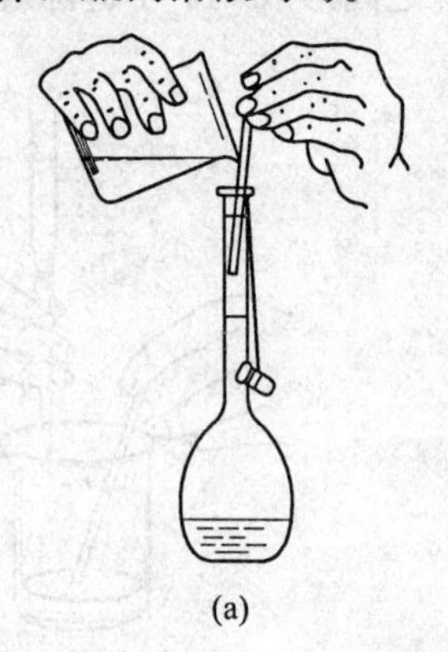
(a)

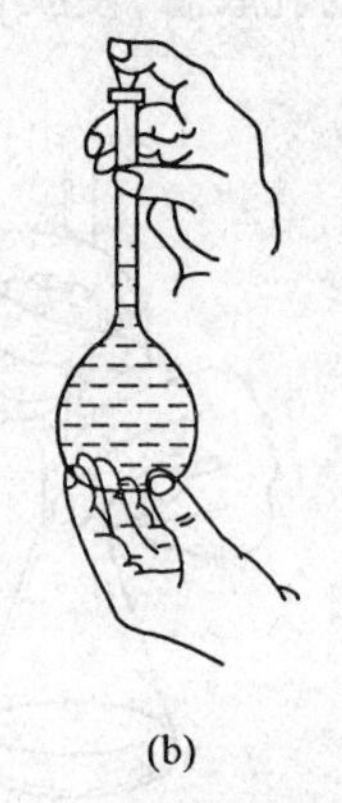
(b)

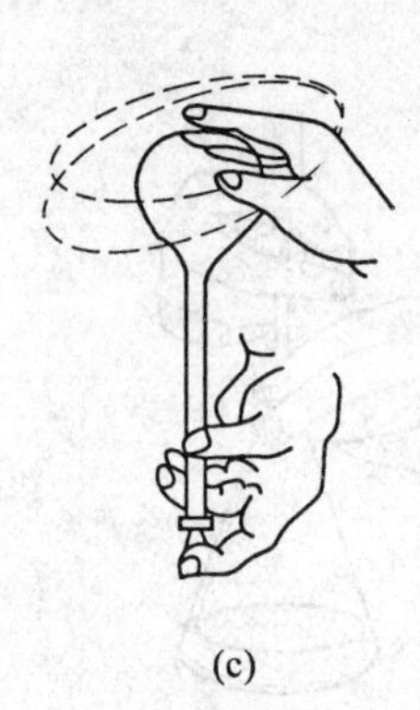
(c)

图2.7　容量瓶的操作

2.2.2　容量器皿的校准

容量器皿的实际容积与他所标示的往往不完全相符,此外,通常的容器是在20 ℃下标定的,温度改变时,容器的容积及溶液的体积都将发生改变,因此,精密分析时往往需要进行容量器皿的校准。校准时,视具体情况可以采取相对校准或称量校准的方法。

1. 相对校准

在实际工作中,移液管和容量瓶常常是配套使用的。例如,用移液管取25 mL标准溶液移入250 mL容量瓶中将其稀释10倍,则移液管与容量瓶的容积比只要1∶10就行了。此时,可采取相对校准方法。步骤如下:使用移液管准确移取25 mL蒸馏水,放入已洗净、干燥的250 mL容量瓶中。重复移取10次以后,观察溶液的弯月面是否与标线正好相切,否则,应另作一标记。相对校准后的容量瓶和移液管应贴上标签,以便以后更好地配套使用。

2. 称量校准

称量校准可以确定滴定管、容量瓶、移液管的实际容积。其原理是通过称取量器中所放出或所容纳的质量，并根据该温度下 H_2O 的密度，计算出该量器在 20 ℃时的容积。由质量换算成 20 ℃时的容积时，需要考虑 H_2O 的密度、空气浮力、玻璃的膨胀系数 3 个方面的影响。其综合值可以用换算系数 f 来表示，见表 2.7。

表 2.7 在不同温度下纯 H_2O 体积的综合换算系数

t/℃	f/(mL·g^{-1})	t/℃	f/(mL·g^{-1})	t/℃	f/(mL·g^{-1})	t/℃	f/(mL·g^{-1})
0	1.001 76	10	1.001 61	20	1.002 83	30	1.005 12
1	1.001 68	11	1.001 68	21	1.003 01	31	1.005 35
2	1.001 61	12	1.001 77	22	1.003 21	32	1.005 69
3	1.001 56	13	1.001 86	23	1.003 41	33	1.005 99
4	1.001 52	14	1.001 96	24	1.003 63	34	1.006 29
5	1.001 50	15	1.002 07	25	1.003 85	35	1.006 60
6	1.001 49	16	1.002 21	26	1.004 09	36	1.006 93
7	1.001 50	17	1.002 34	27	1.004 33	37	1.007 25
8	1.001 52	18	1.002 49	28	1.004 58	38	1.007 60
9	1.001 56	19	1.002 65	29	1.004 84	39	1.007 94

根据表中的换算系数，用下式可以算出某一温度下一定质量(m)的 H_2O 在 20 ℃时所占的实际容积 V：

$$V=fm$$

例如，校准移液管时，在 15 ℃称得纯 H_2O 质量为 24.94 g，查表 2.7 得 15 ℃时的综合换算系数为 1.002 07，由此算得它在 20 ℃时的实际体积为

$$V=1.002\ 07\ \text{mL}\cdot\text{g}^{-1}\times 24.94\ \text{g}=24.99\ \text{mL}$$

2.3 天 平

天平是测定物体质量的仪器，需安装在专门的天平室内使用。天平应远离震源、热源，并与产生腐蚀性气体的环境隔离。室内应清洁无尘，室温以 18 ~26 ℃为宜，且应相对稳定。室内保持干燥，相对温度应在 50% ~60% 之间。

天平按其称量原理，可分为台式天平、杠杆式机械天平和电子天平 3 类。台式天平是粗略称量天平。机械天平又分为双盘等臂天平和单盘不等臂天平两种，常用的双盘等臂天平又因为添加砝码的方式不同而分为半机械加码电光分析天平（简称半自动天平）和全机械加码电光分析天平（简称全自动天平）。电子天平的称量范围为：万分之一和十万分之一两种，方便地得到高精度的称量结果。

2.3.1 台式天平

台式天平又称为托盘天平，如图 2.8 所示，用于粗略的称量，即称量具有吸水性和挥发性的物质，能称准至

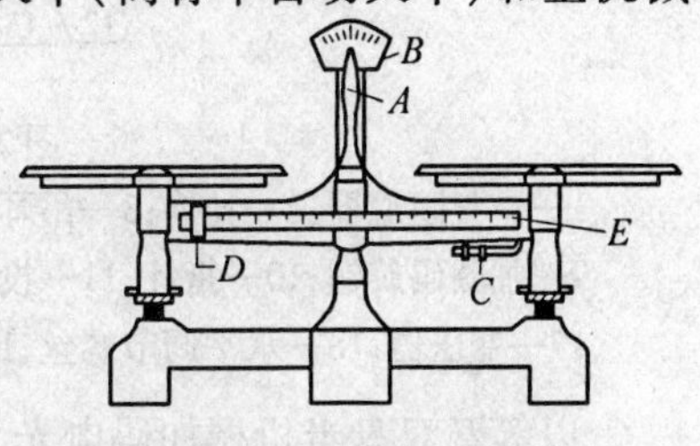

图 2.8 台式天平

0.1 g,台式天平的结构为横梁架在天平座上,横梁左右有两个盘子,在横梁中部的上面有指针,根据指针 A 在刻度盘 B 摆动的情况,可以看出台式天平的平衡状态。

2.3.2 双盘等臂分析天平

双盘等臂天平的称量原理如图 2.9 所示。它是依据杠杆原理,杠杆 ABC 代表等臂的天平梁,图中 B 为支点,AB 和 BC 为力臂,将质量为 m_1 的物体和质量为 m_2 的砝码分别放在天平的两个托盘上,则 A、C 两端所收的力分别为 P、Q,根据杠杆原理,当达到平衡时,作用于力臂的力矩相等,即

$$P \cdot AB = Q \cdot BC$$

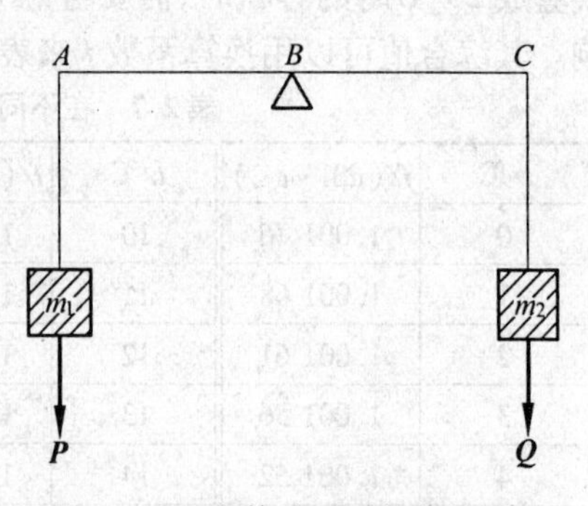

图 2.9　双盘等臂天平的称量原理

对于等臂天平,$AB=BC$,所以 $P=m_1g$,$Q=m_2g$,其中 g 为重力加速度,于是有

$$m_1g=m_2g$$

即待称物体的质量等于天平砝码的质量。

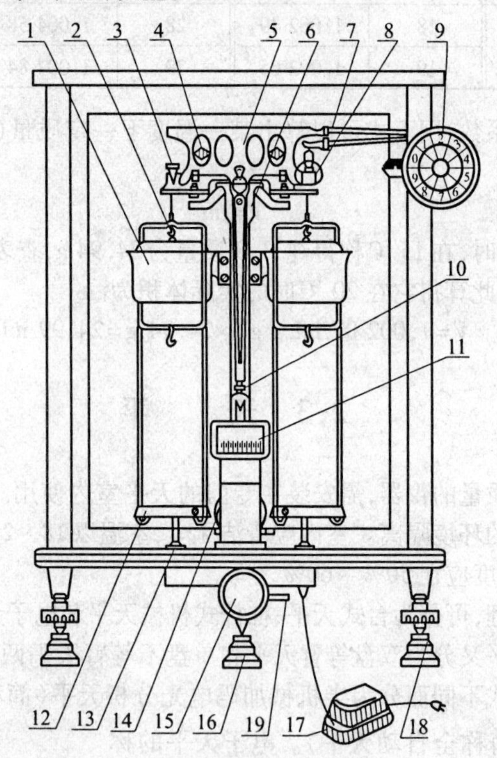

图 2.10　半自动电光天平的正面图

1—空气阻尼器;2—挂钩;3—吊耳;4—零点调节螺丝;5—横梁;6—天平柱;7—圈码钩;8—圈码;9—加圈码旋钮;10—指针;11—投影屏;12—称盘;13—盘托;14—光源;15—旋钮;16—底垫;17—变压器;18—水平调节螺丝;19—调零杆

以等臂双盘半机械加码电光天平为例介绍分析天平的一般结构,如图 2.10 所示。天平的主体部分包括天平梁、天平盘、吊耳和阻尼器。天平梁上装有 3 个三棱体的玛瑙刀口,支

点刀位于梁的中间，刀口向下；承重刀位于梁的两端，刀口向上，3个刀口平行且处于同一水平面上，支点刀与承重刀之间的距离为天平臂长，两臂等长。

天平的左、右两个托盘（天平盘）通过吊耳挂在天平梁上。吊耳中心嵌有面向下的玛瑙平板，与横梁上的玛瑙刀口相对应。工作状态时，玛瑙平板与刀口相接触。吊耳上还挂有阻尼器，它可以使天平迅速停止摆动而达到平衡。

机械加码装置是用来添加1 g以下，10 mg以上的圆形小砝码的。使用时，只要转动指数盘的加码旋扭，如图2.11所示，则圈码钩就可将圈码自动地加在天平梁右臂上的金属窄条上，加入圈码的质量由指数盘标出。

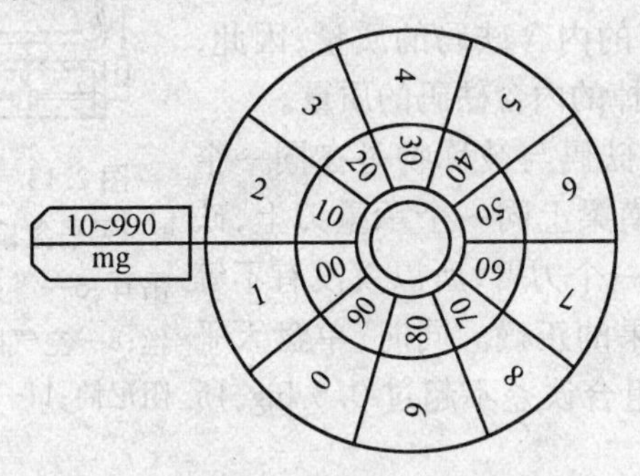

图2.11　砝码读数盘
内层为10～90 mg；外层为100～900 mg

光学读数装置如图2.12(a)所示，称量时打开旋钮，接通电源。此时光经过聚光管6，照在透明微分标尺5上，再经物镜筒4放大的标尺像被反射镜3和反射镜2反射后，到达投影屏1上，因此在投影屏上可以直接读出微分标尺的刻度，如图2.12(b)所示。

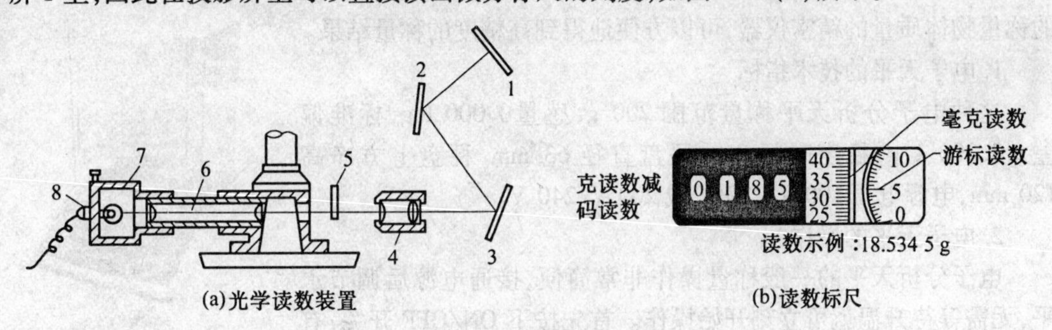

图2.12　光学读数装置
1—投影屏；2，3—反射镜；4—物镜筒；5—微分标尺；6—聚光管；7—照明筒；8—灯头座

使用时，通过升降钮控制天平的工作状态和休止状态。打开旋钮，可以使托梁架下降，天平梁上的3个刀口与相应的玛瑙平板相接触，托盘下降，吊耳和天平盘可自由摆动，同时电源接通，屏幕上可以观察到标尺的投影，天平进入工作状态。当关闭旋钮时，托盘升起，托梁架托起天平梁，电源切断，天平进入休止状态。

2.3.3　单盘电光分析天平

单盘电光天平性能稳定，使用简便，调修容易，比双盘天平具有显著优越性，可对样品的质量进行快速精密称量。

单盘电光天平的结构如图2.13所示，单盘天平属于不等臂天平，其横梁上只有一个支点刀和一个承重刀，内含砝码与被称物在同一个悬挂系统中。天平启动后，横梁稳定地平衡在某一位置，当托盘上放置被称物后，悬挂系统因增加质量而下沉，横梁改变了原来平衡位置，为了保持横梁原来的平衡位置，必须在悬挂系统中减掉一定数量的内含砝码，直至横梁回到原来平衡位置。也就是放在托盘上的被称物的质量替代了悬挂系统中减掉的内含砝码的质量，因此，被称物的质量就等于所减掉的内含砝码的质量。

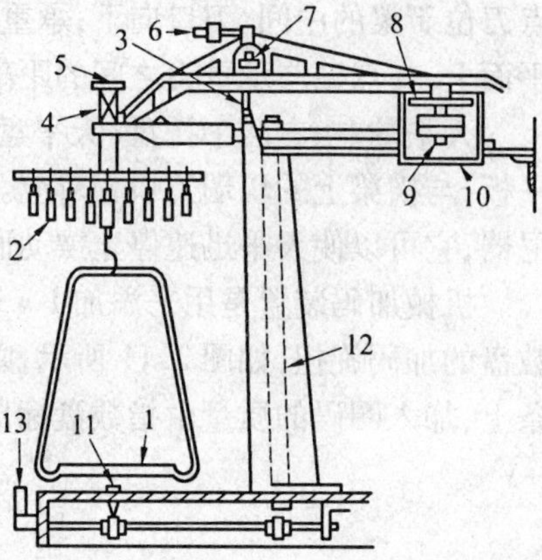

图2.13　单盘电光天平结构示意图

1—天平盘；2—砝码；3，4—玛瑙刀口；5—吊耳；6—零点调节螺丝；7—重心调节螺丝；8—空气阻尼片；9—平衡锤；10—空气阻尼筒；11—盘托；12—升降枢；13—旋钮

由于单盘天平称量时砝码与被称物是在同一个悬挂系统中，它们作用在横梁上同一个承重刀上，砝码与被称物对支点刀是同一个力臂，所以就没有不等臂性误差，保证了称量结果的正确。同时，单盘天平的感量恒定，内含砝码的组合误差不超过0.5 mg，所以它的称量精度比较高。

单盘电光天平所有操作旋钮都在天平底板两侧，操作简便省力，同时具有“半开”机构，可在半开状态下减码，不必反复开、关天平，提高了称量效率。

2.3.4　电子分析天平

电子分析天平（图2.14）是一种精度高、可靠性强、操作简便的称量物体质量的精密仪器，可以方便地得到高精度的称量结果。

图2.14　电子分析天平

1. 电子天平的技术指标

这种电子分析天平称量范围200 g，感量0.000 1 g，标准偏差≤0.000 1 g，稳定时间2 s，秤盘直径63 mm，秤盘上方净高120 mm，电源电压100 V/120 V或200 V/240 V。

2. 电子天平的操作

电子分析天平的一般称量操作非常简便，接通电源后调节水平，无需等待升温就可立刻开始操作。首先按下ON/OFF开关，有一个自动检测过程，检测完成时在质量显示屏上显出0.000 0 g（空载），这时显示屏上若有其他显示，请勿乱按键盘。如果称量时要用一容器盛放被称物体，或者质量显示屏上并非显出0.000 0 g，则在称量前应再按去皮键，确认称量零点，质量显示屏再现0.000 0 g。推开玻璃侧门，把被称物体放在秤盘上，关上门后，等质量显示屏上的显示数字稳定下来，出现小数点后第4位的数字显示后，质量显示屏上的数字读数即为所称物体的准确质量。

此外，电子分析天平还具有“比较测定”“定量称量”“连机（计算机）处理数据”等功能。

3. 天平的使用规则

（1）同一实验应使用同一天平和砝码，以减少系统误差。

（2）开启天平升降旋钮动作要轻，做到缓慢、匀速开启。未休止的天平不允许进行任何操作,如加减砝码和称量物等,以免损伤玛瑙刀口。

(3)称量物总量不得超过天平所允许的最大载重量。

(4)待称物应放在干燥、洁净的容器中称量,挥发性、腐蚀性物质必须放在密闭的容器中称量,以免沾污天平。未冷至室温的物质不能在天平上称量。

(5)不得随意移动天平位置,如发现天平有不正常现象或称量过程中发生故障,可报告指导教师处理。

(6)称量完毕要认真检查天平是否休止,各部位是否恢复原位。将加码旋钮恢复到零位,关好天平门,切断电源,盖好天平罩。

2.4　实验一　物质的称量与溶液的配制

许多化学反应是在溶液中进行的,化学实验中经常使用不同浓度的溶液,必须熟练地掌握溶液的配制方法。对溶液浓度的精密度的要求不同,则配制方法和所用的仪器也有所不同。溶液按精密度基本分为两类:一类是一般精密度的溶液其浓度的有效数字最高只能达到小数点后2位;另一类是准确浓度的溶液,常称为标准溶液,其有效数字为小数点后4位,只有少数基准试剂才能直接配制准确浓度的溶液。

化学分析中任何计量过程最后几乎都会归结为对物质质量的称量。因此,准确计量物质的质量是保证化学分析精确无误的关键。通过称量实验练习,要求了解机械天平的基本结构,学会机械天平的正确使用方法以及注意事项,并完成准确称量物体质量的操作。

2.4.1　实验原理

1. 称量练习

在分析天平上称量物体准确质量时,可以采用直接称量法和减量称量法。

(1)直接称量法。

天平零点调定后,把要称量的物体直接放在天平秤盘上,直接测出物体的质量。有时为了方便,用称量纸或小烧杯等盛放试样,直接在天平秤盘上称量,然后扣除盛放容器(或纸张)的质量,即得所称试样的质量。直接称量法适用于那些在空气中性质比较稳定,不易吸潮、不易氧化、也不易吸收 CO_2 的物质,如金属、矿石等。

(2)减量称量法。

把要称量的物体先装入一洁净干燥容器中(称固体粉状样品用称量瓶,液体样品用小滴瓶),在天平上称出试样和容器的总质量 m_1,然后从容器中仔细倒出所需量的试样,再称出剩余试样和容器的总质量 m_2,前后两次称出的质量之差 m_1-m_2 即为倒出试样的准确质量。如此重复操作,可连续称取若干份试样。这种方法适用于颗粒状、粉状和液体试样。由于称量容器都有磨口瓶塞,对于易吸湿、氧化、挥发的试样很有利。

2. 溶液的配制

配制已知浓度标准溶液的方法有直接配制法和标定配制法。

(1)直接配制法。

准确称取一定量的基准物质,溶解后配成一定体积的溶液。基准物质必须符合如下要求:

①物质的组成与化学式严格相符,若含结晶水,如 $H_2C_2O_4 \cdot 2H_2O$,$Na_2B_4O_7 \cdot 10H_2O$ 等物质,其结晶水的含量均应完全符合化学式。

②试剂稳定、纯净,纯度一般在99.9%以上。

③参加反应时,应按反应式定量进行,没有副反应。

基准物质在使用前要事先干燥至恒重,一些常用的基准试剂列于表2.8中。

表2.8　几种常用的基准试剂

试剂名称	主要用途	干燥方法	国标编号
氯化钠	标定 $AgNO_3$ 溶液	500~550 ℃灼烧至恒重	GB 1253—89
草酸钠	标定 $KMnO_4$ 溶液	105±5 ℃干燥至恒重	GB 1254—90
无水碳酸钠	标定 HCl、H_2SO_4 溶液	270~300 ℃干燥至恒重	GB 1255—90
邻苯二甲酸氢钾	标定 NaOH 溶液	105~110 ℃干燥至恒重	GB 1257—90
重铬酸钾	标定 $FeSO_4$ 溶液	800 ℃灼烧至恒重	GB 1259—89

(2)标定配制法。

有很多物质不能作基准试剂,如 NaOH 易吸收水分及二氧化碳,浓 HCl 易挥发,$FeSO_4$ 结晶水含量常会变化等。可采用标定法配制标准溶液,即按照一般溶液的配制方法配成大致所需的浓度,然后再用另一种已知准确浓度的标准溶液标定。

配制一般精度的溶液时,用台秤称取所需的固体物质的量,用量筒量取所需液体的量。不必使用高精度的分析仪天平。

2.4.2　特别指导

称量固体样品时,常常使用称量瓶作称量容器。称量瓶是一种圆柱形玻璃容器,带有磨口玻璃塞,如图2.15所示,质量较轻,可直接在天平上称量。平时,称量瓶应洗净烘干后存放在玻璃干燥器中。称量易吸水、易氧化和易吸收二氧化碳的固体粉末样品以及同一样品需要称量多份时,往往采用称量瓶进行称量。从称量瓶中倒出固体粉末样品时,应在承接样品的容器上方进行操作。这时左手握住称量瓶,右手拿着瓶盖,让称量瓶口稍微倾斜向下,并用瓶盖轻轻敲打称量瓶口上缘,逐渐倒出样品,如图2.16所示。当倒出的样品估计已够量时,慢慢地把称量瓶竖起,瓶口向上,并再用瓶盖轻轻敲打瓶口,让剩余样品全部返回称量瓶内,盖好瓶盖。

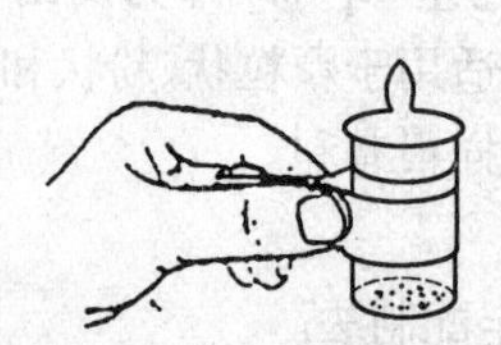

图2.15　称量瓶

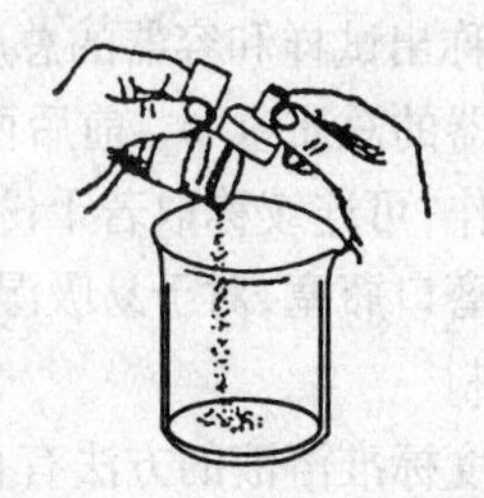

图2.16　倾出样品的操作

称量过程中,不得直接用手取放被称物(包括称量容器),因为手上的汗、油污及体温等都会影响称量准确度。可戴细纱手套或用小纸条、镊子、钳子等工具。

2.4.3 实验内容

1. 减量法称量试剂

按2.3节的说明熟悉天平构造,调节天平零点。

从实验室烘箱中取两个编号的50 mL小烧杯,先在台秤上粗称其大致质量,再用分析天平精确称量,记录烧杯质量。

在称量瓶中装入已干燥的无水碳酸钠(Na_2CO_3)。计算配制0.100 0 mol/L准确浓度的碳酸钠溶液250 mL所需碳酸钠的克数,用减量法在分析天平上准确称取相应量的碳酸钠(精确至0.1 mg),移入已精确称重的50 mL烧杯中。共称量两份,记录,并计算小烧杯加碳酸钠的总质量。

2. 验证称量精度

再次称量已加入碳酸钠的小烧杯质量。称量结果与分别称量后的计算结果比较,如果质量相差大于0.3 mg,检查原因,重新称量。此过程也是直接称量的全过程,记录每步称量的数据。

3. 配制0.1 mol/L的NaOH溶液300 mL

首先计算配制300 mL 0.1 mol/L的NaOH溶液所需的固体NaOH的质量,迅速称取需要的量。然后将其倒入洁净的500 mL烧杯中,向烧杯中加入300 mL去离子水,用玻璃棒搅拌至完全溶解,将溶液倒入试剂瓶(写好标签)中备用。

4. 配制0.1 mol/L的HCl溶液300 mL

首先计算配制300 mL 0.1 mol/L的HCl溶液所需的浓盐酸及水的体积,用量筒量取所需的去离子水的体积,将其倒入洁净的500 mL烧杯中,再量取所需的浓盐酸的体积。然后在玻璃棒的搅拌下将其缓缓地倒入水中。配好后倒入试剂瓶中备用。

5. 配制约0.100 0 mol/L准确浓度的碳酸钠溶液250 mL

将前面称量的碳酸钠用适量去离子水溶解,将溶液定量转移到250 mL容量瓶中,加水至刻度,摇匀,计算草酸的实际浓度,贴上标签备用。

6. 实验结果及计算结果填入表2.8。

表2.8　差减法和直接法称量

差减法称量				直接法称量			
编号	称量瓶+试剂初/g	称量瓶+试剂次/g	倾出试剂量/g	编号	烧杯质量/g	烧杯+试剂/g	试剂/g
1				1			
2				2			
平均值				平均值			
两次称量误差				两次称量误差			

2.4.4 思考题

1. 在放置待称物体或加减砝码时,应注意什么问题?

2. 计算配制0.1 mol/L NaH溶液300 mL所需固体NaOH的质量,应该用台式天平称量还是分析天平称取？为什么？

3. 用容量瓶配制溶液时，是否需要干燥容量瓶？为什么？

2.5 实验二 酸碱标准溶液的标定

滴定分析法是将一种已知准确浓度的溶液（标准溶液）滴加到被测物质的溶液中，直到所加溶液与被测物质按化学计量定量反应为止，然后根据所加溶液的浓度和用量，计算被测物质的含量。

这种已知准确浓度的溶液叫作“滴定剂”。将滴定剂从滴定管加到被测物质溶液的过程叫“滴定”。当加入的标准溶液与待测物质恰好按化学反应式所表示的化学计算关系完全反应时，滴定到达化学计量点。确定化学计量点可用指示剂，指示剂发生颜色变化的转变叫作“滴定终点”。滴定终点应与化学计量点尽量符合，否则会造成分析误差。

根据滴定过程中发生的反应的不同，滴定分析法又可分为酸碱滴定、沉淀滴定、氧化还原滴定、络合滴定等。

2.5.1 实验原理

1. 酸碱滴定法

酸碱滴定法中发生的反应是酸碱中和反应。例如：酸 A 和碱 B 按化学计量定量发生如下所示的中和反应时：

$$aA+bB \rightarrow cC+dD$$

若所用酸碱物质的摩尔浓度以 c_A、c_B 表示，消耗的体积用 V_A、V_B 表示，则

$$a \cdot c_B V_B = b \cdot c_A V_A$$

酸碱滴定就是用已知摩尔数或已知浓度及体积的标准溶液（即已知 $c_A \cdot V_A$）通过滴定过程确定未知浓度溶液的体积（V_B）进而求得溶液浓度（c_B）的分析方法。

2. 酸碱指示剂

酸碱指示剂一般是弱的有机酸或有机碱，在溶液中存在离解平衡，且指示剂的酸式和碱式结构具有不同的颜色。在溶液中，指示剂的酸式和碱式达到平衡。

（1）甲基橙指示剂：一种弱的有机碱，是双色指示剂。

（2）酚酞指示剂：一种非常弱的有机酸，是单色指示剂。

上述两指示剂的颜色改变表明是由 pH 值决定的，由于不同指示剂的 pKa 不同，因此指示剂的变色 pH 值范围各有不同。从 pH=0 到 pH=14 有上百种指示剂可供选择，最常用的指示剂有甲基橙，他的变色范围 3.1～4.4，由橘黄色变为橙红色；酚酞的变色范围 8.2～10.0，由无色变为微红色。

以弱酸型指示剂 HIn 来讨论：

$$\underset{\text{酸式色}}{HIn} \longrightarrow H^+ + \underset{\text{碱式色}}{In^-}$$

其离解常数为：

$$K_{HIn} = \frac{[H^+][In^-]}{[HIn]}$$

$$[H^+] = \frac{K_{HIn}[HIn]}{[In^-]}$$

$$pH = pKa = \lg \frac{[HIn]}{[In^-]}$$

可见$\frac{[HIn]}{[In^-]}$比值是$[H^+]$浓度的函数，或 pH 值是由$\frac{[HIn]}{[In^-]}$比值决定的。

当$\frac{[HIn]}{[In^-]} \geq 10$看见的是酸式颜色，此时 $pH \leq pKa-1$；

当$\frac{[HIn]}{[In^-]} \leq \frac{1}{10}$看见的是碱式颜色，此时 $pH \geq pKa+1$；

当$\frac{[HIn]}{[In^-]} = 1$时，两者浓度相等，此时 $pH = pKa$。

以上讨论的结果称指示剂的理论变色点。

2.5.2　特别指导

指示剂的用量不宜过多，否则会由于色调的变化不明显，指示剂要消耗滴定剂等原因，引起误差。

酸碱滴定是容量分析最基本也是最重要的分析方法。要求操作者认真、细心、熟练并具备一定的技巧。两次平行分析的误差一般要求在 0.2% 以内，这就意味着两次分析消耗滴定剂的体积差通常小于 0.04 mL。

2.5.3　实验内容

1. 滴定操作练习

(1) 按要求洗净酸式和碱式滴定管各一支。

(2) 将实验一配制的 0.1 mol/L NaOH 溶液装入碱式滴定管中，调节至 0.00 刻度。再将实验一配制的 0.1 mol/L HCl 溶液装入酸式滴定管中，调节好零点。

(3) 以 10 mL/min 的速度放出 20.00 mL NaOH 溶液至 250 mL 锥形瓶中，加入 2 滴甲基橙指示剂，用 0.1mol/L HCl 溶液滴定至溶液由橘黄色变为橙红色，记下读数。再自碱式滴定管中放出 2.00 mL NaOH 溶液（此时碱管读数为 22.00 mL），继续用 HCl 溶液滴定至橙红色，记下读数。计算两次滴定的体积比 V_{HCl}/V_{NaOH}，测定的相对平均偏差应不超过 0.2%。

(4) 以 10 mL/min 的速度放出 20.00 mL HCl 溶液于锥形瓶中，加入 2 滴酚酞指示剂，用 0.1 mol/L NaOH 溶液滴定至微红色且在 30 s 不褪，记下读数。再向锥形瓶中放入 2.00 mL 0.1 mol/L HCl 溶液（酸式滴定管读数为 22.00 mL），继续用 NaOH 溶液滴定至微红色终点。求出 V_{NaOH}/V_{HCl} 的值，要求测定结果的相对平均偏差在 0.2% 以内。

2. 标定 HCl 溶液

移取实验一配制的 Na_2CO_3 标准溶液 20.00 mL 置于锥形瓶中，加入 2 滴甲基橙指示剂，用 0.1 mol/L HCl 溶液滴定至由橘黄色变为橙红色且在 30 s 不褪色，即为终点，记下读数。平行滴定 3 次，所消耗的 HCl 溶液体积的极差应不大于 0.04 mL。取其平均值，计算 HCl 溶液的浓度。

根据滴定练习中求出的 V_{HCl}/V_{NaOH} 的值，计算 HCl 溶液的浓度。

3. 实验结果及计算结果添入表 2.9

表 2.9　NaOH、HCl 溶液的标定

标定	标准溶液名称	V_1	V_2	V_3	平均 V
Na_2CO_3 标定 HCl	取 Na_2CO_3 体积/mL				
	滴定 HCl 体积/mL				
	已知 Na_2CO_3 浓度/($mol \cdot L^{-1}$)				
	求 HCl 浓度/($mol \cdot L^{-1}$)				
HCl 标定 NaOH	取 HCl 体积/mL			V_{HCl}/V_{NaOH}	相对偏差
	滴定 NaOH 体积/mL				
	已标定 HCl 浓度/($mol \cdot L^{-1}$)				
	求 NaOH 浓度/($mol \cdot L^{-1}$)				
NaOH 标定 HCl	取 NaOH 体积/mL			V_{NaOH}/V_{HCl}	相对偏差
	滴定 HCl 体积/mL				
	已标定 NaOH 浓度/($mol \cdot L^{-1}$)				
	求 HCl 浓度/($mol \cdot L^{-1}$)				

2.5.4　思考题

1. 锥形瓶是否需用盛放的溶液洗涤？是否要干燥？为什么？
2. 在实验中读取溶液体积时，为什么要读累积体积？
3. 试通过计算绘制以 0.100 0 mol/L NaOH 滴定 0.100 0 mol/L HCl 时的滴定曲线图。

提示：滴定前，溶液酸度等于 HCl 的原始浓度；滴定开始至化学计量点前，溶液的酸度取决于剩余 HCl 的浓度；化学计量点后，溶液的 pH 值取决于过量 NaOH 的浓度。

2.6　实验三　工业碳酸钠总碱度的测定(酸碱滴定)

掌握 HCl 标准溶液的配制方法及工业碳酸钠总量的测定方法。在实验过程中进一步学习滴定分析的操作方法，纠正不规范的操作。

2.6.1　实验原理

用 Na_2CO_3 基准试剂标定 HCl 溶液以及用 HCl 标准溶液测定工业碳酸钠的总量，都是利用下列滴定反应：

$$CO_3^{2-}+H^+ \longrightarrow HCO_3^-$$

$$HCO_3^-+H^+ \longrightarrow H_2O+CO_2\uparrow$$

反应所生成的 H_2CO_3，过饱和部分不断分解逸出，其饱和溶液的 pH 值约为 3.9。以甲基橙为指示剂滴定至橙色(pH≈4.0)为终点。

本实验采用甲基橙指示剂，标定 HCl 溶液时亦采用同样的指示剂。工业碳酸钠的总量以 Na_2CO_3 计。

2.6.2　特别指导

(1)无水碳酸钠具有强烈的吸湿性,因此称量时应迅速,并注意及时盖紧称量瓶的盖子,以免吸收空气中的水分。

(2)用无水碳酸钠标定盐酸时,反应所生成的 H_2CO_3 使滴定中 pH 值突跃不明显,指示剂颜色变化不够敏锐。因此在滴定终点之前,最好把溶液加热至沸腾并摇动,赶走大部分 CO_2 后再滴定。

(3)工业碳酸钠产品标准中采用甲基红-溴甲酚绿混合指示剂,这种指示剂的变色域很窄,pH 5.0 以下为暗红色,pH 5.1 为灰绿色,pH 5.2 以下为绿色。当使用甲基红-溴甲酚绿混合指示剂时,滴定至暗红色时一定要停下来煮沸 2 min 以除去大部分 CO_2,冷却后再滴定到暗红色为终点。

2.6.3　实验内容

1. 配制 HCl 溶液

用实验室准备好的 1+1 HCl 溶液(浓度约 6 mol/L)稀释,配制 0.1 mol/L 的 HCl 溶液 500 mL。

2. 标定 HCl 溶液

准确称取两份已干燥好的 Na_2CO_3 基准试剂各 0.2 ~ 0.3 g,分别置于锥形瓶中,加入约 30 mL 水溶解,然后加入 2 ~ 3 滴甲基橙指示剂,用 0.1 mol/L 的 HCl 溶液滴定至溶液由橘黄色变为橙红色即为终点,记下读数。平行滴定两次,计算 HCl 标准溶液的浓度,两次平行标定结果的相对偏差若超过 0.3%,则应重新标定。

3. 试样总碱量的测定

从教师处领取一份工业碳酸钠试样,准确称取 0.3 ~ 0.4 g 两份,分别置于锥形瓶中,按标定 HCl 溶液时的操作方法进行测定,结果以 Na_2CO_3 的质量分数(%)来表示。

如果还有时间,可再称取两份 Na_2CO_3 试剂或工业碳酸钠试样,改用甲基红-溴甲酚绿指示剂,滴定至由绿变为暗红色,停下来煮沸 2 min 以除去大部分 CO_2,冷却后再滴定到暗红色为终点。比较两种指示剂的终点颜色变化及测定结果的差异。

4. 实验结果及计算结果填入表 2.11

表 2.11　HCl 标定及工业碳酸钠式样分析

项目 次数	盐酸标定		工业碳酸钠试样分析	
编号	称取试剂 Na_2CO_3 质量 /g	HCl 消耗体积 /mL	称取试剂 Na_2CO_3 质量 /g	HCl 消耗体积 /mL
1				
2				
结果	盐酸浓度/($mol \cdot L^{-1}$)		工业碳酸钠含量/%	

2.6.4 思考题

1. Na_2CO_3 基准试剂使用前为什么要在 270～300 ℃进行干燥？温度过高或过低对标定 HCl 溶液有何影响？

2. 可以用两种做法标定 HCl 溶液：①称取一份基准试剂（又称为大样），配成标准溶液后，再取出一定体积溶液进行滴定；②分别称取几份基准试剂（又称为小样），溶解后直接进行滴定。这两种做法各有什么优点和缺点？

3. 以甲基橙为指示剂滴定 Na_2CO_3 溶液时，终点前应不应该煮沸？用混合指示剂时终点前不煮沸行不行？

2.7 实验四 EDTA 标准溶液配制与标定

乙二胺四乙酸简称 EDTA 或 EDTA 酸，以 H_4Y 表示。由于 EDTA 酸难溶于水，故分析实验中采用它的二钠盐（也称 EDTA，以 $Na_2H_2Y \cdot 2H_2O$ 表示）来配制标准溶液。乙二胺四乙二钠盐的溶解度为 11.1 g/100 mL（水 22 ℃），饱和溶液的浓度约为 0.3 mol/L，pH 值约为 4.4。一般不能用 EDTA 试剂直接配制准确浓度的标准溶液，而需用适当的基准物来标定。

2.7.1 实验原理

用于标定 EDTA 溶液的基准物很多，常用的有 Zn、ZnO、$CaCO_3$、Mg、Cu 等。选用基准物的基本原则是使标定和测定的条件尽可能一致，以减小误差。

用 $CaCO_3$ 为基准物时，首先用盐酸把 $CaCO_3$ 溶解并制成钙标准溶液。吸取一定量此标准溶液，用 KOH 溶液调节至 pH>12，以钙黄绿素-百里酚酞为指示剂，用 EDTA 溶液滴定。

钙黄绿素在 pH>12 的溶液中与 Ca^{2+} 形成绿色荧光配合物。当用 EDTA 标准溶液滴定时，由于在此条件下 EDTA 与 Ca^{2+} 形成的配合物比钙黄绿素-Ca^{2+} 配合物更稳定，因此到达滴定终点时，钙黄绿素-Ca^{2+} 绿色荧光配合物全部转化为无色的 CaY^{2-} 配离子，溶液中绿色荧光即消失而呈现混合指示剂本身的紫红色。

用金属锌（纯度 99.9%）为基准物时，先用盐酸把金属锌溶解并制成锌标准溶液，吸取一定量此标准溶液，加铬黑 T 为指示剂，以 NH_3-NH_4Cl 为缓冲溶液调节 pH=10.0，此时铬黑 T 与 Zn^{2+} 形成红色配合物，当用 EDTA 标准溶液滴定至终点时由红色变为蓝色；或用二甲酚橙为指示剂，以六次甲基四胺为缓冲溶液调节 pH=5～6，它与 Zn^{2+} 形成紫红色配合物，当用 EDTA 标准溶液滴定至终点时，二甲酚橙-Zn^{2+} 配合物全部转化为 ZnY^{2-} 配离子，溶液即由紫红色变为亮黄色（游离二甲酚橙呈黄色）。

2.7.2 特别指导

(1) 配位反应的速度较慢，不像酸碱反应能在瞬间完成，故滴定时加入 EDTA 溶液速度不能太快，特别是近终点时，应逐滴加入并充分摇动。

(2) 钙标准溶液中加适量钙黄绿素-百里酚酞混合指示剂及质量分数为 20% 的 KOH 溶液后，当溶液 pH>12 时，则溶液呈紫红色并现绿色荧光。如无绿色荧光，应再加质量分数为

20%的 KOH 溶液,直至其出现为止。

(3)钙标准溶液加入质量分数为20%的 KOH 溶液后(pH>12),应立即进行滴定,以免放置时溶液表面的 Ca^{2+}吸收空气中的 CO_2 形成非水溶性 $CaCO_3$,使标定结果偏高。

(4)如利用自然光观察钙黄绿素的终点,光线应由观察者背后或侧面射入。

(5)二甲酚橙指示剂浓度不能太稀,否则终点变化不明显。滴定至亮黄色后,放置一会,如溶液又出现红色,需继续滴定至亮黄色后,放置一会,如溶液又出现红色,需继续滴定至稳定的亮黄色才为终点。

2.7.3 实验内容

1. EDTA-二钠盐溶液的配制

称取配制 500 mL 0.02 mol/L EDTA 溶液所需的乙二胺四乙酸二钠,溶解于 300 mL 热水中。冷却后,转移至细口瓶中用纯水稀释至 500 mL,摇匀,如浑浊应过滤。长期放置时,应储存于聚乙烯瓶中。

2. $CaCO_3$ 标准溶液的配制

准确称取配制 250 mL 0.02 mol/L Ca^{2+}溶液所需的 $CaCO_3$(预先干燥好)于 250 mL 烧杯中,加蒸馏水少许,盖上表面皿,沿杯嘴慢慢滴加数毫升 6 mol/L HCl 溶液至完全溶解(要边滴加盐酸边轻轻摇动烧杯,每加几滴后,待气泡停止发生,再继续滴加)。小火加热煮沸至不冒小气泡为止。冷至室温,用水冲洗表面皿和烧杯内壁,然后小心地将溶液全部移入 250 mL容量瓶中,稀释至刻度,摇匀,备用。

3. 以 $CaCO_3$ 为基准物标定 EDTA 溶液

用移液管准确移取 25.00 mL 钙标准溶液于 250 mL 锥形瓶中,加 50 mL 水和适量钙黄绿素-百里酚酞混合指示剂,摇匀。在不断摇动下加入 5 mL 质量分数为 20% 的 KOH 溶液(此时溶液应呈紫红色并出现绿色荧光),立即用待标定的 EDTA 溶液滴定至溶液的绿色荧光消失,突变为紫红色即为终点,记下消耗 EDTA 的体积读数。

平行滴定3次,所耗 EDTA 溶液体积的极差应不超过0.04 mL。计算 EDTA 标准溶液的浓度。

4. 配制锌标准溶液

准确称取配制 250 mL 0.02 mol/L Zn^{2+}溶液所需的金属锌,置于 100 mL 烧杯中,盖上表面皿,从杯嘴处缓慢加入 8 mL HCl 溶液,待完全溶解后冲洗表面皿及杯壁,定量转移到 250 mL容量瓶中,定容后摇匀。计算锌标准溶液的浓度。

5. 以锌标准溶液标定 EDTA 溶液

①铬黑 T 指示剂标定 EDTA 溶液。移去 20.00 mL 锌标准溶液于锥形瓶中,加 0.5 g 铬黑 T 指示剂及 5 mL NH_3-NH_4Cl 缓冲溶液调节 pH=10.0,用 EDTA 标准溶液滴定至由红色变为蓝色为终点。记下消耗 EDTA 溶液体积读数。平行滴定 3 次,所消耗的 EDTA 溶液体积的极差应不超过 0.04 mL。

②二甲酚橙指示剂标定 EDTA 溶液。移去 20.00 mL 锌标准溶液于锥形瓶中,加 2 滴二甲酚橙指示剂及 2 g 六次甲基四胺调节 pH=5 ~6,用 EDTA 标准溶液滴定至由紫红色变为亮黄色为终点,记下消耗 EDTA 溶液体积读数。平行滴定3 次,所消耗的 EDTA 溶液体积的极差应不超过 0.04 mL。

标定后计算出 EDTA 标准溶液的浓度。

6. 实验结果及计算结果填入表 2.12 中。

表 2.12　EDTA 标准溶液标准结果

标定	标准溶液名称	V_1	V_2	V_3	平均体积 V
EDTA 标准溶液标定（$CaCO_3$）	取 Ca 标准溶液体积/mL				
	消耗 EDTA 溶液体积/mL				
	Ca 标准溶液浓度/($mol \cdot L^{-1}$)				
	EDTA 溶液浓度/($mol \cdot L^{-1}$)				
EDTA 标准溶液标定（Zn）	取 Zn 标准溶液体积/mL				
	消耗 EDTA 溶液体积/mL				
	Zn 标准溶液浓度/($mol \cdot L^{-1}$)				
	EDTA 溶液浓度/($mol \cdot L^{-1}$)				

2.7.4　思考题

1. 如果 EDTA 溶液在长期储存中因侵蚀玻璃而含有少量 CaY^{2-}、MgY^{2-}，那么在 pH>12 的碱性溶液中用 Ca^{2+} 标定或在 pH=5～6 的酸性介质中用 Zn^{2+} 标定，所得结果是否一致，为什么？

2. 以金属 Zn 或 ZnO 为基准物标定 EDTA 溶液，如以铬黑 T 为指示剂，是否加入 6 次甲基四胺溶液？为什么？此时应采用何种缓冲溶液调节溶液的 pH 值？

2.8　实验五　自来水总硬度的测定（络合滴定）

硬度是指水中溶解的钙和镁的总浓度（以 mmol/L 表示），又称为总硬度。总硬度又分为碳酸盐硬度和非碳酸盐硬度，碳酸盐硬度是总硬度的一部分，相当于与水中碳酸盐及重碳酸盐结合的钙、镁所形成的硬度，当水中钙、镁含量超出与它所结合的碳酸根和重碳酸根的含量时，多余的钙和镁就与水中的 Cl^-、SO_4^{2-} 和 NO_3^- 结合，这部分钙、镁就称为非碳酸盐硬度。

碳酸盐硬度又称“暂时硬度”，因它们在煮沸时即分解，生成白色沉淀而失去“硬度”，即

$$Ca(HCO_3)_2 \xrightarrow{\triangle} CaCO_3\downarrow + CO_2\uparrow + H_2O$$

$$Mg(HCO_3)_2 \xrightarrow{\triangle} MgCO_3\downarrow + CO_2\uparrow + H_2O$$

非碳酸盐硬度又称“永久硬度”，当水在普通气压下沸腾，体积不变时，它们不生成沉淀。

硬水由于 Ca^{2+}、Mg^{2+} 可能与其他离子结合或受热分解而产生沉淀，对日常生活和工业生产产生一定危害，最典型的例子是在锅炉和管道内结垢，轻则影响传热，浪费燃料，重则使锅炉受热不均而发生爆炸。因此，对生活用水要求总硬度不得超过 4.45 mmol/L（25°DH）；低压锅炉用水不超过 1.25 mmol/L；高压锅炉用水不超过 0.017 8 mmol/L。

由于历史的原因,不同国家对硬度的表示方法有所不同,一些典型的硬度单位分列如下:

①德国硬度(°DH):1 德国硬度相当于 CaO 含量为 10 mg/L;

②美国硬度(mg/L):1 美国硬度相当于 $CaCO_3$ 含量为 1 mg/L;

③英国硬度(°Clark):1 英国硬度相当于 $CaCO_3$ 含量为 1 格令/英加仑;

④法国硬度(degree F):1 法国硬度相当于 $CaCO_3$ 含量为 10 mg/L。

它们的换算关系为:1 mmol/L=5.61°DH=100 mg/L=7.02°Clark=10 degree F。

2.8.1 实验原理

本实验的目的是了解水的硬度的概念及测定方法;同时进一步掌握滴定的基本操作。本法取自国标 GB 7477—87(水质 钙和镁总量的测定 EDTA 滴定法)。要求同学们在预习过程中详细阅读本小节后的附录,该标准对如何准备试剂,如何标定标准溶液等都有明确规定,对深入了解实验内容非常重要。

水的硬度通常用络合滴定法测定,络合剂为乙二胺四乙酸二钠盐(EDTA),测定水的硬度时,EDTA 与钙、镁形成 1∶1 螯合物,反应如下:

$$Mg^{2+}+H_2Y^{2-}=\!=\!=[MgY]^{2-}+2H^+$$

$$Ca^{2+}+H_2Y^{2-}=\!=\!=[CaY]^{2-}+2H^+$$

根据所消耗的已知浓度 EDTA 标准溶液的量,即可算出钙、镁的含量。

测定水的硬度时,用铬黑 T 作指示剂。

铬黑 T 属于偶氮类染料的一种,结构式为

NaO_3S—(萘环,OH,NO_2)—N═N—(萘环,OH)

通常以 NaH_2In 表示,在 pH=9~10.5 的溶液中,以 HIn^{2-} 的形式存在,呈蓝色。在含有 Mg^{2+}、Ca^{2+}的水中加入铬黑 T 指示剂,指示剂与 Mg^{2+}、Ca^{2+}络合,即

$$Ca^{2+}+HIn^{2-}(\text{蓝色})=\!=\!=[CaIn]^-(\text{酒红色})+H^+$$

$$Mg^{2+}+HIn^{2-}(\text{蓝色})=\!=\!=[MgIn]^-(\text{酒红色})+H^+$$

使溶液呈酒红色。用 EDTA 滴定时,EDTA 首先与游离的 Mg^{2+}、Ca^{2+}反应,接近终点时,由于$[CaIn]^-$、$[MgIn]^-$络离子没有 $[CaY]^{2-}$、$[MgY]^{2-}$络离子稳定,EDTA 会将 Mg^{2+}、Ca^{2+}从指示剂络离子中夺取出来,即

$$[CaIn]^-(\text{酒红色})+H_2Y^{2-}=\!=\!=[CaY]^{2-}+HIn^{2-}(\text{蓝色})+H^+$$

$$[MgIn]^-(\text{酒红色})+H_2Y^{2-}=\!=\!=[MgY]^{2-}+HIn^{2-}(\text{蓝色})+H^+$$

当溶液由酒红色变为蓝色时,表示达到滴定终点。

由于反应进行时生成 H^+,使溶液酸度增大,影响络合物的稳定,也影响终点的观察,因此需要加入缓冲溶液,保持溶液酸度在 pH=10 左右。

2.8.2 实验内容

作为设计实验,要求同学参考有关资料,预先写出完整实验步骤,实验次序可按下述提示进行:

(1)吸取水样,并进行预处理。

(2)准备 EDTA 标准溶液。

(3)滴定水样。必须掌握滴定分析的方法和技巧。

(4)重复操作一次。若两次滴定数据相差太大(不应大于±0.3 mL),查找造成误差的原因,改正后重新滴定。

(5)列出算式,计算总硬度(以 mmol/L 为单位)。

(6)列出实验结果及计算结果表。

2.8.3 思考题

1. 写出用德国度(°DH)表示硬度时的计算公式,并以此计算实验结果。

2. 本实验为什么要加缓冲溶液?

3. 铬黑 T 指示剂有时制成粉末状态使用,为什么?

附录　水质 钙和镁总量的测定

中华人民共和国国家标准 GB 7477—87

本标准等效采用 ISO 6059—1984《水质 钙和镁总量的测定 EDTA 滴定法》。

1. 适用范围

本标准规定用 EDTA 滴定法测定地下水和地面水中钙和镁的总量。本方法不适用于含盐量高的水,诸如海水。本方法测定的最低浓度为 0.05 mmol/L。

2. 原理

在 pH 值为 10 的条件下,用 EDTA 溶液络合滴定钙和镁离子。铬黑 T 作指示剂,与钙和镁生成紫红或紫色溶液。滴定中,游离的钙和镁离子首先与 EDTA 反应,跟指示剂络合的钙和镁离子随后与 EDTA 反应,到达终点时溶液的颜色由紫色变为天蓝色。

3. 试剂

分析中只使用公认的分析纯试剂和蒸馏水,或纯度与之相当的水。

3.1　缓冲溶液(pH 10)。

3.1.1　取 1.25 g EDTA 二钠镁($C_{10}H_{12}N_2O_8Na_2Mg$)和 16.9 g 氯化铵(NH_4Cl)溶于 143 mL浓的氨水($NH_3 \cdot H_2O$)中,用水稀释至 250 mL。因各地试剂质量有出入,配好的溶液应按 3.1.2 方法进行检查和调整。

3.1.2　如无 EDTA 二钠镁,可先将 16.9 g 氯化铵溶于 143 mL 氨水。另取 0.78 g 硫酸镁($MgSO_4 \cdot 7H_2O$)和 1.179 g EDTA 二钠二水合物($C_{10}H_{14}N_2O_8Na_2 \cdot 2H_2O$)溶于 50 mL 水,加入 2 mL 配好的氯化铵水溶液和 0.2 g 左右铬黑 T 指示剂干粉(3.4),此时溶液应显紫红色,如出现天蓝色,应再加入极少量硫酸镁使之变为紫红色。逐滴加入 EDTA 二钠溶液(3.2)直至溶液由紫红转变为天蓝色,计算结果时应减去试剂空白。

3.2　EDTA 二钠标准溶液(≈10 mmol/L)。

3.2.1　制备

将一份 EDTA 二钠二水合物在 80 ℃干燥 2 h,放入干燥器中冷至室温,称取 3.725 g 溶于水，在容量瓶中定容至1 000 mL，盛放在聚乙烯瓶中，定期校对其浓度。

3.2.2　标定

用钙标准溶液（3.3）标定EDTA二钠溶液（3.2.1）。

取20.0 mL钙标准溶液（3.3）稀释至50 mL。加2 mL氢氧化钠（NaOH 3.5）和50～100 mg铬黑T干粉（3.4），立即用EDTA溶液滴定。开始滴定时速度宜稍快，接近终点应稍慢，至溶液由紫红色变为亮蓝色。记录消耗EDTA溶液体积的毫升数。

3.2.3　浓度计算

EDTA二钠溶液的浓度c_1（mmol/L）用下式计算：

$$c_1=\frac{c_2V_2}{V_1}$$

式中　c_2——钙标准溶液（3.3）的浓度，mmol/L；

V_2——钙标准溶液的体积，mL；

V_1——标定中消耗的EDTA二钠溶液体积，mL。

3.3　钙标准溶液（10 mmol/L）

将一份碳酸钙（$CaCO_3$）在150 ℃干燥2 h，取出放在干燥器中冷至室温，称取1.001 g于500 mL锥形瓶中，用水润湿。逐滴加入4 mol/L盐酸至碳酸钙全部溶解，避免滴入过量酸。加200 mL水，煮沸数分钟赶除二氧化碳，冷至室温，加入数滴甲基红指示剂溶液（0.1 g溶于100 mL 60%乙醇），逐滴加入3 mol/L氨水至变为橙色，在容量瓶中定容至1 000 mL。此溶液1.00 mL含0.400 8 mg（0.01 mmol/L）钙。

3.4　铬黑T指示剂

将0.5 g铬黑T[$HOC_{10}H_6N:N_{10}H_4(OH)(NO_2)SO_3Na$，又名媒染黑11，学名：1-（1-羟基-2-萘基偶氮）-6-硝基-2-萘酚-4-磺酸钠盐]溶于100 mL三乙醇胺[$N(CH_2CH_2OH)_3$]，可最多用25 mL乙醇代替三乙醇胺以减少溶液的黏性，盛放在棕色瓶中。或者，配成铬黑T指示剂干粉，称取0.5 g铬黑T与100 g氯化钠（NaCl），充分混合，研磨后通过40～50目，盛放在棕色瓶中，紧塞。

3.5　氢氧化钠（2 mol/L溶液）

将8 g氢氧化钠（NaOH）溶于100 mL新鲜蒸馏水中。盛放在聚乙烯瓶中，避免空气中二氧化碳的污染。

3.6　氰化钠（NaCN）

注意：氰化钠是剧毒品，取用和处置时必须十分谨慎小心，采取必要的防护。含氰化钠的溶液不可酸化。

3.7　三乙醇胺[$N(CH_2CH_3OH)_3$]

4.仪器

常用的实验仪器：

滴定管：50 mL，分刻度至0.10 mL。

5.采样和样品保存

采集水样可用硬质玻璃瓶（或聚乙烯容器），采样前先将瓶洗净。采用时用水冲洗3次，再采集于瓶中。

采集自来水及有抽水设备的井水时，应先放水数分钟，使积留在水管中的杂质流出，然后将水收集于瓶中。采集无抽水设备的井水或江、河、湖等地面水时，可将采样设备浸入水中，使采样瓶位于水面下20～30 cm，然后拉开瓶塞，使水进入瓶中。

水样采集后（尽快送往实验室），应于24 h内完成测定。否则，每升水样中应加2 mL浓硝酸作保存剂（使pH值降至1.5左右）。

6. 步骤

6.1 试样的制备

一般样品不需预处理。如样品中存在大量微小颗粒物，需在采样后尽快用0.45 μm孔径滤器过滤。样品经过滤，可能有少量钙和镁被滤除。

试样中钙和镁总量超出3.6 mmol/L时，应稀释至低于此浓度，记录稀释因子 F。

如试样经过酸化保存，可用计算量的氢氧化钠溶液(3.5)中和。计算结果时，应把样品或试样由于加酸或碱的稀释考虑在内。

6.2 测定

用移液管吸取50.0 mL试样于250 mL锥形瓶中，加4 mL缓冲溶液(3.1)和3滴铬黑T指示剂溶液或50～100 mg指示剂干粉(3.4)，此时溶液应呈紫红或紫色，其pH值应为10.0±0.1。为防止产生沉淀，应立即在不断振摇下，自滴定管加入EDTA二钠溶液(3.2)，开始滴定时速度宜稍快，接近终点时应稍慢，并充分振摇，最好每滴间隔2～3 s，溶液的颜色由紫红或紫色逐渐转为蓝色，在最后一点紫的色调消失，刚出现天蓝色时即为终点，整个滴定过程应在5 min内完成。记录消耗EDTA二钠溶液体积的毫升数。

如试样含铁离子为30 mg/L或以下，在临滴定前加入250 mg氰化钠(3.6)，或数毫升三乙醇胺(3.7)掩蔽。氰化物使锌、铜、钴的干扰减至最小。加氰化物前必须保证溶液呈碱性。

试样如含正磷酸盐和碳酸盐，在滴定的pH值条件下，可能使钙生成沉淀，一些有机物可能干扰测定。

如上述干扰未能消除，或存在铝、钡、铅、锰等离子干扰时，需改用原子吸收测定。

7. 结果的表示

钙和镁总量 c(mmol/L)用下式计算：

$$c=\frac{c_1V_1}{V_0}$$

式中 c_1——EDTA二钠溶液浓度，mmol/L；

V_1——滴定中消耗的EDTA二钠溶液体积，mL；

V_0——试样体积，mL。

如试样经过稀释，采用稀释因子F修正计算。

1 mmol/L的钙镁总量相当于100.1 mg/L以 $CaCO_3$ 表示的硬度。

8. 精度

本方法的重复性为±0.04 mmol/L，约相当于±2滴EDTA二钠溶液。

2.9 实验六 $KMnO_4$ 标准溶液的配置与标定

高锰酸钾($KMnO_4$)，暗紫色菱柱状闪光晶体，易溶于水，它的水溶液具有强的氧化性，遇到还原剂时反应产物视溶液的酸碱性而有差异。

高锰酸钾在强酸条件下表现为强氧化剂性质；在碱性条件下还可以与还原性无机物反应，因此常被利用作强氧化性，亦可作滴定剂，并可根据水样中被测物质的性质采用不同的方法。

2.9.1　实验原理

配制 $KMnO_4$ 溶液，因试剂中常含有少量 MnO_2 和痕量的 Cl^-、SO_3^{2-} 或 NO_2^- 等杂质，而且蒸馏水中也常会有微量的还原性物质。同时 $KMnO_4$ 可与还原性杂质发生缓慢反应生成亚锰酸沉淀[$MnO(OH)_2$]，而 MnO_2、$MnO(OH)_2$ 又可促使 $KMnO_4$ 分解，故 $KMnO_4$ 标准溶液不可以用直接法进行配制，通常先配制一个近似的浓度，然后再用基准物质进行标定，确定其准确浓度。

标定 $KMnO_4$ 溶液的基准物质有 $H_2C_2O_4 \cdot 2H_2O$、$Na_2C_2O_4$、$(NH_4)_2Fe(SO_4)_2 \cdot 6H_2O$ 和纯铁丝等。由于 $Na_2C_2O_4$ 性质稳定，它易于提纯，不含结晶水，故常用 $Na_2C_2O_4$ 作基准物质。$Na_2C_2O_4$ 在 105～110 ℃烘干约 2 h，冷却后称重使用。在酸性介质中 $KMnO_4$ 与 $Na_2C_2O_4$ 发生下列反应：

$$2MnO_4^- + 5C_2O_4^{2-} + 16H^+ \longrightarrow 2Mn^{2+} + 10CO_2 \uparrow + 8H_2O$$

标定时使用 $KMnO_4$ 溶液滴定 $Na_2C_2O_4$ 溶液。由于 $KMnO_4$ 溶液本身有颜色，过量一滴将使溶液呈粉红色，因而滴定时不用再加指示剂。

2.9.2　特别指导

标定时，必须严格控制反应条件。

(1)在室温下，上述反应速度较慢。通常将溶液加热至 75～85 ℃，趁热滴定。加热时温度不宜不过高，否则 $H_2C_2O_4$ 会部分分解。

(2)该反应需要在酸性条件下进行，通常用 H_2SO_4 控制溶液酸度，避免使用 HCl 或 HNO_3 溶液，因 Cl^- 具有还原性，可与 MnO_4^- 作用，而 HNO_3 具有氧化性，可能氧化被滴定的还原性物质。为使反应定量进行，溶液酸度宜控制在 0.5～1.0 mol/L。

(3)该反应为自催化反应，即反应生成的 Mn^{2+} 对反应本身有催化作用。因此滴定开始时不宜太快，应逐滴加入，当加入的第一滴 $KMnO_4$ 颜色褪去生成 Mn^{2+} 后方可加第 2 滴，否则加入的 $KMnO_4$ 溶液来不及与 $C_2O_4^{2-}$ 反应，就在热的酸性溶液中分解，导致结果偏低，即

$$4MnO_4^- + 12H^+ \longrightarrow 4Mn^{2+} + 5O_2 \uparrow + 6H_2O$$

(4)反应完全后过量 1 滴 $KMnO_4$ 将使溶液呈微红色，若在 30 s 内不褪色即为滴定终点，长时间放置，由于空气中的还原性物质及灰尘等可与 MnO_4^- 作用而使微红色褪去，这与滴定终点无关。

2.9.3　实验内容

1. $KMnO_4$ 溶液的配制

在台式天平上称取 1.6 g 固体 $KMnO_4$ 于 500 mL 烧杯中，加 500 mL H_2O 使之溶解，盖上表面皿，在电炉上加热至沸腾并保持 30 min，静置过夜，用微孔玻璃漏斗(或玻璃棉)过

滤，滤液储存于具玻璃塞的棕色试剂瓶中备用。

2. $KMnO_4$ 标准溶液的标定

在分析天平上准确称取0.15～0.20 g（准确至0.1 mg）基准物质 $Na_2C_2O_4$ 共3份，分别置于250 mL锥形瓶中，加30 mL H_2O 使之溶解，再加入10 mL浓度为3 mol/L的 H_2SO_4 溶液。加热至75～85 ℃，趁热用 $KMnO_4$ 溶液滴定至微红色且在30 s内不褪色即为滴定终点，记下 $KMnO_4$ 消耗的体积。平行测定3次。

3. 数据处理

$KMnO_4$ 标准溶液的浓度按下式计算：

$$c_{KMnO_4}=\frac{\frac{2}{5}m_{Na_2C_2O_4}}{V_{KMnO_4}M_{Na_2C_2O_4}}$$

4. 实验结果及计算结果填入表2.13中。

表2.13　$KMnO_4$ 标准溶液的标定

试验编号	V_1	V_2	V_3
滴定管终读数/mL			
滴定管始读数/mL			
$KMnO_4$ 消耗体积/mL			
准确称取 $Na_2C_2O_4$ 的质量/g			
$KMnO_4$ 准确浓度/（$mol\cdot L^{-1}$）			
$KMnO_4$ 平均浓度/（$mol\cdot L^{-1}$）			

2.9.4　思考题

1. 用 $Na_2C_2O_4$ 基准物质标定 $KMnO_4$ 溶液时，应注意哪些因素？

2. 控制溶液酸度时为何不能用HCl或 HNO_3 溶液？

3. 若用 $(NH_4)_2Fe(SO_4)_2\cdot 6H_2O$ 标定 $KMnO_4$ 溶液，试写出 c_{KMnO_4} 计算公式。

2.10　实验七　高锰酸盐指数的测定（氧化还原滴定）

高锰酸盐指数是水中还原性有机物污染程度的综合指标之一。通过本实验的学习，掌握清洁水中高锰酸盐指数的测定原理和方法。

2.10.1　实验原理

水样在酸性条件下，加入过量 $KMnO_4$ 标准溶液，在沸水中加热一定时间将水样中的某些有机物及还原性的物质氧化，然后剩余的 $KMnO_4$ 用过量的 $Na_2C_2O_4$ 还原，再以 $KMnO_4$ 标准溶液回滴剩余的 $Na_2C_2O_4$，滴定至粉红色在0.5～1 min内不消失为止。根据加入过量 $KMnO_4$ 和 $Na_2C_2O_4$ 标准溶液的量及最后 $KMnO_4$ 标准溶液的用量，计算高锰酸盐指数，以（O_2，mg/L）表示。

2.10.2 特别指导

在高锰酸盐指数的实际测定时往往引入 $KMnO_4$ 标准溶液的校正系数,它的测定方法如下:

将上述 $KMnO_4$ 标准溶液滴定至粉红色不消失的水样,加热约70 ℃后,接着加入准确体积的 $Na_2C_2O_4$ 标准溶液,再用 $KMnO_4$ 标准溶液滴定至粉红色,记录消耗 $KMnO_4$ 标准溶液的量(V_2,mL),则 $KMnO_4$ 标准溶液的校正系数为

$$K=10/V_2$$

引入 $KMnO_4$ 标准溶液的校正系数 K 后的计算公式为

$$\text{高锰酸盐指数}(O_2,\text{mg/L})=\frac{[(10+V_1)K-10]\times c\times 8\times 1\ 000}{V_{\text{水}}}$$

式中 V_1——滴定水样时,消耗 $KMnO_4$ 标准溶液的量,mL;

K——$KMnO_4$ 标准溶液的校正系数;

c——$KMnO_4$ 标准溶液浓度($1/5\ KMnO_4$),mol/L。

酸性高锰酸钾法测定中应注意事项:

①酸性高锰酸钾法测定中应严格控制反应的条件,已在 $KMnO_4$ 标准溶液的标定中做了交代。

②水样中 Cl^- 的质量浓度大于300 mg/L时,发生诱导反应,使测定结果偏高。

$$2MnO_4^-+10Cl^-+16H^+\longrightarrow 2Mn^{2+}+5Cl_2+8H_2O$$

防止这种干扰:

①可加 Ag_2SO_4 生成AgCl沉淀,除去后再行测定。

②加蒸馏水稀释,降低 Cl^- 浓度后再行测定。

2.10.3 实验内容

1. 草酸钠标准溶液

准确称取0.670 5 g在105~110 ℃下烘干1 h并冷却的草酸钠,用少量水溶解,移入1 000 mL容量瓶中,稀释至刻度。此溶液为 $1/2\ Na_2C_2O_4$=0.100 0 mol/L的草酸钠标准储备溶液。

使用时,吸取10.00 mL上述草酸钠储备溶液,移入100 mL容量瓶中,用水稀释至刻度。作为 $1/2\ Na_2C_2O_4$=0.010 0 mol/L的草酸钠标准溶液。

2. 高锰酸钾标准溶液

吸取100 mL实验六标定的高锰酸钾标准溶液(浓度约0.1 mol/L)于1 000 mL棕色容量瓶中,用水稀释至刻度,混匀,避光保存。此溶液浓度约为0.01 mol/L,使用当天应重新标定其准确浓度。

3. 高锰酸钾标准溶液的标定

将50 mL蒸馏水和5 mL(1+3) H_2SO_4 依次加入250 mL锥形瓶中,然后用移液管加10.00 mL 0.010 0 mol/L的草酸钠标准溶液,加热至70~85 ℃,趁热用0.01 mol/L的 $KMnO_4$ 标准溶液滴定至溶液由无色至刚刚出现浅红色为滴定终点。记录 $KMnO_4$ 溶液的用量,共做两份,计算 $KMnO_4$ 标准溶液的准确浓度。

4. 测定实际水样

(1)取样。

对清洁透明的水样取 100 mL;如果是浑浊水样则取 10 ~ 25 mL,加蒸馏水稀释至 100 mL。将水样放入 250 mL 锥形瓶中,共取 3 份。

(2)消化。

在水样中先加入 5 mL(1+3)H_2SO_4,再用滴定管准确加入 10 mL 0.01 mol/L 的 $KMnO_4$ 标准溶液(V_1),并投入几粒玻璃珠,加热至沸腾时开始计时,准确煮沸 10 min。若溶液红色消失,说明水中有机物含量太多,则需另取较少量水样用蒸馏水稀释 2 ~ 5 倍(总体积保持 100 mL)。再按步骤(1)、(2)重做。

(3)滴定。

煮沸 10 min 后趁热用吸量管准确加入 10.00 mL 0.01 mol/L 的草酸钠标准溶液(V_2),摇动均匀,立即用 0.01 mol/L 的 $KMnO_4$ 标准溶液滴定至微红色。记录消耗 $KMnO_4$ 溶液的量(V_1')。

5. 数据处理

高锰酸盐指数按下式计算:

$$\text{高锰酸盐指数}(O_2,\text{mg/L})=\frac{[c_1(V_0+V_1)-c_2V_2]\times 8\times 1\ 000}{V_{\text{水}}}$$

式中 c_1——$KMnO_4$ 标准溶液的浓度(1/5 $KMnO_4$),mol/L;

V_0——开始加入 $KMnO_4$ 标准溶液的量,mL;

V_1——滴定时 $KMnO_4$ 标准溶液的消耗量,mL;

c_2——$Na_2C_2O_4$ 标准溶液的浓度,$1/2Na_2C_2O_4$=0.010 0 mol/L;

V_2——加入 $Na_2C_2O_4$ 标准溶液的量,mL;

8——氧的摩尔质量($\frac{1}{2}$O),g/mol;

$V_{\text{水}}$——水样的体积,mL。

6. 实验结果及计算结果填入表 2.14 中

表 2.14 $KMnO_4$ 标准溶液的标定及水样分析结果

	实验编号	1	2	3	4	5	6	7	8
$KMnO_4$ 标准溶液标定	取 $Na_2C_2O_4$ 体积/mL								
	滴定管终读数/mL								
	滴定管始读数/mL								
	$KMnO_4$ 消耗体积/mL								
	$1/2Na_2C_2O_4$ 浓度 c_2(mol · L^{-1})								
	$1/5KMnO_4$ 浓度 c_1(mol · L^{-1})								

续表 2.14

水样分析	取水样体积 $V_{水}$/mL			
	加入 $KMnO_4$ 体积 V_0/mL			
	加入 $Na_2C_2O_4$ 体积 V_2/mL			
	滴定管始读数/mL			
	滴定管终读数/mL			
	$KMnO_4$ 消耗体积 V_1/mL			
锰酸盐指数(O_2,g·L^{-1})				

2.10.4　思考题

1. 在高锰酸盐指数的实际测定中,往往引入 $KMnO_4$ 标准溶液的校正系数 K,简述它的方法,说明 K 与 $KMnO_4$ 标准液的浓度 c 之间的关系。

2. 如果水样中 Cl^- 浓度大于 300 mg/L 时,应如何防止其干扰?

2.11　实验八　饮用水中余氯的测定(碘量法滴定)

饮用水消毒过程中以液氯为消毒剂时,液氯与水中还原性物质或细菌等微生物作用之后,剩余在水中的残余氯量称为余氯,它包括游离性余氯和化合性余氯。

我国饮用水的出厂水要求游离性余氯>0.3 mg/L,管网水中游离性余氯>0.05 mg/L。本实验采用碘量法测定水中余氯。

2.11.1　实验原理

水中余氯在酸性溶液中与 KI 作用,释放出等化学计量的碘(I_2),以淀粉为指示剂,用 $Na_2S_2O_3$ 标准溶液滴定至蓝色消失。由消耗的 $Na_2S_2O_3$ 标准溶液的用量和浓度求出水中的余氯。主要反应为

$$I^- + CH_3COOH \longrightarrow CH_3COO^- + HI$$

$$2HI + HClO \longrightarrow I_2 + H^+ + Cl^- + H_2O$$

$$I_2 + 2S_2O_3^{2-} \longrightarrow 2I^- + S_4O_6^{2-}$$

本法测定为总余氯,它包括 $HOCl$、OCl、NH_2Cl 和 $NHCl_2$ 等。

2.11.2　特别指导

(1)用 $Na_2S_2O_3$ 滴定 I_2 溶液,开始时由于溶液中 I_2 的浓度较高,呈棕色。如果此时加入淀粉指示剂,I_2 与淀粉生成的蓝色吸附化合物不易褪色,终点变化不敏锐。应首先在不加指示剂的情况下滴定至溶液呈淡黄色,I_2 的浓度较低时,再加淀粉指示剂。滴定终点时溶液由蓝色变为无色。

(2)指示剂为质量分数为 1% 的淀粉溶液,配制方法如下:称取 1.0 g 可溶性淀粉以少量蒸馏水调成糊状,加入沸腾蒸馏水至 100 mL,混匀。冷却后加入 0.1 g 水杨酸或 0.4 g 氯

化锌作为防腐剂，防止指示剂腐败。

(3)采用乙酸盐缓冲溶液(pH=4)调节试样酸度。配制方法如下：称取146 g无水NaAc或243 g NaAc·$3H_2O$溶于水中，加入457 mL HAc，用水稀释至1 000 mL。

2.11.3 实验内容

1. $K_2Cr_2O_7$标准溶液的配制

准确称取1.225 8 g优级纯重铬酸钾(预先在120 ℃下烘干2 h，在干燥器中冷却)，用少量水溶解，转入1 000 mL容量瓶中，稀释至刻度。此标准溶液浓度为1/6 $K_2Cr_2O_7$ = 0.025 0 mol/L。

2. $Na_2S_2O_3$标准储备液的配制

称取12.5 g分析纯$Na_2S_2O_3\cdot 5H_2O$，溶于已煮沸放冷的蒸馏水中，稀释至1 000 mL，加入0.2 g无水Na_2CO_3和数粒碘化汞。该溶液贮于棕色瓶内可保存数月，溶液浓度约为0.05 mol/L。

3. $Na_2S_2O_3$标准储备液的标定

吸取20.00 mL重铬酸钾标准溶液3份，分别放入碘量瓶中。加入50 mL水、1 g碘化钾和5 mL(1+5)硫酸溶液，放置5 min后，用待标定的$Na_2S_2O_3$标准储备溶液滴定至淡黄色，加入1 mL 1%淀粉指示剂，继续滴定至蓝色刚好变为亮绿色(Cr^{3+}的颜色)为止。记录$Na_2S_2O_3$溶液的用量。$Na_2S_2O_3$的浓度按下式计算：

$$c_1=\frac{c_2\times V_2}{V_1}$$

式中 c_1——硫代硫酸钠标准溶液的浓度，mol/L；

c_2——重铬酸钾标准溶液的浓度($1/6K_2Cr_2O_7$)，mol/L；

V_1——消耗硫代硫酸钠标准溶液体积，mL；

V_2——吸取重铬酸钾标准溶液的体积，mL。

4. 自来水样品的测定

(1)0.010 0 mol/L $Na_2S_2O_3$标准溶液：吸取100 mL已标定的0.05 mol/L $Na_2S_2O_3$溶液，移入500 mL容量瓶中，用蒸馏水稀释至刻度。

(2)用液管吸取3份100 mL水样(如水样中余氯质量浓度小于1 mg/L时，可适当多取水样)，分别放入300 mL碘量瓶内，加入0.5 g KI和大约5 mL乙酸盐缓冲溶液(调节pH≈4)。

(3)用0.010 0 mL/L的$Na_2S_2O_3$标准溶液滴定水样至淡黄色，加入1 mL淀粉溶液，继续滴定至蓝色消失，记录$Na_2S_2O_3$标准溶液的用量。

(4)水中余氯按下式计算：

$$总余氯(Cl_2,mg/L)=\frac{c_1\times V_1\times 35.453\times 1\ 000}{V_{水}}$$

式中 c_1——硫代硫酸钠标准溶液浓度($Na_2S_2O_3$，$1/6KCr_2O_7$)，mol/L；

V_1——硫代硫酸钠标准溶液用量，mL；

$V_{水}$——水样体积，mL；

35.453——氯的摩尔质量($1/2Cl_2$)，g/mol。

5. 实验结果及计算结果填入表2.15中。

表2.15 $Na_2S_2O_4$ 标准溶液的标定及水样分析结果

	实验编号	1	2	3
$KMnO_4$ 标准溶液标定	取 $K_2Gr_2O_7$ 体积/mL			
	滴定管终读数/mL			
	滴定管始读数/mL			
	$Na_2S_2O_4$ 消耗体积/mL			
	1/6 $K_2Gr_2O_7$ 浓度/($mol \cdot L^{-1}$)			
	$Na_2S_2O_4$ 浓度/($mol \cdot L^{-1}$)			
水样分析	取水样体积/mL			
	滴定管始读数/mL			
	滴定管终读数/mL			
	$Na_2S_2O_4$ 消耗体积/mL			
	总余氯(Cl_2, $mg \cdot L^{-1}$)			

2.11.4 思考题

1. 饮用水出厂水和管网水中为什么必须含有一定量的余氯？
2. 滴定反应为什么必须在 pH≈4 的弱酸性溶液中进行？

2.12 实验九 水中 Cl^- 的测定（沉淀滴定）

氯化物（Cl^-）是水和废水中一种常见的无机阴离子。几乎所有的天然水中都有氯离子的存在，它的含量范围变化很大。在人类生存活动中，氯化物有很重要的生理作用及工业用途。

Cl^- 的测定是采用沉淀滴定法，沉淀滴定法必须符合滴定分析的基本要求外，应满足：沉淀反应形成的沉淀溶解度必须很小；沉淀吸附现象应不妨碍滴定终点的确定。

2.12.1 实验原理

在中性或弱碱性溶液中（pH=6.5～10.5），以铬酸钾 K_2CrO_4 为指示剂，用 $AgNO_3$ 标准溶液直接滴定水中 Cl^- 时，由于 AgCl 的溶解度（8.72×10^{-8} mol/L）小于 Ag_2CrO_4 的溶解度（3.94×10^{-7} mol/L），根据分步沉淀的原理，在滴定过程中，首先析出 AgCl 沉淀，沉淀反应为

$$Ag^+ + Cl^- \longrightarrow AgCl\downarrow$$

（白色沉淀）

当达到化学计量点后，水中 Cl^- 已被全部滴定完毕，稍过量的 Ag^+ 便与 CrO_4^{2-} 生成 Ag_2CrO_4 砖红色沉淀，指示滴定终点到达。沉淀滴定反应为

$$Ag^+ + CrO_4^{2-} \longrightarrow Ag_2CrO_4 \downarrow$$

（砖红色沉淀）

根据 $AgNO_3$ 标准溶液的量浓度和用量计算水样中 Cl^- 的含量。

2.12.2 特别指导

(1)如果水样的 pH 值在 6.5～10.5 范围时，可直接滴定；超出此范围的水样应以酚酞作指示剂，用 0.05 mol/L 的 H_2SO_4 溶液或 NaOH 溶液调节至 pH≈8.0。

(2)水样中有机物含量高或色度大：取 150 mL 水样，放入 250 mL 锥形瓶中，加 2 mL 氢氧化铝悬浮液，震荡过滤，弃去最初滤液 20 mL。

(3)如果水样中含有硫化物、亚硫酸盐或硫代硫酸盐，用氢氧化钠溶液调水样至中性或弱碱性，加 1 mL 质量分数为 30% 的 H_2O_2，混匀。1 min 后加热至 70～80 ℃，除去过量的 H_2O_2。

(4)如果水样中高锰酸盐指数大于 15 mg O_2/L，则加入少量 $KMnO_4$，蒸沸，再加数滴乙醇除去过量 $KMnO_4$，然后过滤取样。

2.12.3 实验内容

1. NaCl 标准溶液的配制

将一定量 NaCl 放入坩埚中，于 500～600 ℃下 40～50 min。冷却后称取 8.240 0 g 用少量蒸馏水溶解，倾入 1 000 mL 容量瓶中，并稀释至刻度，该溶液浓度为 NaCl=0.014 1 mol/L。

吸取 10 mL，用水定容至 100 mL，此溶液每毫升含 0.500 mg 氯化物(Cl^-)。

2. $AgNO_3$ 标准溶液的配制(0.100 0 mol/L)

称取 2.395 g $AgNO_3$，溶于蒸馏水中并稀释至 1 000 mL。转入棕色试剂瓶中暗处保存，溶液浓度为 $AgNO_3$≈0.014 1 mol/L。

3. $AgNO_3$ 标准溶液的标定

吸取 3 份 25 mL 的 NaCl 标准溶液，同时吸取 25 mL 蒸馏水做空白，分别放入 250 mL 锥形瓶中，各加 25 mL 蒸馏水和 1 mL K_2CrO_4 指示剂，在不断地摇动下用 $AgNO_3$ 溶液滴定至淡橘红色沉淀刚刚出现，即为终点。记录 $AgNO_3$ 溶液的用量。根据 NaCl 标准溶液的浓度和 $AgNO_3$ 溶液的体积，计算 $AgNO_3$ 溶液的标准浓度，即

$$c_1/(\text{mol} \cdot \text{L}^{-1}) = \frac{c_2 V_2}{V_1}$$

式中 c_1——$AgNO_3$ 标准溶液的浓度，mol/L；

V_1——滴定 $AgNO_3$ 标准溶液的体积，mL；

c_2——NaCl 标准溶液的浓度，mol/L；

V_2——吸取 NaCl 标准溶液的体积，mL。

4. K_2CrO_4 指示剂溶液的配置(5%)

称取 5 g K_2CrO_4 溶于少量水中，用上述 $AgNO_3$ 溶液滴至有红色沉淀生成，混匀。静止 12 h，过滤，滤液滤入 100 mL 容量瓶中，用蒸馏水稀释至刻度。

5. 水样分析

吸取 50 mL 水样 3 份和 50 mL 蒸馏水(做空白试验)分别放入锥形瓶中；加入 K_2CrO_4

1 mL指示剂,在剧烈摇动下用 $AgNO_3$ 标准溶液滴定至刚刚出现淡橘红色,即为终点。记录 $AgNO_3$ 标准溶液用量如下:

$$氯化物(Cl^-,mg/L)=\frac{(V_2-V_0)c\times 35.453\times 1\ 000}{V_{水}}$$

式中　V_2——水样消耗 $AgNO_3$ 标准溶液的体积,mL;

c——$AgNO_3$标准溶液的浓度,mol/L;

V_0——蒸馏水消耗 $AgNO_3$ 标准溶液的体积,mL;

$V_{水}$——水样体积;

35.453——Cl^-的摩尔质量(Cl^-,g/mol)。

6. 实验结果及计算结果添入表 2.16 中

表 2.16　$AgNO_3$ 标准溶液的标定及水样分析结果

实验编号		1	2	3
溶液标定	取 NaCl 标准溶液的体积/mL			
	滴定终点读数/mL			
	滴定始点读数/mL			
	滴定 $AgNO_3$ 标准溶液的体积/mL			
	NaCl 标准溶液的浓度/($mol\cdot L^{-1}$)			
	$AgNO_3$ 标准溶液的浓度/($mol\cdot L^{-1}$)			
水样测定	取水样体积/mL			
	滴定终点读数/mL			
	滴定始点读数/mL			
	滴定 $AgNO_3$ 标准溶液的体积/mL			
	氯化物(Cl^-,mg/L)			

2.12.4　思考题

(1)以莫尔法测定水中 Cl^-时,为什么在中性或弱碱性溶液中进行?

(2)以 K_2CrO_4 作指示剂时,指示剂浓度过高或过低对测定有何影响?

(3)用 $AgNO_3$ 标准溶液滴定 Cl^-时,为什么必须剧烈摇动?

第3章　分子光谱仪器分析

光作用于物质时,有一部分光会被物质吸收,改变入射光波长,并依次记下物质随着波长变化对光的吸收程度,就得到该物质的吸收光谱。每一种物质都有其特定的吸收光谱,因此,可根据物质的吸收光谱来分析物质的结构和含量,物质是由分子或原子组成的,所以物质的吸收光谱实质就是物质内部的分子或原子的吸收光谱,称之为分子光谱或原子光谱。分子光谱包括电子光谱、振动光谱和转动光谱,它们处于电磁波的$(1.36\sim46)\times10^5$ nm 波段。分子光谱能反映出分子结构和分子特性以及分子所处环境,所以分子光谱是具有综合性特征的光谱。用分子光谱既能做定性分析,也可作定量分析。分子吸收光谱分析法包括紫外分光光度法、可见分光光度法、红外光谱分析法、荧光光谱分析法等。

3.1　分子吸收光谱的基本原理

分子光谱是由分子的3种不同运动状态即电子运动、各原子或原子团之间的振动以及分子的振动所对应的能级间的跃迁而产生的。图3.1就是最简单的双原子分子能级示意图。从图中可以看出,每种运动状态都具有一定的能级,分子具有转动能级、振动能级和电子能级。不同的能级对应于分子本身的能量,因此当分子从外界吸收能量后,就能引起分子能级的跃迁,即从基态能级跃迁到激发态能级。由于分子各能级间能量的不连续,它所吸收的外界能量也是不连续的,即分子只能吸收2个能量之差的能量 ΔE。

$$\Delta E=E_1-E_2=h\upsilon=hc/\lambda \tag{3.1}$$

式中　h——普朗克常数;

　　　c——光在真空中的速度。

由于3种能级跃迁所需的能量不同,因此可以产生3种不同的吸收光谱,即转动光谱、振动光谱和电子光谱。图3.1仅仅是一个双分子能级的示意图。实际上分子运动是很复杂的,分子由于能量的不同而有不同的电子能级,在同一电子能级中还有一系列因振动能量不同的转动能级。因此,在振动能级的跃迁中,包含有转动能级的跃迁,同样,在电子能级的跃迁中也包含有振动能级和转动能级的跃迁。

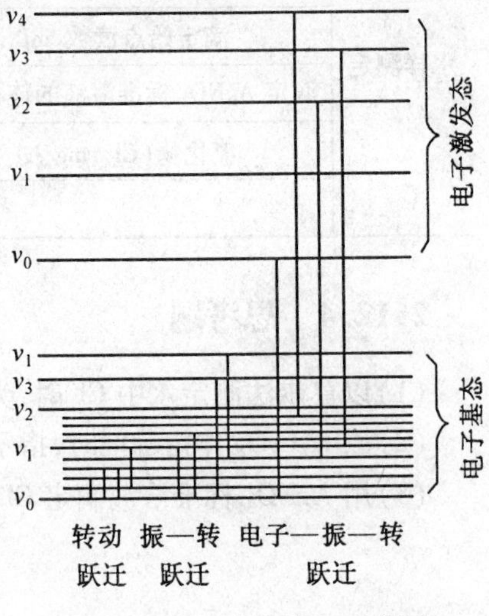

图3.1　双原子分子能级示意图

3.1.1　紫外吸收光谱

紫外吸收光谱是由分子中价电子的跃迁产生的,有机化合物的跃迁一般有 $\sigma\rightarrow\sigma^*$ 跃迁、$n\rightarrow\sigma^*$ 跃迁、$\pi\rightarrow\pi^*$ 跃迁、$n\rightarrow\pi^*$ 跃迁4种,无机物一般有电荷迁移跃迁和配位跃迁。

$\sigma\rightarrow\sigma^*$ 跃迁是有机分子的单链 σ 键,当其吸收一定的辐射能量后,便由成键的 σ 轨道向反键σ^*轨道跃迁。此类跃迁所需要的能量很大,一般发生在真空紫外区,是一切饱和有机物化合物都可能产生的电子跃迁类型。

$n\rightarrow\sigma^*$跃迁是分子中未成键的n电子激发到σ^*轨道上去所致。所有含有杂原子如N、S、O、P和卤素原子等的饱和烃衍生物都可以发生这种跃迁。此类跃迁需要的能量较$\sigma\rightarrow\sigma^*$跃迁小,但大多数吸收峰出现在低于200 nm的区域内。

$\pi\rightarrow\pi^*$跃迁是电子由π轨道跃迁到π^*轨道,此类跃迁所需能量一般较$n\rightarrow\sigma^*$跃迁小,吸收峰大多位于紫外区,在200 nm左右。其特征是吸收系数ε值很大,一般$\varepsilon_{max}\geqslant10^4$,为强吸收带。

$n\rightarrow\pi^*$跃迁是指连有杂原子的双键化合物中杂原子上的n电子跃迁到π^*轨道。这类跃迁所需能量小,发生在近紫外区或可见光区,波长多在300 nm左右。其特点是谱带强度弱,ε值小,通常$\varepsilon<100$。

上述4种跃迁,只有$n\rightarrow\pi^*$跃迁的ΔE足够小,其吸收峰落在近紫外和可见光区,而其他跃迁相应的都较大,吸收峰落在远紫外区。由于在远紫外区测量的难度很大,而且这些跃迁的实际使用意义不大。当然,这并不意味着紫外和可见光谱只能观察$n\rightarrow\pi^*$跃迁,因为π键之间的共轭效应,能产生大幅度的“红移”,即吸收峰向长波方向的移动(吸收峰向短波方向的移动则称为“蓝移”)。

3.1.2　红外光谱

倘若分子从外界吸收的能量能够满足振动能级的跃迁,则将产生振动光谱,振动能级的能量差一般在0.05~1 eV之间,对应的波长范围在红外区内。同样在振动能级的跃迁时,也无法得到纯粹的振动光谱,因为不可避免地也伴随有转动能级的跃迁,采用红外吸收光谱法实际测到的是分子的振动转动光谱。

在一个化学键中,有两种振动类型:沿轴向的伸缩振动和垂直于键轴方向的弯曲振动。弯曲振动需要的能量比伸缩振动要小,所以它吸收的辐射频率较相应的伸缩振动吸收的辐射频率要低。分子内的原子在不停地振动时,其正负电荷的中心距离r发生改变,分子的偶极矩也会改变。对称分子由于正负电荷中心重叠,$r=0$,因此对称分子中原子振动本身会引起偶极矩变化。当用一定频率的红外光照射分子,如果分子中某个基团的振动频率和它相同,则两者就会产生共振,光的能量通过分子偶极矩的变化而传递给分子,分子中的某个基团就吸收了某一频率的红外线,分子就由原来的基态振动能级跃迁到较高的振动能级而产生红外光谱。但不是所有的分子或化学键都可以吸收红外能量,简单的双原子分子,如H_2或N_2等在振动期间其对称性无变化,也就是说在振动周期内没有偶极矩的变化,因此,它们的振动是不吸收红外辐射的,从而也不会产生红外光谱。

红外吸收光谱在定性分析方面远胜于紫外可见光谱,这是因为紫外可见光谱是由电子能级跃迁而形成的,但不是所有分子的电子都能被激发、跃迁;其次是紫外可见光谱的谱带一般都较宽缓平坦,特征性较差;至于物质结构上的差异,在紫外可见光谱上更是反映不出来的。因此,红外吸收光谱常常取代紫外可见光谱对物质进行定性分析。红外吸收光谱在定量分析方面,除了能测定浓度外,还可推算分子的结构,测定反应速度,研究反应机理。

在相同的测定条件下,将未知样品和标准样品的吸收光谱曲线进行比较,是定性鉴定的常用方法。如果没有标准样品,还可以借助于各种标准图谱来定性。美国费城萨特勒研究实验室自1947年开始，每年连续出版萨特勒红外光谱图谱集。每张图谱除注有化合物的名称外，还列有分子式、结构式、相对分子质量、熔点或沸点以及样品的来源、试样制备方法和测绘该谱图时所用的仪器等，使用极为方便。此外还有美国石油研究所出版，以烃类化合物的光谱为主的API红外光谱图集和英、德合作编集以卡片形式出版的DMS缺口红外光谱卡片。

红外光谱在可见光区和微波之间，其波长范围约为0.78~300 μm。一般将红外光谱分为近红外(0.78~2.5 μm)、中红外(2.5~50 μm)和远红外(50~300 μm)3个区域。绝大多数有机化合物和无机离子的化学键振动频率在中红外区，因此，红外吸收光谱仪对于解决物质的分子结构和化学组成中的各种问题最为有效，也最重要。通常所说的红外吸收光谱除非特指一般就是指中红外区的红外光谱。

3.2　紫外-可见分光光度计

在现代仪器设计中，往往把紫外分光光度计和可见分光光度计组装成紫外-可见分光光度计，因而其测定方法称为紫外-可见分光光度法。由于分子间的相互作用和溶剂的极性影响，分子的电子光谱中，转动光谱和振动光谱的精细结构消失，得到的是一条很宽的吸收光谱带。由于这个原因，紫外-可见吸收光谱不能广泛用于有机化合物的鉴定，但对于含有生色基团和共轭体系的有机化合物的鉴定仍是有用的。紫外-可见吸收光谱法具有许多特点，在整个仪器分析领域中占有重要的地位。它可以用于物质的常量(1%~50%)、微量($1\%\sim10^{-3}\%$)和痕量分析($10^{-4}\%\sim10^{-5}\%$)；能用于元素周期表中几乎所有金属元素的测定，亦能用于非金属元素分析。在有机化合物定性鉴定中，也是一种重要的辅助工具。作为一种分光光度测定手段，由于紫外-可见光谱的摩尔吸收系数大，测定的准确度高、选择性好，而且仪器设备简单，分析操作易于掌握，因此在各个领域均有着广泛的应用。计算机的引入使紫外-可见分光光度计可以自动完成调零、基线校正、测定等一系列操作并具有数据处理和文件储存等功能，从而使紫外-可见分光光度法成为一种简便、快速、灵敏、准确的常规分析方法。

在紫外及可见光区用于测定溶液吸光度的分析仪器称为紫外-可见分光光度计(简称分光光度计)。目前，紫外-可见分光光度计的型号较多，但它们的基本构造都相似，都由光源、单色器、样品吸收池、检测器、信号放大和测量以及显示系统等6大部件组成，如图3.2所示。

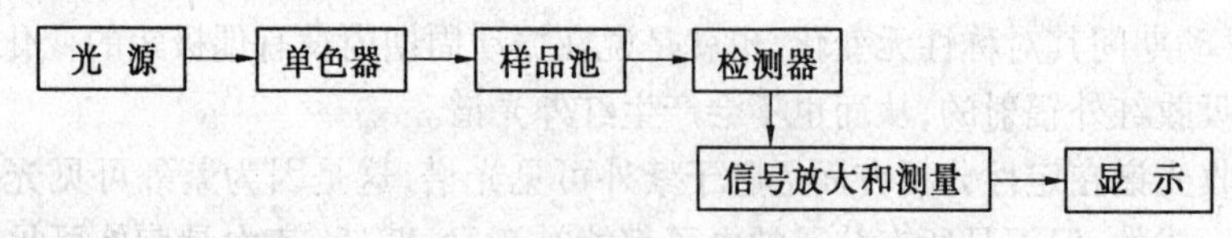

图3.2　分光光度计的组成

由光源发出的光，经单色器获得一定波长单色光照射到样品溶液，被吸收后，经检测器将光强度变化转变为电信号变化，并经信号指示系统调制放大后，显示或打印出吸光度 *A*(或透光率 *T*)，完成测定。

3.2.1　辐射光源

紫外-可见分光光度计对辐射光源的基本要求是:在仪器操作的光谱区内,能发射足够强度和稳定的连续光谱,辐射能量随波长无明显变化,使用寿命长。在可见区常采用钨丝灯或卤钨丝灯为光源,在紫外区常采用氘灯或氢灯为光源。

钨灯是常用于可见光区的连续光源,提供的波长范围为300~2 500 nm。目前多数分光光度计已采用卤钨灯代替钨丝灯,所谓卤钨灯是在钨丝中加入适量的卤化物或卤素,灯泡用石英制成,它具有较长的寿命和较高的发光效率。

氘灯用作近紫外区的光源,在160~375 nm之间产生连续光谱,氘灯的辐射强度比氢灯约大4倍,它是紫外光区应用最广泛的一种光源。

近年来,具有高强度和高单色性的激光已被开发用作紫外光源。已商品化的激光光源有氩离子激光器和可调谐染料激光器。

3.2.2　单色器

凡能把复合光分解为按波长顺序排列的单色光,并能通过出射狭缝分离出某一波长单色光的仪器,称为单色器,亦称分光器。

单色器的作用是从连续光源中分离出所需要的足够窄波段的光束,它是分光光度计的核心部件。其性能直接影响光谱带的宽度,从而影响测定的灵敏度、选择性和工作曲线的线性范围。

单色器由入射狭缝、反射镜、色散元件、出射狭缝等组成,其中色散元件是单色器的关键部件。常用的色散元件有棱镜和光栅,现在的商品仪器几乎都用光栅做色散元件。光栅实际上就是一系列相距很近且等距平行排列的狭缝阵列,它的色散作用是单缝衍射与多缝干涉的综合结果,多缝干涉决定了各级谱线的位置,单缝衍射决定了各级谱线的相对强度分布。常用的光栅单色器为反射光栅。由于光栅单色器的分辨率比棱镜单色器分辨率高(可达±0.2 nm),而且它可用的波长范围也比棱镜单色器宽,因而其应用日益广泛。

值得提出的是,无论何种单色器,出射光光束常混有少量与仪器所指示波长十分不同的光波,即“杂散光”。杂散光会影响吸光度的正确测量,其产生的主要原因是光学部件和单色器的外壁内的反射和大气或光学部件表面上尘埃的散射等。为了减少杂散光,单色器用涂以黑色的罩壳封起来,通常不允许随意打开罩壳。

3.2.3　样品吸收池

吸收池又叫比色皿,是用于盛放待测液和决定透光液层厚度的器件。吸收池一般为长方体,其底及两侧为毛玻璃,另两面为光学透光面。根据光学透光面的材质,吸收池有玻璃吸收池和石英吸收池两种。玻璃吸收池用于可见光光区测定。若在紫外光区测定,则必须使用石英吸收池。吸收池的规格是以光程为标志的。紫外-可见分光光度计常用的吸收池规格有0.5 cm、1.0 cm、2.0 cm、3.0 cm、5.0 cm等,使用时,根据实际需要选择。

3.2.4　检测器

检测器用于检测光信号,并将光信号转变为电信号。分光光度计对检测器要求是:灵敏度高,响应时间短,线性关系好,对不同波长的辐射具有相同的响应,噪声低,稳定性好等。在紫外-可见分光光度计上,现在广泛使用的检测器是光电管、光电二极管和光电倍增管。光电倍增管不仅响应速度快,能检测 10^{-8} ~ 10^{-9} s 的脉冲光,而且灵敏度高,比一般光电管高200倍。

3.2.5 记录器和信号显示系统

由检测器将光信号变成电信号,再经适当放大后,用记录仪进行记录,或用数字显示。

现在很多紫外-可见分光光度计都装有微处理机,一方面将信号记录和处理,另一方面可对分光光度计进行操作控制。而且还可以连接数据处理装置,能自动绘制工作曲线,计算分析结果并打印报告,实现分析自动化。

3.2.6 单光束紫外-可见分光光度计

紫外-可见分光光度计按光路可分为单光束式及双光束式两类;按测量时提供的波长数又可分为单波长分光光度计和双波长分光光度计两类。

单光束是指从光源中发出的光,经过单色器等一系列光学元件及吸收池后,最后照在检测器上时始终为一束光,其工作原理如图 3.3 所示。常用的单光束紫外-可见光光度计有752 型、754 型、756MC 型等。常用的单光束可见分光光度计有 721 型、722 型、723 型、724型等。

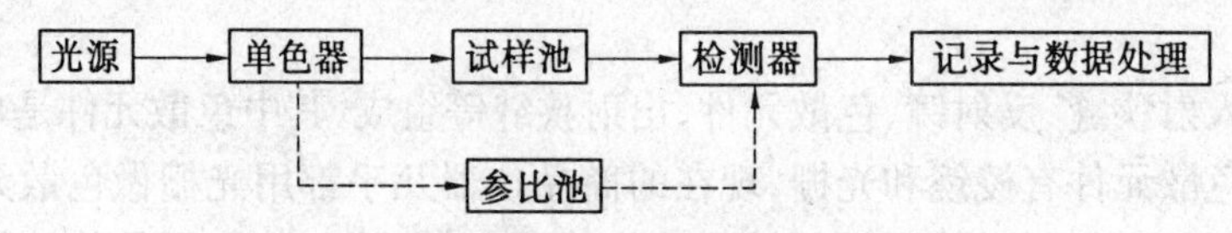

图 3.3　752 型紫外-可见分光光度计光路图

而单光束扫描型仪器,首先对参比进行一定波长范围的扫描,然后对样品进行扫描,内部微处理机自动将样品信号扣除了参比信号,也能得到相对吸收信号。而对于非自动扫描型分光光度计,则只能通过手动方式转动光栅或棱镜,得到不同波长的单色光,所以较适合于测定组分在一定波长下的吸光度。

单光束分光光度计的特点是光学结构简单、能量损失较小,且价格较低,主要适于作定量分析。其不足之处是对光源的稳定性要求很高,光源强度的波动对测定精度影响较大,给定量分析结果带来较大误差。

3.2.7 752 型紫外-可见光栅分光光度计

752 型紫外,可见光栅分光光度计可测波长范围为 200 ~ 800 nm,波长精度±2 nm。采用平面全息衍射光栅作为色散元件,显示方式为透光度(T),吸光度(A)和浓度(C)数字直读;该仪器还设置了八档灵敏度开关(倍率开关),可用于对物质不同波长,不同浓度的测试。752 型紫外-可见光栅分光光度计的仪器外观如图 3.4 所示。

1. 操作方法

(1)将灵敏度旋钮调置“1”档,此时放大倍率最小。

(2)开启电源,开关内指示灯亮,钨灯点亮,按“氘灯”开关氘灯自动点亮,同时发光二极管亮。仪器预热30 min,选择开关置于“T”。

在仪器后背部有一只“钨灯”开关,如不需要用钨灯时可将它关闭。如波长在330 nm以上时,不要开氘灯,以延长氘灯使用寿命。

(3)开启试样室盖,光门自动关闭,调节“0”旋钮,使数字显示为“0.00”。

(4)将装有溶液的比色皿放置在比色皿架中。波长在360 nm以上时,可用玻璃比色皿,在360 nm以下时,要用石英比色皿。

(5)旋动波长旋钮,把测试所要的波长调节至刻度线处。

(6)盖上样品室盖,拉动试样架拉手,使参比溶液比色皿置于光路中,调节“100”旋钮,使数字显示为100.0T(若显示不到100%T,可适当增加灵敏度的挡位,同时应重复步骤(3),调整仪器的“0.00”)。

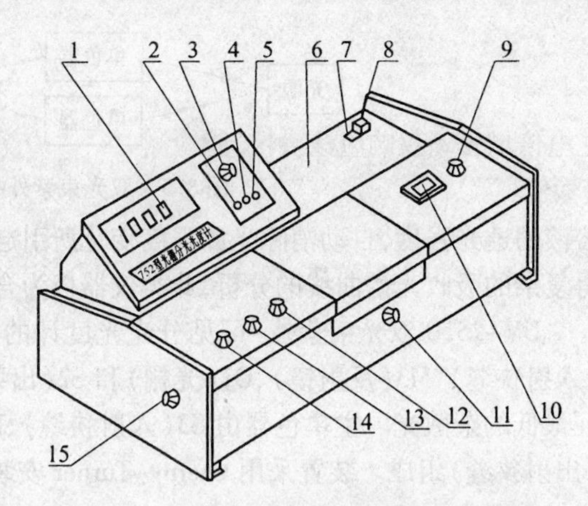

图3.4　752型紫外-可见光栅分光光度计

1—数字显示器;2—吸光度调零旋钮;3—选择开关;4—吸光度调斜率电位器;5—浓度旋钮;6—光源室;7—电源开关;8—氘灯电源开关;9—波长旋钮;10—波长刻度窗;11—试样架拉手;12—100% T旋钮;13—0% T旋钮;14—灵敏度调节旋钮;15—干燥器

(7)拉动试样架拉手,将被测溶液比色皿置于光路中,数字表读数即为被测溶液的透光度(T)值。

(8)测量吸光度A时,参照步骤(3)和(6),在透光率模式下调整仪器的“0.00”和“100.0”,然后将选择开关置于“A”,旋动吸光度调零旋钮,使得数字显示为“.000”,然后移入被测溶液,显示值即为试样的吸光度A值。

(9)浓度c的测量,选择开关旋至“C”,将已标定浓度的溶液移入光路,调节浓度旋钮,使得数字显示为标定值,将被测溶液移入光路,即可由数字显示器读出相应的浓度值。

2.注意事项

(1)仪器使用时,应经常参照操作中(3)和(6)进行调“00.0”和“100.0”的工作。

(2)每台仪器所配套的比色皿不能与其他仪器上的比色皿单个调换。

(3)大幅度改变测试波长时,需稍等片刻才能正常工作,因为波长变化较大时,光能量变化急剧,光电管受光后响应缓慢,需一段光响应平衡时间。

3.2.8　双光束紫外-可见分光光度计

双光束分光光度计工作原理如图3.5所示。从光源中发出的光经过单色器后被一个旋转的扇形反射镜(即切光器)分为强度相等的两束光,分别通过参比溶液和样品溶液,再交替地照在同一个检测器上,通过一个同步信号发生器对来自两个光束的信号加以比较,并将两信号的比值经对数变换后转换为相应的吸光度值。

双光束紫外-可见分光光度计克服了单光束仪器由于光源不稳而引起的误差,还可以方便地对被测组分在整个波段范围内作连续扫描,获得精细的吸收光谱。

常用的双光束紫外-可见分光光度计有国产730型、760MC型、760CRT型、日本岛津UV-210型、UV-2550型等。这类仪器的特点是:能连续改变波长,自动地比较样品及参比

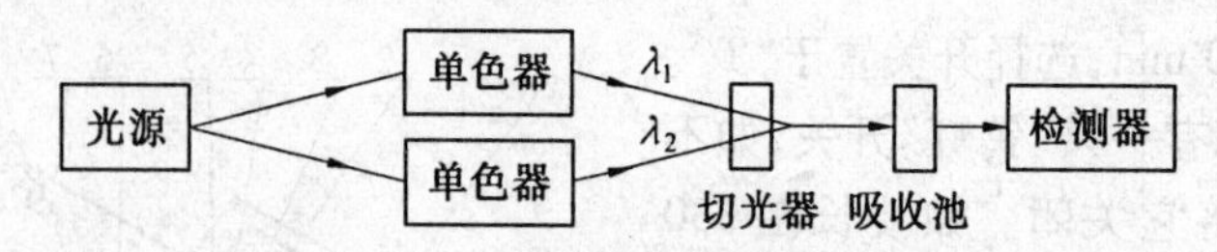

图3.5 双光束紫外-可见分光光度计

溶液的透光强度,自动消除光源强度变化所引起的误差。对于必须在较宽的波长范围内获得复杂的吸收光谱曲线的分析,此类仪器极为合适。

UV-2550双光束紫外-可见分光光度计的光学系统如图3.6所示。前置单色器由S1(入射狭缝)、M3(反射镜)、G1(光栅)和S2(出射狭缝)组成。采用双闪耀全息摄影光栅,保证最低的杂散光。主单色器由S3(入射狭缝)、M4(反射镜)、G2(光栅)、M5(反射镜)和S3(出射狭缝)组成。装置采用Czerny-Turner安装方式,提供最小像差。

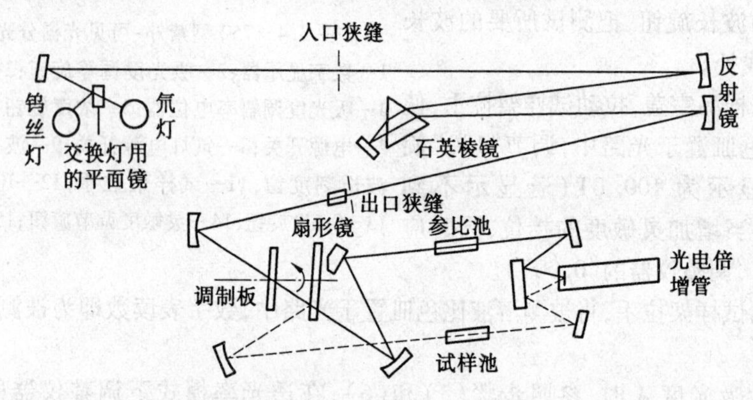

图3.6 UV-2550型双光束紫外-可见分光光度计的光学系统图

分光光度计中的微电脑CPU根据数据工作站的命令控制光源发光、光源切换、滤光片切换、狭缝选择、光栅切换和波长扫描等。从光源(氘灯或卤素灯)发出的光被反射镜M1和M2反射,照射到前置单色器上。光束以50/60 Hz的频率切换成样品光束和参比光束,并被检测,检测器通过前置放大器输出,分为样品信号、参比信号和暗电流信号。样品和参比信号通过A/D转换器转换,然后输入微处理机。

1. UV-2550的主要功能

开机时,需要自检。开启总电源及UV-2550光度计侧面的电源开关,再开启计算机电源,双击计算机桌面上的UVProbe图标进入操作系统。在UVProbe界面上点击"连接"图标,联机并初始化,出现自检画面。当全部绿灯亮时,自检完成,点击"确定"通过并进入系统(自检需要7 min左右),出现UVProbe菜单栏和工具栏。

在主菜单上,UVProbe分为4大模块,包括光谱扫描模块、光度测量模块、动力学模块和报告生成器。每种模式都可以直接点击后面的方法设定按钮设置方法。

(1)动力学测定方式。

通过分光光度计测定吸收值、透光率、反射率和能量随时间的改变,常用于酶反应随时间的变化。

(2)光度测定(定量)方式。

通过分光光度计进行测定并建立标准曲线,通过曲线计算未知样品的浓度值;或通过建立和自定义的方程式推导该数值。

(3)光谱测定方式。

可进行紫外-可见范围为900～190 nm区内,指定波长范围并扫描范围内各波长的吸光度、透过率、反射率和能量读数。

(4)报告生成器。

根据需要选择报告格式,生成报告。点击菜单栏上的“Print preview”键预览,点击菜单栏上的“Print”键,输出报告。

2. UV-2550光谱扫描的操作方法

(1)点按光谱扫描图标,出现光谱扫描界面。

(2)点击[M]方法编辑,出现方法设置对话框。根据提示在对话框中选择测定种类(吸收值、透射率、能量、反射率)及通带(狭缝)等条件。可以设置扫描波长范围,仪器的最大波长范围为900～190 nm。可以设置扫描速度,一般可选中速或快速进行扫描。采样间隔表示光度计每隔多少nm读一个吸光度值,如没有特殊要求,选择自动即可。可选择是否重复扫描曲线,若重复则设置重复次数和间隔时间。

(3)点击“试样准备”输入样品信息。包括样品的质量、体积、稀释倍数和测量光程等。也可以输入样品的其他信息。

(4)点击“仪器参数”设置测量方式和仪器的一些参数。在测量方式中可选择“透过率、吸光度、能量和反射”;“狭缝宽”可分0.1 nm、0.2 nm、0.5 nm、1.0 nm、2.0 nm、5.0 nm 6种。

(5)在跨越紫外和可见光区时,需要切换光源。换灯波长可根据所测样品进行设置,在393～282 nm范围内均可。换灯时由于仪器进行机械地移动,会造成信号波动较大,产生仪器噪声大,所以应尽量避免在样品吸收峰位置换灯,以免影响测定值。

(6)所有参数设置完成后,两个样品架均不放置样品或两个均放上同样的空白溶液,点击“基线”,开始进行基线校正。

(7)基线校正完成后,取出样品架的空白溶液,放入样品溶液,点击“开始”开始扫描曲线。扫描完成后,出现保存路径框和文件名框,设置好后出现扫描曲线。

(8)曲线扫描完成后,在谱图上点击鼠标右键,出现快捷菜单。可在其中输入文本以标记谱图,可以自定义曲线显示颜色还可显示十字坐标等。

(9)得出曲线后点击工具菜单栏上的“操作”键,可以对谱图进行一系列的处理。这些处理功能包括:“数据打印”可以将谱图曲线直接显示为数值;“处理”可以进行加减乘除、扣空白、倒数光谱、对数光谱等处理;“峰值检测”可以显示“波峰”和“波谷”的数值;“选点检测”可以在输入要显示的波长值后,显示出所输入波长处的吸光度值;“峰面积”可以在设定峰阈值后,显示大于此阈值的峰区域;“裁缝盒”具有对谱图进行裁剪和缝合的功能。

(10)光谱曲线扫描完成后数据仅保存在内存中,并没有保存到硬盘上,此时若关闭窗口,电脑会提示“光谱数据尚未保存,你是要离开而不保存数据吗?”选择“No”返回主界面保存所有数据,可在文件菜单栏上点击“全部保存”。

3. UV-2550光谱仪的注意事项

(1)光度计灯源寿命有限,若长时间不测量,应通过UVProbe软件“断开连接”,然后关闭光度计电源。

(2)使用分光光度计时要保证样品室绝对干净,小心放入样品,放入比色皿前一定要先用滤纸和擦镜纸将比色皿外表面擦干净,不要污染样品池和光度计外表面。

(3)仪器自检和扫描的过程中,不要打开样品室盖。

(4)软件不会自动保存数据,所有的数据都必须点击“Save”或者“Save As”进行另存。也可在文件菜单栏上点击“全部保存”,否则数据会丢失。

4. 吸收池的注意事项

由于一般商品吸收池(比色皿)的光程精度往往不是很高,与其标示值有微小误差,即使是同一个厂出品的同规格的吸收池也不一定完全能够互换使用。所以,仪器出厂前吸收池都经过检验配套,在使用时不应混淆其配套关系。实际工作中,为了消除误差,在测量前还必须对吸收池进行配套性检验,使用吸收池过程中,也应特别注意保护两个光学面。为此,必须做到以下几点:

(1)拿取吸收池时,只能用手指接触两侧的毛玻璃,不可接触光学面。

(2)不能将光学面与硬物或脏物接触,只能用擦镜纸或丝绸擦拭光学面。

(3)凡含有能腐蚀玻璃的物质(如 F^-、$SnCl_2$、H_3PO_4 等)的溶液,不得长时间盛放在吸收池中。

(4)池内溶液不可装得过满以免溅出,腐蚀吸收架和仪器,以 4/5 高度为宜,装入溶液后,池内壁不得有气泡。

(5)对于易挥发试样,应在吸收池上盖上玻璃片。

(6)吸收池表面不清洁是造成误差的常见原因之一,每当测定有色溶液后,一定要立即用水冲洗干净。有色物污染可以用 3 mol/L HCl 和等体积乙醇的混合液浸泡洗涤,注意浸泡时间不宜过长,以防止吸收池脱胶损坏;生物样品、胶体或其他在吸收池光学面上形成薄膜的物质要用适当的溶剂洗涤。

(7)不得在火焰或电炉上加热或烘烤吸收池。

3.3　红外光谱仪

红外吸收光谱仪同紫外、可见分光光度计相似,也是由光源、单色器、吸收池、检测器和记录器等部分所组成。但对每一个组成部分来说,它的结构、所用材料以及性能等和紫外、可见区的仪器不同。这里将主要介绍红外光源、单色器、检测器及放大记录系统的性能和特点。

3.3.1　光源

红外吸收光谱仪所用的红外光源通常是一种惰性固体,用电加热,使之产生类似于黑体辐射的连续辐射。最常用的是奈恩斯特灯和硅碳棒。

3.3.2　单色器

红外光谱仪的单色器由一个或几个色散元件、可变的入射和出射狭缝以及用于聚焦和反射光束的反射镜构成。在红外光谱仪中一般不采用透镜,以避免产生色差。棱镜和光栅都可以用来做红外色散元件。较早的红外吸收光谱仪主要采用棱镜,近年来则广泛采用光栅为色散元件。衍射光栅作为红外色散元件具有很多优点,并且有逐步取代棱镜的趋势。这是因为光栅的分辨本领高,色散率高,且近似线性,不需要恒温、恒湿设备,而且价格便宜。

3.3.3　检测器

基于光电效应的可见、紫外辐射检测器，如光电池、光电管及光电倍增管，不能作红外辐射的检测器，因为红外光子的能量小，不足以引起光电效应。目前色散型红外光谱仪普遍使用真空热电偶作检测器，而傅里叶变换红外光谱仪广泛使用的检测器为光电导管及热电量热计。

3.3.4　放大记录系统

由检测器产生的微弱电信号经电子放大后，驱动光楔和记录笔的同步马达，记下吸光度或透光度的变化。

3.3.5　仪器类型

红外光谱仪的种类很多。按分光原理的不同可将红外光谱仪分为色散型红外光谱仪和傅里叶变换红外光谱仪两类。前者是以棱镜或光栅作为单色器，利用棱镜的色散作用或光栅的衍射作用达到分光目的；后者是利用迈克尔逊干涉仪作为干涉分光装置。棱镜式红外光谱仪属于第一代，其缺点是分辨率低，仪器的操作环境要求较高。1960 年以后发展起来的光栅式光谱仪属于第二代，其分辨率较高，具有近似线性的色散率，对空调要求不高。1970 年以后发展起来的傅里叶变换红外光谱仪（FTS）与计算机化色散型红外光谱仪（CDS）属于第三代。傅里叶变换红外光谱仪（FTIR）的分辨率高，扫描速度极快，能测定弱信号及微量样品，为红外光谱的应用开辟了许多新领域，CDS 除扫描速度外，其他大部与 FTIR 相当，但价格要便宜得多。

3.3.6　色散型双光束红外光谱仪

色散型双光束红外光谱仪又分为光学自动平衡式和电学自动平衡式两类，这里简单介绍光学自动平衡式红外光谱仪的工作原理。双光束光学自动平衡系统也称光学零位系统。此类仪器使用最为广泛，常作为红外光谱仪的代表。它是由光源、吸收池、单色器、检测器和放大记录系统 5 个基本部分组成。仪器构造原理如图 3.7 所示。

来自光源的红外光被反射镜反射后分为强度相等且对称的两束光，一束通过样品池称为样品光束，而另一束通过参比池及光学衰减器（也称光楔），称为参比光束，两光束分别由反射镜反射而会合于切光器上。切光器由电机带动旋转，使参比光束和样品光束交替地进入单色器。经光栅色散后的两束单色光再交替地落在检测器上。双光束光学自动平衡的原理是通过自动移动光学衰减器在光路中的位置以改变参比光束的强度，使参比光束与样品光束的强度相等而达到平衡。在某一波长下，当样品无吸收时，照射在检测器上的两光束的强度相等，检测器不产生交流信号，放大器无输出；当样品光束被样品吸收一部分时，两光束的强度就不平衡。因此，检测器产生一个交流信号，此信号通过交流放大器放大后，传递给同步马达。该马达使光楔向光路中移动以减弱参比光束的强度，直到两光束强度相等，系统又处于平衡状态。试样对各种不同波长的红外辐射的吸收有多有少，参比光路上的光楔也相应地按比例移动以进行补偿。记录笔与光楔同步，因而光楔部位的改变相当于试样的百分透光度，它作为纵坐标直接被描绘在记录纸上。由于单色光与记录纸同步，这就是横坐标。这样在记录纸上就描绘出百分透光度对波长(或波数)的红外光谱吸收曲线。双光束红外光谱仪能消除光源强度、狭缝宽度、检测器灵敏度及放大器放大倍率等的变化对测定的影响,能消除大气中的水蒸气和二氧化碳等干扰。色散型双光束光学自动平衡式红外光谱仪结构简单、价格便宜,能满足一般分析的要求。

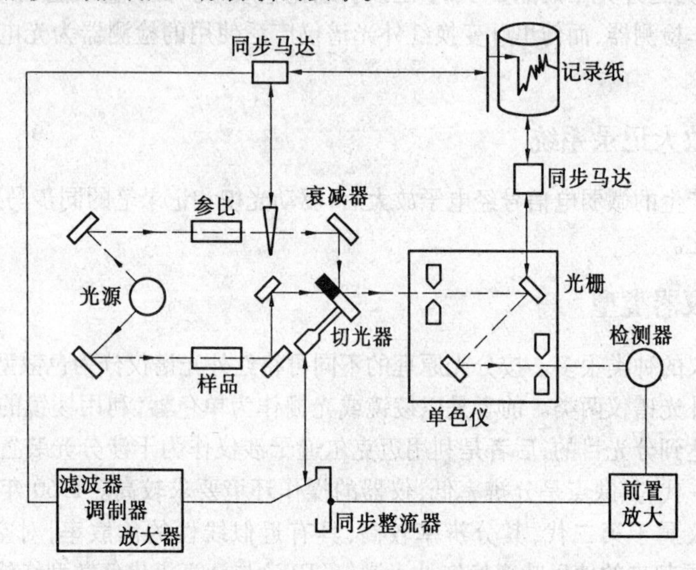

图3.7　色散型双光束红外光谱仪示意图

3.3.7　傅里叶变换红外光谱仪(FTIR)

随着电子计算机技术的发展,20 世纪 70 年代出现了傅里叶变换红外光谱仪。它与上述的色散型红外光谱仪的工作原理不同。主要是由光源、迈克尔逊干涉仪、检测器及计算机等部分组成,其工作原理如图 3.8 所示。

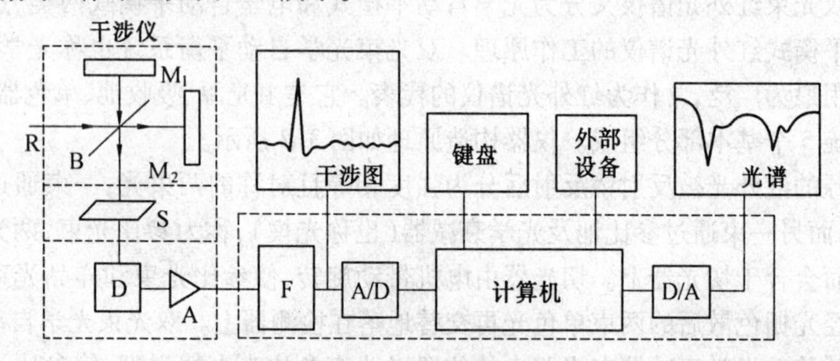

图3.8　傅里叶变换红外光谱仪(FTIR)示意图

R—红外光源;M_1—定镜;M_2—动镜;B—光束分裂器;S—样品;D—探测器;

A—放大器;F—滤波器;A/D—模数转换器;D/A—数模转换器

光源发出的红外光,通过迈克尔逊干涉仪变成干涉图,再通过样品即得到带有样品信息的干涉图,由电子计算机采集,并经过快速傅里叶变换,便可由记录器绘出通常的透光度对应波数关系的红外光谱。

在红外光谱法中,试样的制备及处理占有重要的地位。如果试样处理不当,那么即使仪

器性能很好,也不能得到满意的红外光谱图。一般来说,在制备试样时应注意以下几点:

(1)样品应是单一组分的纯物质。

(2)样品不应含水,包括游离水及结晶水,因为水不仅会腐蚀吸收池的盐窗,还会吸收红外光而产生干扰。

(3)样品的浓度及厚度要适当,以使红外吸收光谱图中大多数吸收峰的透光度处于15% ~70%范围内。浓度太稀或厚度太薄,常使弱峰、中等强度的峰及光谱的细微部分消失,得不到完整的图谱;相反,会使一些强吸收峰超过零透光度而无法准确判断其峰位。

(4)直接测定固体样品时,要求样品颗粒直径小于红外光的波长,否则会发生对入射光的明显散射。

欲取得既没有溶剂的影响,又没有分散介质影响的固体样品的光谱,最好是根据样品的性质选用适当的方法,将样品做成合适厚度(0.001 ~0.1 mm)的薄膜。

①薄膜法。将固体样品制成透明薄膜进行测定。制膜的方法有两种:一种方法为溶液法,即将样品溶于挥发性溶剂中,滴于盐片上,在室温下使溶剂挥发而成膜,再用红外灯或在真空干燥箱内进一步除去残留溶剂。溶液法特别适于测定能够成膜的高分子物质。另一方法为熔融法,对于那些无合适溶剂、熔点低、熔融时不发生分解等化学变化的物质,如蜡、沥青、聚乙烯等,可采用此法。将样品放在可拆卸池的两片盐窗之间,将池架夹紧后放入烘箱内,借池架所施加的压力使样品熔化时形成薄膜。

②糊剂法。将2 ~10 mg粉末样品与几滴与其折射率相近的悬浮剂相混合,研磨成糊状,夹在两片空白溴化钾或氯化钠片之间进行测定。常用的悬浮剂有石蜡油、氟化煤油、六氯丁二烯。凡能研成粉末的样品都可用该法进行测定,对溶液法没有合适的溶剂的样品更为有效。由于糊剂的厚度难以精确控制,糊剂法一般只用于定性分析。

③压片法。将固体样品分散在碱金属卤化物(多采用溴化钾或氯化钠)细粉中,装入模具,在压片机下压成锭片进行测定。取0.5 ~2 mg样品,研细,加干燥溴化钾粉末100 ~200 mg,在玛瑙研钵中混合研磨成200目左右的粉末,装入压片模具中,在低真空下用$(8\sim10)\times10^{8}$ Pa的压力经10 min即可压成一直径10 mm左右、厚1 ~2 mm的片子。

光谱纯溴化钾在中红外区无吸收,因此用溴化钾压片可获得全部红外光谱。但溴化钾易吸潮,光谱中常出现3 400 ~3 300 cm^{-1}的水峰。

(5)液体样品可用液体吸收池法、夹片法,黏度大的样品还可采用涂片法。

①液体吸收池法。溶液或液体样品可注入具有岩盐窗片的吸收池中进行测定。窗片一般用溴化钾或氯化钠制成。不论是固体样品还是液体样品均可转变成溶液进行分析。选择溶剂的原则是:溶剂本身在测定范围内无吸收;对样品的溶解性好,不与样品发生化学反应及强溶剂效应;不腐蚀吸收池窗片,毒性小。常用的溶剂有CS_2、CCl_4、$CHCl_3$等。

②夹片法。将1 ~2滴样品滴在两片溴化钾空白片之间,形成液膜。本法适用于样品量很少或没有适当溶剂的低挥发性液体样品。由于难以获得再现的透光度,所以,通常仅用于定性分析。

③涂片法。对于黏度大的液体样品,可以将样品涂在一片溴化钾片上测定,不必夹片。

(6)气体样品一般采用气体吸收池进行测定。进样前先用真空泵把池内空气抽出,然后注入样品。通过调节吸收池内样品的压力以控制吸收峰的强度。

3.4 实验十 邻二氮菲分光光度法测定铁

在天然水和废水中,铁的存在形态各式各样,可以胶体存在,也可以无机或有机的含铁络合物存在,还可存在于较大的悬浮颗粒中;可以是二价的,也可以是三价的。总铁是指未经过滤的水样,经剧烈消解后测得的铁的浓度,包括上述各种形态的全部铁。

不论是循环冷却水还是工业污水,都需要测定铁的含量,总铁的测定方法中,邻二氮菲分光光度法简便可靠,原子吸收光光度法既准确又较易掌握,因而,它们得到了最普遍的采用。

3.4.1 实验原理

用于铁的显色剂很多,其中邻二氮菲是测定微量 Fe 的一种较好的显色剂。邻二氮菲又称邻菲罗啉,它是测定 Fe^{2+}的一种高灵敏度和高选择性试剂。Fe^{2+}和邻二氮菲反应生成橘红色配合物,反应式如下:

Fe^{2+} + 3 (N, N) → [(N, N)→Fe]$_3^{2+}$

该配合物的摩尔吸收系数 $\kappa=1.1\times10^4$ L/(mol · cm),最大吸收波长为 510 nm。

Fe^{3+}必须首先还原为 Fe^{2+},再与邻二氮菲反应。否则 Fe^{3+}也与邻二氮菲反应,生成 3 ∶ 1 的淡蓝色配合物。一般用盐酸羟胺作为还原剂,显色前将 Fe^{3+}全部还原为 Fe^{2+}。

Fe^{2+}与邻二氮菲在 pH=2 ~9 范围内都能显色,但为了尽量减少其他离子的影响,通常在微酸性(pH≈5)溶液中显色。

本法选择性很高,相当于含 Fe 量 40 倍的 Sn^{2+}、Al^{3+}、Ca^{2+}、Mg^{2+}、Zn^{2+}、SiO_3^{2-},20 倍的 Cr^{3+}、Mn^{2+}、V(V),PO_3^{3-},5 倍的 Co^{2+}、Cu^{2+}等均不干扰测定。

实验采用 752 型紫外-可见光栅分光光度计(手动)或 TU-1800 型紫外-可见分光光度计(扫描),所用玻璃仪器包括比色管(50 mL)、移液管(10 mL)、比色皿(1 cm)和吸量管(1 mL、2 mL、10 mL)。

3.4.2 特别指导

(1)为使盐酸羟胺将 Fe^{3+}还原为 Fe^{2+}的反应进行完全,放置时间应不小于 2 min。

(2)在绘制吸收曲线时,由于不同波长下入射光的能量不同,因此每改变一次波长,必须重新校正仪器的零点和 100% T 点。

(3)测绘校准曲线一般要配置 3 ~5 个浓度递增的标准溶液,测出的吸光度至少要有 3 个点在一条直线上。作图时,坐标选择要合适,使直线的斜率约等于 1,坐标的分度值要等距标示,应使测量数据的有效数字位数与坐标纸的读数精度相符合。

3.4.3　实验内容

1. 试剂的配制

(1)铁标准储备溶液(100.0 mg/L)。

准确称取 0.863 4 g $NH_4Fe(SO_4)_2 \cdot 12H_2O$ 置于烧杯中,加入 10 mL 浓度为 3 mol/L 的硫酸溶液,移入 1 000 mL 容量瓶中,用蒸馏水稀至标线,摇匀。

(2)铁标准溶液(10.00 mg/L)。

移取 100.0 mg/L 铁标准溶液 10.00 mL 于 100 mL 容量瓶中,并用蒸馏水稀至标线,摇匀。

(3)邻二氮菲溶液(1.5 g/L)。

先用少量乙醇溶解,再用蒸馏水稀释至所需浓度(避光保存,两周内有效)。

(4)盐酸羟胺溶液(100 g/L)。

用时配制。

(5)缓冲溶液(pH=4.6)。

将 68 g 乙酸钠溶于约 500 mL 蒸馏水中,加入 29 mL 冰乙酸稀释至 1 L。

2. 绘制吸收曲线

用移液管吸取 10.00 mL 质量浓度为 10 mg/L 的 Fe^{2+} 标准溶液,注入一只 50 mL 比色管中,另一只 50 mL 比色管不加 Fe^{2+} 标准溶液,然后各加入 1.0 mL 盐酸羟胺溶液、2.0 mL 邻二氮菲溶液和 5.0 mL 醋酸钠缓冲溶液,以水稀释至刻度,摇匀。以试剂溶液为参比,用1 cm 比色皿,在 440 ~ 560 nm 间,每隔 10 nm 测定一次吸光度。以波长为横坐标,吸光度为纵坐标,绘制吸收曲线,确定最大吸收波长 λ_{max}。

3. 标准曲线的制作和 Fe 含量的测量

在 7 只 50 mL 比色管中,前 6 只分别用吸量管加入 0.00 mL、2.00 mL、4.00 mL、6.00 mL、8.00 mL 和 10.00 mL 的 10 mg/L Fe^{2+} 标准溶液,第 7 只比色管加入 10.00 mL 水样,再各加入 1.0 mL 盐酸羟胺溶液,2.0 mL 邻二氮菲和 5.0 mL 醋酸钠缓冲溶液,用水稀释至刻度,摇匀。在所选择的波长(510 nm)下用 1 cm 比色皿,以试剂溶液为参比,测定各溶液的吸光度,实验记录见表 3.1。

表 3.1　实验记录表

编　号	1	2	3	4	5	6	7
铁标液加入量/mL							
$c[Fe^{2+}]/(mg \cdot L^{-1})$	0.00	2.00	4.00	6.00	8.00	10.00	
A							

以 Fe 标准溶液质量浓度 $c[Fe^{2+}]$ 为横坐标,吸光度 A 为纵坐标,绘制标准曲线。

从标准曲线上查出试液的浓度,再计算原试液含 Fe 量(以 mg/L 为单位)。

3.4.4　思考题

1. 用邻二氮菲法测定铁时,为什么在测定前需要加入盐酸羟胺溶液?若不加入盐酸羟胺,对测定结果有何影响?

2. 根据实验,说明测定 Fe^{2+} 的浓度范围。

3.5 实验十一 分光光度法测定水中的氨态氮和亚硝酸态氮

水中的氨氮指以 NH_3 和 NH_4^+ 形体存在的氮,当 pH 值偏高时,主要是 NH_3,反之,是 NH_4^+。水中的氨氮主要来自焦化厂、合成氨化肥厂等某些工业废水、农用排放水以及生活污水中的含氮有机物受微生物作用分解的第一步产物。

水中的亚硝酸盐氮是氮循环的中间产物,不稳定。在缺氧环境中,水中的亚硝酸盐也可受微生物作用,还原为氨;在富氧环境中,水中的氨也可转变为亚硝酸盐。亚硝酸盐可使人体正常的低铁血红蛋白氧化成高铁血红蛋白,失去血红蛋白在体内输送氧的能力,出现组织缺氧的症状。亚硝酸盐可与仲胺类反应生成具有致癌性的亚硝胺类物质,尤其在低 pH 值下,有利于亚硝胺类的形成。

水中的含氮化合物是水中一项重要的卫生质量指标。它可以判断水体污染的程度。

3.5.1 实验原理

本实验用磺胺、萘乙二胺试剂测定亚硝酸态氮。在 pH≈2 的溶液中,亚硝酸根与磺胺反应生成重氮化物,再与萘乙二胺反应生成偶氮染料,呈紫红色,最大吸收波长为 543 nm,其摩尔吸光系数约为 5×10^4。亚硝酸态氮的质量浓度在 0.2 mg/L 以内符合比尔定律。

(1)磺胺与亚硝酸的反应:

$$NH_2SO_2C_6H_4NH_2\cdot HCl+HNO_2 \xrightarrow{\text{重氮化}} NH_2SO_2C_6H_4N{\equiv}NCl+2H_2O$$

$$NH_2SO_2C_6H_4N{\equiv}NCl+C_{10}H_7NHCH_2CH_2NH_2\cdot 2HCl \xrightarrow{\text{偶联}}$$

$$\underset{\text{(红色染料)}}{NH_2SO_2C_6H_4N{=}NNHCH_2CH_2(C_{10}H_7)}\cdot 2HCl+HCl$$

$$NH_2SO_2C_6H_4N{\equiv}NCl+C_{10}H_7NHCH_2CH_2NH_2\cdot 2HCl \xrightarrow{\text{偶联}}$$

$$\underset{\text{(红色染料)}}{NH_2SO_2C_6H_4N{=}NC_{10}H_6NHCH_2CH_2NH_2}\cdot 2HCl+HCl$$

(2)生成偶氮染料的反应。

氨态氮的测定是先在碱性溶液中用次溴酸盐将氨氧化为亚硝酸盐,然后再用上述方法进行测定。如果水样中含有亚硝酸根,这时测得的是氨态氮和亚硝酸态氮的总量。从总量中减去亚硝态氮的含量,即可求得氨态氮的含量。用此法测定氨态氮,其摩尔吸光系数约为 4×10^4,氨态氮质量浓度在 0.1 mg/L 以内符合比尔定律。

用溴酸钾和溴化钾制备次溴酸盐的反应:

$$BrO_3^-+5Br^-+6H^+ \longrightarrow 3Br_2+3H_2O$$

$$Br_2+2OH^- \longrightarrow BrO^-+Br^-+2H_2O$$

(2)在碱性溶液中次溴酸盐与氨的反应:

$$3BrO^-+NH_3+OH^- \longrightarrow NO^{2-}+3Br^-+2H_2O$$

实验采用 752 型紫外-可见光栅分光光度计(手动)或 TU-1800 型紫外-可见分光光度计(扫描),所用玻璃仪器包括比色管(25 mL)、移液管(10 mL)、比色皿(1 cm)、吸量管

(5 mL)、酸式滴定管(25 mL)和碱式滴定管(50 mL)。

3.5.2　实验内容

1. 溶液配制

(1)无氨水。

取新制备的蒸馏水置于细口瓶中,加入少量强酸性阳离子交换树脂(10 g · L^{-1}),摇动,待树脂下降后装上虹吸管待用(参照1.1.2纯水的制备方法)。

(2)磺胺溶液(1.0%)。

称取10 g磺胺,溶于1 L稀HCl溶液(1.0 mol/L)中,转入棕色细口瓶存放。

(3)萘乙二胺盐酸盐溶液(0.20%)。

称取2.0 g N-1-萘乙二胺盐酸盐,溶于1 L水中,转入棕色细口瓶存放,在冰箱中冷藏可稳定1个月。

(4)$KBr-KBrO_3$溶液。

称取1.4 g $KBrO_3$和10 g KBr,溶于500 mL无氨的水中,转入棕色细口瓶保存,在冰箱中冷藏可稳定半年。

(5)次溴酸盐溶液。

量取20 mL $KBr-KBrO_3$溶液置于棕色细口瓶中,加入450 mL无氨水和30 mL 1+1 HCl溶液,立即盖好瓶塞,摇匀,放置5 min,再加入500 mL 10 mol/L的NaOH溶液,放置30 min后即可使用,此溶液10 h内有效。

(6)氨态氮标准溶液。

称取0.382 g NH_4Cl(预先在105 ℃ 下干燥2 h),用无氨水溶解后定容于500 mL容量瓶中,此为氨态氮标准储备溶液(0.200 mg/L)。使用时,量取5.00 mL储备液于2 L容量瓶中,用无氨的水定容,配制成0.500 μg/L的工作液。此溶液一周内有效。

(7)亚硝酸态氮标准溶液。

称取0.493 g $NaNO_2$(预先在105 ℃下干燥2 h),溶于水后在500 mL容量瓶中定容,此为亚硝酸态氮标准储备溶液(0.200 mg/L)。使用时,量取10.00 mL储备液于2 L容量瓶中,加水定容,配制成1.00 μg/L的工作液。此溶液一周内有效。

(8)HCl(1+1)溶液和NaOH(10 mol/L)溶液。

用无氨的水配制。

2. 氨态氮校准曲线的制作

取7支25 mL比色管,分别加入0.00 mL、1.00 mL、2.00 mL、3.00 mL、4.00 mL、5.00 mL氨态氮标准溶液(工作液),用无氨的水稀释至10 mL,各加入2.0 mL次溴酸盐溶液,混匀后放置30 min。各加1.0 mL磺胺溶液及1.5 mL HCl溶液,混匀后放置5 min。各加1.0 mL萘乙二胺溶液,加水至标线,摇匀后放置15 min。以水为参比,在540 nm波长处测定各溶液的吸光度。然后算出两份空白溶液吸光度的平均值,从各标准溶液的吸光度中扣除空白,绘制校准曲线或求出回归直线方程。

3. 亚硝酸态氮校准曲线的制作

参照氨态氮标准曲线的制作方法,自拟实验操作方案并实施(提示:比色管数量和加入标准溶液的体积相同)。

4. 水样的测定

(1)亚硝酸态氮的测定。

取两支比色管,各加入10.0 mL水样、1.0 mL磺胺溶液和1.5 mL HCl溶液,混匀后放置5 min,再各加入1.0 mL萘乙二胺溶液,加水至标线,摇匀后放置15 min。以水为参比,在540 nm波长处测量各溶液的吸光度。两份水样吸光度的平均值减去试剂空白溶液吸光度的平均值,即得到水样中亚硝酸根的吸光度。利用校准曲线或回归直线方程计算水样中亚硝酸态氮的含量,以mg/L表示。

(2)氨态氮的测定。

取两支比色管,各加入10.0 mL水样及2.0 mL次溴酸盐溶液,混匀后放置30 min。以下操作与氨态氮校准曲线的制作相同。所得两份水样的吸光度平均值减去试剂空白溶液吸光度的平均值,即得到水样中氨态氮和亚硝酸态氮总量的吸光度。利用氨态氮校准曲线或回归直线方程计算水样中氨态氮和亚硝酸态氮的总量,以mg/L表示。由总氮量减去水样中原有亚硝酸态氮含量,即得到氨态氮的质量浓度(mg/L)。

3.5.3　思考题

1. 制备无氨的水,除了用离子交换法外还可以用什么方法?

2. 制作亚硝酸态氮校准曲线时,要不要加次溴酸盐溶液和盐酸溶液?

3. 实验中氨态氮和亚硝酸态氮的测定为什么必须同时进行?

4. 如果天然水样稍有浑浊或稍有颜色,对测定结果有无影响? 若有影响,应当如何克服?

3.6　实验十二　紫外吸收光谱法测定总酚

酚类分为挥发酚和不挥发酚。能与水蒸气一起挥发的酚为挥发酚,如苯酚、邻甲酚、对甲酚等,否则为不挥发酚,如间苯二酚、邻苯二酚等。

酚类对人体的毒性较大。长期饮用被酚污染的水,可引起慢性中毒,症状表现为头痛、恶心、呕吐、腹泻、贫血等,甚至发生神经系统障碍。人体摄入一定量时,还会出现急性中毒症状。水中含低质量浓度0.1~0.2 mg/L的酚类时,使水中鱼肉味道变劣,大于5.0 mg/L时则造成中毒死亡。用大于200 mg/L的含酚废水灌溉,会使农作物枯死或减产。如用被酚污染的水体作为给水水源,水中即使含有0.001 mg/L的酚,也会由于氯消毒而产生令人讨厌的氯代酚恶臭味。我国饮用水标准规定挥发酚含量不得超过0.002 mg/L,灌溉用水不得超过1 mg/L。

3.6.1　实验原理

酚类化合物的水溶液在210~300 nm之间有不同的吸收峰。这些吸收峰在加入NaOH或KOH水溶液后出现了较集中的吸收峰,且强度有很大增加。

图3.9为苯酚在两种溶液中的吸收光谱。在酸性或中性溶液中,λ_{max}为210 nm和272 nm,在碱性溶液中,λ_{max}位移至235 nm和288 nm。在紫外分析中,有时利用在不同的酸、碱条件下光谱变化的规律,直接对有机化合物进行测定。

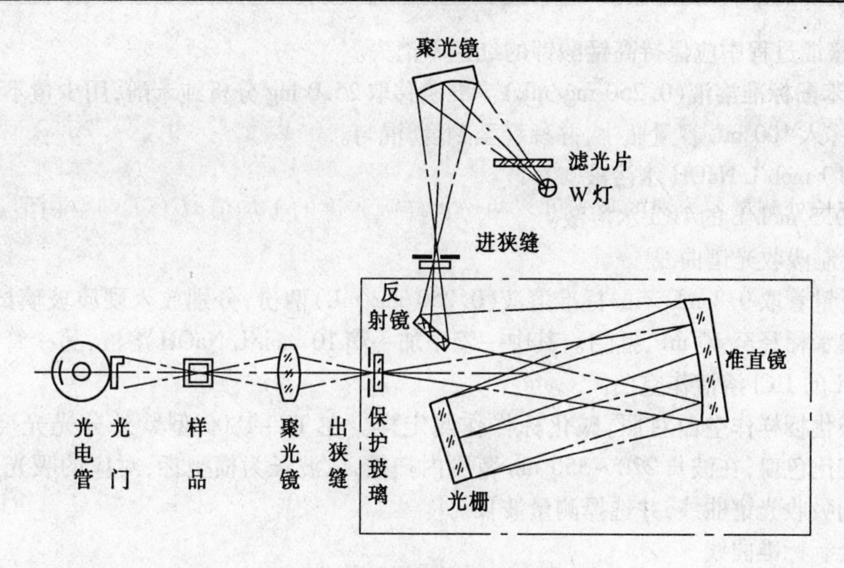

图3.9　苯酚的紫外吸收光谱

因此,可以同一个水样酸化后作空白对照,碱化后作测定样,1 cm 石英比色皿在292.6 nm处测定含酚量较高的水样,用3 cm 石英比色皿在238 nm 处测定含酚量较低的水样。

本实验使用 TU-1800 型紫外分光光度计。该仪器较精密,使用前必须认真阅读仪器说明书,认真听老师的讲解与安排。避免因使用不当而造成仪器性能下降甚至损坏仪器。

所用玻璃仪器包括比色管(10 mL)、移液管(10 mL)、石英比色皿(1 cm)和吸量管(1 mL)。

3.6.2　特别指导

(1)本法的特点是以同一个水样酸化后作空白对照,碱化后作测定样,这不仅提高了吸光度值,而且也抵消了水样中的其他干扰因素。事实上,NaOH 浓度达到0.004 3 mol/L 时就足以使酚全部解离。如果用一滴 10 mol/L 的 NaOH 溶液来碱化 10 mL 水样,则此时 NaOH 浓度约0.02 mol/L 左右,已有足够碱度。另外,空白对照样品盐酸浓度在0.000 1 ~ 4 mol/L之间,对同一碱化水样来说都可得到同样的吸光度值。通常选酸化标准为 pH = 2 ~ 4。如果用一滴 0.5 mol/L 的盐酸加入 10 mL 水样中,就使 pH 值在 2 ~ 4 之间。应该指出,一滴碱或一滴酸引起的待测水样的浓度变化可忽略不计。

(2)利用差值光谱进行定量测定,两种溶液中被测物的浓度必须相等。

(3)含酚废水如果有悬浮物时,只需用滤纸过滤后即可按分析流程测定。

(4)按分析流程对水样直接测定结果为总酚,如经过蒸馏后,再行测定则为挥发酚的含量。

(5)由于含酚废水种类很多,水样中所含酚类化合物又各不相同,因此,对特定含酚废水,需选择特定波长和标准样,使结果尽可能接近水样中实际的含量。

3.6.3　实验内容

1. 溶液配制

(1)不含酚蒸馏水。普通蒸馏水中加入少量高锰酸钾的碱性溶液(pH>11)后进行蒸馏制得,在蒸馏过程中应保持高锰酸钾的红色不消失。

(2)苯酚标准溶液(0.250 mg/mL)。准确移取25.0 mg分析纯苯酚,用少量不含酚蒸馏水溶解,移入100 mL容量瓶中,并稀释至刻度,混匀。

(3)10 mol/L NaOH水溶液。

(4)0.5 mol/L的HCl水溶液。

2.绘制吸收光谱曲线

用吸量管取0.8 mL苯酚标准溶液(0.250 mg/mL)两份,分别放入硬质玻璃试管中,用无酚蒸馏水稀释至10 mL,摇匀。其中一管中加一滴10 mol/L NaOH溶液,另一管中加一滴0.5 mol/L的HCl溶液作空白。

以酸化标样作空白对照,碱化标样作测定样。在TU-1800型紫外分光光度计上,用1 cm石英比色皿,在波长220~350 nm范围内扫描,以波长为横坐标,对应的吸光度值为纵坐标绘制吸收光谱曲线,并选择测量波长。

3.绘制标准曲线

用吸量管分别吸取0.00 mL、0.40 mL、0.80 mL、1.20 mL、1.60 mL和2.00 mL苯酚标准溶液各两份,分别放入试管中,用无酚蒸馏水稀释至10 mL,摇匀。此苯酚标准溶液系列对应的质量浓度为0.00 mg/L、10.0 mg/L、20.0 mg/L、30.0 mg/L、40.0 mg/L和50.0 mg/L。同样以碱化标样作测定样,相应浓度的酸化标样作空白对照,在选定的工作波长处测定对应的吸光度值,做记录。以苯酚标准溶液的质量浓度(mg/L)为横坐标,对应的吸光度值为纵坐标绘制标准曲线。

4.水样的测定

取含酚水样10 mL两份,放入硬质玻璃试管中。其中一管中加一滴10 mol/L NaOH溶液,另一管中加一滴0.5 mol/L的HCl溶液,混匀。

以酸化水样为空白对照(调零),碱化水样作测定样。在选定测量波长处测定的吸光度值,然后在标准曲线上查出对应水样中的总酚质量浓度(mg/L)。

3.6.4 思考题

1.本实验中为什么使用石英比色皿?

2.TU-1800型紫外-可见分光光度计和752型紫外-可见分光光度计在使用上有哪些异同?

第4章 电化学仪器分析

电化学分析法是根据电化学原理和物质在溶液中的电化学性质而建立起来的一类分析方法的统称。这类方法的特点是,将待测试液以适当的形式作为化学电池的一部分,选配适当的电极,然后通过测量电池的某些参数,如电阻(电导)、电极电位、电量和电流等,或者测量这些参数在某个过程中的变化情况来求分析结果。根据所测量的电参量不同,电化学分析法可分为:电导法、电位法、库仑分析法、伏安法和极谱法等。

电化学分析法是仪器分析的一个重要分支,不仅可以应用于各种样品的成分分析,而且还可以用于理论研究,为实验提供重要信息。它具有仪器设备简单、分析速度快、灵敏度高、选择性好、易于实现自动化等优点,所以得到广泛应用。

4.1 电化学基础

4.1.1 化学电池和电极

化学电池是一种电化学反应器,大多数电分析方法都是通过化学电池来实现的。如果化学电池自发地将本身的化学能变成电能,此化学电池称为原电池。如果实现电化学反应所需要的能量是由外部电源供给的,则这种化学电池称为电解池。上述两种化学电池在电化学分析中均有应用。

化学电池是进行电化学反应的场所,是实现化学能与电能相互转化的装置。把两支称之为电极的金属导体(相同或不同的)放入适当的电解质中(电解质通常为液体溶液,溶液中电解质可以是一种,也可以是两种彼此不混溶而又能相互接触的不同电解质),这样就构成了化学电池。

在化学电池中,不论是原电池还是电解池,凡是发生氧化反应的电极称为阳极,发生还原反应的电极称为阴极。电极发生的总反应为电池反应。它是由两个电极反应,即半电池反应所组成的。为了描述和应用方便,电化学中规定了电池的表示方法,图4.1(a)所示的化学电池可以表示为

$$(-)\mathrm{Zn}|\mathrm{ZnSO_4}(a_1)\parallel \mathrm{CuSO_4}(a_1)|\mathrm{Cu}(+)$$

由于相界面上产生电位差从而产生电池电动势,电池电动势来源包括由于电极和溶液的相界面电位差、电极和导线的相界面电位差及液体和液体的相界面电位差三部分。原电池电动势在数值上等于组成电池的各相界电位代数和,其中接触电位、液接电位可以忽略不计,所以电池电动势的主要来源就是电极和溶液之间的相界电位。当流过电池的电流为零或接近于零时两极间的电位差称为电池电动势。

在电化学中根据电极反应的机理、工作方式及用途等把电极进行分类。根据电极电位形成的机理把能够建立平衡电位的电极分为金属基电极和膜电极。按电极用途分类可分为指示电极和工作电极。下面介绍两种比较常用的玻璃电极和甘汞电极。

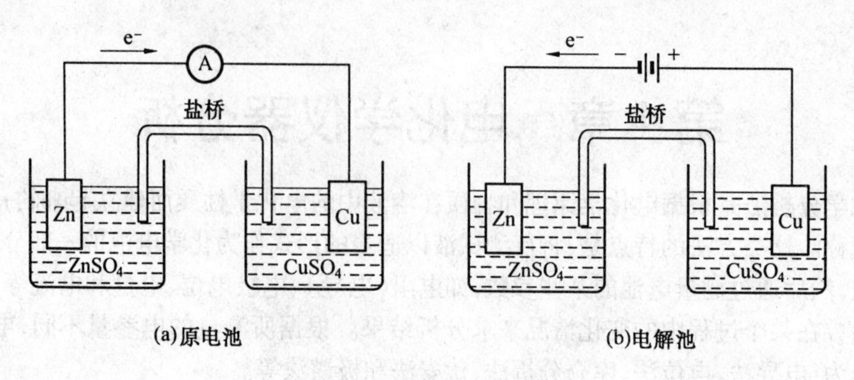

图 4.1 典型的化学电池

1. 玻璃电极

玻璃电极是对溶液中 H^+有响应的、用于测定溶液 pH 值或酸碱电位滴定的指示电极。pH 玻璃电极的结构如图 4.2 所示。

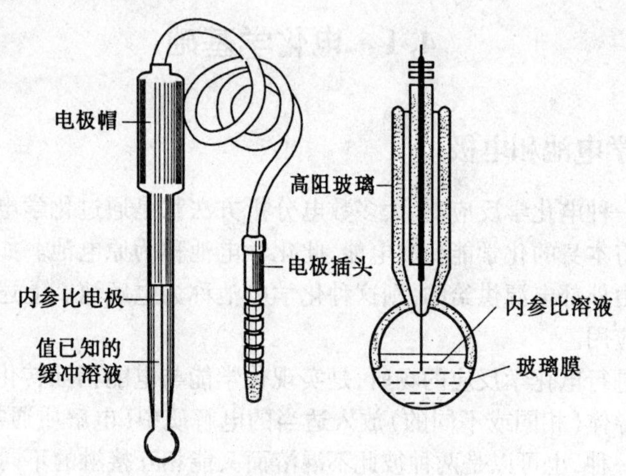

图 4.2 pH 玻璃电极基本构造

电极的下端是用特殊玻璃吹制制成的薄膜小球,厚度只有 50 μm。球内装 pH=7 的含有 Cl^-的磷酸盐缓冲溶液,溶液中插一个 Ag-AgCl 内参比电极。内参比电极的电位是恒定的,与被测溶液的 pH 值无关。玻璃电极作为指示电极,其作用主要在玻璃膜上。当玻璃电极浸入被测溶液时,玻璃膜处于内部溶液(H^+活度为 $a^0_{H^+}$)和待测溶液(H^+活度为 a_{H^+})之间,这时跨越玻璃膜产生一电位差 ΔE_M,这种电位差称为膜电位,它与 H^+活度之间的关系符合能斯特公式:

$$\Delta E_M = \frac{2.303RT}{F} \lg \frac{a_{H^+}}{a^0_{H^+}} \tag{4.1}$$

因 $a^0_{H^+}$为一常数,故式(4.1)可写成

$$\Delta E_M = K + \frac{2.303RT}{F} \lg a_{H^+} = K - \frac{2.303RT}{F} \text{pH} \tag{4.2}$$

玻璃电极电阻很高(>10^8 Ω),不能用普通的电位差计测量电池电动势,需要用高阻抗的毫伏计(即 pH 计)来测量。在 pH 计上可以直接读出溶液的 pH 值。

玻璃电极性能稳定,可以在混浊、有色或胶体溶液中应用,不受溶液中氢化剂和其他杂

质的影响，操作简便，因而在工业生产和实验室工作中得到广泛应用。

使用玻璃电极应注意以下几点：

(1)切忌与硬物接触，一旦发生破裂则完全失去作用。在安装电极时，玻璃电极下端应稍低于玻璃泡。如果使用电磁搅拌，注意搅拌磁子不能与玻璃泡相碰。

(2)玻璃电极使用前，先在蒸馏水中浸泡一昼夜以活化电极，短时间不用时，应经常浸泡在水中。

(3)在碱性溶液中使用时应迅速操作，用完后立即用蒸馏水冲洗。

(4)玻璃膜不可沾有油污。如发现有油污，可先浸入酒精中，再放于乙醚中，然后移入酒精中，最后用水冲洗干净。

2.饱和甘汞电极(SCE)

饱和甘汞电极是电分析化学中最常用的参比电极。它是由纯汞、Hg_2Cl_2-Hg的糊状混合物和KCl溶液组成，电池方程可以用式(4.3)表示。基本电极反应如式(4.4)所示。饱和甘汞电极基本构造如图4.3所示。

$$Hg|Hg_2Cl_2(饱和)\parallel Cl^-(饱和KCl) \quad (4.3)$$

电极反应为

$$Hg_2Cl_2+2e = 2Hg+2Cl^- \quad (4.4)$$

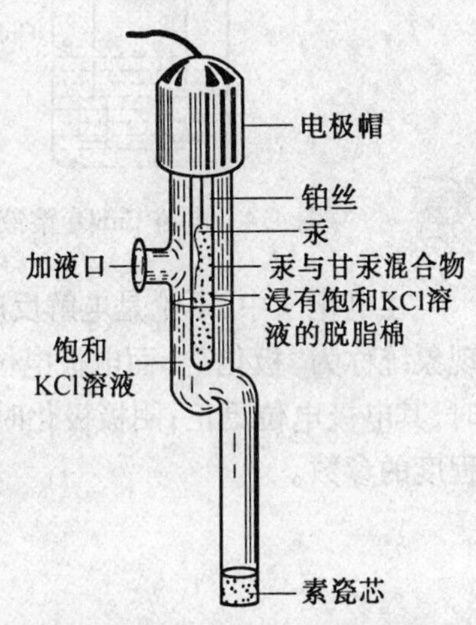

图4.3　饱和甘汞电极基本构造

在测量时，允许少量KCl溶液通过电极两端素瓷芯的毛细管向外渗漏，但绝不允许被测液向管内渗漏，否则将影响电极读数的重现性，导致不准确的结果。为了避免出现这种结果，使用甘汞电极时最好把它上面的小橡皮塞拔下，以维持管内足够的液位压差，断绝被测溶液通过毛细孔渗入的可能性。

在使用甘汞电极时还应注意，KCl溶液要浸没内部小玻璃管的下口，并且在弯管内不允许有气泡将溶液隔断。甘汞电极做成下管较细的弯管，有助于调节与玻璃电极间的距离，以便在直径较小的容器内也可以插入进行测量。甘汞电极在不用时，可用橡皮套将下端毛细孔套住或浸在KCl溶液中保存。

甘汞电极的电极电位只随电极内装的KCl溶液浓度(实质上是Cl^-浓度)而改变，不随待测溶液的pH值不同而变化。通常所用的饱和KCl溶液的甘汞电极的电极电势为0.241 5 V。

4.1.2　电解和极化

在电解池的两个电极上，加一直流电压，使溶液中有电流通过，在两电极和溶液界面上发生电化学反应而引起物质的分解，这个过程称为“电解”。简单的电解$CuSO_4$溶液装置图如图4.4所示。

外电压(U外)从0 V开始均匀增加，记录电流随外电压变化的曲线(图4.5)。在外电压较小时，从检流计A观察到的电流很小。这个微小电流为“残余电流”，是由于溶液中微量杂质在电极上电解所致。当外加电压达到某一值(点D)后，电压稍有增加，通过电解池的电流明显增大，同时在电极上发生电解反应：

在阴极： $Cu^{2+}+2e^- \rightleftharpoons Cu \quad \varphi^{\ominus}=0.345\ V$

在阳极： $2H_2O \rightleftharpoons O_2+4H^++4e^- \quad \varphi^{\ominus}=1.23\ V$

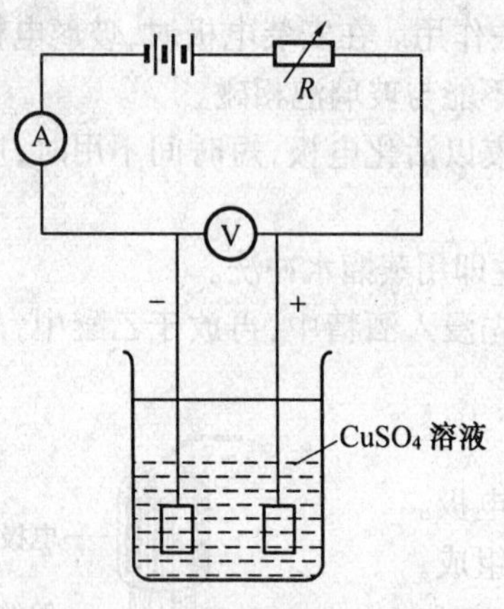

图 4.4 电解 $CuSO_4$ 溶液装置

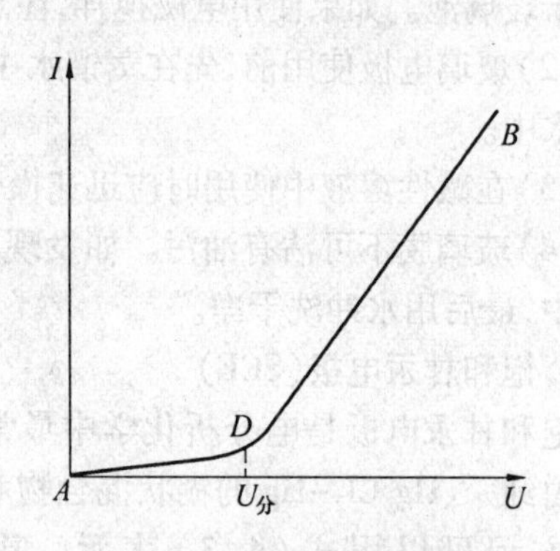

图 4.5 外电压-电流曲线

在电化学中，不论是电解反应还是电池反应，凡是涉及电动势偏离热力学平衡值的有关现象统称为“极化”。而电极电位值偏离平衡电位的现象，称为电极的极化。一般阳极极化时，其电极电位更正；阴极极化时，电极电位更负。超电位值的大小可以作为评价电极极化程度的参数。

4.2 电位分析法

利用电极电位和溶液中某种离子的活度（或浓度）之间的关系来测定待测物质活度（或浓度）的电化学分析法称为电位分析法。它是以待测试液作为化学电池的电解质溶液，于其中插入两支电极：一支是电极电位与待测试液的活度（或浓度）有定量函数关系的指示电极，另一支是电极电位稳定不变的参比电极，通过测量该电池的电动势来确定待测物质的含量。

电位分析法根据其原理的不同可分为直接电位法和电位滴定法两大类。直接电位法是通过测量电池电动势来确定指示电极的电位，然后根据 Nernst 方程，由所测得的电极电位值计算出待测物质的含量。电位滴定法是通过测量滴定过程中指示电极电位的变化来确定滴定终点，再由滴定过程中消耗的标准溶液的体积和浓度来计算待测物质的含量。

离子选择性电极是一类电化学传感体，它的电位与溶液中给定离子活度的对数呈线性关系，这些装置不同于包含氧化还原反应体系；因此，离子选择性电极与由氧化还原反应而产生电位的金属电极有着本质的不同。它是电位分析中应用最广泛的指示电极。

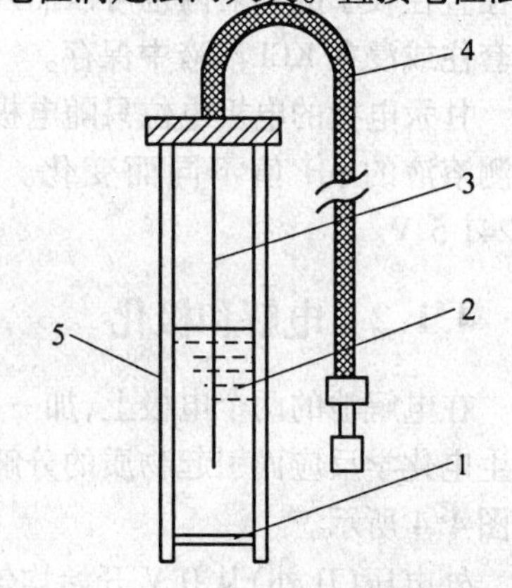

图 4.6 离子选择性电极基本构造

1—敏感膜；2—内参比溶液；3—内参比电极；4—带屏蔽的导线；5—电极杆

离子选择性电极的类型和品种有很多，其基本构造如图 4.6 所示。不论何种离子选择性电极都是由对特定离子有选择性响应的薄膜（敏感膜或传感膜）

及其内侧的参比溶液与参比电极所构成,故又称为膜电极。传感膜能将内侧参比溶液与外侧的待测离子溶液分开,是电极的关键部件。

pH计又称酸度计,是一种具有很高输入阻抗的电势测量仪器,除主要用于测量水溶液的酸度(即pH值)外,还可用于测量多种电极电势(mV值)。pH计可以测量一对电极(指示电极与参比电极)在溶液中组成的原电池的电动势。当使用对H^+敏感的玻璃电极做指示电极时,可以直接测量pH值。图4.7是pHS-2型酸度计工作原理。

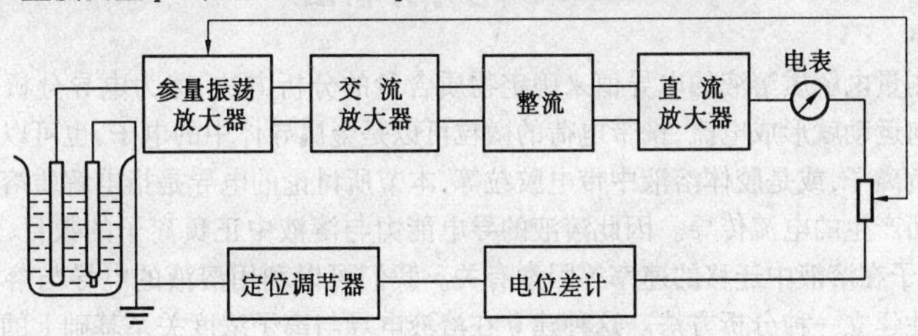

图4.7　pHS-2型酸度计工作原理

测量溶液pH值的操作步骤如下:

1. 安装电极

将玻璃电极、甘汞电极插在塑料电极夹上,把电极夹装在电极立杆上。玻璃电极插头插入电极插口上,甘汞电极引线连接线柱上(使用甘汞电极时,将电极上的小橡皮塞及下端橡皮套拔去,在不用时,应把橡皮套套在下端)。新型数字酸度计通常使用复合电极,该电极将玻璃电极与参比电极组装在一起,采用同轴电缆接头,使用比较方便。

2. 定位校准

由于玻璃电极存在着不对称电位,且每支又有差异;甘汞电极又有液接界电位,用盐桥也不能完全消除。所以pH计上有"定位"旋钮,在测定前用标准缓冲溶液进行定位校准。校准分为pH二点校正法和简易(单点)标定法。

(1)pH二点校正法。

将仪器电源插头接入220 V交流电源,按下电源按钮,预热20 min。将选择开关置pH挡,"斜率"旋钮按顺时针方向旋到底(100%处),"温度"旋钮置于所选标准缓冲溶液的温度。把电极用蒸馏水洗净,并用滤纸吸干。将电极浸入pH=7的标准缓冲溶液中,待示值稳定后,调节"定位"旋钮,使仪器指示值为该标准缓冲溶液在额定温度下的标准pH值,将电极从pH=7标准缓冲溶液中取出,用蒸馏水洗净,并用滤纸吸干,根据待测pH值的样品溶液之酸碱性来选择用pH=4或pH=9的标准缓冲溶液。把电极放入标准缓冲溶液中,等示值稳定后,调节"斜率"旋钮使示值为该标准缓冲溶液在额定温度下的标准pH值。以上步骤反复操作数次,标定即告结束。

(2)简易标定法。

用与被测溶液pH值相近的缓冲溶液直接标定。例如,测量pH值为3~5的溶液时,可用pH=4溶液标定。将电极浸入选定的标准缓冲溶液中,示值稳定后,用"定位"旋钮调至该标准溶液在额定温度下的标准pH值即可。

①样品溶液pH值的测量。在测量前,先将电极用蒸馏水洗净,并用滤纸吸干。然后将电极放入样品溶液,此时所显示的值,即为样品的pH值(注意,此时"温度"旋钮应置于样品

溶液温度,其他旋钮不能再动,否则需要重新标定)。

②样品溶液 mV 值的测量。一般 pH 计都可以由于测定电极电位,操作比较简单,步骤如下:连接好指示电极和参比电极,开启电源;选择按钮置“mV 挡”;把电极置于样品溶液,此时所显示值即为电极电位值。

4.3 电导分析法

通过测量电解质溶液的电导值来确定物质含量的分析方法,称为电导分析法。电荷向一定的方向运动就形成电流,携带电荷的微粒可以是金属导体中的电子,也可以是电解质溶液中的正负离子,或是胶体溶液中带电胶粒等,本节所讨论的电导是指电解质溶液中正负离子的迁移而产生的电流传导。因此溶液的导电能力与溶液中正负离子的数目、离子所带的电荷量、离子在溶液中迁移的速率等因素有关。我们可以利用溶液的电导与溶液中离子数目的相关性建立一种分析方法。这种建立在溶液电导与离子浓度关系基础上的分析方法就称为电导分析法。

电解质溶液的导电能力用电导 G 来表示,电导是电阻 R 的倒数,服从欧姆定律

$$G=\frac{1}{R}=\frac{1}{\rho}\frac{A}{L}=\kappa\frac{A}{L} \tag{4.5}$$

式中 ρ——电阻率,$\Omega\cdot cm$;

A——导体截面积,cm^2;

L——导体长度,cm;

κ——电导率,S/cm 或 $\Omega^{-1}\cdot cm^{-1}$。

ρ 和 κ 分别是长度为 1 cm、截面积为 1 cm^2 的导体的电阻和电导。电导池是用以测量溶液电导的专用设备,它由两个电极组成,结构如图 4.8 所示,对于电解质导体,电导率则相当于 1 cm^3 的溶液在电极距离为 1 cm 的两电极间所具有的电导。对于一定的电导电极,面积(A)与电极间距(L)固定,因此 L/A 为定值,可称为电导池常数,用符号 θ 表示,即

$$\theta=\frac{L}{A}=\kappa R=\kappa\frac{1}{G} \tag{4.6}$$

由于两极间的距离及极板面积不易测准,所以电导率不能直接准确测得,一般是用已知电导率的标准溶液,测出其电导池常数 θ,再测出待测溶液的电导率。

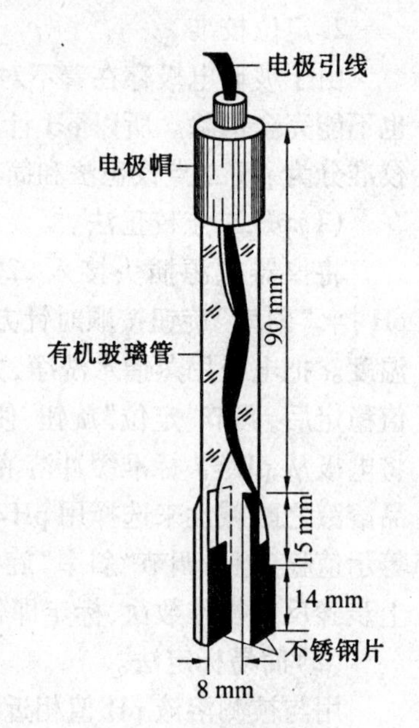

图 4.8　电导电极

由于电解质的导电是靠离子的迁移来实现的,因此电导率与电解质溶液的浓度及性质有关:

(1)在一定范围内,离子的浓度越大,单位体积内离子的数目就越多,电导率就越大。因此,电导率与离子浓度有关。

(2)离子的迁移速率越快,电导率就越大。因此电导率与离子种类有关,还与影响离子迁移速率的外部因素有关,如温度、溶剂、黏度等。

(3)离子的价数越高,电导率越大。

在水质监测中,电导率是水质多参数常规监测的一个指标。电导率与溶液中离子含量成比例关系,因而可间接地推测总溶解物质的含量。

DDS-11电导仪是实验室测量液体电导的仪器,它还可作电导滴定用,当配上适当的组合单元后可达到自动记录的目的。DDS-11电导仪具有测量范围广(从0~100 mS/cm,共分12挡)、快速直读和操作简便等特点。当工作条件符合规定时,仪器开机稍经预热后,先校正后测量,各挡量程内的基本误差不超过满程读数的1.5%,DDS-11电导仪的外观结构如图4.9所示。

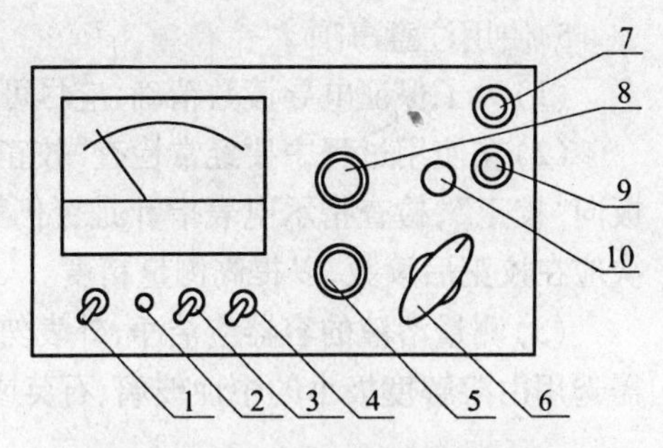

图4.9　DDS-11A型电导仪示意图

1—电源开关;2—电源指示灯;3—高、低调节开关;4—校正、测量开关;5—校正调节;6—量程选择开关;7—10 mV输出;8—电极常数补偿;9—电极插口;10—电容补偿

1.电导仪准备工作

(1)在未开电源开关前,观察指示电表指针是否指零,如不指零,可调节表头上的调整螺丝,使指针指零。

(2)将校正、测量开关4扳在"校正"位置。

(3)将测量范围选择开关6拧到所需的测量范围,如果不知测量范围,应先把它拧到最大量程位置,以防过载使表针迅速转动而打弯,然后逐挡往下调。

(4)接通电源,仪器预热5~10 min。

2.电导电极的使用

(1)若被测液体的电导率很低(10 μS/cm以下),例如去离子水或极稀的溶液,选用DJS-1型光亮电极,并把电极常数补偿8调节到配套电极的常数值上。

(2)若被测液体的电导率在10~10^4 μS/cm之间,宜选用DJS-1型铂黑电极,并把电极常数补偿8调节到配套电极的常数值上。

(3)若被测液体的电导率很高(大于10^4 μS/cm),以至用DJS-1型铂黑电极测不出时,则选用DJS-10型铂黑电极。这时应把电极常数补偿8调节到配套电极的常数值的1/10位置上。测量时,测得的读数乘以10,即为被测溶液的电导率。

(4)将电极插头插入电极插口内,旋紧紧固螺丝。电极要用被测液体冲洗2~3次,然后浸入装有被测液体的烧杯中。

3.电导仪的校正

(1)检查并调整测量范围选择开关6,将校正、测量换挡开关4扳至"校正",调整校正调节旋钮5,使指示电表指针停在满刻度(注意:校正必须在电导池接妥的情况下进行)。

(2)当测量范围选择开关6处在1~8量程时,校正时高、低调节开关3扳在低端,用9~12量程测量时,开关3扳在高端。

4.测量

(1)将校正、测量换挡开关4扳至"测量",轻轻摇动烧杯使被测溶液浓度混匀,这时指示电表指针所指读数乘以测量范围选择开关6的倍率即为被测溶液的电导。

(2)当测量范围选择开关6指向1、3、5、7、9各挡测量时,均读取指示电表上面一行刻度(0~1.0);而当测量范围选择开关6指向2、4、6、8、10各挡测量时,均读取指示电表下面一行刻度(0~3)。

(3)测量完毕,将测量范围选择器还原至电导最大挡,校正、测量换挡开关扳到校正,关闭电源,取出电极用去离子水洗净。

5. 使用注意事项

(1)为了保证电导读数精确,应尽可能使指示电表的指针指示接近于满刻度。

(2)在使用过程中要经常检查“校正调整”是否准确,即应经常把校正、测量换挡开关4扳向“校正”,检查指示电表指针是否仍为满刻度。尤其是对高电导率溶液进行测量时,每次应在校正后读数,以提高测量精度。

(3)测量溶液的容器应洁净,外表勿受潮。当测量电阻很高(即电导率很低)的溶液时,需选用由溶解度极小的中性玻璃、石英或塑料制成的容器。

4.4 库仑分析法

通过测量电解完全时所消耗的电量,并以此计算待测物质含量的分析方法,称为库仑分析法(Coulometry)。法拉第(Faraday)电解定律表明,通过电解池的电量与在电解池电极上发生电化学反应的物质的量成正比,即

$$m_B = \frac{QM_B}{F} = \frac{M_r}{nF}It \tag{4.7}$$

式中 m_B——电极上析出待测物质B的质量,g;

F——法拉第常数,F=96 485 C/mol;

M_B——待测物质B的摩尔质量,g/mol;

I——电流,A;

Q——电量,C;

t——时间,s;

M_r——物质的相对分子质量;

n——电极反应中电子转移数。

上式表明,待电解物质的质量可以由通过的已知电量计算,也可以直接由电极质量的增减来计算,后一种方法称作电质量分析法,而前一种方法则称作库仑分析法,由于电量的测量和质量的测定均可以达到较高的准确度,所以这些方法通常具有高准确度和高精密度。库仑分析法可以分为控制电位库仑分析法和库仑滴定法(控制电流法)两种。

库仑滴定的装置如图4.10所示,主要由恒电流直流电源、电流测量器、计时器及电解地等部件组成。电解时,恒电流数值可由恒电流器直接读出。计时器可用秒表或电停表。库仑池(电解池)是电解产生滴定剂和进行滴定反应的装置,如图4.11所示。库仑池内有两个电极,一个是工作电极(发生电极),是电解产生滴定剂的电极,另一个是辅助电极,该电极浸在另一种电解质溶液中,并用下端为多孔陶瓷套管与试液隔开,以防止此电极产物对工作电极反应或对滴定反应产生干扰,也可用“外部发生”装置,把电解产生滴定剂的装置与试液分开,将电解产生的滴定剂导入试液,让其进行化学反应。

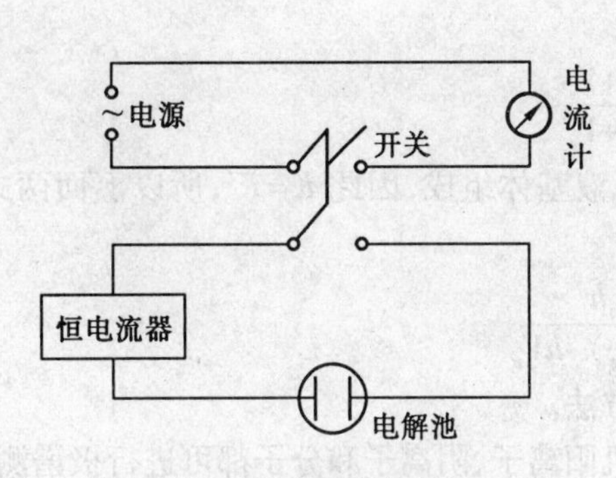

图4.10　库仑滴定装置

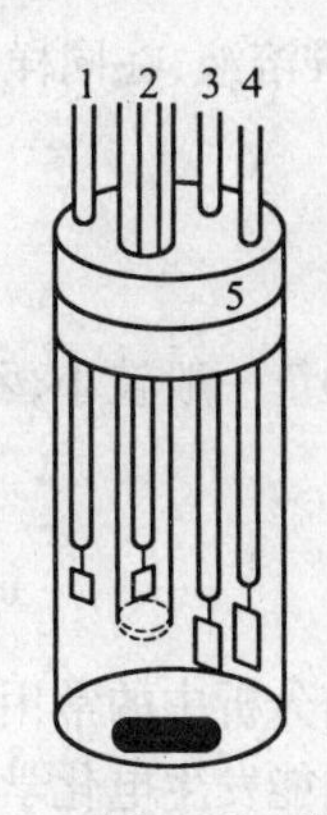

图4.11　库仑滴定池

1—工作电极;2—辅助电极;3,4—指示电极;5—橡皮塞

4.5　伏安法和极谱法

以测定电解过程中所得到的电流电压关系曲线为基础的电化学分析法叫极谱与伏安分析法。如果使用的工作电极为滴汞电极或表面作周期性不断更新的液态电极,称为极谱法;如果使用的是固定电极或表面是固定静止的电极,如悬汞、石墨、铂电极等,则称为伏安法。

极谱分析实际是在特殊条件下的电解分析。它的基本原理(图4.12)是将一个表面积很小的(如滴汞电极,DME)电极作为工作电极,与另一个表面积较大、电极电位恒定、电流密度小、没有浓差极化现象的参比电极(如饱和甘汞电极,SCE)组成电极对置入待测溶液中,由直流电源E、可变电阻R和滑动电阻P构成电位计线路,在静止和加入大量支持电解质的条件下,移动接触键C,逐渐增加外加电压进行电解,通过电路中的电流表G和电压表V,可以很方便地测定通过电解池的电流和电压的变化情况,从而绘制或记录相应的电流-电压曲线,即极谱图。

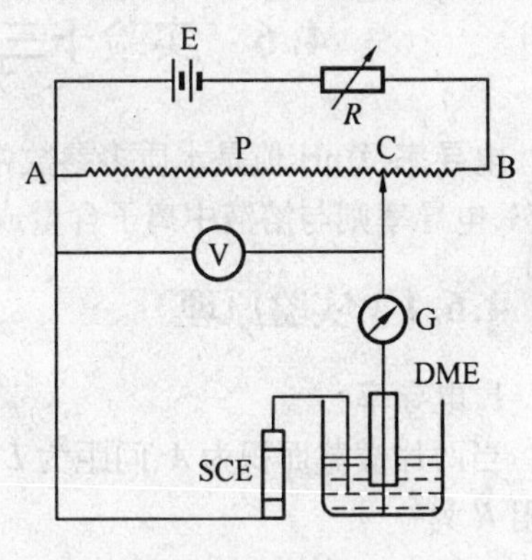

图4.12　直流极谱法基本装置和电路

在极谱分析前,试液溶液中加入支持电解质、极大抑制剂、除氧剂,以及为消除其他物质干扰和改善波形的掩蔽剂、缓冲剂等,所有这些物质构成的溶液体系,称为底液。

具体的定量方法有以下两种:

(1)标准曲线法。

配制一系列含有不同浓度的待测离子的标准溶液,在相同的实验条件下(底液、滴汞电极、汞柱高度)分别测定各溶液的极谱波,以极谱波高对各标准液浓度作图可得标准曲线。在上述实验条件下测定未知液的极谱波高,从标准曲线上可查得未知液的浓度。

(2)标准加入法。

该方法是先测得试液体积为 V_x 的待测物的极谱波高 h,再在电解池中加入浓度为 c_s、体

积为 V_s 的待测物的标准溶液，在同样实验条件下测得波高 H，则

$$h=Kc_x$$

$$H=K'\frac{V_xc_x+V_sc_s}{V_x+V_s}$$

由于加入标准液的量一般较小，不会影响试液基体组成，因此 $K=K'$，所以上面两式相除，即可得

$$c_x=\frac{c_sV_sh}{H(V_x+V_s)-hV_x}$$

标准加入法是极谱分析中的常用定量分析方法。

在工作电位范围内能发生电化学反应的无机阳离子、阴离子和分子都可进行极谱测定。如常用极谱法测定 Cu（Ⅰ）、Ti（Ⅰ）、Pb（Ⅱ）、Cd（Ⅱ）、Zn（Ⅱ）、Fe（Ⅱ）、Fe（Ⅲ）、Ne（Ⅱ）、Co（Ⅱ）、Bi（Ⅱ）、Sb（Ⅲ）、Sb（Ⅴ）、Sn（Ⅱ）、Sn（Ⅳ）、Eu（Ⅲ）等典型离子。

卤素离子以及硫离子、硒离子和碲离子等阴离子由于形成汞盐而产生阳极波。故可用来进行极谱测定，在含氧的阴离子中，阴极还原波还可用于测定溴酸盐、碘酸盐、高碘酸盐、亚硫酸盐等。

在无机分子中，极谱波还可用来测定氧、过氧化氢、硫和氮的一些氧化物等。许多有机化合物也可以在汞电极上还原，因而也可以用极谱法进行分析。如不饱和的共轭烃或芳香烃、羟基化合物以及硝基、亚硝基化合物和偶氮化合物等可用极谱法测定。

4.6 实验十三 水中电导率及 pH 值的测定

电导率及 pH 值是水质多参数常规监测的两个重要指标。pH 值代表了溶液酸碱度的状态，电导率则与溶液中离子含量成比例关系，因而可间接地推测总溶解物质的含量。

4.6.1 实验原理

1.电导率

当两片横截面积为 A、间距为 L 的电极平行地插入溶液中，根据欧姆定律，两电极间的电阻 R 为

$$R=\rho\frac{L}{A}$$

式中 ρ——电阻率。

而电导 S 是电阻的倒数，电导率 K 是电阻率的倒数，于是有

$$K=\frac{1}{\rho}=\frac{L}{A}S=\frac{L}{A}\frac{1}{R}=\frac{Q}{R}$$

对于给定的电极，横截面积 A 与间距 L 都固定不变，故 L/A 是一常数，称电导池常数，用 Q 表示。

电导池常数可以由已知电导率的 KCl 溶液用该电极测出电导后求得

$$Q=\frac{K_{KCl}}{S_{KCl}}=K_{KCl}R_{KCl}$$

商品电极在出厂前已经经过校正，将电导池常数标在电极上。使用时要调节电极常数

补偿旋钮到配套电极的常数值上。

2. pH 值

电位法测定溶液的 pH 值，是以玻璃电极为指示电极，饱和甘汞电极为参比电极组成原电池

$$Ag|AgCl|HCl(0.1\ mol/L)|玻璃膜|试液\parallel KCl(饱和)|Hg_2Cl_2|Hg$$

电池的电动势与 pH 值的关系为

$$E=K-\frac{2.303RT}{F}pH$$

式中　K——常数，包括玻璃电极的内参比电极电位、饱和甘汞电极电位、液接电位、膜的不对称电位等。

实际测量中，为了消去常数项的影响，采用已知 pH 值的标准缓冲溶液相比较，即

$$E_s=K-\frac{2.303RT}{F}pH_s$$

两式相减，得

$$pH=pH_s+\frac{E-E_s}{2.303RT/F}$$

pH 计是一台高阻抗输入的毫伏计，定位的过程就是用标准缓冲溶液校准曲线的截距。温度校准是调整曲线的斜率。经过以上操作后，pH 计的刻度就符合校准曲线的要求，可以对未知溶液进行测定。用两种不同 pH 值的缓冲溶液校正（二点校正法），误差应在±0.1 pH 之内。

4.6.2　特别指导

(1) 玻璃电极在使用前需要在水中（蒸馏水或 0.1 mol/L KCl 溶液）活化 24 h 以上，待表面形成稳定的水化层后方可使用。闲置时也可以将电极浸在 KCl 溶液中或蒸馏水中。

(2) 由于酸度计的输入阻抗非常大，输入端开路可能导致仪器损坏，因此在使用时尽量避免电极离开溶液。

(3) 尽量选择与水样 pH 值接近的标准缓冲溶液校正仪器。

(4) 温度对电导率和 pH 值的测定都有影响，测定前要将温度校正旋钮定位在被测溶液的温度值上。

4.6.3　实验内容

有 3 个已经编号的水样，分别为自来水、蒸馏水和去离子水。通过电导率及 pH 值的测定，了解水样的纯度。

1. 电导率的测定

按 4.1 节的说明安装电极，启动电导率仪并对其校正；测量样品溶液的电导率值；每次测量前，需要先将电极用蒸馏水洗净，再用待测溶液冲洗。然后将电极放入待测溶液，待读数稳定后记录。

2. pH 值的测定

按 4.2.1 节的说明安装电极，启动酸度计；用标准缓冲溶液采用二点校正法对酸度计定

位、校准；测量样品溶液的 pH 值；每次测量前，需要先将电极用蒸馏水洗净，并用滤纸吸干。然后将电极放入待测溶液，待读数稳定后记录；测量样品溶液的 pH 值时，酸度计的“温度”旋钮应置于样品溶液温度，其他旋钮不能再动，否则需要重新标定。

3. 数据处理

将实验数据记录于表格中，判断 3 个水样哪一个为自来水、蒸馏水和去离子水。

4.7　实验十四　离子选择性电极法测定饮用水中氟离子

氟是人体必需的微量元素之一，缺氟易患龋齿病。饮用水中含氟的适宜质量浓度为 0.5～1.0 mg/L。长期饮用含氟量高于 1.5 mg/L 的水时，易患斑齿病。如水中含氟量高于 4 mg/L时，则可导致氟骨病。

4.7.1　实验原理

测定水中氟化物的主要方法有氟离子选择电极法、氟试剂分光光度法、茜素磺酸锆目视比色法、离子色谱法和硝酸钍滴定法。其中前两种方法应用最为普遍。

氟离子选择性电极是一种以氟化镧单晶片为敏感膜的传感器。由于单晶结构对能进入晶格交换的离子有严格的限制，故有良好的选择性，其结构图如图 4.13 所示。

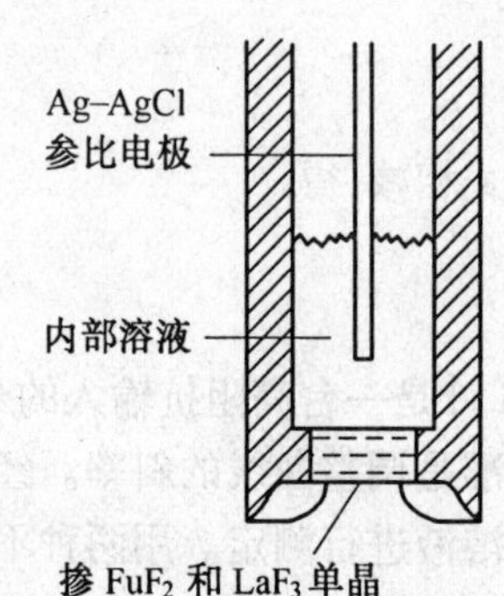

图 4.13　氟离子选择电极结构示意图

测量时，氟电极与饱和甘汞电极（外参比电极）及被测溶液组成下列原电池：

Ag | AgCl | NaF(0.1 mol/L) + NaCl(0.1 mol/L) | LaF_3 单晶 | 试液 ‖ KCl(饱和), Hg_2Cl_2 | Hg

该电池的电动势 E 随溶液中氟离子活度的变化而改变，即

$$E = K - \frac{2.303RT}{F}\lg \alpha_{F^-}$$

$$\alpha_{F^-} = \alpha c_{F^-}$$

式中　K——在一定条件下为常数。

若在实验中保持标准溶液和各个试液间的离子强度一致，即活度系数为常数，则可以用离子浓度代替式中的活度，有

$$E = K' - \frac{2.303RT}{F}\lg c_{F^-}$$

即电动势 E 与 F^- 浓度的对数呈线性关系。

4.7.2　特别指导

离子强度、pH 值对测定结果有一定影响，Al^{3+}、Fe^{3+} 等阳离子可以与 F^- 形成配合物而干扰测定。

实验中可以在标准溶液和试液中加一种称为总离子强度调节缓冲剂（TISAB）的混合溶液。这是一种含有强电解质、络合剂、pH 缓冲剂的溶液，其作用是维持各份溶液离子强度恒

定,络合干扰离子,保持适当的 pH 值范围。本实验中的 TISAB 组成为 KNO_3、HAc-NaAc 和 K_3Cit(柠檬酸钾),它除维持离子强度外,还可消除某些阳离子的配合干扰,并维持 pH 值在氟电极的最佳使用区间 5 ~6。

本实验采用标准曲线法测定 F^- 浓度。当试样组成较为复杂时,则采用标准加入法或 Gran 作图法。

4.7.3　实验内容

1. 溶液配制

(1)氟化钠标准溶液

准确称量 0.221 0 g 经过干燥 2 h 的氟化钠(优级纯),加少量水溶解,移入 1 000 mL 容量瓶中定容,摇匀。储存于干塑料瓶中。此溶液质量浓度为含氟 100 μg/mL,取此溶液一部分稀释为含氟 10 μg/mL 标液。

(2)总离子强度调节缓冲液(TISAB)

取 32 g K_3Cit、102 g KNO_3 和 83 g NaAc,放入 1 L 烧杯中,再加入冰醋酸 14 mL,用 600 mL去离子水溶解,测量该溶液的 pH 值。若 pH 值不在5.0 ~5.5 内,可用 NaOH 或 HAc 调节;调好后加去离子水至总体积为 1 L。

2. 安装仪器

摘去甘汞电极的橡皮帽,并检查内部电极是否浸入饱和 KCl 溶液中,如未浸入,应补充饱和 KCl 溶液。氟电极接酸度计负端,甘汞电极接正端,并按下酸度计"-mV"键。仪器应预热约 20 min。

3. 配置试液

按表 4.1 在 7 个干燥的塑料烧杯中,加入标样、水及 TISAB。

表 4.1　标样、水及 TISAB 体积

编号	1	2	3	4	5	6	7
10 μg/mL 标准溶液/mL	0.10	0.30	1.00				
100 μg/mL 标准溶液/mL				0.30	1.00	3.00	
补加水/mL	14.90	14.70	14.00	14.70	14.00	12.00	5.00
TISAB/mL	5.00	5.00	5.00	5.00	5.00	5.00	5.00

4. 测定电动势

各烧杯中放入一个塑料套芯搅拌子,烧杯置于磁力搅拌器上,将电极插入试液,但须注意不要使搅拌子碰到电极,搅拌 3 min,静置 1 min,测量其电动势值。

测定要从低浓度溶液开始,每次测定后用滤纸将电极表面的水吸干,再进行下一次测定。

4.7.4　数据处理

1. 标准曲线

用以 1 ~6 号试液测得的电动势值 E 对 F^- 浓度的对数 $\lg c_{F^-}$ 作图,得一直线,即为标准曲线。要求用最小二乘法进行曲线拟合，计算出标准曲线的斜率、截距和相关系数。

2.样品分析结果

由未知样品溶液测得电动势值 E_x，在标准曲线上查出对应的浓度 c_x。由于体积的变化，需折算出原始试样的浓度，即

$$c=\frac{15}{10}c_x$$

4.7.5　思考题

1.本实验测定的是 F^- 的活度，还是浓度？为什么？

2.测定时，为什么要控制酸度，pH 值过高或过低有何影响？

3.TISAB 是由什么组成的？在测定时起什么作用？

4.8　实验十五　电位滴定法同时测定溶液中的氯离子和碘离子

4.8.1　实验原理

用 $AgNO_3$ 标准溶液滴定含有 Cl^- 和 I^- 的试液时，由于生成 AgI 和 AgCl 沉淀，Ag^+ 浓度增长缓慢，当卤化银沉淀完全时，继续滴加的 $AgNO_3$ 溶液又会导致 Ag^+ 浓度很快地上升，出现突跃。

AgI 的浓度积常数（$K_{sp,AgI}=1.5\times10^{-16}$）比 AgCl 溶度积常数（$K_{sp,AgI}=1.5\times10^{-10}$）小得多，所以滴定时首先生成 AgI 沉淀，即

$$Ag^+ + I^- = AgI\downarrow \text{（黄色沉淀）}$$

随着 $AgNO_3$ 溶液的加入，溶液中的 I^- 浓度不断下降，Ag^+ 浓度相对升高。当 $[Ag^+][Cl^-]\leqslant K_{sp,AgCl}$ 时，AgCl 沉淀开始出现：

$$Ag^+ + Cl^- = AgCl\downarrow \text{（白色沉淀）}$$

只要 Cl^- 的浓度不太高，可以认为在 AgI 沉淀完全后，AgCl 才开始沉淀。

溶液中 Ag^+ 浓度可以用 Ag^+ 选择电极测定，也可以用银电极测定。用银电极作指示电极时，在 25 ℃下电极电位与溶液中的 Ag^+ 浓度存在如下关系：

$$\varphi_{Ag^+/Ag}=\varphi^{\circ}{}_{Ag^+/Ag}+0.059\lg[Ag^+]$$

在滴定过程中，溶液中卤素离子浓度逐渐减小，Ag^+ 浓度则不断增大，在等电点附近发生 pH Ag 突跃，引起银电极电位突变。用一支甘汞电极作参比电极与银电极组成电池，等电点附近的 pH Ag 突跃便会引起可测量的电动势突变而指示滴定的终点。显然在滴定过程中 pH Ag 发生两次突跃（图 4.14），分别指示 I^- 和 Cl^- 的滴定终点。

通过本实验学习电位滴定的基本原理和实验操作并掌握电位滴定数据处理的方法。如果使用自动电位滴定仪，利用手动方式测得等电点附近的电位突跃范围后，即可进行预设终点，实现自动电位滴定。

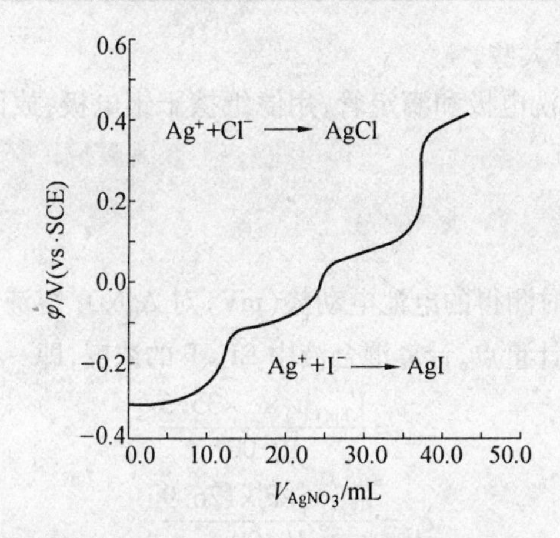

图4.14　用0.200 mol/L $AgNO_3$ 滴定 2.5×10^{-3} mol/L 的 I^- 和 Cl^- 的电位滴定曲线

4.8.2　特别指导

(1)在滴定过程中沉淀对 Ag^+、Cl^-、I^- 等有强烈吸附,可加入 $Ba(NO_3)_2$ 或 KNO_3 溶液抑制这种吸附作用,从而提高滴定分析的准确度。

(2)银电极在使用前用金属细砂纸磨光,在3 mol/L 的 HNO_3 溶液浸泡数分钟,蒸馏水冲洗。

(3)每次滴定完毕,要将银电极和甘汞电极上的沉淀洗净后再用。银电极表面如被氧化物覆盖而变黑时,用 HNO_3 溶液浸泡几秒钟,然后用去离子水冲洗,用滤纸擦去附着物。

(4)用酸度计测定时,为了增加仪器读数的稳定性,一般将内阻高的电极与仪器的负极相连,内阻低的电极与仪器正端相连。常用的电极中,玻璃电极与离子选择电极内阻最高,甘汞电极次之,金属电极内阻最低。

(5)滴定过程中,接近等当点时,往往电位平衡比较慢,要注意读取平衡电位值。

(6)所有含银溶液及沉淀在实验完成后倒入回收瓶,不得丢弃。

4.8.3　实验内容

(1)按 pH/mV 计的使用说明调节好仪器,选择“mV”挡,预热0.5 h。将双盐桥饱和甘汞电极接 pH/mV 计的正极,银电极接负极。

(2)准确吸取25.00 mL 含 Cl^-、I^- 离子的试液于100 mL 烧杯中,加入25 mL 去离子水和0.5 g KNO_3 固体,放在电磁搅拌器上搅拌使溶解。

(3)搅拌试液数分钟,测定并记录初始电动势 E。

(4)用0.05 mol/L 的 $AgNO_3$ 溶液进行初步滴定。在搅拌下,缓慢而连续地加入 $AgNO_3$ 溶液,仔细观察电动势的变化与对应的 $AgNO_3$ 体积消耗量。当电动势变化较大时,放慢滴定速度,求出两个等电点的大致范围(准确到1 mL 范围以内)。滴定后用去离子水清洗电极。

(5)另滴定两份未知试样溶液。根据初测时等电点的大致范围,在电动势突跃范围前后,滴定应更加仔细。每加入一定体积(要求每次加入约0.1 mL)搅拌片刻,读取并记录相应的电动势读数。这样可准确测出两个电位突跃所对应的 $AgNO_3$ 消耗体积。在离突跃较远时,滴定剂每次加入量可大些。

(6)切断仪器电源,清洗电极和滴定管,用滤纸擦干银电极,放回电极盒。含银废液不能丢弃,倒入指定的回收缸。

4.8.4 数据处理

以滴定 Cl^-、I^- 混合液时测得的电池电动势(mV)对 $AgNO_3$ 溶液的体积(mL)作图,绘制滴定曲线。确定两个化学计量点,计算混合液中 Cl^-、I^- 的浓度,即

$$c_{Cl^-}=\frac{V_{Ep(Cl^-)}\times c_t\times 35.5}{10.00}$$

$$c_{I^-}=\frac{V_{Ep(I^-)}\times c_t\times 126.9}{10.00}$$

式中 c_{Cl^-}、c_{I^-}——混合液中 Cl^-、I^- 的质量浓度,g/L;

V_{Ep}——滴定突跃时滴定剂的体积,mL;

c_t——滴定剂浓度,mol/L。

本实验要求采用二阶微商法确定终点。

4.8.5 思考题

1. 用 $AgNO_3$ 溶液滴定 Cl^-、I^- 溶液,滴定开始时,银电极和甘汞电极哪个是正极,哪个是负极?滴定过程中,电池的正负极性是否会发生改变?为什么?

2. 本实验中能否使用单盐桥饱和甘汞电极?

3. 本实验中对被滴溶液的酸度有何要求?为什么?

第5章　色谱仪器分析

色谱法的分离原理是：溶于流动相中的各组分经过固定相时，由于与固定相（Stationary phase）发生作用（吸附、分配、离子吸引、排阻、亲和）的大小、强弱不同，在固定相中滞留时间不同，从而先后从固定相中流出，又称为色层法、层析法。

色谱分析方法是1903年俄国植物学家茨维特（Tswett）首次提出来，他采用石油醚作为流动相，携带植物色素流经以碳酸钙未固定相的分离柱，经过一段时间后，不同的植物色素在分离柱上形成不同的“色谱”，故称这种分离方法为色谱分析法。现代色谱分析法的种类繁多，许多混合物样品都能找到合适的色谱分析法进行分离分析。此后一直有研究者从事色谱的应用和研究，但是只是在1952年，马丁（Martin）等人促进了气液色谱法，并成功地用以分析脂肪酸、脂肪胺等混合物，并对气液色谱法的理论和实践作了精辟的论述以后，才正式出现了气相色谱技术，为色谱技术及色谱仪器的发展开辟了广阔的前景。此后，各种色谱技术发展非常迅速，在20世纪五六十年代，其发展速度几乎居各类分析仪器的首位。

到目前色谱分析法已广泛应用于许多领域，成为十分重要的分离分析手段。所有的色谱分析方法都有一个共同的特点，即必须具备两个相：固定相和流动相，不动的一相，称为固定相；另一相是携带样品流过固定相的流动体，称为流动相。流动相携带混合物流经固定相，由于混合物中各组分与固定相相互作用的强弱存在差异，因此不同组分在固定相滞留时间长短不同，故按先后不同的时间次序从色谱柱流出，从而达到分离的目的。

色谱分离不仅仅用于混合物的分离分析，也可以用来进行物质纯化制备，前者称为分析色谱，后者称为制备色谱。

（1）按两相状态分类。

流动相为气体的称为气相色谱（GC），流动相为液体的称为液相色谱（LC）。气相色谱又可分为气-固色谱（GSC）和气-液色谱（GLC）。气-固色谱的固定相为固体吸附剂，气-液色谱的固定相为附着在惰性固定载体表面上的一薄层液体有机化合物。同样，液相色谱液可分为液-固色谱（LSC）和液-液色谱（LLC）。流动相为介于气体和液体之间的超临界流体的色谱称为超临界流体色谱（SFC）。将固定液键合在载体表面，这种化学键合固定相的色谱称为化学键合相色谱（CBFC）。

（2）按分离机理分类。

分离机理是指被分离物质与固定相相互作用的过程。利用组分在固体吸附剂上的吸附能力的强弱进行分离的方法称为吸附色谱。利用组分在固定液中溶解度的差异而进行分离的方法称为分配色谱。利用组分在离子交换树脂（固定相）上的亲和力的大小不同达到分离的方法称为离子交换色谱。利用组分的分子大小不同在多孔固定相中有选择渗透而达到分离的方法称为凝胶色谱或尺寸排阻色谱。利用固定在载体上的固化分子对组分的专属性亲和力的不同进行分离的方法称为亲和色谱，亲和色谱常用来分离蛋白质。

（3）按固定相的形状分类。

色谱分离在柱上进行的称为柱色谱。色谱分离在平板状的薄层上进行的称为平板色谱,或称为薄层色谱,色谱分离在滤纸上进行的称为纸色谱,色谱分离在毛细管内进行的称为毛细管色谱,毛细管色谱实质上也是一种柱色谱。

(4)按原理分类。

按原理分类可分为吸附色谱法(AC)、分配色谱法(DC)、离子交换色谱法(IEC)、排阻色谱法(EC,又称分子筛、凝胶过滤法(GFC)、凝胶渗透色谱法(GPC)和亲和色谱法(此外还有电泳)。

(5)按操作形式分类。

按操作形式分类可分为纸色谱法(PC)、薄层色谱法(TLC)、柱色谱法。

(6)按两相的物理状态分类。

按两相的物理状态分类可分为气相色谱法(GC)和液相色谱法(LC)。气相色谱法适用于分离挥发性化合物。GC 根据固定相不同又可分为气固色谱法(GSC)和气液色谱法(GLC),其中以 GLC 应用最广。液相色谱法适用于分离低挥发性或非挥发性、热稳定性差的物质。LC 同样可分为液固色谱法(LSC)和液液色谱法(LLC)。此外还有超临界流体色谱法(SFC),它以超临界流体(界于气体和液体之间的一种物相)为流动相(常用 CO_2),因其扩散系数大,能很快达到平衡,故分析时间短,特别适用于手性异构体化合物的拆分。

5.1　气相色谱仪

色谱法具有分离效能高、灵敏度高、分析速度快、应用范围广等特点。它能分离、分析组成极为复杂的混合物。用毛细管柱一次可以将含有几十个甚至上百个组分的烃类混合物分离并测定。对性质极为相近的同系物、异构体等也有较强的分离能力,适用于微量和痕量分析,所需样品量少。色谱法可以分析气体、液体、固体的无机物和有机物。

5.1.1　气相色谱基本原理和理论

气相色谱之所以能有效地对各组分实现有效的分离,主要依据分配原理,分配原理是指各种组分在流动相(载气)和固定相之间的分配系数不同,从而达到不同组分的分离目的。两组分的分离效能还与组分在色谱柱中的传质和扩散行为即色谱动力学有关。

1. 分配系数 K

在一定温度下,化合物在两相(固定相和流动相)间达到分配平衡时,在固定相与流动相中的浓度之比。分配系数与组分、流动相和固定相的热力学性质有关,也与温度、压力有关。在不同的色谱分离机制中,K 有不同的概念:吸附色谱法为吸附系数,离子交换色谱法为选择性系数(或称交换系数),凝胶色谱法为渗透参数。但一般情况可用分配系数来表示:

$$K=\frac{\text{组分在固定相中的质量}}{\text{组分在流动相中的浓度}}=\frac{c_s}{c_m} \tag{5.1}$$

在条件(流动相、固定相、温度和压力等)一定,样品浓度很低时(c_s、c_m 很小)时,K 只取决于组分的性质,而与浓度无关。这只是理想状态下的色谱条件,在这种条件下,得到的色谱峰为正常峰;在许多情况下,随着浓度的增大,K 减小,这时色谱峰为拖尾峰;而有时随着溶质浓度增大,K 也增大,这时色谱峰为前延峰。因此,只有尽可能减少进样量,使组分在柱内浓度降低,K 恒定时,才能获得正常峰。同一色谱条件下,样品中 K 值大的组分在固定相中滞留时间长,后流出色谱柱;K 值小的组分则滞留时间短,先流出色谱柱。混合物中各组分的分配系数相差越大,越容易分离,因此混合物中各组分的分配系数不同是色谱分离的前提。

2. 容量因子 k

化合物在两相间达到分配平衡时,在固定相与流动相中的量之比。因此容量因子也称质量分配系数

$$k=\frac{\text{组分在固定相中的质量}}{\text{组分在流动相中的质量}}=\frac{m_s}{m_m} \tag{5.2}$$

容量因子的物理意义:表示一个组分在固定相中停留的时间(t'_R)是不保留组分保留时间(t_M)的几倍。$k=0$ 时,化合物全部存在于流动相中,在固定相中不保留,$t'_R=0$;k 越大,说明固定相对此组分的容量越大,出柱慢,保留时间越长。

3. 选择性因子 α

选择性因子 α 是相邻两组分的分配系数或容量因子之比,α 又称为相对保留时间。要使两组分得到分离,必须使 $\alpha\neq1$。α 与化合物在固定相和流动相中的分配性质、柱温有关,与柱尺寸、流速、填充情况无关。从本质上来说,α 的大小表示两组分在两相间的平衡分配热力学性质的差异,即分子间相互作用力的差异。选择性因子、容量因子、分配系数三者之间的关系如下:

$$\alpha=\frac{t'_{R_1}}{r'_{R_2}}=\frac{k_1}{k_2}=\frac{K_1}{K_2} \tag{5.3}$$

如果试样中的各组分的色谱峰分不开,色谱(定性与定量)分析就无法进行,也就是说,色谱分析的首要任务是将待测组分分离好,因此,色谱分析理论研究的中心课题是分离问题。关于色谱分析的基本理论,主要包括塔板理论和速率理论。

塔板理论是马丁(Martin)和辛格(Synger)首先提出的色谱热力学平衡理论。它把色谱柱看作分馏塔,把组分在色谱柱内的分离过程看成在分馏塔中的分馏过程,即组分在塔板间隔内的分配平衡过程。塔板理论的基本假设为:

(1)色谱柱内存在许多塔板,组分在塔板间隔(即塔板高度)内完全服从分配定律,并很快达到分配平衡。

(2)样品加在第0号塔板上,样品沿色谱柱轴方向的扩散可以忽略。

(3)流动相在色谱柱内间歇式流动,每次进入一个塔板体积。

(4)在所有塔板上分配系数相等,与组分的量无关。

如果色谱柱的总长度为 L,每一块塔板高度为 H,则色谱柱中的塔板(层)n 为

$$n=\frac{L}{H} \tag{5.4}$$

从上式可知,在柱子长度固定后,塔板数越多,组分在柱中的分配次数就越多,分离情况就越好,同一组分在出峰时就越集中,峰形就越窄,流出曲线的越小。塔板数与色谱峰的宽度 Y、$Y_{1/2}$ 有如下的关系:

$$n=5.54\left(\frac{t_R}{Y_{1/2}}\right)^2 \tag{5.5}$$

$$H_{有效}=\frac{L}{n_{有效}} \tag{5.6}$$

塔板理论形象地描述了某一物质在柱内进行多次分配的运动过程，n 越大，H 越小，柱效能越高，分离得越好。但是分离的最基本因素仍然是分配系数 K，物质对在某一色谱柱中的分配系数的差别为分离提供了可能性，只有在 K 值有差别的情况下，设法提高塔板数，增加分配次数，提高柱效能，才能达到提高分离。虽然以上假设与实际色谱过程不符，如色谱过程是一个动态过程，很难达到分配平衡；组分沿色谱柱轴方向的扩散是不可避免的。但是塔板理论导出了色谱流出曲线方程，成功地解释了流出曲线的形状、浓度极大点的位置，能够评价色谱柱柱效。

速率理论是1956年荷兰学者范第姆特（Van Deemter）等人首先提出的，速率理论吸收了塔板理论的概念，并把影响塔板高度的动力学因素结合起来，它把色谱过程看作一个动态非平衡过程，研究此平衡过程中的动力学因素对峰展宽（即柱效）的影响。速率理论把塔板高度与流动相流速、分子扩散和分子传质等因素综合考虑：

$$H=A+\frac{B}{u}+Cu \tag{5.7}$$

此式称为范第姆特方程式，它给出了塔板高度 H 与流动相流速 u（cm/s）以及影响 H 的3项主要因素，只有涡轮扩散项 A 和分子扩散项 B/u 和传质阻力 Cu 较小时，H 才可能小，色谱峰才能变窄，柱效才会提高。

多组分物质的分离好坏可以用分离度（R）来衡量，R 是以双组分或物质对的分离情况来制定的。两个组分在色谱图上必须要有足够的距离，并且两峰不互相重叠，即 t_R 有足够的差别、峰形较窄，才可以认为是彼此分离开了。据此，分离度被定义为相邻两色谱峰的保留值之差与两峰宽度平均值之比。

$$R=\frac{t_{R_2}-t_{R_1}}{1/2(Y_1+Y_2)} \tag{5.8}$$

$$R=\frac{\sqrt{n}}{4}\cdot\frac{\alpha_{2,1}-1}{\alpha_{2,1}}\cdot\frac{k'}{k'+1} \tag{5.9}$$

提高分离度有3种途径：①增加塔板数。方法之一是增加柱长，但这样会延长保留时间、增加柱压。更好的方法是降低塔板高度，提高柱效。②增加选择性。当 $\alpha=1$ 时，$R=0$，无论柱效有多高，组分也不可能分离。

5.1.2 基本概念

1. 色谱图

试样中各组分经色谱柱分离后，从柱的出口流出进入检测器，检测器将各组分浓度（或质量）的变化转换为电信号，再由记录仪记录下来，得到的电信号强度随时间的变化曲线为色谱图，或称色谱流出曲线。

2. 色谱峰

色谱峰是指高出基线的凸起部分的流出曲线。色谱峰有峰高、区域宽度和峰面积3个主要参数，如图5.1所示。

色谱峰一般有3种形式：正常情况的色谱图是对称的高斯曲线，其他两种情形为非正常

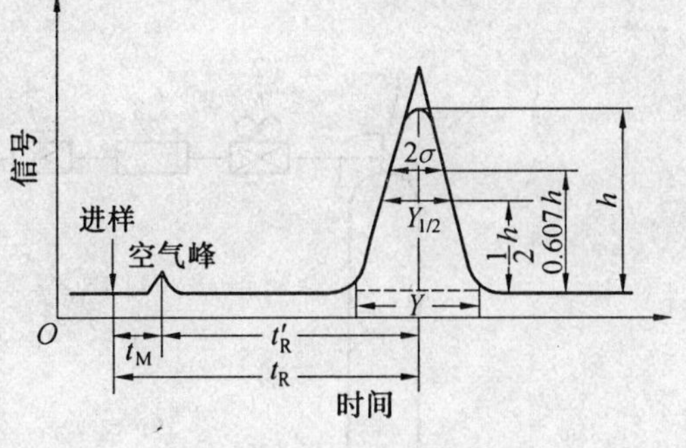

图5.1　气相色谱峰示意图

色谱,包括前沿陡峭后沿托尾的流出曲线称为拖尾峰,前沿平伸后沿陡峭的流出曲线,称为前伸峰。

3. 峰高(h)

从色谱峰顶到基线的距离,是定量分析基本依据之一。

4. 区域宽度

色谱峰的区域宽度用来衡量色谱柱的效率及反应色谱分离过程的动力学因素,常用3种方法来表示。

5. 标准偏差(σ)

标准偏差即0.607倍峰高处色谱峰宽度的一半。

6. 半峰宽($W_{1/2}$)

半峰宽即色谱峰高一半处的宽度,与标准偏差的关系为

$$W_{1/2}=2\sigma\sqrt{2\ln 2}=2.354\sigma \tag{5.10}$$

7. 峰底宽(W)

从色谱两侧的拐点作切线,两切线与基线的交点之间的距离,亦称为基线宽度,它和标准偏差之间的关系为

$$W_{\sigma}=4\sigma \tag{5.11}$$

8. 峰面积(A)

色谱峰与基线围城的面积,是色谱定量分析的基本依据之一。

$$A=1.065hW_{1/2} \tag{5.12}$$

9. 基线、基线漂移和噪声

在实验条件下,只有纯流动相(没有样品组分)经过检测器的信号-时间曲线称为基线,通常为一水平线。操作条件下不稳定或探测器及其附件的工作状态的变化,使基线朝一定方向缓慢变化,称为基线漂移。各种偶发因素使基线起伏不定的现象,称为噪声。

10. 死时间(t_M)

不被固定相吸附或溶解的组分从进样到出现峰最大值之间的时间,气相色谱仪器通常以空气峰的保留时间为死时间。

11. 保留时间(t_R)

从进样开始到某个组分出现峰的极大值的时间为保留时间。

12. 调整保留时间(t'_R)

扣除死时间后的保留时间,也称折合保留时间。在实验条件(温度、固定相等)一定时,t'_R只决定于组分的性质,因此,t'_R可用于定性。

$$t'_R=t_R-t_M \tag{5.13}$$

5.1.3　气相色谱仪构成

气相色谱仪主要由载气系统、进样系统、分离系统、检测系统和记录系统5部分组成,如图5.2所示。

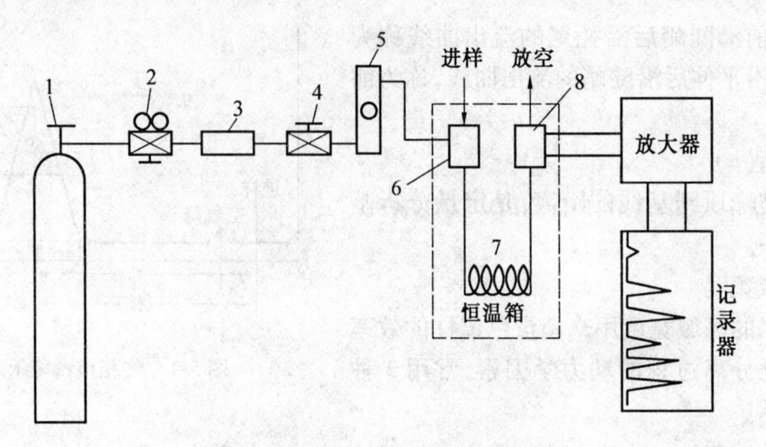

图5.2　气相色谱分析流程示意图

1—载气;2—减压阀;3—气体净化器;4—气流调节阀;

5—流量计;6—汽化室;7—色谱柱;8—检测器

1. 载气系统

载气系统包括载气钢瓶、净化器、稳压阀、流量计和供载气连续运行的密闭管路等装置。为了获得较高的分析准确度,要求载气必须相当稳定纯净,并具有一定的流速。常用的载气有氢气、氮气、氦气和氩气,一般根据所选用的检测器和分析对象及其他一些因素选择合适的载气。气路结构可分为单柱单气路和双柱双气路两类。前者适用于恒温分析,一些较简单的气相色谱仪属于这种类型。双柱双气路可以补偿气流不稳、固定相流失对检测器产生的噪声,从而提高仪器的稳定性,特别适用于程序升温和痕量分析。目前多数气相色谱仪为双柱双气路类型。

2. 进样系统

进样就是把样品快速而定量地加到色谱柱上端,以便进行分离。进样系统包括进样器和汽化室两部分。液体样品可用微量注射器进样。常用的微量注射器有多种规格,气体样品除了可用微量注射器外,还可以使用六通阀进样。汽化室的作用是将液体样品瞬间气汽。

3. 分离系统

分离系统包括色谱柱、色谱炉(柱箱)和温度控制装置。

色谱柱安装在色谱炉中,色谱炉的作用是为样品各组分在色谱柱内的分离提供适宜的温度。

温度控制系统用来设定、控制和测量色谱炉、汽化室和检测器的温度。色谱炉温度连续可调,可在任意给定温度保持恒温,也可按一定的速率程序升温。汽化室温度应使试样立即瞬间汽化而又不分解,一般,汽化室温度比柱温高。气相色谱检测器对温度的变化十分敏感,即使微小的温度变化都直接影响检测器的灵敏度和稳定性,所以检测器的控温精度应要求很高。色谱柱是色谱仪的核心部分,其功能是将多组分样品分离为单个组分。色谱柱分为填充柱和毛细管柱两种类型。

4. 检测器

目前检测器多达50多种,根据检测原理的不同,可将检测器分为浓度型和质量型检测器两种。浓度型检测器,测量的是载气中组分浓度的变化,即响应信号与样品中组分的浓度成正比,如热导检测器(TCD)、光电离检测器(PID)、红外检测器(IRD)、电子捕获检测器

(ECD)。质量型检测器测量的是单位时间进入检测器的组分质量的变化,即响应信号与样品中组分的质量成正比,如火焰离子化检测器(FID)、火焰光度检测器(FPD)、氮磷检测器(NPD)、质谱检测器(MSD)。还可根据在检测过程中组分的分子形式是否被破坏,分为破坏型检测器(如 FID、NPD、FPD、MSD)和非破坏型检测器(如 TCD、PID、IRD、ECD)。比较常用的检测器主要有 TCD、FID、NPD、ECD、MSD。

检测器的性能指标主要为灵敏度(S)和检测限(D),S 表示一定进样量 Q 通过检测器,就产生一定的响应信号(R),S 就是响应信号对进样量的变化率。D 表示当无组分通过检测器时,由各种原因引起的基线波动,称为噪声(N),它是一种本底信号。在灵敏度计算中没有考虑噪声,信号只有超过噪声足够大时,才能鉴别出信号。通常认为能鉴别的响应信号至少应等于检测器噪声的 3 倍。表 5.1 为检测器的灵敏度符号、单位及含义。

表 5.1　检测器的灵敏度符号、单位及含义

检测器	S	D
浓度性检测器	S_c(mV · mL/mg):每毫升载气中含有 1 mg 样品时,检测器所产生的信号值(毫伏数)	$3N/S_c$(mg/mL)
质量型检测器	S_m(mV · s/g):有 1 g 样品时,检测器每秒钟所产生的信号值(毫伏数)	$3N/S_m$(g/s)

检测器的线性范围指被测物浓度与信号之间保持线性关系的范围,用最大允许进样量和最小检测量的比值来表示。线性范围越宽,越有利于定量。下面就几种检测器进行简单介绍:

(1)热导检测器(TCD)。

热导检测器结构简单,性能稳定,几乎对所有物质都有响应,通用性好,而且线性范围广,价格便宜,因此它是应用最广的最成熟的检测器。其不足之处是灵敏度低。

热导检测器是依据各种物质和载气的导热系数不同,采用热敏元件进行检测。检测器的主体为热导池,它由池体和热敏元件组成,有双臂和四臂热导池两种。四臂热导池(图 5.3)的灵敏度比双臂热导池高,目前气相色谱仪都采用由 4 根金属丝组成的四臂热导池。四臂热导池中的两臂为参比臂,另两臂为测量臂,将参比臂和测量臂接入惠斯通电桥,由恒定的电流加热,组成热导池测量电路,如图 5.4 所示。图中 R_2、R_3 为参比臂,R_1、R_4 为测量臂,在钨丝温度相同时,$R_1=R_2$,$R_3=R_4$。电源给电桥提供恒定电压(一般 9 ~ 24 V)以加热钨丝。当载气以恒定速度通过热导池,池内产生的热量和被载气带走的热量相等,热导池处于动态热平衡状态,此时钨丝温度恒定,其电阻值不变。调节电路的调零电阻使电桥处于平衡:当参比臂和测量臂只有载气通过时,对两臂的影响相同,电桥应处在平衡状态,即 $R_1 \cdot R_4=R_2 \cdot R_3$。据电桥原理,此时 A、B 两点的电位差为零,无信号输出。进样后,由于试样和载气的混合气的导热系数不同于纯载气,改变了测量臂的热传导条件,使测量臂的钨丝电阻值随之起了变化,于是参比臂和测量臂的电阻值不相等,电桥不平衡,因而有信号输出。混合气的热导系数与纯载气的热导系数相差越大,输出信号就越大。

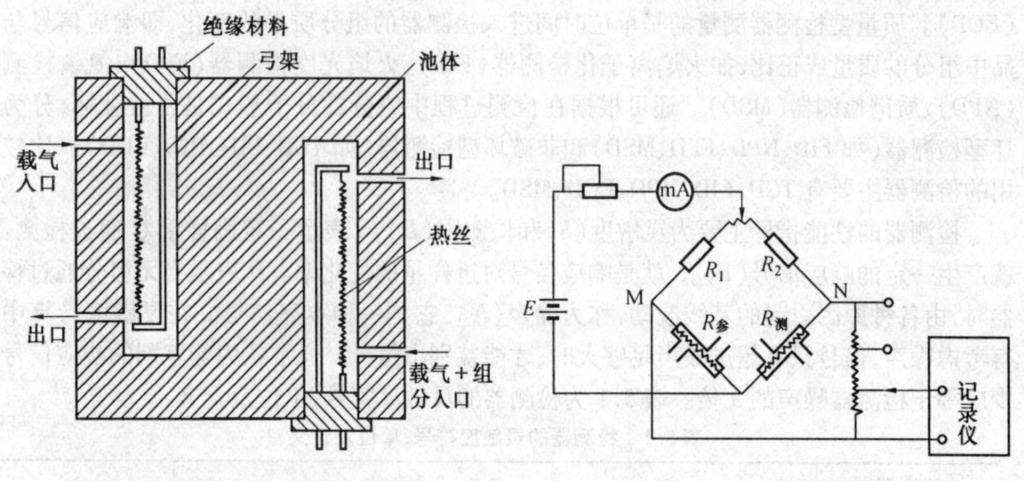

图5.3　四臂热导池结构示意图　　图5.4　TCD工作示意图

影响热导检测器灵敏度因素有：

①桥电流。桥电流增大，能增大钨丝和池体的温差，气体就容易将钨丝的热传出去，检测器的灵敏度就提高。响应值与工作电流的三次方成正比。所以，增大电流有利于提高灵敏度。但电流太大，会影响钨丝的寿命。一般桥电流控制 100～200 mA。N_2 为载气时为 100～150 mA，H_2 为载气时为 150～200 mA。

②池体温度。降低池体温度，可使钨丝与池体的温差加大，有利于提高灵敏度。但池体温度不能过低，以免试样组分在检测器中冷凝。池体温度一般不低于柱温。

③载气种类。载气和试样的导热系数相差越大，灵敏度越高。故选择导热系数大的氢气和氦气作载气，有利于提高灵敏度。如用氮气作载气，有些试样（如甲烷）的导热系数比它大，就会出现倒峰。

④热敏元件的电阻值和电阻温度系数。电阻值高、电阻温度系数大的热敏元件，灵敏度高。钨丝是目前广泛采用的热敏元件，它的电阻率为 $5.5\times10^{-6}\ \Omega\cdot cm$，电阻率系数为 $6.5\times10^{-3}\ cm/(\Omega\cdot ℃)$。为防止钨丝氧化，可在其表面镀上金或电阻镍。

（2）火焰离子化检测器（FID）。

火焰离子化检测器简称氢焰检测器，其结构简单，灵敏度高（为热导检测器的 10^3 倍），死体积小，响应快，线性范围宽，稳定性好，是目前最常用的检测器之一。利用含碳有机化合物在火焰中燃烧产生离子，在外电场的作用下，使离子形成离子流，根据离子流产生的电信号的强度，检测色谱分离组分。但它仅对含碳有机化合物有响应，对某些物质，如永久经形气体、水、一氧化碳、二氧化碳、氮的氧化物、硫化氢等物质不产生信号或信号很弱。

氢焰检测器的结构如图5.5所示。它的主要部件是离子室，用不锈钢制成。离子室的下部有气体入口和石英喷嘴，在喷嘴上面有极化极（发射极）和收集极等元件。工作时，首先在空气存在时使点火线圈通电，点燃氢焰，当被测组分由载气进入火焰区，发生离子化反应，产生电子、正离子，在电场的作用下，分别向极化极和收集极定向移动而形成电流，经放大，由记录仪记录得到色谱图。

火焰离子化机理：目前普遍认为火焰离子化不是热电离，而是化学电离。在火焰中含碳有机物先形成自由基，过程可以表示如下：

①当含有机物 C_nH_m 的载气由喷嘴喷出进入火焰时,在C层发生裂解反应产生自由基

$$C_nH_m \longrightarrow \cdot \cdot CH$$

②产生的自由基在D层火焰中与外面扩散进来的激发态原子氧或分子氧发生如下反应:

$$\cdot \cdot CH+O \longrightarrow CHO^+ + e^-$$

③生成的正离子 CHO^+ 与火焰中大量水分子碰撞而发生分子离子反应:

$$CHO^+ + H_2O \cdot \longrightarrow H_3O^+ + CO$$

④化学电离产生的正离子和电子在外加恒定直流电场的作用下分别向两极定向运动而产生微电流(约 $10^{-6} \sim 10^{-14}$ A)。

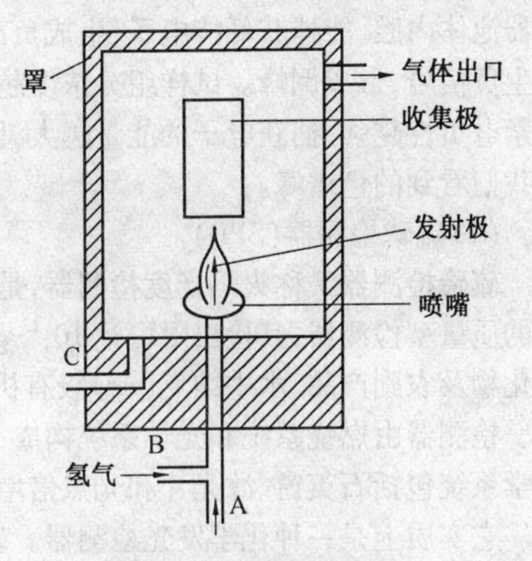

图5.5　FID结构示意图

⑤在一定范围内,微电流的大小与进入离子室的被测组分质量成正比,所以氢焰检测器是质量型检测器。

⑥组分在氢焰中的电离效率很低,大约五十万分之一的碳原子被电离;离子电流信号输出到记录仪,得到峰面积与组分质量成正比的色谱流出。

(3)电子捕获检测器(ECD)。

电子捕获检测器是一种选择性很强的检测器,对具有电负性物质(如含卤素、硫、磷、氮等物质)有很高的灵敏度,是目前分析痕量电负性有机物最有效的检测器。它的缺点是线性范围窄,且易受实验条件影响,重现性较差。

实际上它是一种放射性离子化检测器,其结构如图5.6所示。在检测器池体内腔有两个电极和一个β放射源,内腔中央有不锈钢棒作为正极,池体为阴极,β放射源贴在阴极臂上。在两极施加直流或脉冲电压。当载气(如 N_2)进入检测池内,β放射线使其电离,产生游离基和自由电子。

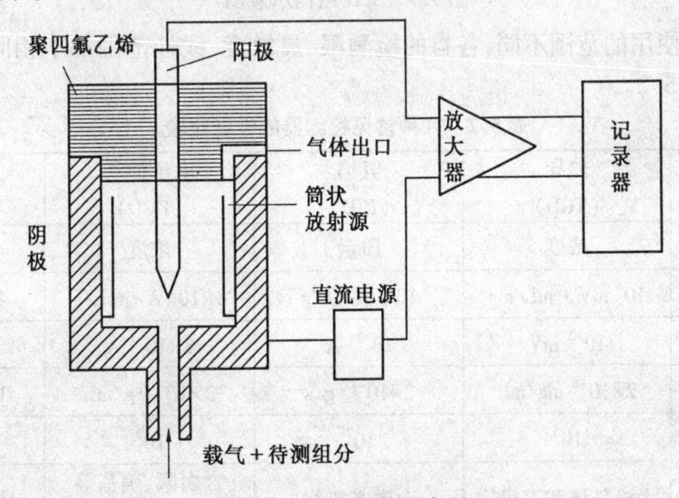

图5.6　ECD结构示意图

这些电子在电场的作用下向正极移动,形成恒定的电流即基流。当电负性物质进入检

测器池体内腔,能捕获低能电子,生成负离子,即负离子的迁移速度很慢,从而使基流下降,产生负信号,形成倒峰。试样组分浓度越大,捕获电子的概率越大,倒峰越大;组分中电负性元素电负性越强,捕获电子的能量越大,倒峰也越大。通过电子转换原件将倒峰转换过来就是我们看到的色谱峰。

(4)硫磷检测器(SPD)。

硫磷检测器又称火焰光度检测器,是一种对含硫、磷有机化合物具有高选择性和高灵敏度的质量型检测器,其检出限可达 10^{-12} g/s(对磷)或 10^{-11} g/s(对硫)。可用于大气中痕量硫化物及农副产品、水中纳克(ng)级有机磷和有机硫农药残留的测定。

检测器由燃烧系统和光学系统构成,如图5.7所示。燃烧系统类似火焰离子化检测器。光学系统包括石英窗、滤光片和光点倍增管。石英窗保护滤光片不受水气和燃烧产物的侵蚀。它实质上是一种化学发光检测器。硫、磷化合物在富氢火焰中燃烧时,生成化学发光物质,发出特征波长的光。

激发态硫分子返回到基态时发射出特征波长 λ_{max} 为 394 nm 的光。磷则生成化学发光的 HPO 碎片,发射出 λ_{max} 为 526 nm 的特征光谱。通过光学系统及光电倍增管转换为电信号,经放大后由记录仪记录这些特征光谱,分别检测出硫和磷。

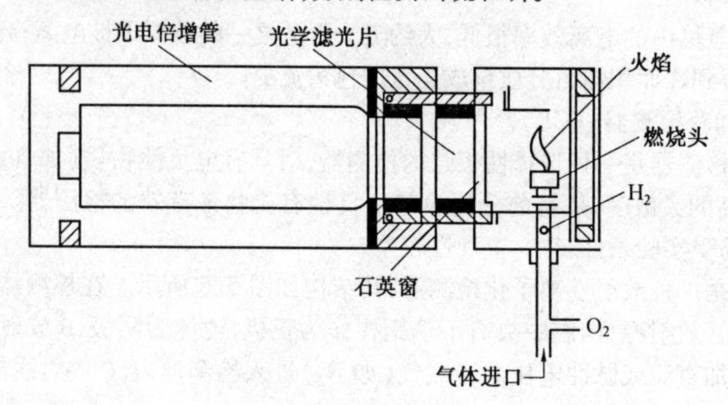

图5.7 SPD结构示意图

各种检测器使用的范围不同,各自的检测限、灵敏度、线性范围都不相同。几种检测器的性能比较见表5.2。

表5.2 几种常见检测器的性能比较

检测器	热导(TCD)	氢焰(FID)	电子捕获(ECD)	火焰光度(FPD)
类型	浓度	质量	浓度	质量
灵敏度	10^4 mV·mL/mg	10^{-2} A·s/g	8×10^2 A·mL/g	4×10^2 A·s/g
噪　声	10^{-2} mV	10^{-14} A	8×10^{-2} A	4×10^{-10} A
检测限	2×10^{-6} mg/mL	2×10^{-12} g/s	2×10^{-14} g/mL	10^{-12} g/s(磷)
线性范围	10^5	10^7	10^3	10^6
适用范围	无机气体和有机物	含碳有机物	含卤素、硝基等亲电子化合物	含硫、磷化合物

5.1.4　气相色谱的定性分析

气相色谱法是一种高效、快速分离分析技术，可以在较短时间内分离多种甚至几十种、上百种组分的混合物，这是其他方法无法比拟的。但是，气相色谱本身不具备鉴定功能，定性分析的主要依据是保留值，这给定性分析带来一定难度。气相色谱与质谱、光谱的高鉴别能力，加上运用计算机对数据的快速处理和检索，为未知物的定性分析开辟了一个广阔的前景。

1. 利用保留值的定性分析

(1) 利用已知纯物质对照定性。

在一定操作条件下，任何组分都有一个确定的保留值，基于这一特征，样品和纯物质保留值的直接比对可以作为定性的依据。如果样品较复杂，可在未知混合物中加入已知纯物质，通过未知物中峰的变化，来确定未知物中的成分。

(2) 利用保留值的经验规律定性。

实验证明，在一定柱温下，同系物的保留值对数与分子中的碳数呈线性关系，即为碳数规律；在同一族具有相同碳数的异构体的保留值对数与其沸点呈线性关系，即为沸点规律。

2. 利用相对保留值定性

(1) 利用保留值定性。

样品和纯物质的分析条件必须一致。只要保持柱温、固定液不变，即使载气流速等条件有所变化，也不会影响相对保留值。因此，利用相对保留值定性比直接用保留值定性更为方便、可靠。

(2) 利用保留指数定性。

保留指数又称 Kovats 指数，是一种重现性较其他保留数据都好的定性参数，可根据所用固定相和柱温直接与文献值对照，而不需标准样品。保留指数的计算式如下：

$$I=100\left[n+\frac{\lg t'_r(x)-\lg t'_r(n)}{\lg t'_r(n+1)-\lg t'_r(n)}\right] \tag{5.14}$$

式中　$t'_r(x)$、$\lg t'_r(n)$、$\lg t'_r(n+1)$——分别为组分、n 碳原子和 $n+1$ 碳原子的正构烷烃。

保留指数的一个重要特性是同一物质在同一柱上保留指数的关系通常是线性的，利用这一规律可以用内插法求得不同温度下的指数，便于与文献值比较。

(3) 双柱、多柱定性。

不同物质在同一色谱柱上可能具有相同的保留值，用两根或多根不同极性的色谱柱进行分析，考察样品的纯物质保留值的变化为定性依据。

3. 与其他方法结合定性

气相色谱与质谱、光谱、核磁共振等仪器，以及利用化学方法配合进行未知组分定性，在确定未知化合物结构时是非常有效的途径。

5.1.5　气相色谱的定量分析

在气相色谱法中的定量分析就是根据色谱峰的峰高或峰面积来计算样品中各组分的含量。常用的定量分析方法有外标法、内标法和面积归一化法等。

1. 外标法

已知浓度的标准样品与待测样品在完全相同的条件下进行分析,以两者的峰高或峰面积计算样品的含量,有直接对比法和标准曲线法。直接对比法是待测样品与标准样品的峰值直接比较计算样品含量;标准曲线法以标准样品作浓度与峰值的关系图。然后根据标准曲线求得待测样品浓度。

2. 内标法

在试样中加入能与所有组分完全分离的一定质量的内标物质,用相应的校正因子(f)校正待测组分的峰值,并与内标物质的峰高进行比较,求出待测组分含量的方法。计算公式如下:

$$f=\frac{A_0}{m_0}$$

$$含量=\frac{m'_0\times A_i\times f}{m_i\times A'_0}\times 100\% \tag{5.15}$$

式中　f——校正因子;

m_i——样品质量;

m'_0——测定样品时内标物的质量;

A_i——样品峰面积(或峰高);

A'_0——内标物峰面积(或峰高)。

内标法中内标物的选择:内标物色谱峰的位置在各待测组分之间或与之相近;稳定性好,与样品不发生化学反应;在样品中具有很好的溶解性;内标物浓度适当、峰值与待测组分相近。

3. 归一化法

样品中所有组分全部流出色谱柱,并在色谱图上都出现色谱峰,可以通过各组分的校正因子和峰面积计算各组分的含量:

$$含量=\frac{A_i\times f_i}{\sum A_i\times f_i}\times 100\% \tag{5.16}$$

5.2　高效液相色谱仪

液相色谱法开始阶段是用大直径的玻璃管柱在室温和常压下用液位差输送流动相,称为经典液相色谱法,此方法柱效低、时间长(常有几个小时)。高效液相色谱法(High Performance Liquid Chromatography,HPLC)是在经典液相色谱法的基础上,于20世纪60年代后期引入了气相色谱理论而迅速发展起来的。它与经典液相色谱法的区别是填料颗粒小而均匀,小颗粒具有高柱效,但会引起高阻力,需用高压输送流动相,故又称高压液相色谱法(High Pressure Liquid Chromatography,HPLC)。又因分析速度快而称为高速液相色谱法(High Speed Liquid Chromatography,HSLP),也称现代液相色谱。

5.2.1　HPLC 特点和分类

HPLC 有以下特点:

①高压。压力可达150~300 kg/cm^2。色谱柱每米降压为75 kg/cm^2 以上。

②高速。流速为0.1~10.0 mL/min。

③高效。可达5 000塔板/m。在一根柱中同时分离成分可达100种。

④高灵敏度。紫外检测器灵敏度可达0.01 ng,荧光和电化学检测器可达0.1 pg。

⑤柱子可反复使用。用一根色谱柱可分离不同的化合物。

⑥样品量少,容易回收。样品经过色谱柱后不被破坏,可以收集单一组分或制备样品。

高效液相色谱法按分离机制的不同分为液固吸附色谱法、液液分配色谱法(正相与反相)、离子交换色谱法、离子对色谱法及分子排阻色谱法。

1. 液固吸附色谱法

使用固体吸附剂,被分离组分在色谱柱上分离原理是根据固定相对组分吸附力大小不同而分离。分离过程是一个吸附-解吸附的平衡过程。常用的吸附剂为硅胶或氧化铝,粒度为5~10 μm。适用于分离相对分子质量200~1 000的组分,大多数用于非离子型化合物,离子型化合物易产生拖尾,常用于分离同分异构体。

2. 液液分配色谱法

使用将特定的液态物质涂于担体表面,或化学键合于担体表面而形成的固定相,分离原理是根据被分离的组分在流动相和固定相中溶解度不同而分离。分离过程是一个分配平衡过程。涂布式固定相应具有良好的惰性;流动相必须预先用固定相饱和,以减少固定相从担体表面流失;温度的变化和不同批号流动相的区别常引起柱子的变化;另外在流动相中存在的固定相也使样品的分离和收集复杂化。由于涂布式固定相很难避免固定液流失,现在已很少采用。现在多采用的是化学键合固定相,如C_{18}、C_8、氨基柱、氰基柱和苯基柱。液液色谱法按固定相和流动相极性的不同可分为正相色谱法(NPC)和反相色谱法(RPC)。

(1)正相色谱法。

采用极性固定相(如聚乙二醇、氨基与腈基键合相);流动相为相对非极性的疏水性溶剂(烷烃类,如正已烷、环已烷),常加入乙醇、异丙醇、四氢呋喃、三氯甲烷等以调节组分的保留时间。常用于分离中等极性和极性较强的化合物(如酚类、胺类、羰基类及氨基酸类等)。

(2)反相色谱法。

一般用非极性固定相(如C_{18}、C_8);流动相为水或缓冲液,常加入甲醇、乙腈、异丙醇、丙酮、四氢呋喃等与水互溶的有机溶剂以调节保留时间。适用于分离非极性和极性较弱的化合物。RPC在现代液相色谱中应用最为广泛,据统计,它占整个HPLC应用的80%左右。随着柱填料的快速发展,反相色谱法的应用范围逐渐扩大,现已应用于某些无机样品或易解离样品的分析。为控制样品在分析过程的解离,常用缓冲液控制流动相的pH值。但需要注意的是,C_{18}和C_8使用的pH值通常为2.5~7.5(2~8),太高的pH值会使硅胶溶解,太低的pH值会使键合的烷基脱落。有报告新商品柱可在pH 1.5~10范围操作。

表5.3为正相色谱法与反相色谱法的比较。

表5.3　正相色谱法与反相色谱法比较表

	正相色谱法	反相色谱法
固定相极性	高~中	中~低
流动相极性	低~中	中~高
组分洗脱次序	极性小先洗出	极性大先洗出

3. 离子交换色谱法

固定相是离子交换树脂,常用苯乙烯与二乙烯交联形成的聚合物骨架,在表面末端芳环上接上羧基、磺酸基(称阳离子交换树脂)或季氨基(称阴离子交换树脂)。被分离组分在色谱柱上分离原理是树脂上可电离离子与流动相中具有相同电荷的离子及被测组分的离子进行可逆交换,根据各离子与离子交换基团具有不同的电荷吸引力而分离。缓冲液常用作离子交换色谱的流动相。被分离组分在离子交换柱中的保留时间除跟组分离子与树脂上的离子交换基团作用强弱有关外,它还受流动相的 pH 值和离子强度影响。pH 值可改变化合物的解离程度,进而影响其与固定相的作用。流动相的盐浓度大,则离子强度高,不利于样品的解离,导致样品较快流出。离子交换色谱法主要用于分析有机酸、氨基酸、多肽及核酸。

4. 离子对色谱法

离子对色谱法又称偶离子色谱法,是液液色谱法的分支。它是根据被测组分离子与离子对试剂离子形成中性的离子对化合物后,在非极性固定相中溶解度增大,从而使其分离效果改善。主要用于分析离子强度大的酸碱物质。分析碱性物质常用的离子对试剂为烷基磺酸盐,如戊烷磺酸钠、辛烷磺酸钠等。另外高氯酸、三氟乙酸也可与多种碱性样品形成很强的离子对。分析酸性物质常用四丁基季铵盐,如四丁基溴化铵、四丁基铵磷酸盐。离子对色谱法常用 ODS 柱(即 C_{18}),流动相为甲醇-水或乙腈-水,水中加入 3 ~ 10 mmol/L 的离子对试剂,在一定的 pH 值范围内进行分离。被测组分保留时间与离子对性质、浓度、流动相组成及其 pH 值、离子强度有关。

5. 分子排阻色谱法

固定相是有一定孔径的多孔性填料,流动相是可以溶解样品的溶剂。小相对分子质量的化合物可以进入孔中,滞留时间长;大相对分子质量的化合物不能进入孔中,直接随流动相流出。它利用分子筛对相对分子质量大小不同的各组分排阻能力的差异而完成分离。常用于分离高分子化合物,如组织提取物、多肽、蛋白质、核酸等。

5.2.2　HPLC 系统

HPLC 系统一般由输液泵、进样器、色谱柱、检测器、数据记录及处理装置等组成。其中输液泵、色谱柱、检测器是关键部件。有的仪器还有梯度洗脱装置、在线脱气机、自动进样器、预柱或保护柱、柱温控制器等,现代 HPLC 仪还有微机控制系统,进行自动化仪器控制和数据处理。制备型 HPLC 仪还备有自动馏分收集装置。

最早的液相色谱仪由粗糙的高压泵、低效的柱、固定波长的检测器、绘图仪,绘出的峰是通过手工测量计算峰面积。后来的高压泵精度很高,并可编程进行梯度洗脱,柱填料从单一品种发展至几百种类型,检测器从单波长至可变波长检测器、可得三维色谱图的二极管阵列检测器、可确证物质结构的质谱检测器。数据处理不再用绘图仪,逐渐取而代之的是最简单的积分仪、计算机、工作站及网络处理系统。

1. 进样器

早期使用隔膜和停流进样器,装在色谱柱入口处。现在大都使用六通进样阀或自动进样器。进样装置要求:密封性好,死体积小,重复性好,保证中心进样,进样时对色谱系统的压力、流量影响小。HPLC 进样方式可分为:隔膜进样、停流进样、阀进样、自动进样。

(1)隔膜进样。

用微量注射器将样品注入专门设计的与色谱柱相连的进样头内,可把样品直接送到柱头填充床的中心,死体积几乎等于零,可以获得最佳的柱效,且价格便宜、操作方便。但不能在高压下使用(如10 MPa以上);此外隔膜容易吸附样品产生记忆效应,使进样重复性只能达到1%~2%;加之能耐各种溶剂的橡皮不易找到,常规分析使用受到限制。

(2)停流进样。

停流进样可避免在高压下进样。但在HPLC中由于隔膜的污染,停泵或重新启动时往往会出现“鬼峰”;另一缺点是保留时间不准。在以峰的始末信号控制馏分收集的制备色谱中,效果较好。

(3)阀进样。

一般HPLC分析常用六通进样阀(以美国Rheodyne公司的7725和7725i型最常见),其关键部件由圆形密封垫(转子)和固定底座(定子)组成。由于阀接头和连接管死体积的存在,柱效率低于隔膜进样(约下降5%~10%左右),但耐高压(35~40 MPa),进样量准确,重复性好(0.5%),操作方便。

六通阀的进样方式有部分装液法和完全装液法两种:①用部分装液法进样时,进样量应不大于定量环体积的50%(最多75%),并要求每次进样体积准确、相同。此法进样的准确度和重复性决定于注射器取样的熟练程度,而且易产生由进样引起的峰展宽。②用完全装液法进样时,进样量应不小于定量环体积的5~10倍(最少3倍),这样才能完全置换定量环内的流动相,消除管壁效应,确保进样的准确度及重复性。

六通阀使用和维护注意事项:①样品溶液进样前必须用0.45 μm滤膜过滤,以减少微粒对进样阀的磨损。②转动阀芯时不能太慢,更不能停留在中间位置,否则流动相受阻,使泵内压力剧增,甚至超过泵的最大压力;再转到进样位时,过高的压力将使柱头损坏。③为防止缓冲盐和样品残留在进样阀中,每次分析结束后应冲洗进样阀。通常可用水冲洗,或先用能溶解样品的溶剂冲洗,再用水冲洗。

(4)自动进样停流进样

用于大量样品的常规分析。

2.输送系统

该系统包括高压泵、流动相储存器和梯度仪3部分。高压泵的一般压强为$1.47\sim4.4\times10^{7}$ Pa,流速可调且稳定,当高压流动相通过层析柱时,可降低样品在柱中的扩散效应,可加快其在柱中的移动速度,这对提高分辨率、回收样品、保持样品的生物活性等都是有利的。流动相储存器和梯度仪,可使流动相随固定相和样品的性质而改变,包括改变洗脱液的极性、离子强度、pH值,或改用竞争性抑制剂或变性剂等。这就可使各种物质(即使仅有一个基团的差别或是同分异构体)都能获得有效分离。

输液泵是HPLC系统中最重要的部件之一。泵的性能好坏直接影响整个系统的质量和分析结果的可靠性。输液泵应具备如下性能:①流量稳定,其RSD应小于0.5%,这对定性定量的准确性至关重要;②流量范围宽,分析型应在0.1~10 mL/min范围内连续可调,制备型应能达到100 mL/min;③输出压力高,一般应能达到150~300 kg/cm^2;④液缸容积小;⑤密封性能好,耐腐蚀。

泵的种类很多,按输液性质可分为恒压泵和恒流泵。恒流泵按结构又可分为螺旋注射泵、柱塞往复泵和隔膜往复泵。恒压泵受柱阻影响,流量不稳定;螺旋泵缸体太大,这两种泵已被淘汰。目前应用最多的是柱塞往复泵。

柱塞往复泵的液缸容积小,可至0.1 mL,因此易于清洗和更换流动相,特别适合于再循环和梯度洗脱;改变电机转速能方便地调节流量,流量不受柱阻影响;泵压可达400 kg/cm^2。其主要缺点是:输出的脉冲性较大,现多采用双泵系统来克服。双泵按连接方式可分为并联式和串联式,一般说来并联泵的流量重现性较好。

为了延长泵的使用寿命和维持其输液的稳定性,必须按照下列注意事项进行操作:

①防止任何固体微粒进入泵体,因为尘埃或其他任何杂质微粒都会磨损柱塞、密封环、缸体和单向阀,因此应预先除去流动相中的任何固体微粒。流动相最好在玻璃容器内蒸馏,而常用的方法是过滤,可采用 Millipore 滤膜(0.2 μm 或 0.45 μm)等滤器。泵的入口都应连接砂滤棒(或片)。输液泵的滤器应经常清洗或更换。

②流动相不应含有任何腐蚀性物质,含有缓冲液的流动相不应保留在泵内,尤其是在停泵过夜或更长时间的情况下。如果将含缓冲液的流动相留在泵内,由于蒸发或泄漏,甚至只是由于溶液的静置,就可能析出盐的微细晶体,这些晶体将和上述固体微粒一样损坏密封环和柱塞等。因此,必须泵入纯水将泵充分清洗后,再换成适合于色谱柱保存和有利于泵维护的溶剂(对于反相键合硅胶固定相,可以是甲醇或甲醇-水)。

③泵工作时要留心防止溶剂瓶内的流动相被用完,否则空泵运转也会磨损柱塞、缸体或密封环,最终产生漏液。

④输液泵的工作压力决不要超过规定的最高压力,否则会使高压密封环变形,产生漏液。

⑤流动相应该先脱气,以免在泵内产生气泡,影响流量的稳定性,如果有大量气泡,泵就无法正常工作。

如果输液泵产生故障,须查明原因,采取相应措施排除故障:

①没有流动相流出,又无压力指示。原因可能是泵内有大量气体,这时可打开泄压阀,使泵在较大流量(如5 mL/min)下运转,将气泡排尽,也可用一个50 mL 针筒在泵出口处帮助抽出气体。另一个可能原因是密封环磨损,需更换。

②压力和流量不稳。原因可能是有气泡,需要排除;或者是单向阀内有异物,可卸下单向阀,浸入丙酮内超声清洗。有时可能是砂滤棒内有气泡,或被盐的微细晶粒或滋生的微生物部分堵塞,这时,可卸下砂滤棒浸入流动相内超声除气泡,或将砂滤棒浸入稀酸(如4 mol/L硝酸)内迅速除去微生物,或将盐溶解,再立即清洗。

③压力过高的原因是管路被堵塞,需要清除和清洗。压力降低的原因则可能是管路有泄漏。检查堵塞或泄漏时应逐段进行。

HPLC 有等强度(Isocratic)和梯度(Gradient)洗脱两种方式。等度洗脱是在同一分析周期内流动相组成保持恒定,适合于组分数目较少、性质差别不大的样品。梯度洗脱是在一个分析周期内程序控制流动相的组成,如溶剂的极性、离子强度和 pH 值等,用于分析组分数目多、性质差异较大的复杂样品。采用梯度洗脱可以缩短分析时间,提高分离度,改善峰形,提高检测灵敏度,但是常常引起基线漂移和降低重现性。

梯度洗脱有两种实现方式:低压梯度(外梯度)和高压梯度(内梯度)。

两种溶剂组成的梯度洗脱可按任意程度混合,即有多种洗脱曲线:线性梯度、凹形梯度、凸形梯度和阶梯形梯度。线性梯度最常用,尤其适合于在反相柱上进行梯度洗脱。

在进行梯度洗脱时,由于多种溶剂混合,而且组成不断变化,因此带来一些特殊问题,必须充分重视:

①要注意溶剂的互溶性,不相混溶的溶剂不能用作梯度洗脱的流动相。有些溶剂在一定比例内混溶,超出范围后就不互溶,使用时更要引起注意。当有机溶剂和缓冲液混合时,还可能析出盐的晶体,尤其使用磷酸盐时需特别小心。

②梯度洗脱所用的溶剂纯度要求更高,以保证良好的重现性。进行样品分析前必须进行空白梯度洗脱,以辨认溶剂杂质峰,因为弱溶剂中的杂质富集在色谱柱头后会被强溶剂洗脱下来。用于梯度洗脱的溶剂需彻底脱气,以防止混合时产生气泡。

③混合溶剂的黏度常随组成而变化,因而在梯度洗脱时常出现压力的变化。例如,甲醇和水黏度都较小,当两者以相近比例混合时黏度增大很多,此时的柱压大约是甲醇或水为流动相时的两倍。因此,要注意防止梯度洗脱过程中压力超过输液泵或色谱柱能承受的最大压力。

④每次梯度洗脱之后必须对色谱柱进行再生处理,使其恢复到初始状态。需让10~30倍柱容积的初始流动相流经色谱柱,使固定相与初始流动相达到完全平衡。

3. 液相色谱柱

色谱是一种分离分析手段,分离是核心,因此担负分离作用的色谱柱是色谱系统的心脏。对色谱柱的要求是柱效高、选择性好,分析速度快等。市售的用于HPLC的各种微粒填料如多孔硅胶以及以硅胶为基质的键合相、氧化铝、有机聚合物微球(包括离子交换树脂)、多孔碳等,其粒度一般为3 μm、5 μm、7 μm、10 μm等,柱效理论值可达$(5\sim16)\times10^4$万/m。对于一般的分析只需5 000塔板数的柱效;对于同系物分析,只要500即可;对于较难分离物质对则可采用高达2万的柱子,因此一般10~30 cm左右的柱长就能满足复杂混合物分析的需要。

柱效受柱内外因素影响,为使色谱柱达到最佳效率,除柱外死体积要小外,还要有合理的柱结构(尽可能减少填充床以外的死体积)及装填技术。即使最好的装填技术,在柱中心部位和沿管壁部位的填充情况总是不一样的,靠近管壁的部位比较疏松,易产生沟流,流速较快,影响冲洗剂的流形,使谱带加宽,这就是管壁效应。这种管壁区大约是从管壁向内算起30倍粒径的厚度。在一般的液相色谱系统中,柱外效应对柱效的影响远远大于管壁效应。

色谱柱由柱管、压帽、卡套(密封环)、筛板(滤片)、接头、螺丝等组成。柱管多用不锈钢制成,压力不高于70 kg/cm^2时,也可采用厚壁玻璃或石英管,管内壁要求有很高的光洁度。为提高柱效,减小管壁效应,不锈钢柱内壁多经过抛光。也有人在不锈钢柱内壁涂敷氟塑料以提高内壁的光洁度,其效果与抛光相同。还有使用熔融硅或玻璃衬里的,用于细管柱。色谱柱两端的柱接头内装有筛板,是烧结不锈钢或钛合金,孔径0.2~20 μm(5~10 μm),取决于填料粒度,目的是防止填料漏出。

色谱柱按用途可分为分析型和制备型两类,尺寸规格也不同:①常规分析柱(常量柱),内径2~5 mm(常用4.6 mm,国内有4 mm和5 mm),柱长10~30 cm;②窄径柱(narrow bore,又称细管径柱、半微柱semi-microcolumn),内径1~2 mm,柱长10~20 cm;③毛细管柱(又称微柱microcolumn),内径0.2~0.5 mm;④半制备柱,内径>5 mm;⑤实验室制备柱,内径 20～40 mm，柱长 10～30 cm；⑥生产制备柱内径可达几十厘米。柱内径一般是根据柱长、填料粒径和折合流速来确定，目的是为了避免管壁效应。

因强调分析速度而发展出短柱，柱长 3～10 cm，填料粒径 2～3 μm。为提高分析灵敏度，与质谱（MS）连接，而发展出窄径柱、毛细管柱和内径小于 0.2 mm 的微径柱（microbore）。细管径柱的优点是：①节省流动相；②灵敏度增加；③样品量少；④能使用长柱达到高分离度；⑤容易控制柱温；⑥易于实现 LC-MS 联用。

但由于柱体积越来越小，柱外效应的影响就更加显著，需要更小池体积的检测器（甚至采用柱上检测），更小死体积的柱接头和连接部件。配套使用的设备应具备如下性能：输液泵能精密输出 1～100 μL/min 的低流量，进样阀能准确、重复地进样微小体积的样品。且因上样量小，要求高灵敏度的检测器，电化学检测器和质谱仪在这方面具有突出优点。

色谱柱的性能除了与固定相性能有关外，还与填充技术有关。在正常条件下，填料粒度 >20 μm 时，干法填充制备柱较为合适；颗粒 <20 μm 时，湿法填充较为理想。填充方法一般有 4 种：①高压匀浆法，多用于分析柱和小规模制备柱的填充；②径向加压法，Waters 专利；③轴向加压法，主要用于装填大直径柱；④干法。柱填充的技术性很强，大多数实验室使用已填充好的商品柱。

无论是自己装填的还是购买的色谱柱，使用前都要对其性能进行考察，使用期间或放置一段时间后也要重新检查。柱性能指标包括在一定实验条件下（样品、流动相、流速、温度）下的柱压、理论塔板高度和塔板数、对称因子、容量因子和选择性因子的重复性，或分离度。一般说来容量因子和选择性因子的重复性在 ±5% 或 ±10% 以内。进行柱效比较时，还要注意柱外效应是否有变化。

色谱柱的正确使用和维护十分重要，稍有不慎就会降低柱效、缩短使用寿命甚至损坏。在色谱操作过程中，需要注意下列问题以维护色谱柱：

①避免压力和温度的急剧变化及任何机械震动。温度的突然变化或者使色谱柱从高处掉下都会影响柱内的填充状况；柱压的突然升高或降低也会冲动柱内填料，因此在调节流速时应该缓慢进行，在阀进样时阀的转动不能过缓（如前所述）。

②应逐渐改变溶剂的组成，特别是反相色谱中，不应直接从有机溶剂改变为全部是水，反之亦然。

③一般说来色谱柱不能反冲，只有生产者指明该柱可以反冲时，才可以反冲除去留在柱头的杂质，否则反冲会迅速降低柱效。

④选择使用适宜的流动相（尤其是 pH 值），以避免固定相被破坏。有时可以在进样器前面连接一预柱，分析柱是键合硅胶时，预柱为硅胶，可使流动相在进入分析柱之前预先被硅胶“饱和”，避免分析柱中的硅胶基质被溶解。

⑤避免将基质复杂的样品尤其是生物样品直接注入柱内，需要对样品进行预处理或者在进样器和色谱柱之间连接一保护柱。保护柱一般是填有相似固定相的短柱。保护柱可以而且应该经常更换。

⑥经常用强溶剂冲洗色谱柱，清除保留在柱内的杂质。在进行清洗时，对流路系统中流动相的置换应以相混溶的溶剂逐渐过渡，每种流动相的体积应是柱体积的 20 倍左右，即常规分析需要 50～75 mL。

⑦保存色谱柱时应将柱内充满乙腈或甲醇，柱接头要拧紧，防止溶剂挥发干燥。绝对禁

止将缓冲溶液留在柱内静置过夜或更长时间。

⑧色谱柱使用过程中,如果压力升高,一种可能是烧结滤片被堵塞,这时应更换滤片或将其取出进行清洗;另一种可能是大分子进入柱内,使柱头被污染;如果柱效降低或色谱峰变形,则可能柱头出现塌陷,死体积增大。

在后两种情况发生时,小心拧开柱接头,用洁净小钢丝将柱头填料取出1~2 mm高度(注意把被污染填料取净)再把柱内填料整平。然后用适当溶剂湿润的固定相(与柱内相同)填满色谱柱,压平,再拧紧柱接头。这样处理后柱效能得到改善,但是很难恢复到新柱的水平。

柱子失效通常是柱端部分,在分析柱前装一根与分析柱相同固定相的短柱(5~30 mm),可以起到保护、延长柱寿命的作用。采用保护柱会损失一定的柱效,这是值得的。

通常色谱柱寿命在正确使用时可达2年以上。以硅胶为基质的填料,只能在pH值为2~9范围内使用。柱子使用一段时间后,可能有一些吸附作用强的物质保留于柱顶,特别是一些有色物质更易看清被吸着在柱顶的填料上。新的色谱柱在使用一段时间后柱顶填料可能塌陷,使柱效下降,这时也可补加填料使柱效恢复。

每次工作完后,最好用洗脱能力强的洗脱液冲洗,例如ODS柱宜用甲醇冲洗至基线平衡。当采用盐缓冲溶液作流动相时,使用完后应用无盐流动相冲洗。含卤族元素(氟、氯、溴)的化合物可能会腐蚀不锈钢管道,不宜长期与之接触。装在HPLC仪上柱子如不经常使用,应每隔4~5天开机冲洗15 min。

4. 检测器

检测器是HPLC仪的三大关键部件之一。其作用是把洗脱液中组分的量转变为电信号。HPLC的检测器要求灵敏度高、噪声低(即对温度、流量等外界变化不敏感)、线性范围宽、重复性好和适用范围广。

(1)紫外检测器(ultraviolet detector)。

UV检测器是HPLC中应用最广泛的检测器,当检测波长范围包括可见光时,又称为紫外-可见检测器,如图5.8所示。它灵敏度高、噪声低、线性范围宽、对流速和温度均不敏感,可用于制备色谱。由于灵敏高,因此即使是那些光吸收小、消光系数低的物质也可用UV检测器进行微量分析。但要注意流动相中各种溶剂的紫外吸收截止波长。如果溶剂中含有吸光杂质,则会提高背景噪声,降低灵敏度(实际是提高检测限)。此外,梯度洗脱时,还会产生漂移。

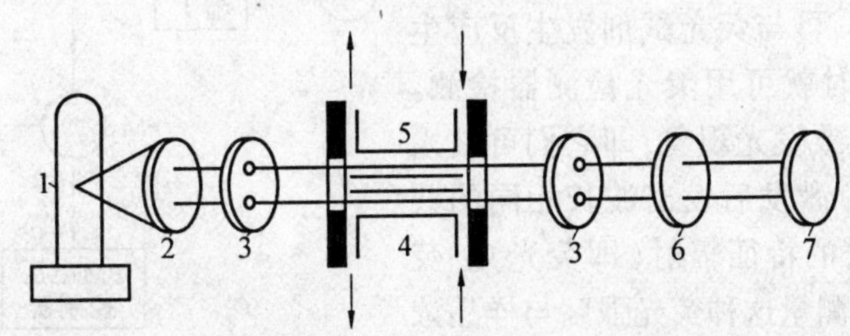

图5.8　紫外检测器光路图

1—低压汞灯;2—透镜;3—遮光板;4—测量池;5—参比池;6—紫外滤光片;7—双紫外光敏电阻

UV检测器的工作原理是Lambert-Beer定律,即当一束单色光透过流动池时,若流动相

不吸收光，则吸收度 A 与吸光组分的浓度 c 和流动池的光径长度 L 成正比，即

$$A=E\cdot c\cdot L=\lg T=\lg I/I_0$$

式中　I_0——入射光强度；

I——透射光强度；

T——透光率；

E——吸收系数。

UV 检测器分为固定波长检测器、可变波长检测器和光电二极管阵列检测器（Photodiode Array Detector，PDAD），如图 5.9 所示。按光路系统来分，UV 检测器可分为单光路和双光路两种。可变波长检测器又可分单波长（单通道）检测器和双波长（双通道）检测器。

PDAD 是 20 世纪 80 年代出现的一种光学多通道检测器，它可以对每个洗脱组分进行光谱扫描，经计算机处理后，得到光谱和色谱结合的三维图谱。

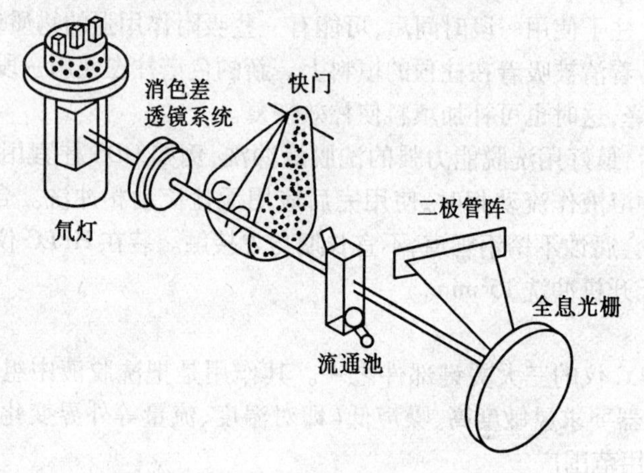

图 5.9　二极管阵列检测器光路示意图

（2）荧光检测器。

在液相色谱中，荧光检测器仅次于紫外吸收检测器。荧光检测器最大的特点是它固有的灵敏度和选择性。它的最小检测限往往要比紫外检测器小。但是荧光检测器不如紫外检测器应用那么广泛，因为它能引起荧光的化合物比较有限。许多生物物质包括某些代谢产物如药物、氨基酸、胺类、维生素都可用荧光检测器检测。有些化合物本身不产生荧光，但却含有适当的官能团，可与荧光试剂发生反应生成荧光衍生物，这时就可用荧光检测器检测。许多化合物存在光致发光现象，即它们可被入射光（称为激发光）激发后发出波长相同的共振辐射或波长较长的特征辐射（即荧光）。荧光检测器就是基于测量这种荧光强度与样品浓度呈线性关系。图 5.10 是荧光检测器的光路图。

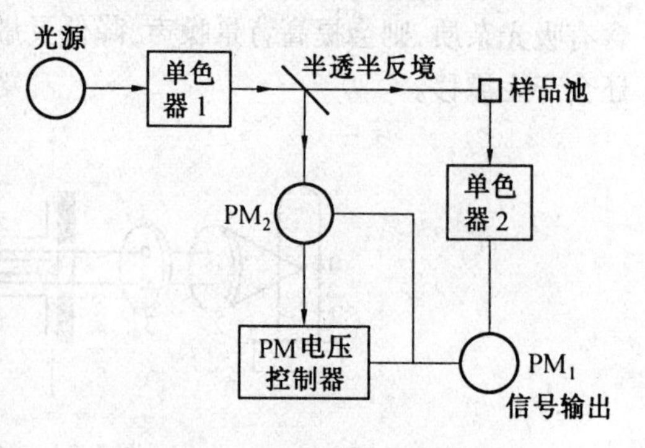

图 5.10　荧光检测器光路图

（3）电化学检测器。

在液相色谱中对那些无紫外吸收或不能发生荧光但具有电活性的物质，可用电化学检

测法，目前电化学检测器主要有安培、电导、极谱和库仑4种检测器，许多具有电化学氧化还原性物质的化合物，如电活性的硝基、氨基等有机物及无机物阴阳离子等可用电化学检测器测定。如在分离柱后采用衍生技术，其应用范围还可扩展到非电活性物质的检测。它已在有机和无机阴阳离子、动物组织中的代谢、食品添加剂、环境污染物、生物制品及医药测定中获得了广泛的应用。表5.4为几种常见的液相色谱检测器的主要性能。

表5.4 几种常见的液相色谱检测器的主要性能

	UV	荧光	安培	质谱	蒸发光散射
信号	吸光度	荧光强度	电流	离子流强度	散射光强
噪声	10^{-5}	10^{-3}	10^{-9}		
流速影响	无	无	有	无	
温度影响	小	小	大		小
检测限/(g·mL^{-1})	10^{-10}	10^{-13}	10^{-13}	$<10^{-9}$ g/s	10^{-9}
池体积/μL	2~10	~7	<1	—	—
梯度洗脱	适宜	适宜	不宜	适宜	适宜
细管径柱	难	难	适宜	适宜	适宜
样品破坏	无	无	无	有	无

5. 恒温装置

在HPLC仪中色谱柱及某些检测器都要求能准确地控制工作环境温度，柱子的恒温精度要求在±0.1~0.5 ℃之间，检测器的恒温要求则更高。

温度对溶剂的溶解能力、色谱柱的性能、流动相的黏度都有影响。一般来说，温度升高，可提高溶质在流动相中的溶解度，从而降低其分配系数K，但对分离选择性影响不大；还可使流动相的黏度降低，从而改善传质过程并降低柱压。但温度太高易使流动相产生气泡。

色谱柱的不同工作温度对保留时间、相对保留时间都有影响。在凝胶色谱中使用软填料时温度会引起填料结构的变化，对分离有影响；但如使用硬质填料则影响不大。

总地来说，在液固吸附色谱法和化学键合相色谱法中，温度对分离的影响并不显著，通常实验在室温下进行操作。在液固色谱中有时将极性物质（如缓冲剂）加入流动相中以调节其分配系数，这时温度对保留值的影响很大。

不同的检测器对温度的敏感度不一样。紫外检测器一般在温度波动超过±0.5 ℃时，就会造成基线漂移起伏。示差折光检测器的灵敏度和最小检出量常取决于温度控制精度，因此需控制在±0.001 ℃左右。

6. 数据处理和计算机控制系统

早期的HPLC仪器是用记录仪记录检测信号，再手工测量计算。其后，使用积分仪计算并打印出峰高、峰面积和保留时间等参数。20世纪80年代后，计算机技术的广泛应用使HPLC操作更加快速、简便、准确、精密和自动化，现在已可在互联网上远程处理数据。计算机的用途包括3个方面：①采集、处理和分析数据；②控制仪器；③色谱系统优化和专家系统。

5.2.3 液相色谱的分离方式及其应用

要正确地选择色谱分离方法，首先必须尽可能多地了解试样的有关性质，其次必须熟悉各种色谱方法的主要特点及其应用范围。

选择色谱分离方法的主要根据是试样的相对分子质量的大小、在水中和有机溶剂中的溶解度、极性和稳定程度以及化学结构等物理性质和化学性质。

对于相对分子质量较低(一般在200以下)、挥发性比较好、加热又不易分解的试样，可以选择气相色谱法进行分析。相对分子质量在200～2 000的化合物，可用液固吸附、液液分配和离子交换色谱法。相对分子质量高于2 000的，则可用空间排阻色谱法。

水溶性试样最好用离子交换色谱法或液液分配色谱法。微溶于水，但在酸或碱存在下能很好电离的化合物，也可用离子交换色谱法；油溶性试样或相对非极性混合物，可用液固色谱法。

若试样中包含离子型或可离子化的化合物，或者能与离子型化合物相互作用的化合物(例如配位体及有机螯合剂)，可首先考虑用离子交换色谱法，但空间排阻和液液分配色谱法也都能顺利地应用于离子化合物；异构体的分离可用液固色谱法，具有不同官能团的化合物、同系物可用液液分配色谱法，对于高分子聚合物，可用空间排阻色谱法。图5.11为分离方式的选择。

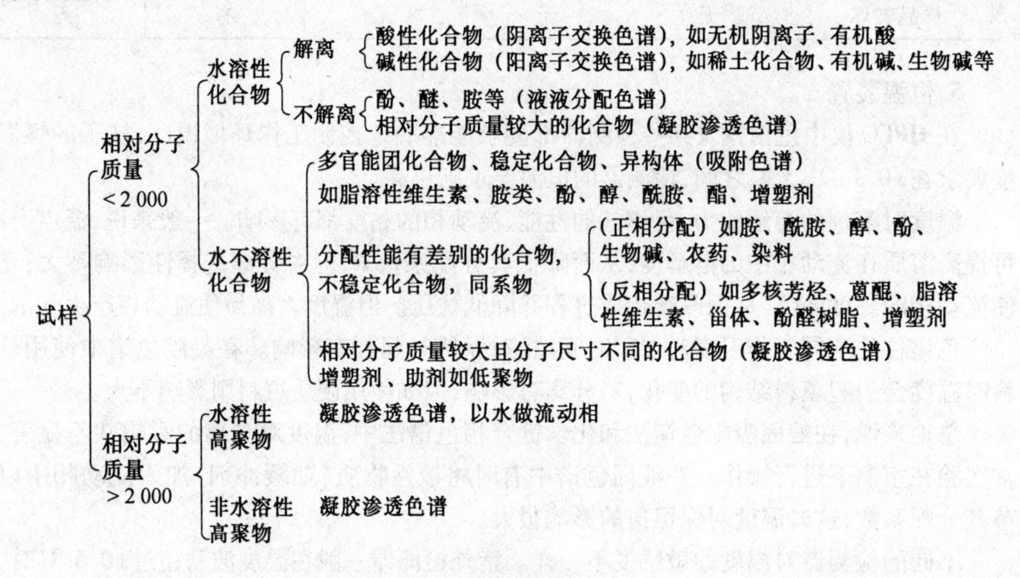

图5.11 分离方式的选择

5.3 气相色谱-质谱联用

质谱分析法是通过对样品离子的质荷比和强度的测定来进行定性和定量分析的一种分析方法。质谱分析法的过程是：首先将样品汽化为气态分子或原子，然后将其电离失去电子，成为带电离子，再将离子按质荷比(即离子质量与所带电荷之比，以 m/z 表示)大小顺序排列起来，测量其强度，得到质谱图，如图5.12所示的甲烷的标准质谱图。横坐标为质荷比，纵坐标为每种带电离子的相对峰度。通过质荷比可以确定离子的质量，从而进行样品的定性分析和结构分析；通过每种离子的峰高可以进行定量分析。

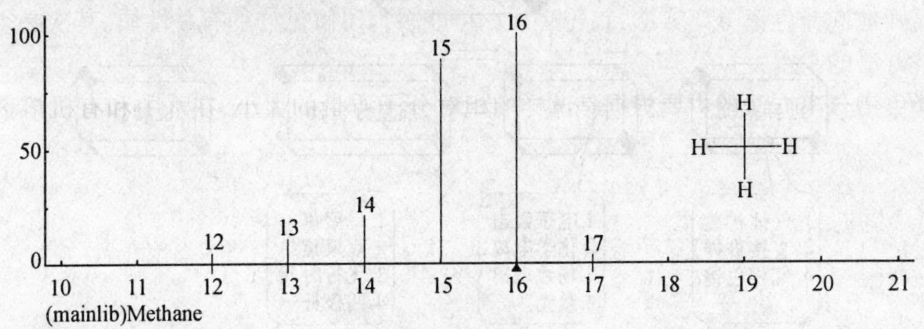

图5.12　甲烷的标准质谱图

图5.12中强度最大的为 $m/z=16$ 为基峰，以其为100%，然后用基峰去除其他各峰的高度，这样得到的百分数称为相对峰度。

质谱仪是一种测量带电离子质荷比的装置，利用带电粒子在电场和磁场中运动（偏转、漂移、振荡）行为进行分离与测量。在离子源中样品分子被电离和解离，电离后成为带单位正电荷的"分子离子"（用 M^+ 表示）。解离后生成一系列的碎片，这些碎片可能带正电荷形成碎片离子，或带负电荷或呈中性。将分子离子和碎片离子引入到一个强的正电场中，使之加速，加速电位通常用到6～8 kV，此时所有带单位正电荷的离子获得的动能都一样，即

$$M/\mathrm{eV}=\frac{mv^2}{2} \tag{5.17}$$

由于动能达数千电子伏（eV），可以认为此时各种带单位正电荷的离子都有近似相同的动能。但是，不同质荷比的离子具有不同的速度，利用离子不同质荷比及其速度差异，质量分析器可将其分离，然后由检测器测量其强度。记录后获得一张以质荷比（m/z）为横坐标，以相对强度为纵坐标的质谱图。

5.3.1　质谱仪的组成

典型的质谱仪一般由进样系统、离子源、分析器、检测器和记录系统等部分组成，此外，还包括真空系统和自动控制数据处理等辅助设备。图5.13是一般质谱仪的组成示意图。

质谱飞行的一般过程是：通过合适的进样装置将样品引入并汽化。然后将汽化样品引入到离子源进行电离。电离后首先将正负离子分开，并借助几百至几千伏的电压将正离子加速。经过加速后的离子束进入质量分析器，按不同的质荷比（m/z）将不同离子分离，并分别进入检测器，产生电信号并经放大，记录不同质荷比的离子的电信号强度，即可获得质谱图。很明显，质谱图的信号强度与达到检测器的离子数目成正比。

1.真空系统

质谱仪的离子产生及经过系统必须处于高真空状态（离子源的真空度应达 1.3×10^{-4}～1.3×10^{-5} Pa，质量分析器的真空度应达 1.3×10^{-6} Pa）。若真空度过低，则会造成离子源的灯丝损坏，本底增高，副反应过多，从而干扰离子源的调节，使质谱图复杂化，同时还会产生加速电极放电等问题。一般质谱仪都采用机械泵预抽真空后，再用高效率扩散泵连续运行以保持真空。现代质谱仪采用分子泵可获得更高的真空度。

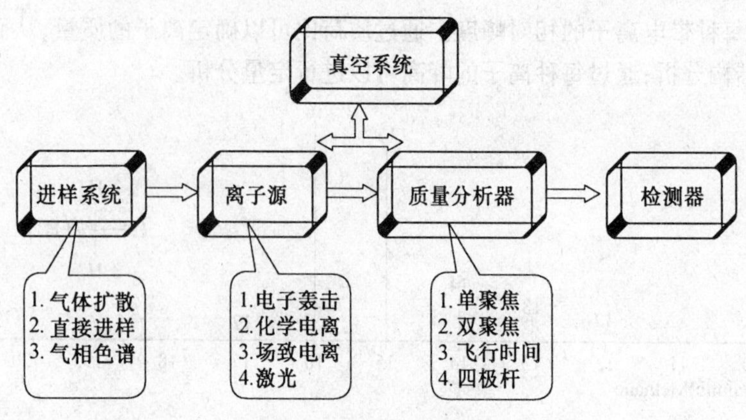

图 5.13 一般质谱仪组成示意图

2. 进样系统

进样系统将样品引入离子源时,既要重复性非常好,还要不引起离子源的真空度的降低。目前常用的进样装置有间歇式进样系统、直接探针进样及色谱进样系统。一般质谱仪都配有前两种进样系统,以适应不同样品的进样要求。

3. 离子源

离子源是将引入的气态样品分子转化为离子的装置,是质谱仪的心脏。不同的样品分子应采用不同的裂解方法。裂解反应获得的离子应充分反应试样的组成,才能获得简明清晰的质谱图。因此,可以将离子源看作为比较高级的反应器。能反映试样组成的裂解反应称为特征裂解反应,它应在很短时间(<1 μs)内发生,才能快速获得质谱图。常见的几种离子源有:电子轰击法离子源(EI)、化学电离离子源(CI)、场致电离子源(FI)、场解析电离源(FD)、快原子轰击离子源(FAB)、电喷雾电离离子源(ESI)、大气压化学电离离子源(APCI)。

①电子轰击 EI:最常用和最普通的方法。

②化学电离 CI:软电离,易获得分子离子峰。

③场致电离 FI:形成的离子束的能量分散不大,分子离子峰强。

④场解析电离源 FD:适合于难汽化和热稳定性差的样品。

⑤快原子轰击离子源 FAB:适用于极性大、相对分子质量较大的化合物。

⑥电喷雾电离 ESI:很软的电离方式,可检测多电荷离子,通常很少有碎片离子,只有整体分子离子峰,对生物大分子的测定十分有利。

⑦大气压化学电离 APCI:适用于极性小、相对分子质量小的化合物,得到样品的准分子离子。

下面重点介绍一般实验室配置的 EI、CI、APCI 等 3 种离子源:

(1)电子轰击离子源。

电子轰击离子源(Electron impact,EI)是最通用的电离法。它是用高能电子流轰击样品分子,产生分子离子和碎片离子。首先,高能电子轰击样品分子,使之电离:$M+e^-$(高速)$\longrightarrow M^++2e^-$(低速)。试样分子 M 失去一个电子形成 M^+。

M 为待测分子,M^+为分子离子或母体离子。高能电子束所产生的分子离子 M^+的能态较高的那些分子,将进一步裂解,释放出部分能量,产生质量较小的碎片离子和中性自由基。

灯丝发射的热电子经灯丝和阳极之间70 V电压加速,成为轰击能为70 eV的电子束,它进入离子化室轰击由进样系统引入离子化室的样品分子,一般分子中的共价键的电离电位约10 eV。样品分子被具有70 eV的能量的电子轰击,产生裂解反应,生成分子离子和碎片离子。接着这些离子在电场的作用下,被加速之后进入质量分析器。

电子轰击离子化使用最广泛。文献中已积累了大量这方面的质谱图和数据,可以作为鉴定物质的依据。这种离子化的效率高,电子电离源的结构简单,这个方法的缺点是分子离子的谱峰很弱或不出现,大量的分子离子由于具有较高的内能,被进一步裂解为碎片离子,获得的质谱图的碎片离子的谱峰较多,增大了质谱图的解析难度。

(2)化学电离。

化学电离源(Chemical Impact, CI)是比较温和的电离方法,它是在样品被电子轰击之前,先被反应气稀释,稀释比约为10^4。因此,样品分子被电子直接轰击的概率极小,所生成的离子主要来自反应气分子。作为反应气的物质有甲烷、异丁烷、NH_3、He、Ar、H_2O。反应气离子再和样品分子作用,使样品分子电离。以甲烷为例,发生的反应可以表示如下:

$$CH_4+e^- \longrightarrow CH_4^+ + CH_3^+ + CH_2^+ + CH^+ + C^+ + H_2^+ + H^+ + ne^- \tag{5.18}$$

CH_4^+、CH_3^+很快与大量存在的CH_4分子再反应:

$$CH_4^+ + CH_4 \longrightarrow CH_5^+ + CH_3^+ \tag{5.19}$$

$$CH_3^+ + CH_4 \longrightarrow C_2H_5^+ + H_2 \tag{5.20}$$

$$C_2H_5^+ + XH \longrightarrow XH_2^+ + CH_4 \tag{5.21}$$

$$C_2H_5^+ + XH \longrightarrow X^+ + C_2H_6 \tag{5.22}$$

CH_5^+和$C_2H_5^+$不与中性甲烷进一步反应,而与进入电离室的样品分子($R-CH_3$)碰撞,产生$(M+1)^+$离子:

$$CH_5^+ + M \longrightarrow MH^+ + CH_4 \tag{5.23}$$

$$C_2H_5^+ + M \longrightarrow MH^+ + C_2H_4 \tag{5.24}$$

由于化学离子化不是直接利用高能电子轰击,而是依靠二次离子和样品分子之间的反应,样品分子的裂解可能性大为减少,使质谱峰的数目随之减少,而且,准分子离子峰,即$(M+1)^+$峰很强,可以提供样品分子的相对质量这一重要信息。

(3)大气压化学电离离子源。

大气压化学电离离子源(Atmospheric Pressure Chemical Ionization, APCI),用于LC-MS,APCI借助电晕放电启动一系列气相反应以完成离子化过程,图5.14是APCI接口示意图,当液相色谱的流动相经毛细柱管被雾化气体和辅助气体喷射进入100~120 ℃加热的常压环境中,通过加热喷射形成雾滴,在喷嘴附近放置一针状电晕放电电极M,通过高压放电,使空气中某些中性分子电离,产生丰富的H_3O^+、O_2^-和O^-等离子。当喷射出的气溶胶混合物接近放电电极时,大量的溶剂分子也会被电离,上述大量的离子与分析物分子进行气态离子-分子

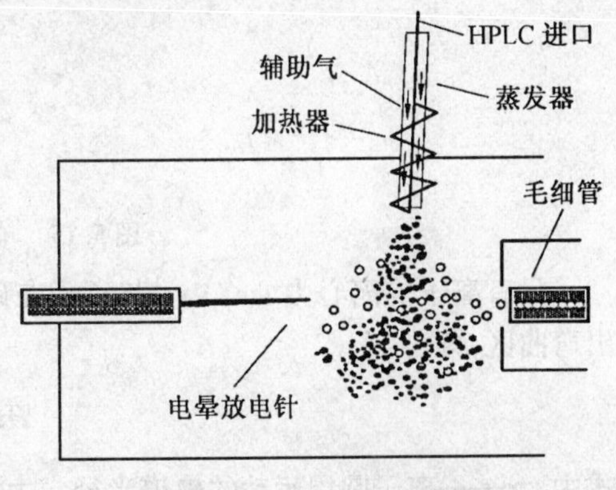

图5.14　APCI接口示意图

反应,从而实现化学电离,形成质子转移加成物等准分子峰。

4. 质量分析器

质量分析器是质谱仪的重要组成部分,位于离子源和检测器之间,其作用是将离子源产生的并经过高压电场加速后的样品离子,按质荷比(m/z)的不同将其分开。质量分析器的类型很多,大约有20余种。其中应用较广泛的有4种:单聚焦分析器、双聚焦分析器、飞行时间分析器和四极滤质器。

(1)单聚焦分析器。

单聚焦分析器是依据离子在此产生的运动行为,将不同质量的离子分开。常见的单聚焦分析器采用180°、90°或60° 3种圆形离子束通路,图5.15所示的为90°圆形离子束通路。具有相同质量和不同发散角的离子束经过磁场发生偏转之后,又可以重新聚在一起,所以磁场具有方向聚焦作用。设离子质量为m、电荷为z的正离子进入分析器之前,在离子源受到电压为V的电场加速,若忽略裂解反应产生正离子的初始能量,则该离子在进入分析器之前的动能为

$$\frac{1}{2}mv^2=zV \tag{5.25}$$

式中 v——离子的运动速度。进入分析器后,由于磁场H的作用,使其运动方向发生偏转,改做圆周运动。

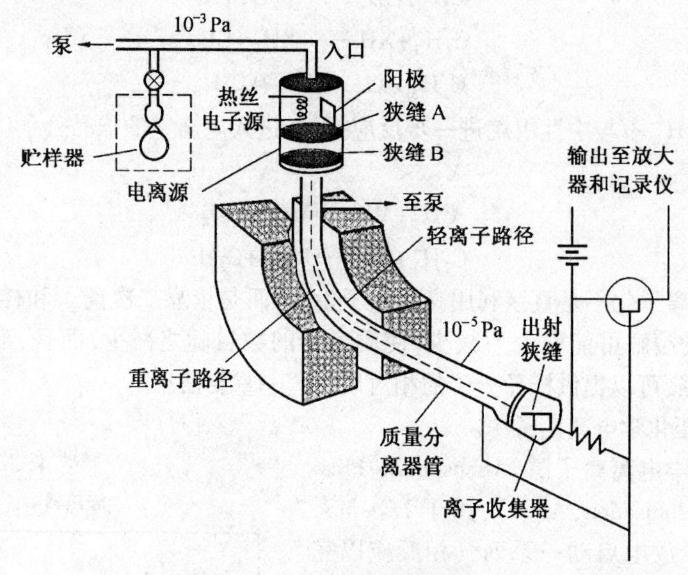

图5.15 单聚焦质谱示意图

只有离子的离心力$mv^2 \cdot r^{-1}$与离子在磁场中所受到的向心力HzV相等时,离子才能飞出弯曲区,即

$$HzV=\frac{mv^2}{r} \tag{5.26}$$

式中 r——离子圆周运动的轨道半径。由式(5.25)和(5.26)中消去v,整理得到

$$\frac{m}{z}=\frac{H^2r^2}{2V} \tag{5.27}$$

从式(5.27)可以看出,若磁场 H 和加速电场的电压 V 不变,离子运动的圆周半径仅取决于离子本身的质荷比(m/z)。因此,具有不同质荷比的离子,由于运动半径的不同而被分析器分开。为使具有不同质荷比的离子依次通过分析器出口狭缝,到达检测器,可采用固定加速电压 V 而连续改变磁场强度 H(称为磁场扫描)的方法,或采用固定磁场强度 H 而连续改变加速电压(称为电扫描)的方法。

单聚焦分析器的缺点是:分辨率较低,设计良好的单聚焦分析器的分辨率可达5 000。它只适合于离子能量分散较小的离子源,如电子轰击源、化学电离源。

(2)双聚焦分析器。

在单聚焦分析器中,离子源产生的离子在进入加速电场之前,其初始能量并不为零,且各不相同。具有相同的质荷比(m/z)的离子,其初始能量存在差异,因此,通过分析器之后,也不能完全聚焦在一起。为了解决离子能量分散的问题,提高分辨率,可采用双聚焦分析器(图5.16)。所谓双聚焦,是指同时实现方向聚焦和能量聚焦。在磁场前面加一个静电分析器。静电分析器由两个扇形圆筒组成,在外电极上加正电压,内电极上加负电压。

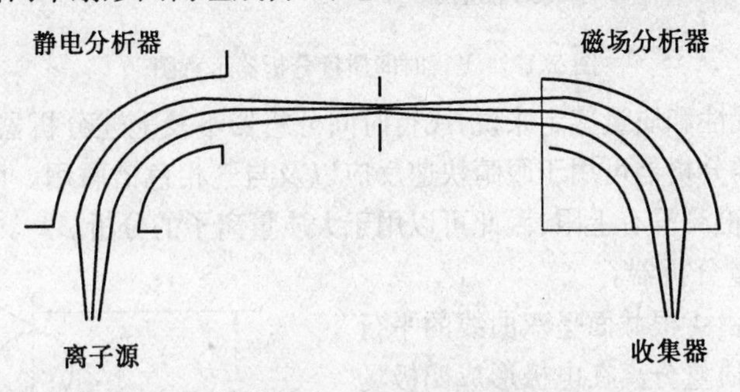

图5.16　双聚焦分析器

在某一恒定的电压条件下,加速的离子束进入静电场,不同动能的离子具有运动曲率半径不同,只有运动曲率半径适合的离子才能通过狭缝 β,进入磁分析器。更准确地说,静电分析器将具有相同速度(或能量)的离子分成一类。进入磁分析器之后,再将具有相同质荷比(m/z)而能量不同的离子束进行再一次分离。

双聚焦分析器的分辨率可达150 000,相对灵敏度可达 10^{-10}。能准确的测量原子的质量,广泛应用于有机质谱仪中。

(3)飞行时间分析器。

这种分析器是用非磁方式进行离子分离,从离子源飞出的离子动能基本一致,在飞出离子源后进入一根长约1 m的无磁漂移管,来自在加速后的速度为

$$v=\left(\frac{2Vz}{m}\right)^{1/2} \tag{5.28}$$

此离子达到无漂移管另一端的时间为

$$t=\frac{L}{v} \tag{5.29}$$

所以,具有不同的 m/z 的离子到达终点的时间差为

$$\Delta t=L\left(\frac{1}{v_1}-\frac{1}{v_2}\right)=L\frac{\sqrt{(m/z)_1}-\sqrt{(m/z)_2}}{\sqrt{2V}} \tag{5.30}$$

由此可知，Δt 取决于 m/z 的平方根之差。

如果连续电离和加速将导致检测器连续输出，这种信号无法获得有用的信息。所以，飞行时间分析器采用脉冲法产生正离子，其频率约为 10 kHz，并以相同的频率脉冲加速电场加速，被加速后的离子按不同的质荷比以不同的时间通过漂移管达到检测器，信号馈入一个水平扫描频率与电场脉冲频率一致的示波器上，从而得到质谱图。用这种仪器，每秒可以得到多达 1 000 幅的质谱图。图 5.17 为飞行时间质量分析器示意图。

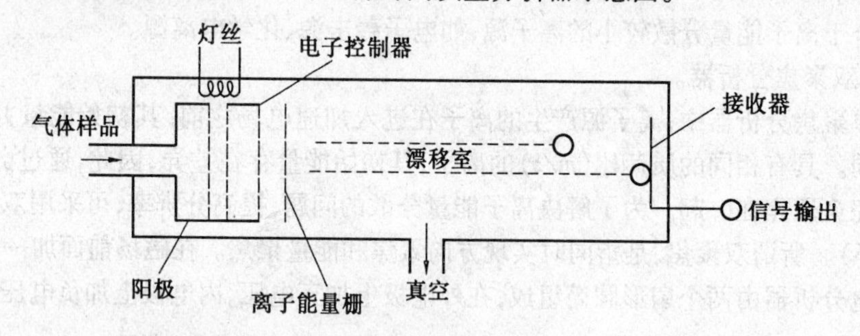

图 5.17　飞行时间质量分析器示意图

从分辨率、重现性和质量鉴定来说，飞行时间分析器不及上述分析器，但是快速扫描质谱的性能，使得此类分析器可用于眼睛快速反应以及与气相色谱联用。而且飞行时间飞行质谱仪对离子质量检测没有上限，因此可以用于大质量离子的分析。

(4)四极杆质量分析器。

四极滤质器是由 4 根截面呈双曲线的平行电极组成。离子的质量分离在电极形成四极场（射频场）中实现。图 5.18 为四极滤质器示意图（图中电极用圆形电极代替）。被加速后的离子束穿过对准 4 根电极之间空间的小孔。两组四极杆分别加上 $+[u+V\cos(\omega t)]$ 和 $[u+V\cos(\omega t)]$，其中 u 为直流电压部分，$V\cos(\omega t)$ 为射频电压部分（$\omega=2\pi f$，f 为频率）。理想的四极场为双曲线型，但加工困难，用四根杆代替。在四极场中任一点的电场为

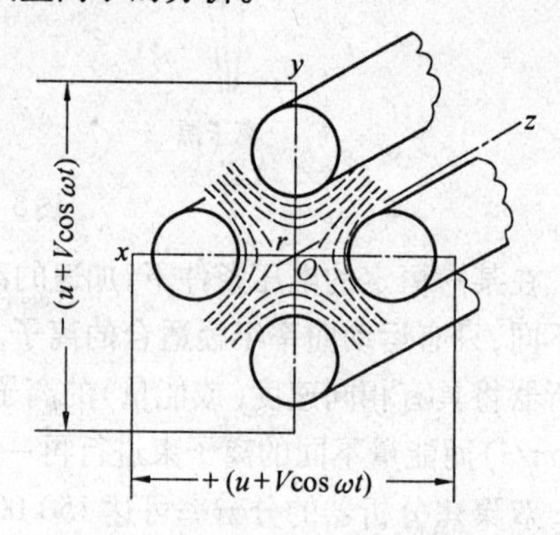

图 5.18　四极杆质量分析器示意图

$$\varphi(xyt)=[u+V\cos(\omega t)]\frac{x^2-y^2}{r_0^2}$$

离子在射入四极场后，其运动方程为

$$ma=eE$$

式中　a——离子加速度；

　　E——电场强度，电场强度为电位的导数。

则上式在直角坐标系展开，在四极场中任一点的电场为

$$m\frac{\mathrm{d}^2x}{\mathrm{d}t^2}=-e\frac{\partial\varphi}{\partial x}$$

$$m\frac{d^2y}{dt^2}=-e\frac{\partial\varphi}{\partial y}$$

$$m\frac{d^2z}{dt^2}=-e\frac{\partial\varphi}{\partial z}$$

代入上式得

$$m\frac{d^2x}{dt^2}=\frac{-2e[u+V\cos(\omega t)]}{r_0^2}\cdot x$$

$$m\frac{d^2y}{dt^2}=\frac{2e[u+V\cos(\omega t)]}{r_0^2}\cdot y$$

$$m\frac{d^2z}{dt^2}=0$$

通过整理简化可以利用 Mathieu 方程求解，但是相当麻烦，可以用图 5.19 所示的模式进行简化

$$\frac{m_1}{z}=kV_1,\quad \frac{m_2}{z}=kV_2,\quad \frac{m_3}{z}=kV_3$$

式中　m——质量数；

z——电荷数；

k——仪器常数；

V——电压。

质荷比与电压建立起关系，通过控制和记录电压的变化值，从而反映出质量数。

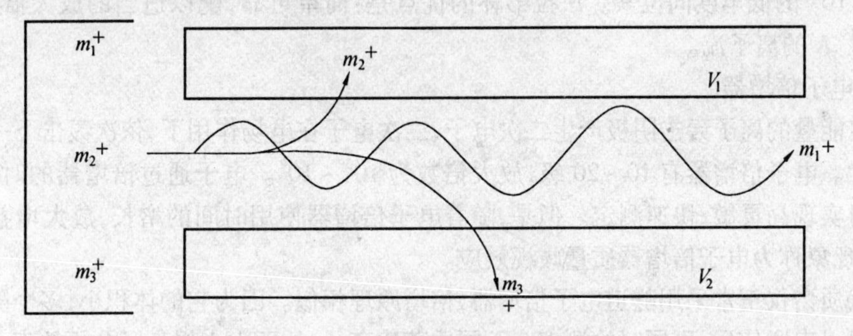

图 5.19　四极杆质量简化示意图

在 4 根电极加上直流电压 U 和射频电压 $V=V_0\cos(\omega t)$，在极间形成一个射频场。离子进入此射频场后，受到电场力的作用其中只有合适的 m/z 的离子的振荡是稳定的，可以顺利通过射频场进入检测器。只要改变 U 和 V_0 并保持 U/V_0 比值恒定时，可实现不同 m/z 的检测。

除上述 4 种分析器之外，还有离子阱质量分析器。离子阱质谱由四极杆质谱仪发展而来。四极杆变为环极，四极杆两端加端帽。端帽和环极上均加有直流电压 U，射频电压（振幅为 V，角频率为 Ω）。图 5.20 为离子阱质量分析器示意图。离子的运动仍由 Mathieu 方程描述。较理想的离子阱质量分析器为

$$r_0^2=2z_0^2$$

5. 检测与记录

质谱仪常用的检测器有法拉第杯、电子倍增器和照相检测等。

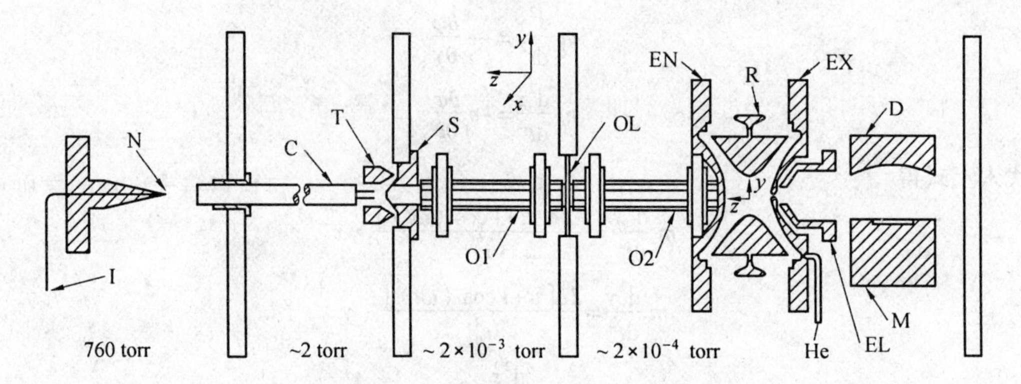

图 5.20　离子阱质量分析器示意图

(1)法拉第杯。

法拉第杯是其中最简单的一种,法拉第杯与质谱仪其他部分保持一定的电位差,以捕获离子。当离子通过一个或多个抑制栅极进入杯中时,将在高电阻 R 上产生大的压降,并经放大记录。法拉第杯的入口狭缝是用来控制进入杯中离子的种类,阻止不需要的离子进入杯中。调节入口狭缝宽度,可以在一定程度上改变质谱仪的分辨率。进入法拉第杯的离子可能打出二次电子,二次电子飞出杯外会引起质谱峰畸形。为抑制二次电子飞出杯外,在法拉第杯上加有一个负电压的抑制栅极。

用于同位素测定的质谱仪常用双接受器,借以提高测量的精度。双接受器可检测含量为 $10^{-5}\sim10^{-6}$ 的低丰度同位素。法拉第杯的优点是:简单可靠,配以适当的放大器,可以检测约 10^{-15} A 的离子流。

(2)电子倍增器。

一定能量的离子轰击阴极产生二次电子,二次电子在电场作用下,依次轰击下一级而被倍增放大。电子倍增器有 10 ~ 20 级,放大倍数为 $10^5\sim10^8$。电子通过倍增器的时间很短,利用它可实现高灵敏、快速测定。但是,随着电子倍增器使用时间的增长,放大增益逐步减小,这种现象称为电子倍增器质量歧视效应。

近代质谱仪正常采用隧道电子倍增器,倍增原理相似。因为它的体积小,多个隧道电子倍增器可以串联使用,可同时检测多个不同质荷比离子,从而大大提高了分析效率。

(3)照相检测。

照相检测是无机质谱仪中应用最早的检测方式。主要用于火花源双聚焦质谱仪。其优点是无需测量总离子流强度,也不需要整套电子线路,且灵敏度可以满足一般要求。但操作麻烦,效率低。

质谱信号非常丰富,利用质谱图进行结构分析,必须测定每一质谱峰的质量和峰高,而且需迅速记录获得的信息和及时对数据进行处理。因此,现代质谱仪都配置有较高性能的计算机来完成这部分工作。此外,通过计算机可以对仪器条件与操作进行严格监控,从而可保证分析测量的精密度和灵敏度。

5.3.2　质谱分析过程

质谱分析的基本过程可以分为 4 个环节:

(1)通过合适的进样装置将样品引入并进行气化。

(2)汽化后的样品引入到离子源进行电离,即离子化过程。

(3)电离后的离子经过适当的加速后进入质量分析器,按不同的质荷比(m/z)进行分离。

(4)经检测、记录,获得一张谱图。根据质谱图提供的信息,可以进行无机物和有机物定性与定量分析、复杂化合物的结构分析、样品中同位素比的测定以及固体表面的结构和组成的分析等。

5.3.3 色谱-质谱联用技术

质谱法可以进行有效的定性分析,但对复杂有机化合物分析就无能为力了,而且在进行有机物定量分析时要经过一系列分离纯化操作,十分麻烦。而色谱法对有机化合物是一种有效的分离和分析方法,特别适合进行有机化合物的定量分析,但定性分析则比较困难,因此两者的有效结合必将为化学家及生物化学家提供一个进行复杂化合物高效的定性定量分析的工具。这种将两种或多种方法结合起来的技术称为联用技术(Hyphenated Method),利用联用技术的有气相色谱-质谱(GC-MS)、液相色谱-质谱(LC-MS)、毛细管电泳-质谱(CZE-MS)及串联质谱(MS-MS)等,其主要问题是如何解决与质谱相连的接口及相关信息的高速获取与储存等问题。

由于GC-MS所具有的独特优点,目前已得到十分广泛的应用。它是许多有机化合物常规检测的必备的工具。一般说来,能用气相色谱法进行分析的试样,大部分都能用GC-MS进行定性鉴定及定量测定。环境分析是GC-MS应用最重要的领域。水(地表水、废水、饮用水等)、危害性废弃物、土壤中有机污染物、空气中挥发性有机物、农药残留量等的GC-MS分析方法已被美国环保局(EPA)及许多国家采用。

GC或GC-MS成功地解决了在操作温度下能汽化且不分解的有机化合物的分离、分析问题,但这些化合物只占已知有机化合物的20%左右。对于高极性、难挥发、热不稳定的大分子有机化合物,使用GC-MS有困难。液相色谱的应用不受沸点和相对分子质量的限制,并能对热稳定性差的试样进行分离、分析。然而液相色谱的定性能力更弱,指缺乏灵敏性、选择性和通用性的检测器,这是HPLC和MS联用的推动力。为了解决生命科学研究中有关生物活性物质(如蛋白质、核酸、多糖等)的分离分析问题也是推动HPLC-MS联用的重要原因。

5.4 实验十六　顶空进样气相色谱法测定水体中三卤甲烷

饮用水氯消毒中产生三卤甲烷包括的氯仿($CHCl_3$)、二氯一溴甲烷($CHCl_2Br$)、一氯二溴甲烷($CHClBr_2$)和溴仿($CHBr_3$)等,这些微量的卤代烃对人体有害,在日常的水质检测中必须检测以控制饮用水的生产。

5.4.1 实验原理

将待测水样置于恒温的密闭容器中,水样中的三卤甲烷在气、液两相间分配,达到平衡。取液上气相样品进行气相色谱分析,用ECD检测器检测,与标准样品的分析结果进行对照,即可完成对未知样品中苯系物各组分的定性与定量。这种分析方法被称为顶空进样法。

本实验使用 Angilen 公司的配有 ECD 检测器的 4890 型或 6890 型气相色谱仪。用自动顶空仪器或简易自制的顶空装置进行样品前处理。

5.4.2 实验内容

1. 样品及标样的准备

(1)配置标准溶液。

取实验室已经准备好的三卤甲烷储备液,配成苯系物质量浓度分别为 0.5 μg/L、1.0 μg/L、2.0 μg/L、5.0 μg/L、10.0 μg/L 的标准溶液系列。

(2)顶空样品的制备。

①自动顶空仪器。取 5 mL 待测水样或标准溶液加入 20 mL 的顶空瓶中,立即用专用卡扣钳密封住瓶盖。放入顶空仪器中,设置顶空仪器参数,50 ℃加热 30 min,冲压 0.1 min,取样定容,定量阀温度设置 85 ℃,样品传输线温度设置 105 ℃,进样时间 1 min。

②自制简易顶空设备。取待测水样或标准溶液加满 250 mL(不留空间)具胶塞样品瓶中。在胶塞上插入两颗针头,其一与高纯氮气瓶连接,将样品瓶倒转,慢慢通入氮气,另一针头往外排水,排水量达到 50 mL 时关闭氮气,拔掉针头。将水样瓶放入 50 ℃恒温水浴锅内恒温 30 min。测定时使用微量进样器取液上空间的气样 10 μL,进行气相色谱分析,进样量可根据水样中三卤甲烷的浓度有所增减。

2. 仪器启动及参数设置

(1)检查载气与气相色谱是否已连接好,并对各处接口进行检漏。色谱柱使用长 30 m、内径 Φ=0.32 mm 的 HP-5 型弹性石英毛细管柱(或相同性质其他毛细柱),检查色谱柱是否正确连接。

(2)启动计算机及气相色谱仪,进入色谱工作站。

(3)参数设置。柱温 40 ~ 100 ℃,程序升温速率 5 ℃/min;气化室(进样口)温度为 200 ℃;进样口设置为分流模式,分流比为 10 : 1(可根据实际浓度增大或减少风流比),检测器温度 250 ℃;色谱柱载气(高纯氮)流量为 1 mL/min。

(4)观测仪器状态。当仪器各部分参数设置就绪后,观测仪器检测器信号基线,待基线平稳,仪器 READY 灯亮,处于待命状态,即可进行样品分析。

3. 样品分析

分析样品时,首先将样品按“顶空样品的制备”所述方法处理,用微量注射器取顶空气样注入进样口,立即按 START 键(自动顶空不需手动进样,设置好顶空进样器和气相色谱各参数,按 START 键,仪器自动将样品完成测试),此时仪器的 RUN 灯亮,表示仪器处于运行状态。待 RUN 灯灭后表示该样品分析完毕,并自动记录所分析样品的保留时间、峰高、峰面积等定性定量参数,仪器自动回到待命状态。当 READY 灯再次亮起后,可以分析下一个样品。

(1)绘制标准曲线。

取不同浓度的标准系列溶液,按顶空样品的制备方法处理,进行分析并绘制组分的浓度-峰面积标准曲线。

(2)待测样品分析。

取待测样品溶液,按顶空样品的制备方法处理、分析。由标准曲线中查出未知样品中苯系物各组分的质量浓度(g/L)。

4. 关机

样品分析完毕以后，将仪器进样口、检测器、柱箱各部分温度设置到 70 ℃，首先关闭氢气钢瓶总阀，再关闭空气钢瓶总阀，待各部分温度降下来后，退出色谱工作站，关闭计算机，关闭气相色谱仪，最后关闭载气钢瓶总阀。

5.4.3　思考题

1. 可能改变三卤甲烷各组分出峰顺序的因素有哪些？说明理由。

2. 为什么可以先关闭氢气和空气，而要等检测器、进样口、柱箱等温度降到较低时才能关闭载气？

3. 顶空的原理是什么？什么样的物质适宜用顶空气相色谱的方法进行测定？

5.5　实验十七　溶剂萃取气相色谱法测定水中苯系物

苯系物通常包括苯、甲苯、乙苯、邻二甲苯、间二甲苯、对二甲苯、异丙苯、苯乙烯等 8 种化合物。苯是已知的致癌物，其他 7 种化合物对人体和水生生物均有不同程度的毒性。苯系物的主要污染源是石油化工、炼焦化工生产的排放废水。同时，苯系物作为重要的溶剂及生产原料有着广泛的应用，在油漆、农药、医药、有机化工等行业的排放废水中均有较高的含量。

5.5.1　实验原理

测定苯系物等碳氢化合物通常使用氢火焰离子化检测器(FID)。FID 是以氢气与空气燃烧产生的火焰为能源，当有机物进入火焰时，由于离子化反应而生成许多离子对，在火焰上下部放一对电极并施加一定电压，产生的离子流就可以被检测出来，根据进入火焰中有机物的多少与离子流大小有相关关系对有机物进行定量。

利用苯系物在有机溶剂 CS_2 和水中的分配比例的差异，利用液液萃取进行样品前处理，萃取后的有机溶液通过净化后，进行气相色谱分析，用 FID 检测器检测，与标准样品的分析结果进行对照，即可完成对未知样品中苯系物各组分的定性与定量。

本实验使用 Agilent 公司 6890N(或 4890)型带氢火焰离子化检测器气相色谱仪。

5.5.2　实验内容

1. 样品及标样的准备

(1)配制标准溶液：取实验室已经准备好的苯系物储备液，配成苯系物质量浓度分别为 0.01 mg/L、0.05 mg/L、0.1 mg/L、0.5 mg/L、1 mg/L 系列的标准水溶液。

(2)样品的处理：取 200 mL 水样至于 250 mL 分液漏斗中，加入盐酸调 pH 值至 3 ~ 5，加入 5 g 氯化钠，然后加入 5 mL CS_2，立即盖上盖，上下左右震荡 3 min，中间放气 2 次，静置分层，弃去水相(注意，CS_2 比水重，在下层)。萃取液经过无水硫酸钠脱水后，转入 5 mL 具塞试管或大小适宜的带盖样品瓶中，供色谱分析。

(3)如果水样污染较重，混浊水样先经过离心后，取水样按上述步骤萃取，弃水后的有机溶剂 0.5 mL 硫酸和磷酸混合酸(2 体积浓硫酸和 1 体积的磷酸),开始缓慢震荡,然后剧烈震荡 1 min,中间放气 2 次,静置分层,重复上述萃取过程,直至酸层无色,有机层用无水硫酸钠脱水后,转入 5 mL 具塞试管或大小适宜的带盖样品瓶中,供色谱分析。

(4)标准溶液处理同(2)。

2. 仪器启动及参数设置

(1)检查载气、燃气、助燃气钢瓶与气相色谱是否已连接好,并对各处接口进行检漏。色谱柱使用长 30 m、内径 $\Phi=0.25$ mm 的 HP-5 型弹性石英毛细管柱或性质相似的色谱柱,检查色谱柱是否正确连接。

(2)启动计算机及气相色谱仪,进入色谱工作站。

(3)参数设置。柱温:起始温度 50 ℃,保持 10 min,然后程序以 10 ℃/min 速率升温,升至80 ℃,保持 3 min;气化室(进样口)温度 210 ℃,采用分流模式进样,根据实际情况,调节分流比的大小;检测器温度 300 ℃;色谱柱载气(高纯氮)流量 1 mL/min;燃气(氢气)流量 40 mL/min;助燃气(空气)流量 450 mL/min。

(4)观测仪器状态。当仪器各部分参数设置就绪后,观测仪器检测器信号基线,待基线平稳,仪器 READY 灯亮,处于待命状态,即可进行样品分析。

3. 样品分析

分析样品时,将 1 μL 样品注入进样口,立即按 START 键,此时仪器的 RUN 灯亮,表示仪器处于运行状态。待 RUN 灯灭后表示该样品分析完毕,并自动记录所分析样品的保留时间、峰面积等定性定量参数,仪器自动回到待命状态。当 READY 灯再次亮起后,可以分析下一个样品。

(1)绘制标准曲线。

取不同浓度的标准系列溶液,进行分析并绘制组分的浓度(峰面积标准曲线)。

(2)待测样品分析。

取待测样品溶液,由标准曲线中查出未知样品中苯系物各组分的质量浓度(mg/L)。

4. 结束关机

样品分析完毕以后,将仪器进样口、检测器、柱箱各部分温度设置到 50 ℃,首先关闭氢气钢瓶总阀,再关闭空气钢瓶总阀,待各部分温度降下来后,退出色谱工作站,关闭计算机,关闭气相色谱仪,最后关闭载气钢瓶总阀。

5.5.3 思考题

1. 可能改变苯系物各组分出峰顺序的因素有哪些? 说明理由。

2. 为什么可以先关闭氢气和空气,而要等检测器、进样口、柱箱等温度降到较低时才能关闭载气?

5.6 实验十八 固相萃取色谱-质谱联用测定水中有机氯农药

有机氯农药是当今危害人类健康的内分泌干扰物,易于在土壤、底泥中和生物体内富集,虽然全世界禁止使用多年,但由于难降解,在环境中依然存在。

5.6.1　实验原理

本实验用 C_{18}固相萃取对地下水、地面水等水样进行提取,浓缩后样品进气-质联机进行定性定量分析水中有机氯农药。本实验使用 Angilen 公司的 6890 型气相色谱仪、5973 型质谱仪。

5.6.2　实验内容

1. 材料与方法

二氯甲烷、甲醇、丙酮、色谱纯、超纯水;无水硫酸钠、氯化钠:用前需在高温炉内用 450 ℃烘 4 h。

硅胶和氧化铝玻璃净化柱:在带有砂心的玻璃层析柱中先填 4 g 脱活硅胶(或氧化铝),再填 4 g 烘过的无水硫酸钠。

采样瓶:棕色不同体积玻璃具塞磨口瓶。用前用洗涤剂、铬酸洗液清洗干净并用热风吹干。

定性滤纸和 0.45 μm 水系滤膜(用前经 1∶5 盐酸浸泡过夜,纯水洗涤后 60 ℃水浴 1 h)。

固相萃取装置及快速浓缩干燥装置。

有机氯农药标准溶液。

有机氯农药标准使用液:可根据需要范围用二氯甲烷配制一系列浓度的使用液。

2. 样品采集和保存

用已清洗的棕色玻璃瓶采样,采前先用少量水样清洗 2~3 次,样品充满瓶子,不留空隙,加 $Na_2S_2O_3$,除余氯干扰,加 1+1 HCl 调 pH<2,采样运输途中应采取必要的冷藏措施低温保存。采集后应尽快在 24 h 内提取。

3. 样品前处理

C_{18}小柱的活化与净化:用 10 mL CH_2Cl_2 和 10 mL CH_3OH 分多次以缓慢流速($v \leq$ 10 mL/min)冲洗 C_{18}小柱,再用 10 mL 试剂纯水冲洗小柱。

水样的提取:在 1 L 水样中加入约 10 g 的预处理过的 NaCl 及 5 mL CH_3OH,在小柱湿润状态下,以 10 mL/min 速度抽取水样。

C_{18}小柱的干燥:用 N_2 干燥 SPE 小柱 20 min。

样品的洗脱:用 10 mL 1+1 正己烷+二氯甲烷对小柱进行淋洗。

样品的浓缩:将样品浓缩至 1 mL。

4. 干扰及消除

溶剂、试剂、采样器皿、滤膜等都可能引入干扰物,故本实验需用色谱纯以上或提纯后达到同等纯度的溶剂,相关器皿清洗干净。

对于工业废水或其他污水的洗脱液需经净化小柱(如硅胶柱等)除杂质。

5.6.3　实验要点

(1)GCMS 属于精密仪器,使用需要注意。

(2)实验条件可以在实验教师的指导下进行编制,可以参考如下方法进行:

①色谱柱。HP-5MS：30 m×0.25 mm×0.25 μm。

②进样口。220 ℃，不分流进样。

③程序升温 100 ℃（2 min）$\xrightarrow{30\ ℃/min}$180 ℃（2 min）$\xrightarrow{10\ ℃/min}$250 ℃（5 min）Postrun：290 ℃（2 min）。

④质谱条件。温接口温度 280 ℃，采用选择离子模式（SIM）各物质的定性定量离子见表 5.5。

表 5.5　12 种有机氯定性定量离子的选择

编号	化合物	定量离子 m_1/z	定性选择离子 m_2/z	m_1/m_2
1	Simazine 西玛津	201	186	
2	Atrazine 阿特拉津	200	215	
3	γ-BHC γ-六六六	181	219	
4	Alchlor 甲草胺	160	188	
5	Heptachlor 七氯	100	272	
6	Aldrin 艾氏剂	66	263	
7	Heptachlor epoxide 环氧七氯	81	353	
8	α-Chlordane α-氯丹	373	375	
9	γ-Chlordane γ-氯丹	373	375	
10	trans-nonachlor 反式-九氯	409	407	
11	Endrin 异狄氏剂	81	263	
12	Methoxychlor 甲氧滴滴涕	227	228	

5.6.4　数据处理

运用外标曲线法进行定量。根据水样情况配制多点工作曲线。

5.6.5　思考题

1. 固相萃取的原理。

2. 质谱中全扫描 Scan 模式和选择离子 SIM 模式的区别，各自的用途是什么？

5.7　实验十九　高效液相色谱法分离芳烃

5.7.1　实验原理

用液相色谱法分离化合物时，首先根据样品本身的特性，如分子结构、取代基团、溶解度、相对分子质量大小等来决定选用哪种色谱分离类型，然后选用合适的柱子。如对相对分子质量大于2 000的高聚物、蛋白质等采用凝胶色谱；对于相对分子质量小于2 000的样品，可依据样品在多种溶剂中的溶解度情况来指导所选用的分离类型。溶于水的可采用反相分配色谱，溶于酸或碱的可采用离子交换色谱。对于非水溶性试样，看其在非极性溶剂、中等极性溶剂及极性溶剂中溶解情况而定，如能溶于芳烃类的可采用液固吸附色谱，能溶于甲醇、乙腈、四氢呋喃等的可用反相分配色谱。

在液-液分配色谱中，当流动相的极性大于固定相的极性时，称为反相分配色谱。反相HPLC的固定相常采用含有2～18碳原子的烷基化学键合固定相，流动相一般为极性的有机改性剂和水的混合溶剂，反相色谱的分离是以溶质的疏水结构的差异为基础的。溶质极性越大，保留值越小，例如，对于同系物，其保留值随碳数而增大。

本实验中采用C_{18}烷基键合固定相，甲醇-水混合体系为流动相分离两组芳烃，高效液相色谱仪配紫外检测器进行检测。

5.7.2　实验内容

(1)配制标准混合溶液及流动相(配其中一组)。

第一组：流动相为20%水-甲醇；将苯、甲苯、乙苯、正丙苯和正丁苯配成质量浓度各为10 mg/mL的溶液，溶剂为流动相。

第二组：流动相为15%水-甲醇；将苯、异丙基苯和四甲基苯配成质量浓度各为10 mg/mL的溶液，溶剂为流动相。

(2)将配置好的流动相置于超声波发生器上，脱气15 min。

(3)选定检测器测定波长为254 nm，灵敏度为0.44 AUFS；流动相流速为1.2 mL/min。待基线稳定后，注入5 μL指定组的标准样品，记录色谱图。

(4)同样条件下，注入指定组的未知混合样，记录色谱图。

5.7.3　操作要点

所用溶剂包括水均须是HPLC级的。配好的流动相使用前须过滤，以免小颗粒或不洁物损坏HPLC泵、堵塞色谱柱或污染检测器。另外，流动相使用前还需脱气，以避免在液路中形成气泡，干扰仪器正常工作及避免溶解的氧与固定相或样品反应。

取样时，进样器内不可带入微量气泡。

若需更换流动相，须将原来溶剂冲洗干净，并用新溶剂使色谱柱重新达到平衡。

5.7.4　数据处理

(1)由已知标准溶液确定每个峰的保留时间，鉴定未知峰。

(2)从标准样品的峰面积估计未知样品中每个组分的量。

5.7.5　思考题

1. 解释所得色谱图上观察到的洗脱次序。

2. 你认为苯甲酸在本实验所用的柱上滞留是强还是弱?

5.8 实验二十 高效液相色谱测定咖啡和茶叶中的咖啡因

5.8.1 实验原理

测定咖啡因的传统方法是先经萃取,再用分光光度法测定,但比较费时。应用反相高效液相色谱法测定咖啡、茶叶等饮料中的咖啡因含量快速、方便。定量方法采用标准曲线法,配制5个标准溶液,分别注入色谱仪,测得其峰面积,制得标准曲线。再注入样品溶液。由样品中咖啡因峰的面积,即可从标准曲线上查得其含量。

本实验中采用C_{18}烷基键合固定相、甲醇/水(30/70)体系为流动相进行色谱分离,高效液相色谱仪配紫外检测器测定。

5.8.2 实验内容

(1)标准溶液配制。将咖啡因在110 ℃时下烘干1 h,准确称量7.0 mg、14.0 mg、28.0 mg、35.0 mg、49.0 mg 5份标准咖啡因,用水溶解,并定容至100 mL容量瓶中。

(2)样品处理。称取干燥的并经研磨成细末的绿茶0.5 g,用新沸的开水40 mL冲泡,并加盖闷10 min。移去上层清液后,再次用开水冲泡,闷10 min。合并两次清液于100 mL容量瓶中,并用水稀释至刻度。取20 mL该溶液,用膜过滤器(0.45 μm滤膜)过滤后备用。

称取咖啡0.5 g,用新沸的开水80 mL冲泡,冷却后转移至100 mL容量瓶中定容,然后过滤(同前)备用。

(3)配制流动相并设置实验条件。流动相及流量:甲醇/水=30/70,流量为2.0 mL/min(注:流动相使用前需脱气);紫外检测器工作波长:254 nm;待基线平直后,分别注入标准溶液和待测样品溶液7.0 μL,记下保留时间和峰面积。重复两次。

(4)实验结束时,按要求关好仪器。

5.8.3 数据处理

(1)指出咖啡因在样品色谱图中的位置。

(2)绘制标准曲线(浓度对峰面积作图)。

(3)计算茶叶与咖啡中的咖啡因含量(百分比表示)。

5.8.4 思考题

1. 用标准曲线法定量的优缺点是什么?

2. 设法查找咖啡因的结构式。根据结构式,咖啡因能用离子交换色谱法分析吗?为什么?

3. 若标准曲线用咖啡因浓度对峰高作图,能给出准确结果吗?与本实验的标准曲线相比何者优越?为什么?

5.9　常见问题

5.9.1　气相色谱分析操作注意事项

1. 载气钢瓶的使用规程

(1) 钢瓶必须分类保管，直立固定，远离热源，避免暴晒及强烈震动，氢气室内存放量不得超过两瓶。

(2) 氧气瓶及专用工具严禁与油类接触。

(3) 钢瓶上的氧气表要专用，安装时螺扣要上紧。

(4) 操作时严禁敲打，发现漏气须立即修好。

(5) 用后气瓶的剩余残压不应少于 980 kPa。

(6) 氢气压力表系反螺纹，安装拆卸时应注意防止损坏螺纹。

2. 减压阀的使用及注意事项

(1) 在气相色谱分析中，钢瓶供气压力在 9.8 ~ 14.7 MPa。

(2) 减压阀与钢瓶配套使用，不同气体钢瓶所用的减压阀是不同的。氢气减压阀接头为反向螺纹，安装时需小心。使用时需缓慢调节手轮，使用完后必须旋松调节手轮和关闭钢瓶阀门。

(3) 关闭气源时，先关闭减压阀，后关闭钢瓶阀门，再开启减压阀，排出减压阀内气体，最后松开调节螺杆。

3. 热导池检测器的使用及注意事项

(1) 开启热导电源前，必须先通载气，实验结束时，把桥电流调到最小值，再关闭热导电源，最后关闭载气。

(2) 稳压阀、针形阀的调节须缓慢进行。稳压阀不工作时，必须放松调节手柄。针形阀不工作时，应将阀门处于“开”的状态。

(3) 各室升温要缓慢，防止超温（现在的气相色谱仪一般采用程序自动控制升温）。

(4) 更换汽化室密封垫片时，应将热导电源关闭。若流量计浮子突然下落到底，也应首先关闭该电源。

(5) 桥电流不得超过允许值。

4. 氢火焰检测器的使用及注意事项

(1) 通氢气后，待管道中残余气体排出后，应及时点火，并保证火焰是点着的。

(2) 使用 FID 时，离子室外罩须罩住，以保证良好的屏蔽和防止空气侵入。如果离子室积水，可将端盖取下，待离子室温度较高时再盖上。工作状态下，取下检测器罩盖，不能触及极化极，以防触电。

(3) 离子室温度应大于 100 ℃，待层析室温度稳定后，再点火，否则离子室易积水，影响电极绝缘而使基线不稳。

5. 微量注射器的使用及注意事项

(1) 微量注射器是易碎器械，而且常用的一般是容积为 1 μL 的注射器，使用时应多加小心，不用时要洗净放入盒内，不要随便玩弄，来回空抽，否则会严重磨损，损坏气密性，降低准确度。

(2)微量注射器在使用前后都须用丙酮或丁酮等溶剂清洗，而且不同种类试剂要有不同的微量注射器分开取样，切不可混合使用，否则会导致试剂被污染，最后检测结果不准确。

(3)对 10～100 L 的注射器，如遇针尖堵塞，宜用直径为 0.1 mm 的细钢丝耐心穿通(工具箱中备有)，不能用火烧的方法。

(4)硅橡胶垫在长时间进样后，容易老化漏气，因此需及时更换。

(5)用微量注射器取液体试样，应先用少量试样洗涤多次，再慢慢抽入试样，并稍多于需要量。如内有气泡则将针头朝上，使气泡上升至完全排出，再将过量的试样排出，用滤纸吸去针尖外所沾试样。注意切勿使针头内的试样流失。

(6)取样后应立即进样，进样时，注射器应与进样口垂直，针尖刺穿硅橡胶垫圈，插到底后迅速注入试样，完成后立即拔出注射器，同时迅速按下色谱数据工作站的数据采集开关，整个动作应进行得稳当、连贯、迅速。针尖在进样器中的位置、插入速度、停留时间和拔出速度等都会影响进样的重复性。

手不要直接接触注射器的针头和有样品部位，不要有气泡(吸样时要慢，快速排出再慢吸，反复几次，10 μL 注射器金属针头部分体积 0.6 μL，有气泡也比较难看到，多吸 1～2 μL 把注射器针尖朝上，气泡上走到顶部再推动针杆排除气泡(指 10 μL 注射器，带芯子注射器凭感觉)。进样速度要快(但不易特快)，每次进样保持相同速度，针尖到汽化室中部开始注射样品。

(7)必须在本次实验完全结束才能进样继续进行下一个实验。

6. 热导池检测器的使用及注意事项

(1)开启热导电源前，必须先通载气，实验结束时，把桥电流调到最小值，再关闭热导电源，最后关闭载气。

(2)稳压阀、针形阀的调节须缓慢进行。稳压阀不工作时，必须放松调节手柄。针形阀不工作时，应将阀门处于“开”的状态。

(3)各室升温要缓慢，防止超温；安捷伦 6890GC 气相色谱仪采用程序控制自动升温，精确度达 0.1 ℃，因此可以防止超温现象的发生。正常情况柱温:60 ℃；汽化室温度:200 ℃。

7. 氢火焰检测器的使用及注意事项

(1)检测恒温箱操作温度大于 100 ℃，以防结水，影响电极绝缘而使基线不稳。实际温度一般应高于柱温 30～50 ℃，在启动仪器加热升温过程后，应先升检测器温度后升色谱柱箱温度，待升温过程基本完成，温度稳定，最后再开 H_2 点火，并保证火焰是点着的。氢气和空气的比例应为 1∶10，当氢气比例过大时 FID 检测器的灵敏度会急剧下降，在使用色谱时别的条件不变的情况下，灵敏度下降要检查一下氢气和空气流速。氢气和空气有一种气体不足点火时发出“砰”的一声，随后就灭火，一般当你点火点着就灭，再点还着随后又灭是氢气量不足的现象。

本仪器所用检测器氢火焰点火为引燃式，只要点火线圈安装正确无需再调节气流比，若点火困难，应检查气流比是否合适，一般讲过大的 N_2 和空气流量点燃火焰均有一定困难，为了方便氢火焰点火，可适当调大 H_2 或减少空气流量，点火时的气流比和方法如前所述，建议放大器量程调到“10”，点着火后再调回到所需量程。待点着火后再调回到原先气流比。

(2)如何判断 FID 检测器是否点着火。

不同的仪器判断方法不同,可用带抛光面的扳手凑近检测器出口,观察其表面有无水汽凝结。有水汽则说明点火成功,反之点火失败。检查点火后查看基线稳定性,正常点火稳定时间 $T \leqslant 2$ h,检验时若达不到技术要求,允许再次热清洗一段时间。

8. 怎样防止进样针不弯

很多做色谱分析工作的新手常常会不小心把注射器的针头和注射器杆弄弯,原因是:

(1)室温下进样口拧得太紧,当汽化室温度升高时硅胶密封垫膨胀后会更紧,这时注射器很难扎进去。

(2)位置找不好针扎在进样口金属部位。

(3)注射器杆弯是进样时用力太猛,用进样器架进样就不会把注射器杆弄弯。

(4)因为注射器内壁有污染,注射时将针杆推弯。注射器用一段时间就会发现针管内靠近顶部有一小段黑的东西,这时吸样注射感到吃力。清洗方法将针杆拔出,注入一点丙酮,将针杆插到有污染的位置反复推拉,然后再注入水直到将污染物弄掉,这时你会看到注射器的内壁污染物已清除,将针杆拔出用滤纸擦一下,再用酒精洗几次。分析的样品为溶剂溶解的固体样时,进完样要及时用溶剂洗注射器。

(5)进样时一定要平稳,急于求快会把注射器弄弯,只要熟练了自然就快了。这样检测出来的结果就会比较准确。

5.9.2　气相色谱分析测试过程中常见问题及解决

毛细管分析常见问题的解决如下。

1. 标定时有峰丢失

可能的原因及应采用的排除方法有:

(1)注射器有毛病,用新注射器验证。

(2)未接入检测器,或检测器不起作用,检查设定值。

(3)进样温度太低,检查温度,并根据需要调整。

(4)柱箱温度太低,检查温度,并根据需要调整。

(5)无载气流,检查压力调节器,并检查泄漏,验证柱进口流速。

(6)柱断裂,如果柱断裂是在柱进口端或检测器末端,是可以补救的,切去柱断裂部分,重新安装。

2. 前沿峰

(1)柱超载,减少进样量。

(2)两个化合物共洗脱,提高灵敏度和减少进样量,使温度降低 10 ~ 20 ℃,以使峰分开。

(3)样品冷凝,检查进样口和柱温,如有必要可升温。

(4)样品分解,采用失活化进样器衬管或调低进样器温度。

3. 拖尾峰

(1)进样器衬套或柱吸附活性样品:更换衬套。如不能解决问题,就将柱进气端去掉 1 ~ 2 圈,再重新安装。

(2)柱或进样器温度太低:升温(不要超过柱最高温度)。进样器温度应比样品最高沸点高25 ℃。

(3)两个化合物共洗脱:提高灵敏度,减少进样量,使温度降低 10 ~ 20 ℃,以使峰分开。

(4)柱损坏:更换柱。

(5)柱污染:从柱进口端去掉 1 ~ 2 圈,再重新安装。

4. 只有溶剂峰

(1)注射器有毛病:用新注射器验证。

(2)不正确的载气流速(太低):检查流速,如有必要,调整之。

(3)样品太稀:注入已知样品以得出良好结果。如果结果很好,就提高灵敏度或加大注入量。

(4)柱箱温度过高:检查温度,并根据需要调整。

(5)柱不能从溶剂峰中解析出组分:将柱更换成较厚涂层或不同极性。

(6)载气泄漏:检查泄漏处(用肥皂水)。

(7)样品被柱或进样器衬套吸附:更换衬套。如不能解决问题,就从柱进口端去掉 1 ~ 2 圈,并重新安装。

5. 宽溶剂峰

(1)由于柱安装不当,在进样口产生死体积:重新安装柱。

(2)进样技术差(进样太慢):采用快速平稳进样技术。

(3)进样器温度太低:提高进样器温度。

(4)样品溶剂与检测相互影响(二氯甲烷/ECD):更换样品溶剂。

(5)柱内残留样品溶剂:更换样品溶剂。

(6)隔垫清洗不当:调整或清洗。

(7)分流比不正确(分流排气流速不足):调整流速。

6. 假峰

(1)柱吸附样品,随后解吸:更换衬管。如不能解决问题,就从柱进样口端去掉 1 ~ 2 圈,再重新安装。

(2)注射器污染:用新注射器及干净的溶剂试一试,如假峰消失,就将注射器冲洗几次。

(3)样品量太大:减少进样量。

(4)进样技术差,进样太慢:采用快速平稳的进样技术。

7. 过去工作良好的柱出现未分辨峰

(1)柱温不对:检查并调整温度。

(2)不正确的载气流速:检查并调整流速。

(3)样品进样量太大:减少样品进样量。

(4)进样技术水平太差(进样太慢):采用快速平稳进样技术。

(5)柱和衬套污染:更换衬套。如不能解决问题,就从柱进口端去掉 1 ~ 2 圈,并重新安装。

8. 基线不规则或不稳定

(1)柱流失或污染:更换衬套。如不能解决问题,就从柱进口端去掉 1 ~ 2 圈,并重新安装。

(2)检测器或进样器污染:清洗检测器和进样器。

(3)载气泄漏:更换隔垫,检查柱泄漏。

(4)载气控制不协调:检查载气源压力是否充足。如压力小于等于 3.5 MPa,请更换气瓶。

(5)载气有杂质或气路污染:更换气瓶,使用载气净化装置清洁金属管。

(6)载气流速不在仪器最大/最小限定范围之内(包括 FID 用氢气和空气):测量流速,并根据使用手册技术指标,予以验证。

(7)检测器出毛病:参照仪器使用手册进行检查。

(8)进样器隔垫流失:老化或更换隔垫。

第6章 原子光谱仪器分析

原子光谱分为原子发射光谱和原子吸收光谱。原子发射和原子吸收光谱都与原子的外层电子在不同能级之间的跃迁有关。当电子从低能级跃迁到高能级时,必须吸收相当于两个能级差的能量;而从高能级跃迁到低能级时,则要释放出对应的能量。

6.1 原子吸收光谱仪

6.1.1 原子吸收基本原理

一个原子可具有多种能级状态(图6.1),能量最低的称基态($E_0=0$),其余的称激发态。正常情况下,原子处于基态。当有辐射通过自由原子蒸气时,若辐射的频率等于原子中的电子从基态跃迁到激发态所需要的能量频率时,原子将从辐射场中吸收能量,产生共振吸收,电子从基态跃迁到激发态,同时使辐射减弱产生原子吸收光谱。使电子从基态跃迁至第一激发态所产生的吸收谱线称为共振发射线,简称共振线。

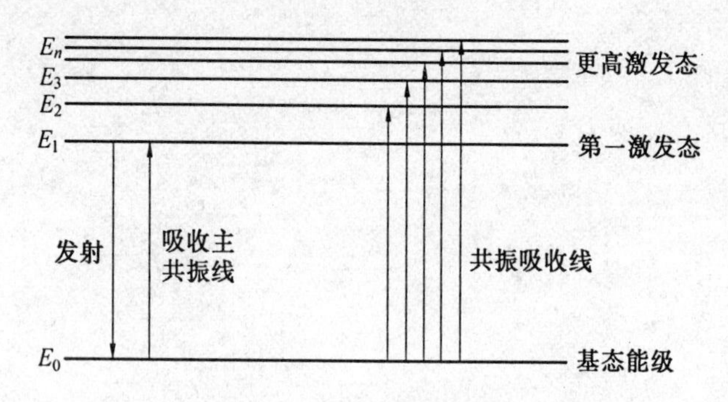

图6.1 原子能级示意图

各种元素的原子结构不同,不同元素的原子从基态激发至第一激发态时,吸收的能量也不同,所以各元素的共振线都不相同,而具有自身的特征性。由于从基态跃迁到第一激发态,所需要的能量最小、跃迁概率最大,因此对大多数元素来说,这条共振线也就是最灵敏的谱线:原子吸收光谱的频率 ν 或波长 λ,由产生吸收跃迁的两能级差 ΔE 决定:

$$\Delta E=h\nu=h\frac{c}{\lambda} \tag{6.1}$$

原子吸收光谱一般位于光谱的紫外区和可见区。但将一个能发射可被元素吸收的波长的强辐射光源照射火焰中的原子或离子,原子的外层从基态或低能态跃迁到一个较高能态,而高能态的电子处于不稳定状态,大约在 10^{-8} s 内又跃回基态或低能态,同时发射出与照射光相同或不同波长的光,这种现象称为原子荧光。

6.1.2　谱线的轮廓及其影响因素

原子吸收光谱线很窄，但并不是一条严格单色的理想几何线，而是占据着有限的、相当窄的频率或波长范围，即谱线实际具有一定的宽度，具有一定的轮廓，如图 6.2 所示。

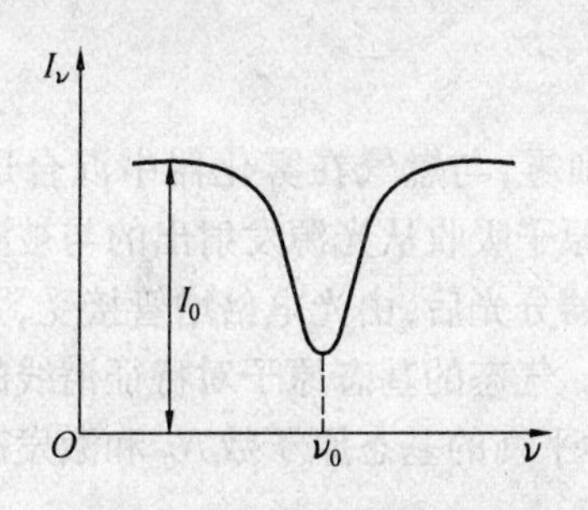

(a) 透射光的强度 I_ν 与频率 ν 关系　　(b) 吸收系数 K_ν 与频率 ν 的关系

图 6.2　原子吸收光谱线轮廓

ν_0—中心频率；K_0—中心吸收系数；$\Delta\nu$—半宽度

谱线为什么会有一定的宽度？这有两方面的因素：一类是内原子性质所决定的，如自然宽度；另一类是外界影响所引起的，如热变宽、碰撞变宽等。

(1) 自然宽度(natural width)。

无外界条件影响时的谱线宽度称为自然宽度，以 $\Delta\nu_N$ 表示。自然宽度的大小与产生跃迁的激发态原子寿命有关，激发态原子寿命越长，吸收线自然宽度越窄。在多数情况下，$\Delta\nu_N$ 约为 10^{-5} nm 左右，由于自然宽度比其他因素引起谱线宽度小很多，所以大多数情况下可以忽略。

(2) 多普勒(Doppler)变宽。

原子在空间作无规则热运动所引起的变宽，称为热变宽或多普勒变宽，以 $\Delta\nu_D$ 表示。

$$\Delta\nu_D = \frac{2\nu_0}{c}\sqrt{\frac{2 \cdot \ln 2 \cdot RT}{M}} = 0.716\times10^{-6}\nu_0\sqrt{\frac{T}{M}} \tag{6.2}$$

式中　c——光速；

R——气体常数；

T——绝对温度；

M——相对原子质量；

ν_0——中心频率。

该式表明 $\Delta\nu_D$ 与 $\sqrt{T}$ 成正比，与 $\sqrt{M}$ 成反比，而与压力无关，原子吸收光谱的火焰光源温度一般在 1 500～3 000 K，温度的微小变化对吸收线宽度的影响比较小。若被测元素的相对原子质量越小，温度越高，则 $\Delta\nu_D$ 就越大。$\Delta\nu_D$ 变宽时，中心频率无位移，只有两侧对称变宽，但 K_0 值越小，对吸收数积分值无影响。

(3) 洛伦兹(Lorentz)变宽。

洛伦兹变宽 $\Delta\nu_L$ 亦称“压力变宽”。处于激发态的原子与其他气体原子、分子或者说离子相碰撞而引起发射线或吸收的谱线变宽、位移、变形的现象。由于碰撞中断了受激原子外层电子的振动，使受碰撞的原子的激发寿命缩短，不但引起谱线变宽，还会造成强度下降，中心波长位移及变形。

(4)谱线的自吸与自蚀。

在弧焰中,边缘部分的蒸气原子一般比中心部分的蒸气原子处于较低的能级,当中心原子发射的辐射通过边缘部分时,边缘部分相同的原子将吸收辐射而使谱线中心强度减弱的现象称为自吸;严重的自吸,使谱线一分为二的现象称为自蚀。

6.1.3 原子吸收的测量

原子吸收测量的过程如图 6.3 所示,试液喷成细雾,与燃气在雾化器中混合送至燃烧器,被测元素在火焰中转化为原子蒸汽,气态的基态原子吸收从光源发射出的与被测元素吸收波长的特征谱线,使该谱线的强度减弱,再经单色器分光后,由光电倍增管接受,并经过放大。从读出装置中显示出吸光值的光度值或光谱图。气态的基态原子对特征谱线的吸收是原子吸收光谱的基础。在一定温度下,处于热动力学平衡的基态原子数 N_0 和激发态的原子数 N_i 的比值服从波尔兹曼公式

$$\frac{N_0}{N_i}=\frac{g_i}{g_0}e^{-\frac{\Delta E}{kT}} \tag{6.3}$$

式中 g_i 和 g_0——分别为激发态和基态的统计权重;

ΔE——激发能;

k——波耳兹曼常数;

T——热力学温度。

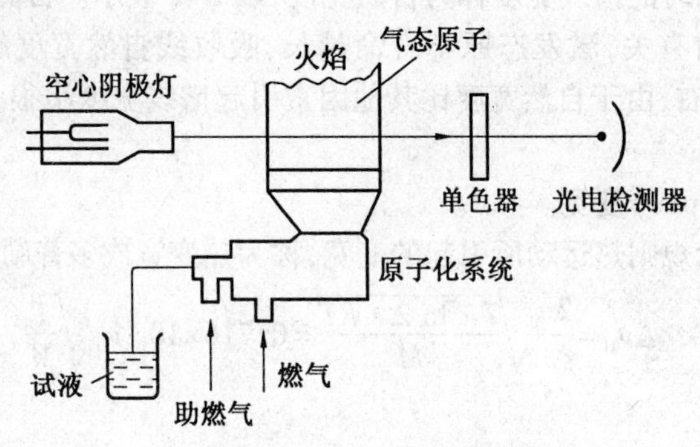

图 6.3 原子吸收测量过程

(1)积分吸收测量法。

各频率处的吸收系数不等,吸收曲线的轮廓所包围的总面积即吸收系数对频率的积分即为积分吸收。积分吸收与原子浓度的关系为

$$\int K_\nu d\nu=\frac{\pi e^2}{mc}N_0 f \tag{6.4}$$

式中 e—— 电子电荷;

N_0—— 基态原子数;

m—— 电子质量;

c—— 光速;

f—— 振子强度,代表每个原子中能被入射光激发的平均电子数,在一定条件下对一定的元素,f 可视为一定值。

$\frac{\pi e^2}{mc}f$ 为常数,以 k 表示,则式(6.4) 可以表示为

$$\int K_\nu \mathrm{d}\nu = kN \tag{6.5}$$

通过上式可知,积分吸收与原子总数成正比,只要测出积分吸收,即可求得待测元素的浓度。但由于原子吸收谱线的宽度仅有 10^{-3} nm,很窄,要准确测积分吸收,需使用分辨率很高的单色器,一般光谱仪器很难满足。因此,式(6.5) 只有理论意义。

(2) 峰值吸收测量法。

1955 年澳大利亚物理学家沃尔什提出采用锐线光源作为辐射源,用峰值吸收代替积分吸收。所谓锐线光源就是能发射出谱线半宽度很窄的发射线的光源。它与吸收线都是原子线,强度很近,吸收前后发射线的强度变化明显,能准确测量。通常用待测元素的纯物质作为锐线光源的阴极,发射与吸收为同一物质,产生的 $v_{0发} = v_{0吸}$,实现峰值吸收用峰值吸收代替积分吸收,只要测出吸收前后发射线强度的变化,可求出待测元素的含量。

当频率为 ν,强度为 I_0 的平行光通过长度为 L 的基态原子蒸气时,基态原子就会对光产生吸收,使光的强度减弱,透过光强度为极大吸收系数 K_0 与谱线宽度有关,在通常原子吸收测量条件下,原子吸收线的轮廓仅取决于多普勒变宽。吸收系数为

$$k_\nu = k_0 \cdot \exp\left[\frac{2(\nu - \nu_0)\sqrt{\ln 2}}{\Delta\nu_{\mathrm{D}}}\right]^2 \tag{6.6}$$

计算 k_0 得

$$k_0 = \Delta\nu_{\mathrm{D}}\sqrt{\frac{\ln 2}{\pi}} \cdot \frac{\pi e^2}{mc}N_0 f \tag{6.7}$$

根据吸收定律,吸收过程可以表示为

$$A = \lg\frac{I_0}{I} \tag{6.8}$$

$$I_0 = \int_0^{\Delta\nu} I_\nu \mathrm{d}\nu \tag{6.9}$$

$$I = \int_0^{\Delta\nu} I_\nu \cdot \mathrm{e}^{-k_0 L} \cdot \mathrm{d}\nu \tag{6.10}$$

$$K_0 = \frac{2}{\Delta\nu_{\mathrm{D}}}\sqrt{\frac{\ln 2}{\pi}}\int K_\nu \mathrm{d}\nu = \frac{2}{\Delta\nu_{\mathrm{D}}}\sqrt{\frac{\ln 2}{\pi}}kN \tag{6.11}$$

将式(6.9)、(6.10) 和式(6.11) 代入式(6.8),得

$$A = \frac{\int_0^{\Delta\nu} I_\nu \mathrm{d}\nu}{\int_0^{\Delta\nu} I_\nu \cdot \mathrm{e}^{-k_0 L} \cdot \mathrm{d}\nu} = 0.43 k_0 L \tag{6.12}$$

再将式(6.7) 代入式(6.12),得

$$A = 0.43\frac{2}{\Delta\nu_D}\sqrt{\frac{\ln 2}{\pi}} \cdot \frac{\pi e^2}{mc}N_0 L f \tag{6.13}$$

在测定温度条件下,原子蒸汽中的基态原子数 N_0 近似等于原子总数。原子总数与试样浓度的 c 关系是一定值:

$$N_0 = kc \tag{6.14}$$

将式(6.14)代入式(6.13),得

$$A = 0.43\,\frac{2}{\Delta\nu_{D}}\sqrt{\frac{\ln 2}{\pi}}\cdot\frac{\pi e^{2}}{mc}Lf\,kc \tag{6.15}$$

试验一定时,各有关参数均为常数,吸光度 A 可以表示为

$$A = Kc \tag{6.16}$$

式中　K——仪器常数,式(6.16)就是原子吸收测量的基本关系式。

6.1.4　原子吸收光谱仪

用于测量和记录待测物质在一定条件下形成的基态原子蒸气对其特征光谱线的吸收程度并进行分析测定的仪器,称为原子吸收光谱仪或原子吸收分光光度计。按原子化方式分,有火焰原子化和非火焰原子化两种。

原子吸收光谱法具有操作方便、快速、灵敏度高、准确、选择性好、干扰少等优点。例如,火焰原子吸收法的相对灵敏度可达 10^{-6} g/mL级甚至 10^{-9} g/mL级,结合萃取等浓缩方法,可达更高灵敏度,相对误差一般为1% ~3%。石墨炉原子吸收比火焰原子吸收的灵敏度还要高几十倍到几百倍。原子吸收法目前已广泛应用于测定金属、矿物、玻璃、陶瓷、水泥、半导体材料、化工产品、药物、土壤、食品、血液、生物体、环境污染物等试样中的金属元素和其他一些组分。

1. 仪器的基本结构

原子吸收光谱仪(原子吸收分光光度计)种类很多,可分为单光束型、单道双光束型、双道双光束及多道型等。尽管仪器品种繁多,性能各异,其基本结构都是由光源、原子化器、分光系统、检测系统4部分组成。图6.4是单光束火焰原子吸收分光光度计的结构示意图。

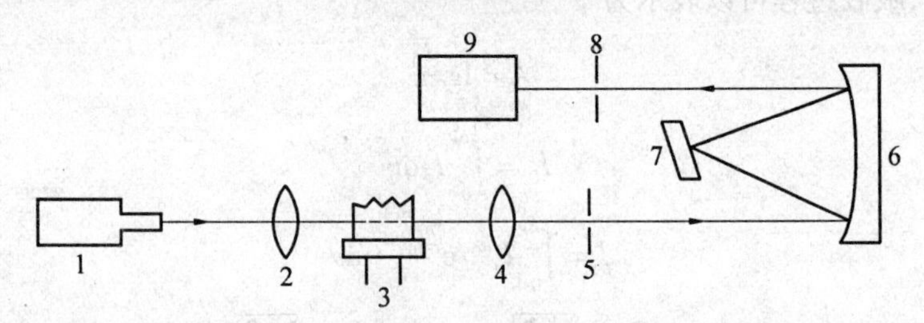

图6.4　单光束火焰原子吸收分光光度计结构示意图

(1) 光源。

光源的作用是发射被测元素的特征谱线,要求光源发射出高强度的锐线特征谱线,且发射稳定性好、背景低、噪声小,具有较长的使用寿命。常采用空心阴极灯作光源。

空心阴极灯本身发射原子光谱的稳定性对于测定结果稳定性影响很大,而空心阴极灯发射强度的稳定性又取决于灯电源的稳定性。常用的空心阴极灯是由一个圆柱形空心阴极和一个棒状阳极组成的气体放电灯。空心阴极可由待测元素的金属或合金直接制作而成,也可将待测元素镀(嵌)在空心阴极内部所得。阳极可用钨、钛、锆等纯金属制作,但最常用的是钨棒。阴极和阳极同时被封装在充有低压惰性气体的玻璃套管内,空心阴极腔应面对能透射辐射的石英窗口,这样放电的能量可集中在较小的面积上,使辐射强度更大。图6.5是空心阴极灯结构示意图。

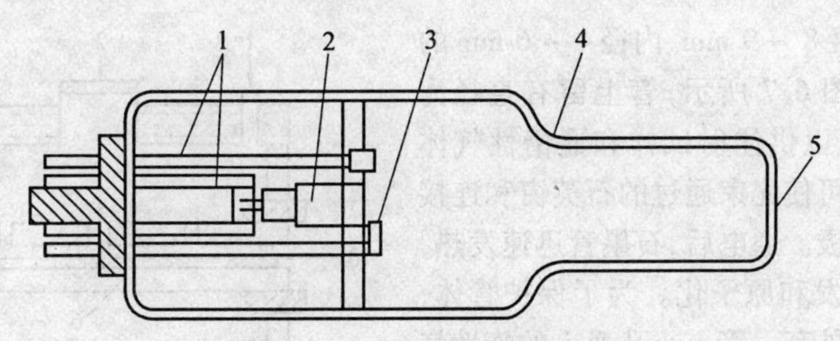

图6.5　空心阴极灯结构示意图

1—电极支架;2—空心阴极;3—阳极;4—玻璃管;5—光窗

(2)原子化器。

原子化器的作用是提供能量将试样中的待测元素转化成原子蒸气,并进入光路。常用的原子化器有火焰原子化器和石墨炉原子化器两种。

火焰原子化器常用的是预混合型火焰原子化器,由雾化器、雾化室和燃烧器组成,预混合型火焰原子化装置采用同心型气动喷雾器(图6.6),助燃气(空气)从小孔中喷出,高速度气流可把附近的其他气体分子带走,气流附近形成低压区,把试样溶液吸入雾化器,再在气流中分散成雾,碰到撞击球上,使其分散成很细微的雾滴,并在雾化室中与燃气充分混合均匀,形成气溶胶,较粗的气溶胶在室内凝聚为大的溶珠,沿壁回流至废液瓶。那些细微的直径小于10 μm的气液气溶胶才能进入火焰,然后在燃烧器上燃烧,使细雾被火焰蒸发并解离而产生原子蒸气。

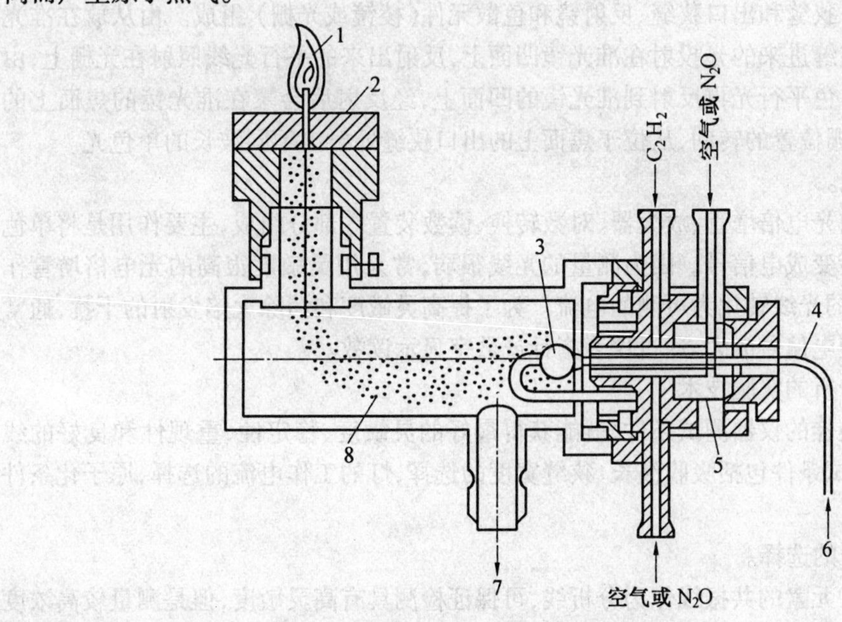

图6.6　预混合型火焰原子化装置

1—火焰;2—喷灯头;3—撞击球;4—毛细管;

5—雾化器;6—试液进口;7—废液管;8—预混合室

石墨炉原子化器与火焰原子化器都可使待测物原子化,但两种原子化器的加热方式有本质的区别。前者是靠电加热,后者则是靠火焰加热。石墨炉原子化器通常是用一个长约

30 ~ 60 mm、外径8 ~ 9 mm、内径4 ~ 6 mm的石墨管制成，如图6.7所示，管上留有直径为1 ~2 mm的小孔以供注射试样和通惰性气体之用。管两端有可使光束通过的石英窗和连接石墨管的金属电极。通电后，石墨管迅速发热，使注入的试样蒸发和原子化。为了保护管体，管外设计有水冷外套。管上小孔通入的惰性气体如N_2、Ar等可使已形成的基态原子和石墨管本身不被氧化。

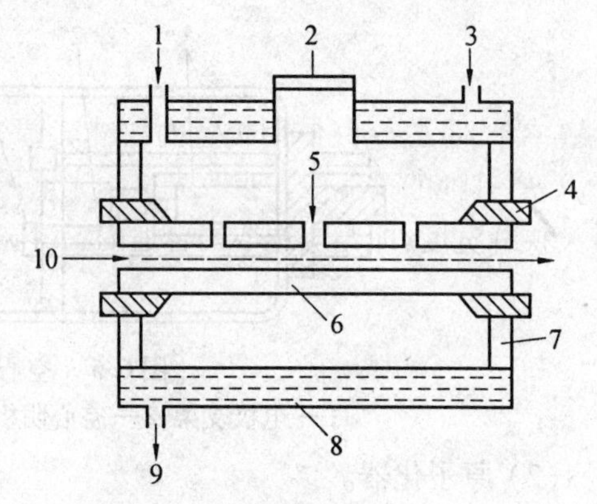

图6.7　石墨炉原子化器示意图

1—保护气入口；2—进样口；3、9—冷却水进出口；4—电极；5—进样口；6—石墨管；7—绝缘体；8—金属夹套；10—光路

测定时，试样用微量进样器注入石墨管，先通入小电流，在380 K左右干燥试样，除去溶剂；再升温到400 ~ 1 800 K灰化试样，除去基体；然后升温到2 300 ~ 3 300 K，在短时间内将待测元素高温原子化，并记录吸光度值；最后升温到3 300 K以上，使管内遗留的待测元素挥发掉，消除其对下一试样产生的记忆效应，即清残。

(3) 分光系统。

分光系统又称单色器，主要作用是将灯发射的待测元素的共振吸收线与邻近谱线分开。单色器由入口狭缝和出口狭缝、反射镜和色散元件(棱镜或光栅)组成。由从放在准光镜焦面上的入口狭缝进来的光投射在准光镜凹面上，反射出来的平行光线照射在光栅上，由光栅衍射出来的单色平行光再反射到准光镜的凹面上，经反射后会聚在准光镜的焦面上的出口狭缝，随着光栅位置的转动，从位于焦面上的出口狭缝处射出不同波长的单色光。

(4) 检测系统。

检测系统是由光电倍增管、放大器、对数转换、读数装置等部分组成，主要作用是将单色器射出的光信号转变成电信号。因为测量的光线很弱，常采用灵敏度很高的光电倍增管作为检测器，使微弱的光线转化为可测的电流。为了提高灵敏度和消除火焰发射的干扰，通常采用交流放大器使电信号放大，通过仪表指针或数字显示读数。

2. 原子吸收分析的实验技术

首先要选择最佳的仪器测试条件，就能获得最好的灵敏度、稳定性、重现性和良好的线性范围，仪器的测试条件包括吸收波长、狭缝宽度的选择，灯的工作电流的选择，原子化条件等的选择。

(1) 吸收波长的选择。

通常选用每种元素的共振线作为分析线，可保证检测具有高灵敏度，但是测量较高浓度时，可改用次灵敏线，能扩大测量的浓度范围，减少了试样不必要的稀释操作。例如，测Zn时常选用最灵敏的213.9 nm波长时，线性范围为0 ~ 2 mg/L；改用灵敏线307.5 nm时，就测量0 ~ 1 000 mg/L的试样溶液。

在实际分析时设置的测量波长的指示值可能与理论值不完全一致，这可能是由于单色器传动机构不精密引起的误差(±0.5 nm)，也可能是因空心阴极灯电流大小的变化引起的。

(2) 狭缝宽度的选择。

狭缝宽度影响光谱通带宽度与检测器接受的能量。原子吸收光谱分析中光谱重叠干扰的概率小,可以允许使用较宽的狭缝。调节不同的狭缝宽度,测量吸光度随狭缝宽度的变化,当有其他的谱线或非吸收光进入光谱通带内,吸光度将立即减少。不引起吸光度减少的最大狭缝宽度,即为应选取的合适的狭缝宽度。

(3) 灯的工作电流的选择。

空心阴极灯的发射特性取决于它的工作电流,在满足所要求的发射强度下尽可能使用较低的工作电流,以减少噪声。单光束原子吸收分光光度计空心阴极灯每次使用前需预热30 min,发射趋于稳定。长时间不使用的空心阴极灯,使用前需将阴阳极反接数分钟,进行“活化”。

(4) 原子化条件的选择。

火焰的温度是影响原子化效率的基本因素,要求火焰的温度能够使被测元素的化合物离解成原子,但并不希望被测元素的原子达到进一步电离的程度。根据元素性质的不同,原子化温度不同而需选择不同的火焰和助燃气体。最常用的火焰是空气－乙炔火焰及氧化亚氮－乙炔火焰,其火焰温度分别达2 300 ℃和2 900 ℃。对于同一种火焰(如空气－乙炔火焰),空气、乙炔流量比不同,火焰性质不同。“贫燃”指空气和乙炔流量比大于4∶1,此种火焰因空气比较富裕,燃气燃烧较充分,氧化性强,火焰背景干扰低,适合碱金属元素以及火焰中不易生成氧化物的金属元素三十几种。当空气和燃气的流量比为3∶1～5∶2时称为“富燃”火焰,还原性强、火焰背景影响强,一般用于在火焰中易成氧化物的金属元素的原子化,如Co、Mo、Cr等。

3. 原子吸收分析的定量方法

定量方法是测试过程需要考虑的一个重要因素,原子吸收光谱测量过程通常的定量方法包括工作曲线法和标准加入法。

(1) 工作曲线法。

工作曲线法是最常用的基本分析方法,适用于基体成分比较简单的样品,配制一组合适的标准系列,在最佳实验条件下,由低质量浓度到高质量浓度依次测定它们的吸光度A,然后以吸光度A为纵坐标,质量浓度c为横坐标,绘制$A-c$的工作曲线,如图6.8所示。在相同条件下,测定未知样品的吸光度,用内插法从工作曲线上求出未知样品中被测元素的质量浓度。

(2) 标准加入法。

当试样中共存物不明或基体复杂而又无法配制与试样组成相匹配的标准溶液时,使用标准加入法进行分析。具体作法是:取4～5份相同体积的被测元素试液,其中一份不加被测元素,其余依次按比例加入不同量的待测组分标准溶液,用溶剂稀释至相同体积,在相同实验条件下分别测定各份试液的吸光度,绘制出标准加入法曲线,如图6.9所示。将此加入法直线向左外推至质量浓度轴,则在质量浓度轴上的截距即为待测元素的质量浓度c_x,标准加入法能克服样品中的基体干扰,而得到精确的测量结果。

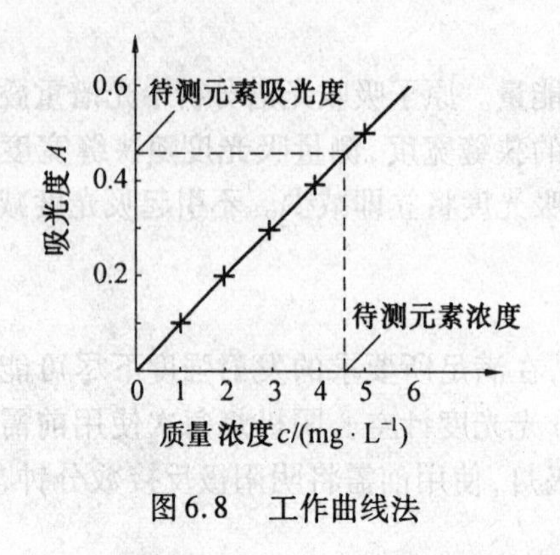

图 6.8 工作曲线法

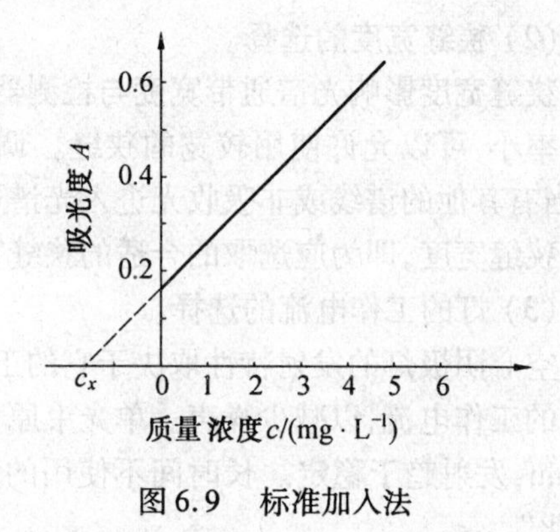

图 6.9 标准加入法

6.2 原子发射光谱仪

原子发射光谱法(Atomic Emission Spectrometry, AES)是19世纪60年代提出的,20世纪30年代得到迅速发展的古老的仪器分析方法,曾经在发现新元素(如Rb、Cs、Ga、In、Tl、Pr、Nd、Sm、Ho、Tm、Yb、Lu、He、Ne、Ar、Kr及Xe等)和推进原子结构理论的建立方面做出重要的贡献;在各种无机材料(如金属合金、矿物原料及化学制品等)的定性、半定量和定量分析方面,发挥了并继续发挥着重要作用。

6.2.1 原子发射光谱基本原理

各种物质在常温下多是以固体、液体或气体状态存在的,并且一般都是处于分子状态,而不是原子状态。所以要获得原子发射光谱必须首先将固体或液体样品引入激发光源中使其获得能量后,经过蒸发过程转变成气态,并使气态的分子进一步离解成原子状态。在一般情况下,原子是处于能量最低的基态,而基态原子是不会发射光谱的。但当原子受到外界能量(如热能、电能等)作用时,原子由于与高速运动的气态粒子和电子相互碰撞而获得能量,使原子中外层电子从基态跃迁到更高的能级上,处于这种状态的原子称为激发态。这种将原子中外层电子从基态激发至激发态所需要的能量称为激发电位(E_j),以电子伏特(eV)为单位。处于激发态的原子是不稳定的,它的寿命小于10^{-8} s,当它从激发态返回基态或较低的能态时,若以辐射的形式释放出多余的能量,便产生原子发射光谱。

当外加的能量足够大时,可以把原子中的外层电子激发至无穷远处,即脱离原子核的束缚而逸出,使原子成为带正电荷的离子,这种过程称为电离。原子失去一个电子,称为一次电离,一次电离后的离子再失去一个电子,称为二次电离,依此类推。这些离子中的外层电子也能被激发,其所需要的能量即为相应离子的激发电位。电离的原子受激发时所发射的谱线,称为离子线。在原子谱线中,以罗马数字Ⅰ表示中性原子发射的谱线,Ⅱ表示二次电离离子发射的谱线,Ⅲ表示三次电离离子发射的谱线等。

由于原子与离子具有不同的能级态,所以原子线与离子线的波长不相同,其谱线波长是由λ产生跃迁的高(E_2)、低(E_1)两能级的能量差决定的,即

$$\Delta E = E_1 - E_2 = \frac{hc}{\lambda} \tag{6.17}$$

谱线的强度特性是原子发射光谱定量测定的基础。在激发光源的高温作用下,原子由某一激发态 j 返回基态或较低能级态时,发射谱线的强度 I_{ij} 与激发态原子数成正比,如下式所示:

$$I_{ij} = N_i A_{ij} h\nu_{ij} \tag{6.18}$$

式中 A_{ij}—— 两个能级间的跃迁概率;

ν_{ij}—— 发射谱线的频率;

h—— 普朗克常数;

N_j—— 单位体积内激发态原子数。

和原子吸收光谱一样,若激发是处于热力学平衡状态下,单位体积内激发态原子数 N_i 与基态原子 N_0 之间也遵守波兹曼公式。其谱线强度为

$$I_{ij} = \frac{g_i}{g_{0i}} A_{ij} h\nu_{ij} N_0 e^{-\frac{E_j}{kT}} \tag{6.19}$$

由于各种元素原子的结构不同,可发射出各具自身特征的原子光谱。利用特征谱线的存在与否,可进行元素的定性分析。特征谱线的强度与试样中元素含量有关,可借以进行定量或半定量分析。

6.2.2 原子发射光谱仪

原子发射光谱法所用仪器主要由激发光源、光谱仪等组成。

1. 激发光源

激发光源的作用主要是提供样品蒸发和激发所需要的能量,使其发射光谱。光谱分析要求光源提供足够的能量,以获得良好的灵敏度。其次,光源的稳定性和重现性也是十分重要的。常用的光源有直流电弧、低压交流电弧、高压火花和电感耦合等离子体等。

(1)直流电弧。

直流电弧发生器原理如图6.10所示,直流电源 E 由全波整流器供给,电压为220~380 V,电流为5~30 A,镇流电阻 R 用于稳定电流和调节电弧电流的大小;电感 L 用于减小为分析电流的波动;G 为分析间隙,由两个电极组成,上电极为碳电极(阴极),下电极为工作电极(阳极),两电极之间留一分析间隙,相距约4~6 mm。

直流电弧的特点是电极的温度高,有利于难融化合物的蒸发;分析的绝对灵敏度很高,适用于痕量元素的定性和半定量分析。其缺点是电弧放电的稳定性差,分析重现性不好。

(2)低压交流电弧。

低电交流电弧发生器原理如图6.11所示。图中Ⅱ为低压电弧电路,由220 V交流电源、可变电阻 R_1、电感线圈 L_2、放电间隙 G_2 与旁路电容 C_2 组成,与直流电弧电路基本相同。Ⅰ为高频组成,引燃电路,由可变电阻 R_2、变压器 B_1、放电盘 G_1、高压振荡电容 C_1 及电感 L_1 组成,Ⅰ和Ⅱ两个电变压器路借助于 L_1 和 L_2 耦合起来。

交流电弧除具有电弧放电的一般特性外,还具有一些其他特性:交流电弧电流具有脉冲性,电流密度比直流电弧大,因此交流电弧的稳定好,分析的重现性与精密温度高,激发能力强,适于定量分析;交流电弧的电极温度较低,这是由于放电的间隙性所致,蒸发能力略低。

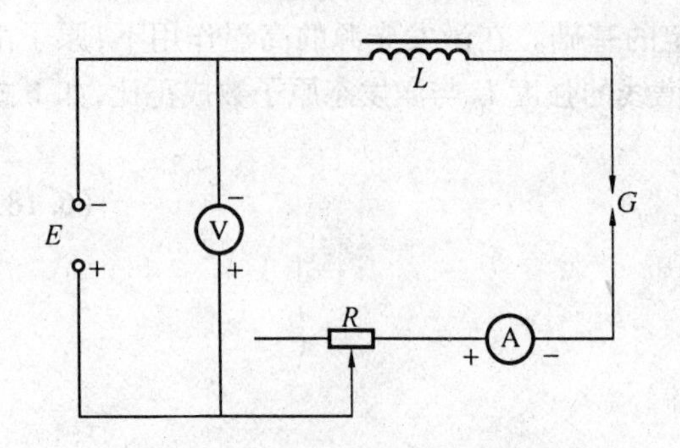

图 6.10　直流电弧发生器原理

E—直流电源；V—直流电压表；L—电感；
R—镇流电阻；A—直流电流表；G—分析间隙

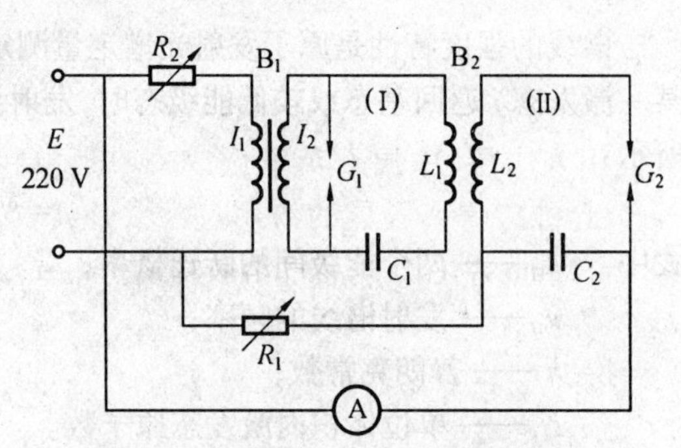

图 6.11　低压交流电弧发生器原理

（Ⅰ）—高频引燃电路；（Ⅱ）—低压电弧电路；
E—交流电源；B_1、B_2—变压器；R_1、R_2—可变电阻；C_1—振荡电容；C_2—旁路电容；G_1—放电盘；
G_2—分析间隙；A—交流电流表

(3)高压火花。

高压火花发生器电路图如图 6.12 所示。220 V交流电压经变压器 B 升压至8 000～12 000 V高压，通过扼流线圈 D 向电容 C 充电。当电容 C 两端的充电电压达到分析间隙 G 的击穿电压时，通过电感 L 向分析间隙放电，G 被击穿产生火花放电。在交流负半周时电容 C 又重新充电与放电。这一过程重复不断，维持火花放电而不熄灭。

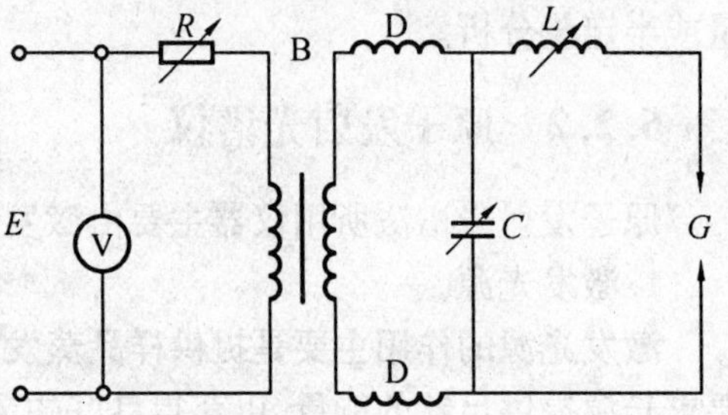

图 6.12　高压火花发生器电路图

E—电源；R—电阻；B—变压器；D—扼流圈；
C—电容器；L—电感；G—分析间隙

高压火花光源的特点：由于放电瞬间释放出很大的能量，放电间隙的电流密度很高，因此弧焰温度很高，可达 10 000 K 以上，具有很强的激发能力，适用于一些难激发元素的分析，所得谱线大多为离子线；放电的稳定性好，因为火花放电的各项参数均可精密地加以控制。因此分析的重现性好，适合于做定量分析；电极温度较低，适合做熔点较低的金属与合金分析，而且它们自身可做电极；灵敏度较差，但可做高含量分析；噪声较大，做定量分析时，需要有预燃时间。所以高压火花光源主要用于难激发元素或易熔金属、合金试样分析以及高含量元素的定量分析。

(4)电感耦合高频等离子体。

电感耦合高频等离子体(Inductively Coupled Plasma，ICP)是目前原子发射光谱法中广泛应用的新型光源。等离子体是一种由自由电子、离子、中性原子与分子所组成的在总体上呈电中性的气体。ICP 就是高频电能通过电感耦合到等离子体所得到的外观上类似火焰的高频放电光源。装置的结构原理如图 6.13 所示。ICP 是由高频发生器和感应圈、等离子体炬管和供气系统、样品引入系统 3 部分组成。

高频发生器的作用是产生高频磁场，以供给等离子体能量，频率大多采用 27.12 MHz，最大输出功率通常是 2～4 kW。感应线圈一般是以圆形或方形铜管绕成的 2～5 匝水冷线圈。

等离子炬管由3层同心石英管组成。在最外层石英管中通冷却Ar气流。Ar气通过切线方向引入中层，中层石英管做成喇叭形，通入Ar气起维持等离子体的作用。内层石英管内径1~2 mm左右。样品气溶胶由载气(Ar)由此管载入等离子体内。样品气溶胶由气动雾化器或超声雾化器产生。

当有高频电流通过线圈时，在炬管的轴线方向上形成一个高频磁场，管外的磁场方向为椭圆形。此时，若向炬管内通入Ar气，并用一感应圈产生电火花引燃，则气体触发产生电离粒子。当这些带电粒子不断增多达到足够的电导率时，在垂直于管轴方向的截面上就会感应出环形涡电流。这股几百安培的感应电流瞬间就会将气体加热到近万度的高温，并在管口形成一个火炬状的稳定的等离子体。整个系统就像一个变压器，感应线圈是初级线圈，等离子体相当于单匝的闭合次级绕阻。高频电能将不断地通过感应线圈耦合到等离子炬中，并维持等离子炬。当载气载带着样品的气溶胶通过等离子炬时，被后者迅速加热至6 000~7 000 K进行蒸发，原子化和激发，产生样品的原子发射光谱。

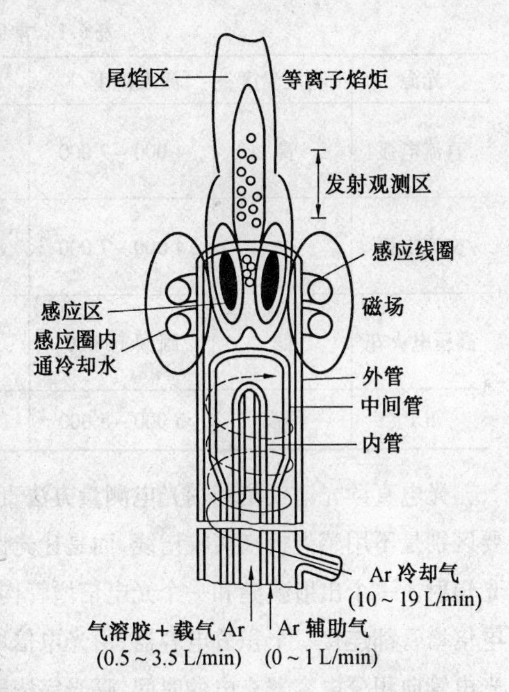

图6.13　电感耦合等离子体(ICP)装置示意图

ICP光源的温度高，有利于难激发元素的激发；样品的气溶胶在等离子体中有较长的平均长(ms级，比电弧、电火花的停留10^{-2}~10^{-3} ms长得多)。高的温度和长的平均停留时间，能使样品充分地原子化，既能提高测定的灵敏度，又能有效地消除化学干扰。

ICP有一个环形加热区，其中心是一个温度较低的中心通道。经中心通道进入的气溶胶受到加热而离解和原子化，产生的原子和离子限制在中心通道的周围，避免了其扩散到ICP周围，避免了自吸现象，同样也能提高测定的灵敏度，工作曲线线性范围变宽，达个4~6数量级。样品在惰性气氛中激发，没有电极玷污，样品组成的变化对ICP的影响很小，因此，光谱的背景小，并且具有良好的稳定性。由于ICP光源具有优良的分析特性，所以它是液体样品最佳光源，可测定70多种元素，检出限可达10^{-3}~10^{-4} mg/L数量级，精密度好，适用于高、低、微含量金属和难激发元素的分析测定。其缺点是：不能用于测定卤素等非金属元素。另外，仪器的价格昂贵，运转费用高。表6.1是几种原子发射光谱仪常用的光源性能比较。

2. 光谱仪

凡是能将不同波长的复合光分解为按波长顺序排列的单色光并能进行观测记录的仪器均称为光谱仪。常见的光谱仪有棱镜摄谱仪、光栅摄谱仪和光电直读光谱仪。

棱镜摄谱仪是用棱镜作色散元件，用照相的办法记录谱线的光谱仪。其光学系统是由照明系统、准光系统、色散系统和记录系统组成的。

光栅摄谱仪是用光栅作色散元件，用照相干板记录谱线的光谱仪。其光学系统是由照明系统、准光系统、色散系统和记录系统组成的。

表 6.1　常见光源性能比较

光源	蒸发温度	激发温度/K	放电稳定性	应用范围
直流电弧	高	4 000 ~ 7 000	稍差	定性、半定量分析；矿石中难熔微量元素的定量分析
交流电弧	中	4 000 ~ 7 000	较好	金属、合金中低含量元素的定量分析
高压电火花	低	瞬间 10 000	好	难激发、低熔点金属合金分析；高含量定量分析
ICP	很高	6 000 ~ 8 000	很好	溶液定量分析

光电直读光谱仪是利用光电测量方法直接测定光谱线强度的光谱仪。它与摄谱仪的主要区别是不用感光板来接收谱线，而是让光谱线通过焦面处的出射狭缝，用光电倍增管接收光辐射。一个出射狭缝和一个光电倍增管构成一个光的通道，可检测一条谱线。每一个光电倍增管都连接一个积分电容器，由光电倍增管输出的光电流向电容器充电，曝光时间就是光电管向积分电容器充电的时间，曝光完毕通过测量积分电容器上的电压来测定谱线强度。

现代 ICP-AES 分析仪器的典型结构如图 6.14 所示。

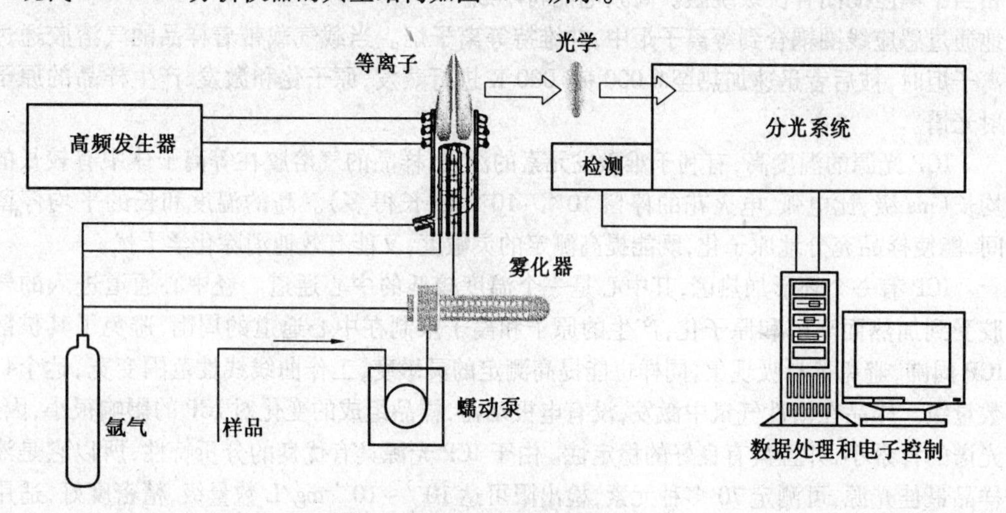

图 6.14　ICP-AES 仪器结构

其工作原理为：试样溶液经进样装置雾化后进入 ICP，受 ICP 炬的激发产生复合光，分光系统将其分解成按波长排列的光谱，检测系统将各波长位置处的光谱强度转换成电信号再由计算机进行数据采集与处理，最后用屏幕显示或打印输出结果。

依据分光系统的不同，电感耦合等离子体原子发射光谱仪可以分为多道光电直读型、顺序扫描型和全谱直读型 3 种。

6.3 实验二十一 火焰原子吸收法测定钙

6.3.1 实验原理

原子吸收光谱分析主要用于定量分析。在使用锐线光源和一定浓度范围内,基态原子蒸气对共振线的吸收符合 Lambert-Beer 定律。根据这一关系可以用校准曲线法或标准加入法来测定未知溶液中某元素的含量。

定量测定时,标准溶液与试样溶液测定条件不同会引起较大误差,必须尽量消除试样溶液中的干扰因素,保证标准溶液与试样溶液测定条件基本一致。当试样的基体效应对测定有影响或干扰不易消除时,标准溶液的配制比较麻烦。特别是分析样品的数量小时,若在低浓度范围内标准曲线呈线性关系的情况下,可采用标准加入法进行测定,待测浓度可由计算法或作图法求出。

钙在火焰中易形成氧化物,若在火焰的还原区或高温区就可避免或减少氧化钙的形成,使钙的自由原子数增多。可以上下移动燃烧器的位置,寻找原子化的最佳区域,以期达到最佳灵敏度。

6.3.2 实验内容

1. 标准加入法工作溶液的配制

取4只100 mL容量瓶,分别加入25 mL未知样,然后依次加入0.00 mL、1.00 mL、2.00 mL、3.00 mL质量浓度为100 μg/mL的钙标准溶液,去离子水稀释至刻度,摇匀。

2. 分析条件的选择

采用空气-乙炔火焰,对燃烧器高度和燃助比这两个条件进行选择。首先,将空气和乙炔气流量分别调至5.5 L/min和1.0 L/min,然后改变燃烧器高度分别为6 mm、7 mm、8 mm、9 mm、10 mm、11 mm、12 mm,在各高度下测定钙溶液的吸光度值,根据测定结果将燃烧器高度固定在所选择的最佳位置,然后通过调节流量计和针形阀改变乙炔气流量分别为0.8 L/min、0.9 L/min、0.95 L/min、1.0 L/min、1.1 L/min、1.2 L/min、1.3 L/min,并在各流量下测定钙溶液的吸光度值,根据测定结果将乙炔气流量调至所选择的最佳值。

3. 测定

在所选择的最佳实验条件下,依次由稀至浓测定前述所配制的工作溶液的吸光度值,记录。

4. 数据处理

(1)在坐标纸上画出吸光度-燃烧器高度曲线,吸光度-乙炔流量曲线。

(2)在坐标纸上以吸光度为纵坐标,钙标准溶液加入量为横坐标绘制工作曲线,外推求出未知样浓度。

6.3.3 思考题

1. 原子化器的作用是什么?
2. 为什么燃助比和燃烧器高度变化会明显影响钙的测量灵敏度?
3. 标准加入法有何优点?

6.4 实验二十二 火焰原子吸收光谱法测定人头发中的锌

头发是人体整个机体代谢系统的一个组成部分,是微量元素的排泄器官之一。头发的月平均生长速度为 1 cm,由于某些元素对毛发具有特殊的亲和力,能与头发中角蛋白牢固结合,使某些元素蓄积在头发中。因此,其含量能反映相当长时间内元素在体内的积累状态。

人的头发和其他组织不同,元素一旦沉积在头发中就不易再重新吸收,因此若以每月平均生长速度 1 cm 计,则可将头发从发根起剪成 1 厘米长的若干段,测定其中某种元素的含量来追踪观察以一个月为单位元素含量的变化情况,以反映出吸收毒物和营养的状况。

锌是一种人体必需的微量元素,正常人的头发中 Zn 在 100 ~ 400 μg/g 之间。

6.4.1 特别指导

(1)测定样品溶液的浓度时,如果样品浓度比最浓的标准溶液高,需要适当稀释样品溶液重新测定。

(2)点燃火焰之前,一定要先通空气,后开乙炔气源;熄灭火焰时,一定要先关闭乙炔气源,再关空气源。

6.4.2 实验内容

1. 溶液的配制

(1)Zn 标准储备液(1 000 mg/L)。

将 1.000 g 金属锌溶解于稍过量的 1∶1 盐酸中,用去离子水稀释至 1 L,定容。

(2)Zn 标准使用液(10 mg/L)。

用移液管吸取 1 mL 1 000 mg/L 的 Zn 的储备液于 100 mL 容量瓶中,用蒸馏水稀释至标线。

(3)标准溶液。

于 4 个 50 mL 容量瓶中分别加入一定体积的 10 mg/L 锌标准使用液,用质量分数为 1% 的 HNO_3 稀释至刻度,摇匀,配成质量浓度分别为 0 mg/L、0.2 mg/L、0.4 mg/L、0.8 mg/L的锌的标准系列溶液,用于制作标准曲线。

2. 样品预处理

(1)发样洗涤。

将发样用 50 ℃中性洗涤剂洗 15 min,用水充分冲洗,然后用酒精浸洗 5 min,将洗净的发样在空气中室温下晾干(干燥),用不锈钢剪刀剪短 1 cm 长保存。

(2)发样的消解。

准确称取 2 份发样 0.200 0 ~ 0.300 0 g 于 100 mL 回流烧杯中,加 1∶1 HNO_3 10 mL,盖上表面皿于电热板上加热保持微沸,蒸至近 1 mL 时,取下冷却,加高氯酸 2 mL,继续加热冒有大量白烟。小心赶去高氯酸,蒸至 1 mL 以下,溶液透明(如有棕色出现,要再加 1∶1 HNO_3 重复上述过程)。同时作试剂空白。取下样品冷却,用质量分数为 1% 的 HNO_3 溶解于 50 mL 容量瓶中,稀释至刻度。

3. 发样中 Zn 的测定

按仪器测定锌的工作条件调整仪器参数,严格执行仪器操作规程。点燃空气-乙炔火焰,固定空气流量,慢慢改变乙炔流量,吸入样品溶液直到吸光度最大,即达到最佳的火焰条件。

分别测定标准曲线溶液、试剂空白和样品溶液,记录其吸光度。

6.4.3 数据处理

(1)在坐标纸绘制 Zn 的 $A-C$ 工作曲线。

(2)用发样吸光度减去试剂空白吸光度所得值从工作曲线求出相应浓度。

(3)根据下列公式计算发样中锌的质量浓度:

$$\mathrm{Zn}(\mu g/g)=\frac{cV}{W}$$

式中 W——发样质量,g;

c——每毫升溶液锌质量浓度,g/mL;

V——样品溶液定容体积,mL。

6.4.4 思考题

在溶解样品中,加高氯酸时应注意什么?

6.5 实验二十三 石墨炉原子吸收光谱法测定水中铅

铅是人体不需要的,且是对人体有害的微量元素,它性质稳定、不可降解、阻碍血细胞形成。当人体内的铅积蓄到一定程度,就会出现精神障碍、噩梦、失眠、头痛等慢性中毒症状,严重者乏力、食欲不振、恶心、腹胀、腹痛、腹泻等。铅还可通过血液进入脑组织,造成脑损伤。据研究,儿童对铅的吸收量比成人高出几倍,铅中毒对儿童智力有较大影响。

铅的使用范围很广,与人类生活密切相关,人处在铅化物的包围之中。含铅物如皮蛋(松花蛋)、用生铁机器炮制的爆米花、使用过砷酸铅杀虫的水果等。污染的大气中也含有大量铅,如汽车尾气、香烟烟雾、铅生产中的废气废渣等。

6.5.1 实验原理

石墨炉原子吸收法是一种测定痕量重金属的分析方法,与火焰原子吸收法相比,这种方法具有原子化效率高,测定灵敏度高达 $10^{-10}\sim10^{-14}$ g;待测样品可以在石墨炉中直接处理样品;用样量少(每次进样量 5~100 μL)等优点。石墨炉原子吸收法也有不足之处,测量精密度能达到2% ~5%,比火焰原子吸收法的精密度差0.1% ~2%;测样时间长,每测一个样品需 2~5 s;基体干扰比火焰原子吸收法显著,需要作背景校正,本实验采用氘灯作背景校正。

石墨炉原子化装置是由石墨炉体、石墨管及石墨炉加热电源等组成,石墨管作为电阻加热器,当把石墨管放入石墨炉中时,管两端与电极紧密接触,电源通过电极向石墨管提供低电压、大电流的供电,石墨管作为电阻发热体,通电后由专用电源供电控制温度,可加热到3 000 ℃的高温。石墨炉原子化法样品在石墨炉中原子化要经历干燥、灰化、原子化和清扫4个阶段。

(1)干燥阶段。

干燥的目的是除去试液中的溶剂。加热方式应从低于溶剂沸点的温度下开始斜坡升温,干燥温度过低,不能达到干燥的目的,温度升得过快和过高,会使试液产生爆沸飞溅而造成损失。

(2)灰化阶段。

灰化的目的是在石墨炉中处理样品,即在保证待测元素不挥发的条件下,尽量提高灰化温度,分解有机物、分离去除样品中的基体组分,减少基体干扰。

(3)原子化阶段。

石墨炉温度快速达到2 000~3 000 ℃,使试样中被测元素转化为参与原子吸收的基态原子。不同元素原子化温度不同,同种元素在不同的基体成分中,原子化温度也会相应改变,同种元素原子化温度不同,其吸光度的大小不同。

(4)清扫阶段。

目的是在原子化完成后,将残留在石墨管中的基体和未蒸发的待测元素去除,为下一次进样作准备。

本实验采用美国PE 703型原子吸收分光光度计,PE HGA-400型石墨炉温控装置。

6.5.2　特别提示

(1)只有当温度控制装置的READY指示灯亮(表示石墨管已冷却)时,才能注入下一个样品。

(2)用手动进样器进样时,注意要快速一次将液体注入石墨管中,以免进样头中有样品残留;另外在进样时应避免进样器管尖与石墨炉和进样孔边缘接触造成污染。

6.5.3　实验内容

1. 试剂的配制

(1)Pb标准储备液(1 000 mg/L)。

准确称取1.000 g纯金属铅于200 mL烧杯中,加(1+3)硝酸40 mL,温热溶解,煮沸赶走氮氧化物。冷却后移入1 L容量瓶中,用水稀至刻度,混均。

(2)Pb工作标准溶液。

取10 mL 1 000 mg/L的Pb储备液置于100 mL容量瓶中,用蒸馏水定容,此溶液含Pb 100 mg/L。取10 mL 100 mg/L的Pb中间液置于100 mL容量瓶中,用蒸馏水定容,此溶液含Pb为10 mg/L。同上逐级稀释至含Pb为200 μg/L。

(3)标准系列溶液。

取4个100 mL容量瓶中分别加入5 mL、10 mL、15 mL、20 mL的含Pb 200 μg/L的工作标准溶液,用质量分数为1%的HNO_3稀释至刻度,摇匀,分别配成质量浓度为10 μg/L、20 μg/L、30 μg/L、40 μg/L的铅标准系列溶液,用于制作标准曲线。

2. 仪器工作条件

按仪器的操作步骤开机,选定测定条件:测定波长283.3 nm,铅空心阴极灯的灯电流12 mA,光谱通带0.7 nm。预热20 min,开冷却水及保护气体(氩气钢瓶)阀门。

石墨炉的操作条件:干燥温度100~120 ℃;干燥时间20 s;灰化温度200~1 000 ℃;灰

化时间20 s;原子化温度2 300 ℃;原子化时间8 s;清扫温度:2 500 ℃;清扫时间3 s。

3. 水样中铅的测定

按以上所选的石墨炉的最佳升温条件设定石墨炉升温程序。

(1)用10 μL的微量进样器分别吸取质量浓度为0 μg/L、10 μg/L、20 μg/L、30 μg/L、40 μg/L的Pb标准溶液,按次序注入石墨炉中,测定吸光度峰值,每个标准样重复测定3次。

(2)在相同条件下,测地表水样,测定吸光度峰值,重复进样3次。

实验完毕,依次关掉灯电流、PE 703主机开关、HGA-400温控装置开关、冷却水、气源及稳压电源开关。

4. 数据处理

(1)在坐标纸上绘制Pb的*A*-*c*标准工作曲线。

(2)由标准曲线查出所测水样的Pb质量浓度,并计算平均值和相对偏差。

6.5.4　思考题

1. 比较石墨炉原子吸收法和火焰原子吸收法的优缺点,说明石墨炉原子吸收法为什么比火焰原子吸收法具有更高的绝对灵敏度。

2. 在石墨炉原子化法测定过程中,哪些条件对测定结果影响最大,为什么?

6.6　实验二十四　冷原子吸收法测定电池中的汞

废电池虽小,危害却甚大。由于废电池污染不像垃圾、空气和水污染那样可以凭感官感觉得到,具有很大的隐蔽性,所以一直没有得到应有的重视。目前,我国已成为电池的生产和消费大国,废电池污染是迫切需要解决的一个重大环境问题。

由于在生产干电池时,要加入一种有毒的物质——汞或汞的化合物作为缓蚀剂,以提高电池的储存寿命和防止电池漏液,所以在碱性干电池的汞质量分数达1%~5%,中性干电池达0.025%,全国每年用于生产干电池的汞就达几十吨之多。

汞的测定方法有很多,但由于冷原子吸收法简便、快速、灵敏度高、干扰小,因而目前多采用该方法测定。

6.6.1　实验原理

汞原子蒸汽对波长253.7 nm的紫外光具有选择性吸收作用,在一定范围内,吸收值与汞蒸汽浓度成正比。用王水和高锰酸钾消解电池粉末,使其全部转化成二价汞离子,用硫酸羟胺将过剩的氧化剂还原,再用氯化亚锡将二价汞离子还原成金属汞。在室温下用泵通入洁净的空气,将金属汞汽化。载入冷原子吸收测汞仪吸收池内,测量吸收值,求得试样中汞的含量。

本实验采用F732-S双光束型数字显示测汞仪测定。

6.6.2　特别指导

(1)吸收回路管内不允许有水珠,否则会造成测定误差,若沾污时应用酒精或乙醚清洗干燥处理。

(2)测定时,应按汞质量浓度从低到高的顺序进行,测定高浓度试样后一定要认真清洗发生器,以消除对低浓度样品的影响。

6.6.3　实验内容

1. 溶液的配置

(1)硝酸重铬酸钾溶液。

称取0.05 g重铬酸钾,溶于无汞去离子水,加入5 mL优级纯硝酸,再用去离子水稀释到100 mL。

(2)5%硝酸溶液。

量取50 mL分析纯硝酸,用去离子水稀释至100 mL,供洗涤用。

(3)10%氯化亚锡溶液

称取10 g氯化亚锡于小烧杯内,加入20 mL浓盐酸,微微加热至透明,冷却后再用去离子水稀释到100 mL。

(4)汞标准储备液。

准确称取氯化汞0.135 4 g溶于硝酸重铬酸钾溶液中,定容至100 mL,摇匀。此溶液含汞1 mg/mL。

(5)汞标准工作溶液。

根据工作需要,使用时配制。即对高浓度汞标准溶液,用硝酸重铬酸钾溶液逐级稀释。

2. 仪器操作方法

测汞仪开机后先预热1~2 h,待仪器稳定后,选择20 mL的还原瓶用调零电位器将读数显示调至"000",把前盖打开用一块不透紫外光的小无色薄玻璃片插在工作光路中,调节灵敏度旋钮读数显示大于等于1 000。取掉玻璃片读数回复到"000"(或再用调零电位器稍加调整)记牢插入玻璃时的数字,作为以后曲线斜率调整作参考,仪器读数在"000"位置时等待分析。

3. 标准曲线的测定

于20 mL还原瓶内,分别加入汞质量浓度为0.01 μg/mL的汞标准溶液0.00 mL、1.00 mL、2.00 mL、3.00 mL、4.00 mL、5.00 mL,再补加质量分数为5%的硝酸溶液到溶液总体积为5 mL,分别将各溶液移入汞还原瓶,加入10%氯化亚锡溶液1.00 mL,迅速塞紧瓶塞,开启仪器循环泵使汞蒸气导入吸收池,记录吸光度填入表6.2中。

表6.2　实验测定数据

汞标准溶液	第一次测量值	第二次测量值
0 mL		
1.00 mL		
2.00 mL		
3.00 mL		
4.00 mL		
5.00 mL		

4. 样品处理与测定

将经过分拣后的锌锰电池投入到粉碎机中破碎，破碎后的电池粉末经筛分后除去塑料、纸屑等可燃物质。准确称取2份0.2 g的样品放入BOD瓶中，加入5 mL蒸馏水和5 mL王水，在95 ℃水浴中加热2 min，冷却后在每个瓶中加入50 mL蒸馏水和15 mL高锰酸钾溶液，充分混合后再放到95 ℃的水浴中加热30 min，冷却后加入6 mL氯化钠-硫酸羟胺，以还原过量的高锰酸盐，加入55 mL蒸馏水，单独处理每个样品，加入5 mL氯化亚锡，并立刻把还原瓶放进曝气装置内。同时作试剂空白，记录吸光度值。

5. 数据处理

(1)绘制标准曲线。

由表6.2实验测定数据在坐标纸绘制标准工作曲线。

(2)求出电池粉末溶液中汞的含量。

由未知电池粉末溶液的吸光度减去试剂空白吸光度，从标准工作曲线上，求出粉末溶液中汞的含量。

(3)根据下列公式计算电池粉末中汞的含量：

$$\mathrm{Hg}/(\mu\mathrm{g}\cdot\mathrm{g}^{-1})=\frac{c\cdot V}{W}$$

式中　W——电池粉末样品质量，g；

c——每毫升溶液中汞的质量浓度，μg/mL；

V——样品溶液定容体积，mL。

6.6.4　思考题

1. 在测汞仪测定过程中，哪些条件对测定结果影响最大，为什么？
2. 样品处理过程，为什么除去过剩的 $KMnO_4$？

6.7　实验二十五　矿泉水中微量元素的测定

人类需要矿物质，而本身不能制造矿物质，只有通过饮水、食物从环境中来获得，以维持正常的生理功能。如果这种获得关系失调，就会出现病态。天然矿泉水之所以越来越受到人们的重视和青睐，就是因为它含有丰富的对人体健康有益的常量和微量元素，特别是矿泉水标准中规定的微量元素指标的合理含量，更是对人体起到防病保健作用。矿泉水中的常量元素如钾、钠、钙、镁是维持人体正常生理功能所必需的。矿泉水中主要微量元素对人体健康的作用见表6.3。

表6.3　一般矿泉水主要的矿物元素

锶(Sr)	与心血管的功能、构造有关，可降低此类疾病的发病率
锌(Zn)	参与核酸及蛋白质的合成，参与免疫、内分泌代谢及维持细胞膜的稳定性
钙(Ca)	骨骼和牙齿的必需元素，有助于肌肉的灵活运动
镁(Mg)	调节人体酶的活动，有助于促进肌肉和神经的正常工作
锂(Li)	对中枢神经系统活动有调节作用，能安定情绪，改善造血功能，提高人体免疫力
偏硅酸(H_2SiO_3)	促进骨骼健康成长，抑制动脉硬化

6.7.1 实验原理

电感耦合等离子体光源(ICP)是20世纪60年代提出、70年代得到迅速发展的一种高频放电光源,其外观类似火焰,温度可高达10 000 K。当样品气溶胶(由雾化器提供)被载气流带进等离子炬中而为环形外区(或称感应区)所加热,进行蒸发和原子化,并运输至高频感应线圈以上适当高度的标准分析区(一般在感应线圈上10~20 mm之间),产生原子或离子的受激发射。

依据所发射的谱线的特征波长,可以定性检测元素种类;而特征波长的谱线强度 I 与待测元素浓度 c 在一定的浓度范围内有很好的线性关系,可作定量分析。

分析物产生的谱线强度与观测高度、高频发生器的功率及所有载气的流量等参数有关。测定前需对这些参数进行选择。可以用校准曲线法、标准加入法以及内标法进行光谱定量分析。

6.7.2 实验内容

本实验选用固定通道进行Ca、Si、Mg、Sr、Li、Zn元素的同时测定。

1. 准备实验溶液

空白(blank):是指包含了除待测元素以外所有加入到样品中的试剂的溶液。本实验所用空白溶液为质量分数为1%的 HNO_3 溶液,实验用水均为双蒸馏水。

标准溶液(standard solution):见表6.4。

表6.4 标准溶液浓度

编号	Ca、Si、Mg、Sr、Zn、Li(各元素质量浓度)/($\mu g \cdot mL^{-1}$)
标一	1.0
标二	3.0
标三	5.0
标四	7.0
标五	10.0

样品液(sample):天然矿泉水,加质量分数为1%的 HNO_3(分析纯)酸化。

2. 仪器的最佳化

对于不同的分析元素,为了达到最佳操作条件,有必要对射频功率、观测位置、雾化气流速和等离子气流速等参数进行最佳化。本实验按教师指定的参数进行。

仪器装置及工作条件如下:

SPECTRO-ICP-AES光谱仪。

射频发生器:最大输出功率为2.5 kW,频率为27.12 MHz。

工作线圈:3匝中空紫铜管。

等离子炬管:三层同心石英管,可拆卸式,外管内径17 mm,中管外径16 mm,内管喷口直径1.5 mm。

等离子气(冷却气):氩气,流速:12~14 L/min。

辅助气：氩气，流速：0.5～1 L/min。

载气（雾化气）：氩气，流速约1 L/min。

观测高度：工作线圈以上10～20 mm处。

雾化器：玻璃同心雾化器。

雾室：双管式可加热雾室。

3. 光学系统的校准

在等离子体点着的前提下，将进样管插入含Cr、Ca、S、Na四种元素的多道校准溶液，进行多色仪扫描系统的校准。

4. 元素峰形扫描

将进样管插入含有所测6种元素的10 μg/mL的混合标准溶液，在多色仪中进行元素峰形扫描并进行峰形存贮。

5. 标准样品的测量

将进样管依次分别插入空白溶液及5个混合标准溶液，作出校准曲线。

6. 试样分析

将进样管插入酸化的矿泉水溶液测定样品浓度。

7. 数据处理

通过ICP的软件绘出校准曲线，并给出测定结果。

第7章　流动注射分析

流动注射分析(Flow Injection Analysls,FIA)是一种溶液自动处理及分析技术。它是由Ruzicka和Hansen于1974年创立的。流动注射分析是高度重现的溶液化学处理和各种检测方法相结合的一门技术。该技术具有许多优点,如仪器简单,可用常规元件自己组装;操作简便,分析速度快;试样和试剂用量少;准确度和精密度好;应用范围广泛,可作为许多仪器分析方法的试样处理和进样手段。因此,它可与其他仪器分析方法联用。

7.1　流动注射分析的基本原理

流动注射分析可以定义为"从一段界限明确的流体在连续流动的非间隔流中分散而形成的浓度梯度中采集信息的技术"。基本做法是把一定体积的液体试样完整地注射到(确切地说是插入到)流动的试剂(或水)载流中,试样在严格控制的条件下在试剂载流中流动、分散,因而保持高度重现的混合状态和反应时间,并不要求反应达到平衡状态才进行测定。按照这种设计推出的流动注射分析体系,不仅引起溶液自动化学分析技术发生深刻的变化,而且也给化学分析方法注入了新的内容。

在FIA出现之前,充分、均匀地混合及在此基础上达到的物理与化学平衡状态是溶液化学分析的最基本特征之一。因此要取得具有足够精度的响应就只有等到化学平衡的稳定状态,这就大大限制了分析速度,并使一些分析手段无法使用。而FIA从根本上区别于其他溶液自动分析之处在于充分利用了细管道中被注入连续流动载流中的试样带的分散(即物理混合)过程的高度重现性而不是去追求均匀的混合状态。FIA的三个基本特点也可以作为其原理的三块基石:①试样的注入;②高度重现的时间控制;③受控制的分散。因而即使在非平衡状态下,测定结果仍可得到很高的精度,这就使FIA成为高效率的自动分析技术。

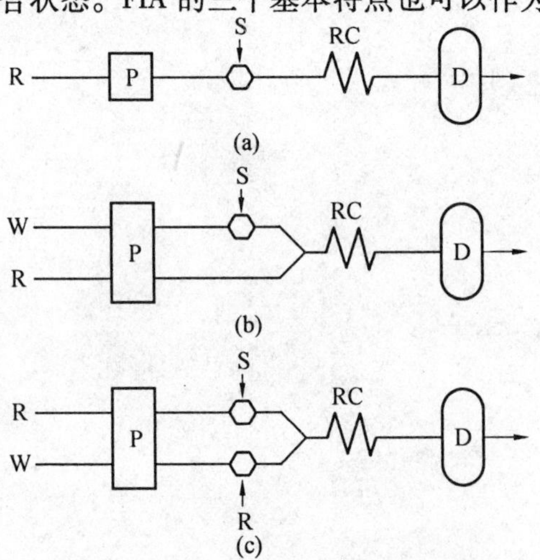

图7.1　流动注射分析法的几种方式
W—水;R—试剂;S—试样;P—泵;
RC—反应器;D—检测器

为实现以上定义的内容,基本的实验装置可以是很简单的。流动注射分析的设备和原理框图如图7.1所示(根据样品和试剂的加入方式有(a)、(b)、(c)三种模式)。作为载流的试剂溶液R通过推进系统P吸入到体系中,并以稳定的流速(0.5~20 mL/min)在内径(0.5~1.0 mm)均匀的塑料管道中连续流动。通过注射系统进样,将一定体积的试样S完整地插入试剂载流中,形成如图7.2所示的试样塞。载流将夹在其间的试样塞运送到反应盘管,试样塞在运动过程中逐渐分散并与载流的试剂组分产生化学反应。当总液流到达检测器的流通液槽时,由检测器测量反应生成物信号,最后记录或打印测定结果。如前所述,当分散了的试样带到达检测器时,无论化学反应还是分散过程都没有达到平稳状态。但是,只要对试样溶液和标准溶液保持一致的试验条件,即保持注射方式、液流在管道中的存留时间、温度和分散过程等方面一致,就可以按照比较法由标准溶液所绘制的校正曲线测得试样中被测物的浓度。

初始试样塞

分散后状态

图7.2 试样塞的分散

在S处注入的试样经时间T后到达检测器D,检测信号典型的峰形如图7.3所示,峰高H和被测物浓度成正比关系。设计良好的体系的响应速度很快,T一般在5~20 s范围内,这样,每分钟内至少能够进样2次。

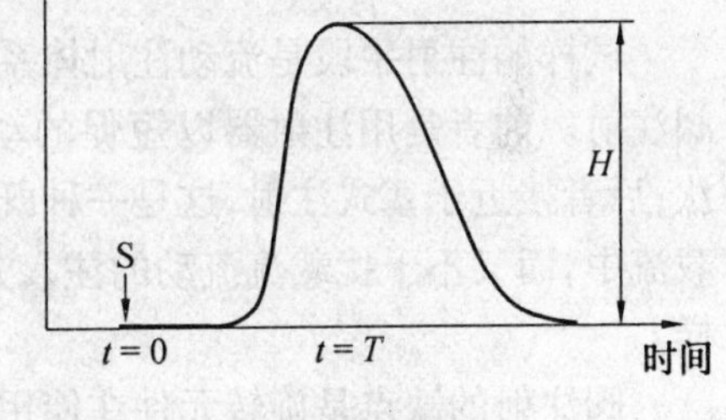

图7.3 典型的检测信号曲线

符合理想的流动注射分析应当具有下列性能:

(1)管道中的液流均应做无脉动的流动,并根据需要随时停止或流动。

(2)能以重现的方式把微升级体积的样液注入载流中而不干扰后者的流动;把其他副液流注入主液流中亦应如此。

(3)流通检测器能以快速、灵敏和重现的方式响应被测物的浓度。要完全达到这几点是难于办到的。只能根据具体情况权衡,采取折中的方案。

流动注射分析中每次注入的试样体积从20到200 μL(通常是30 μL)。完成每一测定一般只需少于500 μL的试剂溶液。试剂消耗也常较手工法减少1~2个数量级。分析速度一般每小时可达100~200个试样,而分析精度却常常优于手工操作。以最常用的光度法为例,在正常的测定浓度范围内相对标准偏差(RSD)一般小于2%,小于1%的实例也不罕见,即使对于那些包括比较复杂的样品在线处理过程,如在线离子交换、在线溶剂萃取、在线吸附萃取以及在线共沉淀、在线高倍稀释等操作的流动注射分析体系,其分析的RSD也只在2%左右。流动注射法具有分析速度快、消耗样品试剂少、操作简便、精度好等,体系优良性能的原因在于其引入样品的特殊方式,以及充分利用了由于这种方式所形成的流动载流中样品的特殊状态。在流动注射分析中界限分明的一定体积的样品以塞子的状态在瞬间以高度重现的方式被注入连续流动的载流中。这种方式从根本上区别于其他溶液自动分析技术之处,在于充分利用了在细管道中被注入连续流动液体流中的塞状样品的分散(即物理混合)过程的高度重现性而不是去追求均匀的混合状态。

7.2 流动注射分析仪的重要组成部分

7.2.1 推进系统

一般采用蠕动泵来推进液流，构造良好的泵能以稳定的速度将载流抽吸到管道中，使之保持一定的流速在体系中流动。蠕动泵特别适合于同时推动多道液流，并根据各管道直径的大小而得到相等或不同的流速。另一个优点是可以随时启闭，因而能够精确地控制所有液流的运动，这在停流法或间歇泵技术中尤其有用。也可利用压缩空气来推进载流。来自压缩空气钢瓶或空气压缩机的气体，通过精密的减压阀使压力降低到 30 kPa，然后用来推进管道中的液流。其优点是能够提供完全没有脉冲的流动，但只能用于简单的流动注射体系中。

7.2.2 注射系统

试样的注射手段是流动注射体系中最薄弱的环节。早期曾使用注射器注射，后来改用阀注射。前者是用注射器以短促的动作把试样注入载流中，这相当于脉冲注射，现已被淘汰；后者接近于塞式注射，这是一种既能够重现地把一定体积的试样溶液完整地插入流动的载流中，而又不干扰载流流动的注入方法。目前流动注射体系中普遍采用旋转进样阀来进样。

阀注射的缺点是旋转元件在使用过程中会逐渐磨损，而且在进样时，一部分试液空流成废液，为了克服这些缺点，一些新的进样方式正在发展中。

7.2.3 盘管和管道

盘管由适当长度的聚四氟乙烯管绕成直径为 1 ~ 2 cm 的螺旋圈形。管内径为0.5 mm，高分散度用 0.75 mm 的内径，低分散度则用 0.3 ~ 0.4 mm 的内径。在整个体系中，应保持管道内径均一。在严格要求的流动注射体系中，各组合部件之间均用标准的液相色谱接头进行连接。

7.2.4 检测器

流动注射分析的一个突出的特点是适应性广。紫外和可见吸光光度法、荧光光度法、化学发光法、原子吸收法、离子选择极法、伏安法和极谱法等都已成功地被用做流动注射分析的检测手段。最常用的检测器是比色计和分光光度计。这类检测器使用的一种 Z 字形流通液槽如图 7.4 所示。液槽主体 B 由聚四氟乙烯制成，光腔的两端用光学玻璃或石英玻璃 A 封闭，形成长 10 mm，宽 1.5 mm 的光程，C 为外壳。液流从底部流入，有利于消除夹留的空气气泡。

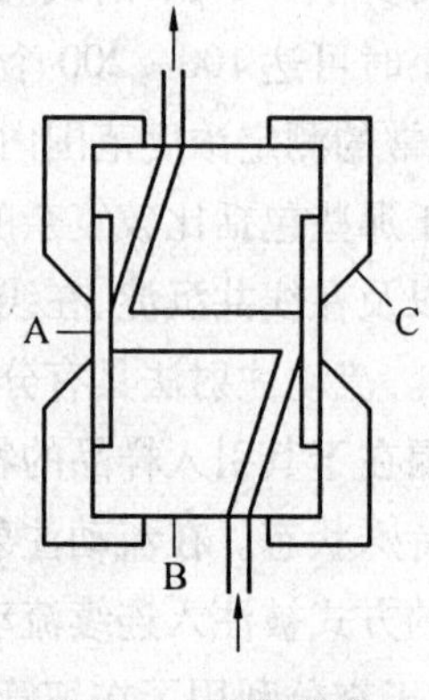

图 7.4 流通液槽

7.3 流动注射分析实验装置

流动注射分析实验装置采用单流路 FIA 系统，试样切换通过电磁阀控制，系统原理如图7.5所示，面板布置如图7.6所示。机械部分由蠕动泵、三通和电磁阀组成。三通和电磁阀构成了采样系统。

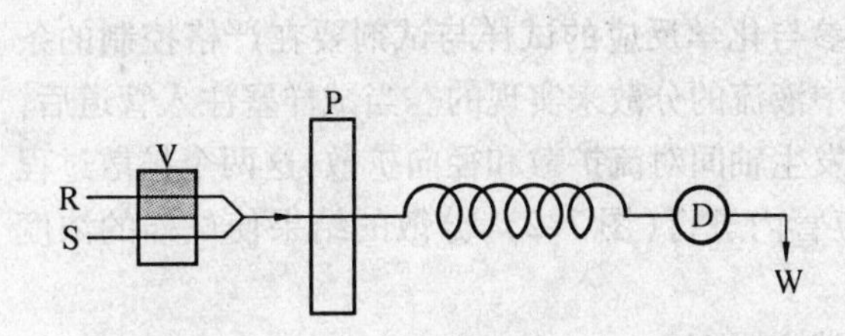

图7.5 FIA 系统原理

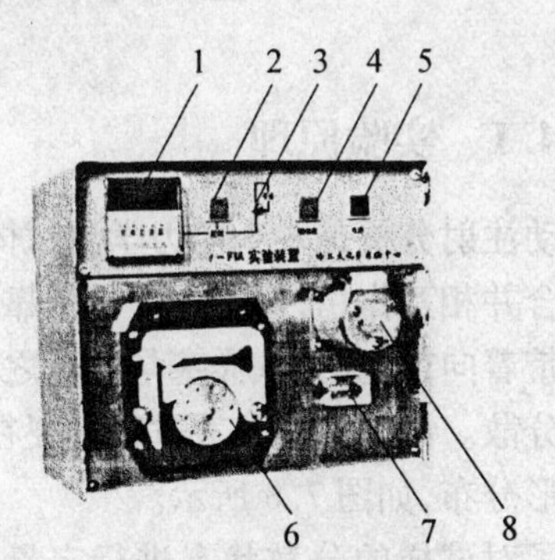

图7.6 流动注射分析仪

1—定时器;2—触发开关;3—选择开关;4—蠕动泵开关;5—电源开关;6—蠕动泵;7—三通;8—电磁阀

电磁阀采样原理如图7.7所示。载液S连续推动载流向前流动，试样R在定时器的控制下间歇地将一定体积的试样(或试剂)注入载液中，试样塞到达检测器D被检测出，此方法用进样时间来控制进样量。采样与注入过程用电磁阀自动切换，可靠程度高、寿命长，适合于工业在线分析。

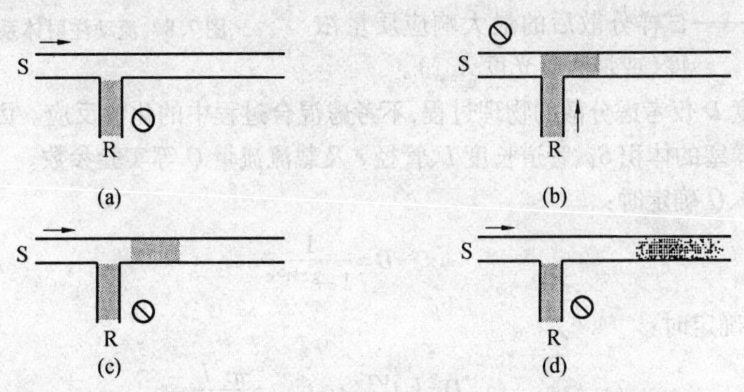

图7.7 电磁阀采样原理示意图

仪器的使用方法如下：

(1)打开流动注射分析仪的电源开关5及蠕动泵开关4，冲洗管路。如果使用分光光度计作检测器，在通载液S的情况下调整分光光度计的零点及满量程点。

(2)电磁阀8的控制由定时器1、触发开关2和选择开关3共同完成。选择开关3的上、中两档是手动状态，上档为载液S截止、注入试剂R流通的状态，中档为注入试剂R截止、载液S流通的状态。

(3)选择开关3的下档是定时状态，此时由定时器确定采样时间(定时器调节好后一般不再动),在触动触发开关后,电磁阀将切换到载液 S 截止、注入试剂 R 流通的状态,并在由定时器确定的采样时间内保持此状态。其余时间为注入试剂 R 截止、载液 S 流通的状态。

(4)每次实验结束后,要将蠕动泵的泵管释放开,以免泵管长时间受压而失去弹性。电磁阀的夹管长期受压会失去弹性,因此使用一段时间要及时更换位置。

7.4　实验二十六　流动注射分析分散度的测定

7.4.1　实验原理

流动注射分析是一个动力学测试体系,参与化学反应的试样与试剂要在严格控制的条件下混合并相互作用,这一过程是依靠管道中液流的分散来实现的。当试样塞注入管道后,被载流带着向前流动,试样塞与载流之间将发生轴间对流扩散和径向扩散,这两个扩散过程总称为分散。试样塞的分散过程主要在反应管内进行(图 7.2),分散的结果使试样的浓度呈现峰形分布,如图 7.8 所示。

为了对试样的分散状态进行定量的描述,引入分散系数的概念,即分散度,用符号 D 表示,其计算公式为

$$D=\frac{c_0}{c_{\max}}=\frac{A_0}{A_{\max}}$$

式中　D——分散度;

c_0——试样的原始质量浓度(或原始吸光度 A_0);

$c_{\max}$——试样分散后的最大响应质量浓度(或最大吸光度 $A_{\max}$)。

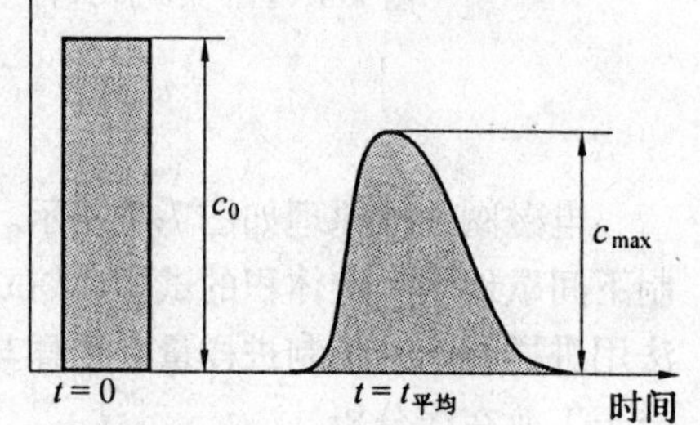

图 7.8　流动注射体系中的分散度

分散度 D 仅考虑分散的物理过程,不考虑混合过程中的化学反应。因此分散度的大小取决于试样塞的体积 S_V、管道长度 L、管径 r 及载流流量 Q 等实验参数。

当 L、r、Q 确定时:

$$D=\frac{1}{1-\mathrm{e}^{-k_1 S_V}}$$

当 S_V 确定时:

$$D=k_2 t_{平均}^{1/2},\quad t_{平均}=\frac{\pi r^2 L}{Q}$$

式中　k_1、k_2——常数;

$t_{平均}$——平均存留时间。

7.4.2　实验内容

在实验前要仔细阅读 FIA 分析仪的使用方法与注意事项,按图 7.5 组装好系统,检测器用分光光度计。

实验所用反应管长度 L=80 cm,内径为 0.7 mm。

1. 配置溶液

配制0.4 mg/L的$K_2Cr_2O_7$溶液作为试样R;采用去离子水直接做载液S。

2. 测定

(1)打开流动注射分析仪的电源开关及蠕动泵开关,冲洗管路。用载液S调整分光光度计的零点及满量程点。

(2)采用手动方式直接注入试样R,在波长为422 nm下测定其吸光度A_0。

(3)冲洗管路,然后在定时方式下将试样R以试剂塞的形式注入FIA系统流路中,测量其吸光度A_{max}。

(4)改变定时器的时间设定(即改变采样体积S_V),在0.5~3 s范围内测定6个不同时间时的吸光度。

(5)计算分散度,验证分散度D与试样体积S_V的定量关系。作出D与S_V的关系曲线。

7.5　实验二十七　锅炉水中PO_4^{3-}含量的测定

本实验模拟电厂锅炉给水过程水中PO_4^{3-}含量的连续自动在线监测系统。采用反向流动注射分析(r-FIA)方法,测定锅炉水中PO_4^{3-}的含量。

7.5.1　实验原理

在一定酸度条件下,磷酸盐与钼酸盐和偏钒酸盐反应生成黄色的磷钒钼酸(俗称磷钒钼黄)。其反应式为

$$2H_3PO_4+22(NH_4)_2MoO_4+2NH_4VO_3+23H_2SO_4 \longrightarrow$$
$$P_2O_5 \cdot V_2O_5 \cdot 22MoO_3 \cdot nH_2O+23(NH_4)2SO_4+(26-n)H_2O$$

反向流动注射分析(r-FIA)的特点是将试样(本实验是锅炉水)作为载液S,而显色剂作为注入试剂R(参见图7.7)。这种分析方法适用于试样大量而廉价的场合,有助于节省试剂。由于待测试样处于不断更新中,因此可以实现试样的实时监测,无时间滞后效应。

7.5.2　实验内容

在实验前要仔细阅读附录中关于FIA分析仪的使用方法与注意事项,按图7.5组装好系统,检测器用分光光度计。

实验所用反应管长度L=200 cm,内径为0.7 mm。

1. PO_4^{3-}标准溶液

取质量浓度为1 000 mg/L的PO_4^{3-}储备液,配制100 mL质量浓度为100 mg/L的PO_4^{3-}标准溶液。

取上述标准溶液在四只100 mL比色管中分别配制质量浓度为5 mg/L、10 mg/L、15 mg/L和20 mg/L的工作溶液。

2. 显色剂

分别称取0.75 g偏钒酸铵溶于60 mL水中,12.5 g钼酸铵溶于200 mL水中。充分溶解后将溶液合并,加入55 mL浓H_2SO_4,定容至500 mL。此溶液含2.5%钼酸铵和0.15%偏钒酸铵,酸度约为2 mol/L。

3. 测定

测定时待测试样作为载液 S，而显色剂作为注入试剂 R。进样时间 0.8 s，测定波长为 400 nm。

(1)打开流动注射分析仪的电源开关及蠕动泵开关，冲洗管路。用载液 S 调整分光光度计的零点及满量程点。

(2)分别测定不同浓度 PO_4^{3-} 标准溶液的吸光度值，每一试样测 3～5 次取平均值。作出标准工作曲线，用最小二乘法计算出线性方程式和相关系数。

(3)测定未知质量浓度的 PO_4^{3-} 溶液。

7.5.3 思考题

1. 如何配制质量浓度为 1 000 mg/L 的 PO_4^{3-} 标准储备液？

2. 流动注射分析的主要特点是什么？

第8章　环境物质的物理化学性质

8.1 浊　度　计

浊度计(德国夸克 PcCOUPACT,便携浊度测定仪)是依据混浊液对光的散射或吸收的原理制成的测定水体浊度的专用仪器。

8.1.1　浊度仪结构与工作原理

1. 浊度仪结构

浊度仪的组成:主体为光源接收部分、系列标样瓶和测样瓶组成,如图 8.1 所示。

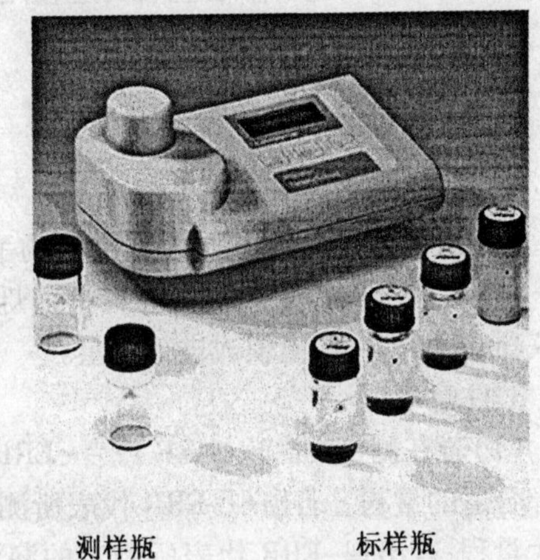

图 8.1　浊度计

2. 浊度仪工作原理

浊度是用一种称作浊度计的仪器来测定的。浊度计发出光线,使之穿过一段样品,并从与入射光呈 90°的方向上检测有多少光被水中的颗粒物所散射。这种散射光测量方法称作散射法。任何真正的浊度都必须按这种方式测量。浊度计既适用于野外和实验室内的测量,也适用于全天候的连续监测。可以设置浊度计,使之在所测浊度值超出安全标准时发出警报。

浊度也可以通过利用色度计或分光光度计测量样品中颗粒物的阻碍作用造成的透射光强衰减程度来估计。然而,管理机构并不承认这种方法的有效性,这种方法也不符合美国公共卫生协会对浊度的定义。

利用透光率测量容易受到颜色吸收或颗粒物吸收等干扰的影响。而且,透光率和用散射光测量法测得的结果之间并无相关性。尽管如此,在某些时候色度计和分光光度计的测量结果可以在水处理系统或过程控制中用于测定浊度的大幅度变化。

8.1.2　浊度仪使用

1. 测定

(1)将待测液体加入到测样瓶中,并超过白线,盖好瓶盖。

(2)用镜头纸擦去瓶壁上的手印并擦干水分,然后将测样瓶放入测量舱中,盖好舱盖。

(3)轻按一下“on/off”键进入测量模式,液晶屏上显示 E1。

(4)按“mode”键选择量程(连续按下“mode”键量程从 E1-E2-E3-E4-E1 循环切换)。各量程测定范围如下:

E1—0 ~2 NTU;

E2—2 ~ 20 NTU；

E3—20 ~ 200 NTU；

E4—200 ~ 2 000 NTU。

(5)轻按“zero/test”键,此时屏幕闪烁,并最后给出测量结果,无需换算直接记录即可。

2. 校准

(1)双手操作,左手一直按下“mode”键不松手,然后右手轻点一下“on/off”键,右手离开按键后,左手再继续按住“mode”键大约 2 ~ 5 s,然后释放,此时进入校准模式,液晶屏上显示 CAL E1。

(2)按“mode”键选择量程(连续按下“mode”键量程从 CAL E1-CAL E2-CAL E3-CAL E4-CAL E1 循环切换)。各量程对应使用的标样如下：

E1—1 NTU;

E2—10 NTU；

E3—100 NTU；

E4—1 000 NTU。

(3)选择对应的标样,拭去样壁上的手印,将标样放入测量舱内,盖好舱盖。

(4)轻按“zero/test”键,此时屏幕闪烁,并最终出现两个冒号,此时代表校准完毕,可关闭仪器,并切换到测量模式进行测量。

3. 注意事项

(1)若在测量中出现+ERR 或者-ERR 的提示,则代表测定量程选择不正确,需要重新选择合适的量程。若出现+ERR 代表所测定的溶液超出了所使用的量程的测定范围,需要增大量程;若出现-ERR 代表所测定的溶液超出了所使用的量程的测定范围,需要减小量程。

(2)绝对禁止将样品盖打开,否则标样将失效。

(3)标样瓶及测样瓶均为贵重商品,需轻拿轻放,在擦拭手印及水分时需小心,避免划出伤痕,损坏附件,影响测量。

(4)要注意防水,避免将水分带入测量舱,影响测定。

(5)要严格按照操作规程操作,防止连续按键,以避免关机。

8.2 颗粒计数器

9703 型颗粒计数器系统包括颗粒计数器和计算机。颗粒计数器是一套高集成、多功能的液体微粒计数系统,该系统操作简便、功能齐全,广泛用于检测各种超纯液体中的不溶性污染微粒,如溶剂、化学品、脱离子水、超纯水和大小注射液等。

8.2.1 颗粒计数器结构与工作原理

1. 颗粒计数器结构

(1)颗粒计数器组成

颗粒计数器由计数器(9064 型)主机、取样器(3000A)及光阻法激光传感器(HRLD-400)三部分集成,如图 8.2 所示。

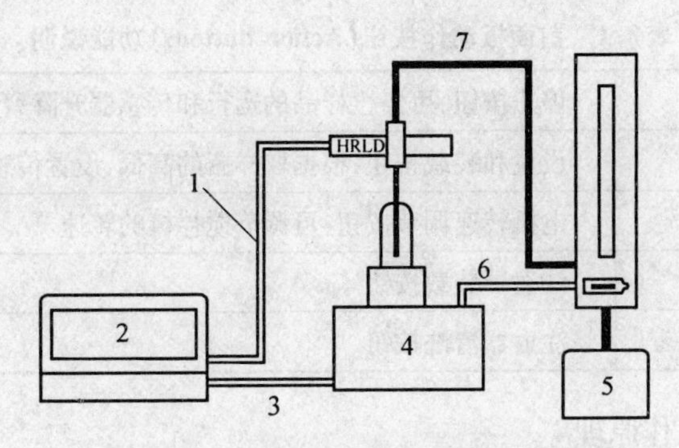

图 8.2　颗粒计数器结构示意图

1—传感器;2—计数器;3—取样传感器;4—取样器;
5—排水箱;6—瞄准管传感器;7—采样线

(2)液体颗粒计数器 9703 型外形图,如图 8.3 所示。

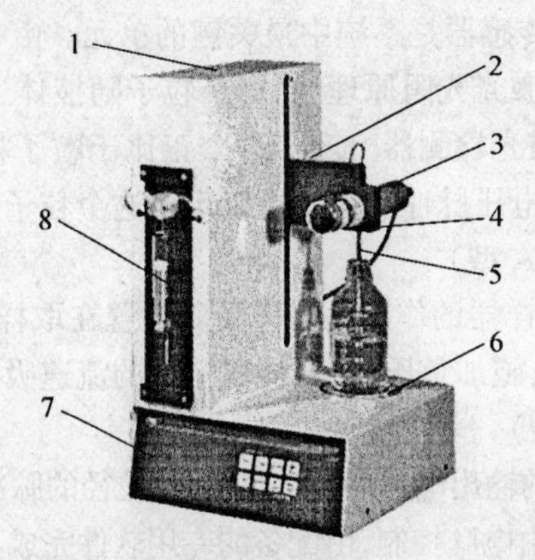

图 8.3　液体颗粒计数器 9703 型外形图

1—9703 型颗粒计数器外壳;2—传感器安装块;3—传感器的连接装置;4—传感器夹块;5—传感器探头;6—采样目标;7—仪器前面板;8—注射器

(3)仪器前面板,如图 8.4 所示。

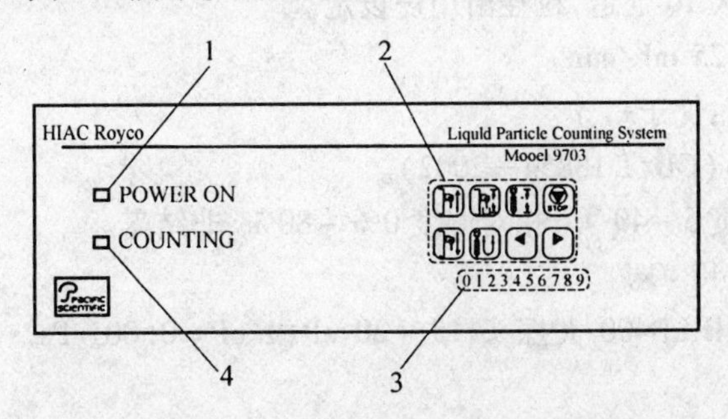

图 8.4　前面板 HIAC 9703 液体颗粒计数系统

1—绿色 LED 状态指示灯(电源打开);2—动作按钮;
3—搅拌指标;4—黄色 LED 状态指示灯(计数状态)

表 8.1　前面板动作按钮(Action buttons)功能说明

STOP	停止按钮:可停止样品的运行和传感器升降臂的动作
SET and LOAD	设置和装载按钮:根据取样瓶的高低,设置传感器升降臂的位置
SLOW and FAST	电机转速调节按钮:可调节搅拌棒的转速
SYRINGE LOAD	注射器装载按钮
SYRINGE CLEAN	注射器清洗按钮

2.颗粒计数器的工作原理

颗粒计数器是将激光传感器获取的粒子信号转变成电压脉冲,由于在一定的范围内脉冲的峰值正比于颗粒体积,因此利用电子学方法对一系列的脉冲进行度量和计数,即可统计出粒度分布以及真实颗粒大小的数量。

(1)激光光阻法传感器

HRL0-400 激光光阻法传感器是系统中最关键的单元。由它感知颗粒(不溶性微粒)的数量和微粒的大小。它采用激光光阻原理,当每个粒子随液体通过被激光均匀照明的感知区时,粒子对激光的阻挡将在光检测器上产生一个正比于粒子投影面积的电压脉冲。一个脉冲纪录一个粒子。同时由电压脉冲的高度可以定出这个粒子的等效粒度。

(2)注射器取样器(3000A 型)

注射器取样器 3000A 取样器的作用是将样品瓶放置在取样平台上,通过内置的精确步进马达拉动专用取样注射器,施加负压,将试样以特定的流速吸入传感器中去进行感测。

(3)计数器主机(9064 型)

计数器主机接收传感器的输出电脉冲,将代表不同粒径的脉冲分配到不同的通道中,分别进行计数。9064 计数器主机由电脑控制,由配备的专用软件完成不溶性微粒检测和分析。

8.2.2　仪器的技术指标

①测量范围:2 ~ 300 μm。

②最大浓度:18 000 粒/mL。

③测量通道:最大 16 通道,粒径由用户设定。

④取样速度:5 ~ 25 mL/min。

⑤取样体积精度:优于±1%。

⑥分辨率:<10%(GB/T 18854—2002)。

⑦运行环境:温度 5 ~ 40 ℃,相对湿度 0% ~ 80%,非结露。

⑧进样温度:5 ~ 40 ℃。

⑨黏稠度限制:HRLD400 大探头 15 ~ 20 cP(1 cP = 0.001 Pa · s);HRLD400 小探头 10 ~ 20 cP。

8.2.3　仪器的使用

(1)系统设置

系统设置主要包括检测次数设置、检测通道设置、样品信息设置。设置完毕将系统自动保存直到下次更改。

检测次数设置：一般选择三次。在这种设置下仪器将对样品自动检测三次，计数结果为后两次的平均值。

检测通道设置：

①输入通道名和要使用的频道数（PharmSpec 软件支持 16 频道）。

②输入测量范围。

③选择频道间隔（可选线性间隔、对数间隔、手动设定间隔），手动设定间隔用［Tab］切换。

④点击保存。

（2）仪器的清洗

测样前和测样结束后一定用去离子水清洗仪器。清洗操作包括注射式取样器的冲洗、颗粒传感器正冲洗和反冲洗。

反冲洗：可以清空管路存液将传感器狭缝的堵塞排除，清除狭缝中的异物，由于此项操作使溶液从管路、传感器返回到检测杯，所以应更换空液杯。

（3）操作步骤

①将检测杯及搅拌转子反复冲洗干净后，加入 200 mL 去离子水置于取样头下。

②打开计算机，稍后打开 9703 液体颗粒计数器，待注射器复位后打开主菜单，进入样品控制菜单。检测前对仪器连续清洗五次。

③根据检测要求进行通道设置、检测设置、搅拌转子转速调整等，调整搅拌器的转速以不搅起气泡旋涡为宜。

④检测将根据设置的检测次数连续进行测试，每检测一次结束，屏幕显示出通道积分、微分的数值，并显示检测的平均值，检测结束后，可进行数据查询或结果打印。

⑤检测完毕后，必须用离子水将传感器及测试系统冲洗干净，并保持干燥，然后关闭颗粒计数器。

颗粒计数的准确性在很大程度上依赖于颗粒计数器的正确操作技术。只有正确使用颗粒计数器，才能减小计数误差，提高数据的重复精度，延长仪器的工作寿命。

8.3　实验二十八　水的浊度和悬浮固体的测定

许多江河在雨季由于地面泥沙和各种污染物被雨水冲刷，使水中悬浮物大量增加。地面水因存在悬浮物而使水体混浊，降低透明度，可能会影响水生生物的呼吸和代谢，甚至造成鱼类窒息死亡。悬浮物多时，还可能造成河道阻塞。许多江河由于水土流失使水中悬浮物大量增加。造纸、皮革、选矿、湿法粉碎和喷淋除尘等工业操作中会产生大量含无机、有机的悬浮物废水。因此，在水和废水处理中，测定悬浮物具有特定的意义。

浊度是表现水中悬浮物对光线透过时所发生的阻碍程度。水中含有泥沙、黏土、有机物、无机物、浮游生物和其他微生物等悬浮物质和胶体物都可使水中呈现浊度，可使光散射或吸收。

8.3.1 实验原理

悬浮固体是指对水体过滤后,剩留在滤料上并在103~105 ℃烘至恒重的固体物质。测定方法是用0.45 μm滤膜过滤水样,将残留在滤膜上的物质与滤膜一起烘干,称重。所称质量减去滤膜质量,所得即为悬浮固体(不可滤总残渣)的质量。

水中浊度大小不仅与水中存在颗粒物含量有关,而且与其粒径大小、形状、颗粒表面对光的散射性有密切关系。

测定浊度则可用目视比色法、分光光度法和浊度计法。浊度计法是依据混浊液对光的散射或对透射光的吸收程度来测定水体的浊度值。浊度计使用方便,并且可以用于水体浊度的连续自动测定。

8.3.2 特别指导

样品应收集在具塞玻璃瓶内,在取样后尽快测定。如需保存,则在暗处、4 ℃下冷藏保存,可保存24 h。测试前要激烈振摇水样并恢复到室温。

①测定浊度时要注意保持样品室干燥,每次样品池装液后,将池外用滤纸吸干,以免仪器被损坏。

②测定悬浮固体时过滤前后的滤膜一定要在103~105 ℃下烘干,通过反复称量得出三次数据,达到平衡稳定后方可使用。

8.3.3 实验内容

1.浊度的测定

(1)标准悬浮液的配置

称取硫酸联氨($H_4N_2H_2SO_4$,硫酸肼,AR级)1.00 g于水中溶解,置于100 mL容量瓶中稀释至刻度,标记为溶液A。

称取六次甲基四胺($C_6H_{12}N_4$,六甲撑四胺,AR级)10.00 g于水中溶解,置于100 mL容量瓶中稀释至刻度,标记为溶液B。

分别取5 mL溶液A和5 mL溶液B于100 mL容量瓶中混匀,在25±3 ℃的环境中静置24 h后稀释至刻度。此溶液即为浊度值等于400的标准溶液(有效期冬季30天,夏季7天,可放在冰箱中保存)。

如果用其他浊度标准溶液,即可采用400标准浊度的溶液稀释,达到所需浊度。

(2)样品测定

①接通仪器电源,按下电源开关“POWER”,预热30 min。

②按下“LAMP”开关,此时屏幕有数字显示。

③将“零浊度水”装入样品池,插入样品室,卡紧底座,盖上盖,调节“ZERO”旋钮,至显示“00”取出零浊度水。

④将“标准溶液”装入样品池,插入样品室,卡紧底座,盖上盖,调节“STANDARO”旋钮,使显示数与标准液值相同,取出标准液。

⑤将待测样装入样品池,插入样品室,卡紧底座,盖上盖,此时数值即为样品浊度值。

(3)记录数据

2. 悬浮固体的测定

(1)实验操作

①将滤膜放在称量瓶中,打开瓶盖,放在烘箱中调节温度至103~105 ℃烘干2 h后取出,放在干燥器内冷却至室温。

②称量滤膜,然后再次烘干、称重,直至恒重(两次称量相差小于0.005 g)。记录其质量 W_0。

③安装过滤装置,将恒重的滤膜放到玻璃漏斗中。用100 mL量筒取均匀适量的水样(使悬浮物质量大于2.5 mg),过滤。最后用蒸馏水洗涤取样量筒,使残渣全部洗入漏斗中。

④过滤完毕取下漏斗中的滤膜,放在原称量瓶内,在103~105 ℃下烘干2 h,取出放入干燥器中冷却至室温,称重,直至恒重为止,记录其质量 W。

(2)数据处理

$$悬浮固体(mg/L)=\frac{W-W_0}{V}\times 1\ 000$$

式中　W——悬浮固体+滤膜及称量瓶质量,g;

W_0——滤膜及称量瓶质量,g;

V——水样体积,mL。

8.3.4　思考题

1. 悬浮物和浊度是怎样定义的?

2. 采集水样如不立即进行测定应怎样保存?

8.4　实验二十九　水中污染颗粒大小及数量的测定

水中污染颗粒数量是水质指标检测之一。通过本实验的学习,掌握水中颗粒大小及数量测定原理和方法。

水中颗粒检测方法有很多,现已研制并生产了基于各种工作原理的分析测量装置。颗粒检测方法基本上分为两类:间接测定方法和直接测定方法。间接测定方法一般利用颗粒物质的某些特征,通过测定反应水中颗粒物质或絮凝体的大小、沉降性能、脱水性能等参数来确定颗粒物质的粒径及其变化情况,如目测法、烧杯实验法、浊度法、沉降速度法等。直接测定方法主要利用一些方法直接测定颗粒的大小,如筛分法、显微镜法、电阻法(库仑计数法)、光阻法以及其他各种颗粒计数方法等。在水处理领域中,应用最多的主要是光阻法的颗粒计数检测技术。

8.4.1　光阻法检测原理

1. 光阻法检测的工作原理

光阻法检测的工作原理如图8.5所示。

它的基本原理是:激光光源发出平行光束穿过传感器检测区照在光电接收器上,光穿过传感器检测区在光电接收器靶面上的投影面积为 A,检测区中液体流动的方向与光束垂直,当液流中不含颗粒时,经光电转换后电路输出为 E(10 V)的电压,当液流中含有一个在光电接收器靶面上的投影面积为 a 的颗粒通过传感器检测区时，由于颗粒遮挡了部分光线，光电接收器上接收到的光强度衰减，经光电转换后电路输出一个幅度为 E_0 的负脉，即

$$E_0=-\frac{a}{A}E$$

用等效直径 d 描述该颗粒，则

$$E_0=-7.85\frac{d^2}{A}$$

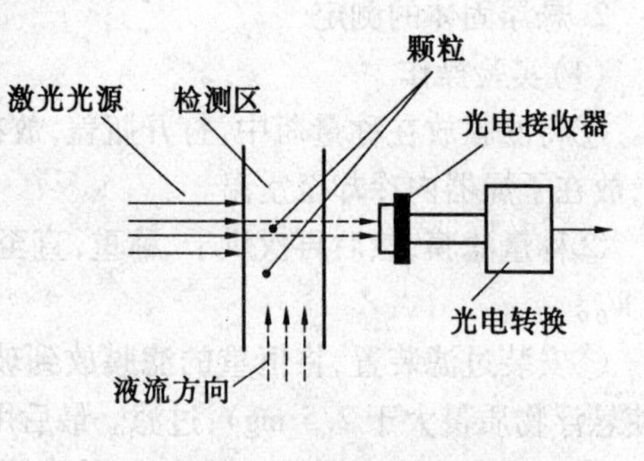

图 8.5　传感器光路示意图

2. 颗粒计数器的组成及工作原理

本实验使用 9703 型液体颗粒计数器为光阻法的颗粒计数器，主要由取样器、光阻法颗粒传感器、计算显示系统三部分组成。其工作原理是：当被测液样沿垂直方向均匀地流经颗粒传感器窗口时，颗粒传感器的光源发出的平行光束通过传感器的窗口射向光电二极管，二极管将接收的光信号转换为电信号，经前置放大器传输到计数器。当流经传感器窗口的油液中没有颗粒时，前置放大器的输出电压为一定值。当样液中有颗粒进入传感器窗口时，一部分光被颗粒遮挡，光电二极管接收的光量减弱，于是输出电压产生一个脉冲。由于被遮挡的光量与颗粒的投影面积成正比，因而输出电压脉冲的幅值直接反映颗粒的尺寸，通过累计输出电压脉冲的个数，即可得到不同尺寸颗粒数目。

不同粒径的颗粒物数目用不同的测量频道获得，颗粒物计数器的测定结果直接反映了颗粒物的物理参数，即颗粒物的总量（个/mL）和粒径分布（给定分类尺寸的数量）。

8.4.2　特殊指导

（1）样液的颗粒浓度必须低于厂家所推荐的传感器浓度极限值的 50%，如果不能确定这一点，可以先取出一部分样液，然后按一个比较高的稀释比，例如 20∶1 将其稀释。通过分析该稀释液就可以确定样液能否直接分析以及最佳稀释比是多少。

（2）测样过程中，出现浓度超标提示时，应立刻停止进样，并进行仪器的清洗。

8.4.3　实验内容

1. 仪器与试剂

9703 型颗粒计数器、去离子水、镊子、烧杯、锥形瓶、磁力搅拌棒。

2. 样液准备

（1）对清洁透明的水样取 100 mL，直接利用颗粒计数器进行分析。

（2）样液浊度较大，或者黏度、颗粒污染度较大时，不要直接在颗粒计数器上进行计数，而应先进行稀释。稀释后的样液可直接在计数器上进行分析，所得计数结果乘以稀释比后才是样液的实际污染颗粒数。

（3）由于稀释过程易引起较大的计数误差，所以必须在干净的环境中进行稀释，而且稀释样液所用仪器必须根据 ISO3722 进行彻底清洗。

3. 参数设置

参数设置包括样品信息的设置、通道设置、测量范围设置。

4. 仪器清洗

测样前、测样结束一定用去离子水清洗仪器。清洗操作包括注射式取样器的冲洗、颗粒传感器的冲洗。

5. 水样分析

(1)将检测杯及搅拌转子反复冲洗干净后,加入 200 mL 去离子水置于取样头下。

(2)在分析前,应先用少量被测样液冲洗传感器至少两次。

(3)未上机前将待测样品混匀(不允许产生气泡),打开瓶盖倒掉少许冲净瓶口,再取少量待测液清洗检测杯,冲洗搅拌转子,然后向冲洗后的检测杯注入待测样品,一般取 100 mL 以上样液置于取样头下面,静置片刻待气泡消失后再进行检测。

(4)每种样液应至少计数 3 次,最小尺寸的颗粒计数误差应小于 10%,否则应分析误差产生的原因,采取相应措施后重新计数。

(5)实验完毕后,用去离子水冲洗传感器及其他相连管路,最好能达到系统清洁度要求。

6. 结果记录

8.4.4　思考题

1. 颗粒计数器的测量原理是什么?

2 测样前应注意哪些问题? 对浊度大的样液应如何处理?

8.5　实验三十　有机物质挥发速率的测定

很多有机污染物特别是低相对分子质量及高蒸气压的有机化合物,以及一些高相对分子质量而溶解度很小的有机农药等,在它们进入水体后,会很快从水体中挥发进入大气。因此,测定或预测苯(或间二甲苯)的挥发速率,将为它们在环境中的归趋提供重要依据。

8.5.1　实验原理

水体中有机污染物的挥发速率符合一级动力学方程,即

$$-\frac{\mathrm{d}[c]}{\mathrm{d}t}=K_v[c] \tag{8.1}$$

式中　K_v——挥发速率常数;

c——水中有机物的浓度;

t——挥发时间。

有机物在环境中的挥发速率除与本身的物理性质有关外,还与空气流动、环境温度及溶液黏度等因素有关。因此,大都采用参考物对比的方法以消除化合物本身性质以外各种因素的影响。测定有机污染物挥发速率的方法很多,主要以双膜理论为基础,C. T. Chiou 通过实验室模拟,从物理化学的角度出发,提出了一种详细描述有机物在环境中挥发速率的模式,其挥发速率归纳为如下方程式

$$Q=\alpha\beta P\left(\frac{M}{2\pi RT}\right)^{1/2} \tag{8.2}$$

式中 Q——单位时间、单位面积的挥发损失量；

α——有机物在该液体表面的浓度(c^*)与在液体相本体浓度(c)的比值,$\alpha \leqslant 1$；

β——与大气压及空气湍流有关的挥发系数,它表示在一定的空气压力及湍流的情况下,空气对该组分的阻力；

P——有机物在该温度时的分压；

M——有机物的摩尔质量；

R——气体常数；

T——绝对温度。

根据亨利常数的定义 $H=P/C$ 代入式(8.2)得到

$$Q=\alpha\beta H\left(\frac{M}{2\pi RT}\right)^{1/2} c=Kc \tag{8.3}$$

因而

$$K=\alpha H\left(\frac{M}{2\pi RT}\right)^{1/2} \tag{8.4}$$

式中 K——有机物的传质系数。

由于挥发过程可用一级反应动力学方程描述,因此有机物挥发一半所需的时间为

$$t_{1/2}=\frac{0.693}{K_v} \tag{8.5}$$

方程式(8.3)、(8.4)中的 K 与挥发速率常数 K_v 之间有如下关系

$$K=K_vL \tag{8.6}$$

式中 L——液体的深度。

式(8.6)也可表示为

$$K_v=\frac{K}{L}=\frac{\alpha\beta H\left(\frac{M}{2\pi RT}\right)^{1/2}}{L}$$

因此,某化合物在温度、溶液浓度一定时,它的挥发速率仅与 α、β 值有关,所以只要测出 α、β 值,知道有机物浓度就可以预测该有机物在进入环境后的挥发速率。

α 和 β 值的测量分下述两种情况讨论:

1. 纯物质的挥发

对于纯物质没有浓度梯度存在,所以 $\alpha=1$,$P=P_0$(P_0 为纯物质的饱和蒸气压)。此时 $Q=\beta P_0\left(\frac{M}{2\pi RT}\right)^{1/2}$,得到

$$\beta=\frac{Q}{P_0\left(\frac{M}{2\pi RT}\right)^{1/2}} \tag{8.7}$$

因而可以从纯物质的挥发损失定出各种化合物的 β 值。在真空中 $\beta=1$,在空气中,由于空气阻力,$\beta<1$。

2. 稀溶液中溶质的挥发

在这种情况下,关键在于 α。因为 β 值与纯物质相同,如果溶质的挥发性较小,$\alpha=1$;如果溶质挥发性较高,有机物在液体表面浓度(c^*)与在液体相本体浓度(c)相差较大,$\alpha<1$。

这时要从式 $Q=\alpha\beta H\left(\frac{M}{2\pi RT}\right)^{1/2}c$ 出发，可利用从纯物质的测定中获得的 β（保持不变）和此时测到的 Q、c 以及查表得到的 H 值计算出 α。

本实验通过测量苯、间二甲苯的挥发损失量求出 β 值；再通过计算，求得有机物的挥发速率常数 K_v 及 α 值。

8.5.2 特别指导

(1)C. T. Chiou 是在 Kundsen 池实验的基础上得出挥发速率模式的，Kundsen 池的示意图如图 8.6 所示。

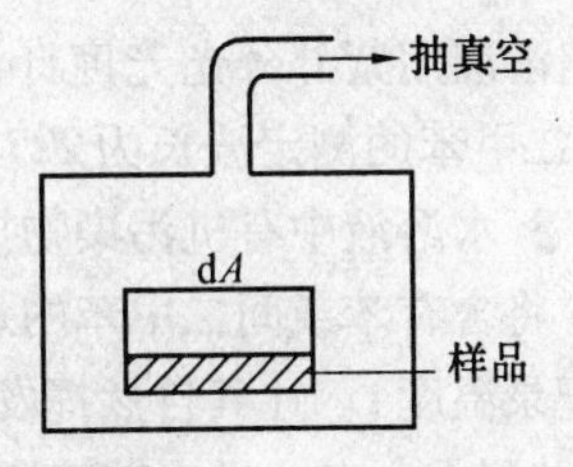

图 8.6　Kundsen 池示意图

在一大容器内有一放置了固态或液态的小容器，小容器上有一小孔，其大小比分子平均自由路程还小，以保持内部蒸气压与 P_0 相一致。选择真空的标准，将大容器抽空。若小孔的面积为 dA，则碰撞到 dA 上的分子都要从此逸出，因而得到分子的隙流速度，即挥发损失 Q，故

$$Q=\frac{P}{(2\pi MRT)^{1/2}}(\text{摩尔}\cdot\text{时间}^{-1}\cdot\text{面积}^{-1})=\frac{P}{\left(\frac{M}{2\pi RT}\right)^{1/2}}(\text{质量}\cdot\text{时间}^{-1}\cdot\text{面积}^{-1})$$

此式即为 Kundsen 方程式。若在敞开体系中挥发，因受到空气及水中湍流的影响，C. T. Chiou就加了两个系数 α 和 β（见方程式(8.2)），成为可应用于环境的模式。

(2)在测定挥发速率时，当温度及相对湿度波动较大时，可关闭天平门，并在较短时间内称量测定。因为短时间内还不能使天平室中化合物的浓度增加很多，因而对挥发速率影响不大。

(3)所用培养皿的大小应随温度、化合物的种类而定，以控制化合物的挥发速度。

(4)测定有机物在水中的挥发速率，还有一些其他方法。其中之一是以双模理论为基础，该理论认为气—液两相界面薄膜对物质从一相转入另一相造成了阻力。在每一相内，组分的挥发速率与它们在组体内和界面处的浓度差或分压差成正比。该方法所用仪器和设备较复杂，因此本实验未采用。

8.5.3 实验内容

1. 纯物质挥发速率的测定

用直径 12 mm、高 10 mm 的不锈钢盘作为样品容器，分别加入足够的待测物质（苯、间二甲苯）以减少器壁高度的影响，将容器置于分析天平上，将天平两边门打开，以免蒸气饱和。每隔 1 min 同时读取质量及时间，共测 10 次。在室内环境温度及相对湿度波动很大的情况下，可将天平的门关闭，在较短的时间间隔内进行测定，因而在天平内物质的挥发还不足以使天平室中化合物浓度达到可观的程度，对挥发速率影响不大。

最后计算出液面的表面积，并记录。

2. 水溶液中有机物挥发速率标准曲线的绘制

(1)苯（或间二甲苯）储备液的配制

于 250 mL 容量瓶内加入 100 mL 左右蒸馏水，再加入 2.5 mL 甲苯（相对密度 0.865）试

剂,剧烈振荡 2 min 使其均匀,然后用甲醇定容配成约 8.65 mg/mL 的溶液。

(2)苯(或间二甲苯)中间液的配制

于 250 mL 容量瓶内加入 100 mL 左右蒸馏水,再加入上述(1)中甲苯储备液 2.5 mL,振摇2 min使其均匀,然后用甲醇定容配成 86.5 μg/mL 的甲醇使用液。

(3)苯(或间二甲苯)标准曲线溶液的配制

分别取上述溶液 0.5 mL、1.0 mL、2.0 mL、3.0 mL、4.0 mL 于 10 mL 容量瓶内,配成 4.33 mg/mL、8.65 mg/mL、17.30 mg/mL、25.95 mg/mL、34.60 mg/mL 的标准系列溶液。将该组溶液用紫外分光光度计测定其吸光度,绘制工作曲线。选择苯的测定波长为 205 nm(间二甲苯的测定波长为 227 nm)。

3. 水溶液中有机污染物挥发速率的测定

将含有苯或间二甲苯的水样溶液倒入直径为 9 cm 的玻璃培养皿内,量出溶液高度 L,并记录温度 t。让其自然挥发,每隔 10 min 取样一次,每次取 2 mL,定容至 10 mL,测定吸光度,共测 6 个点。量出玻璃培养皿的面积。

4. 数据处理

(1)求纯物质的挥发速率 $Q(\mathrm{g/min \cdot cm^2})$

将苯(或间二甲苯)在 t(min)时的挥发损失量 W(g)对 t 作图,由直线斜率得到单位时间内的挥发量 W(g/min),再根据测定的挥发容器的表面积 $A(\mathrm{cm^2})$求出 Q 的平均值。

$$Q(\mathrm{g/min \cdot cm^2}) = \frac{W}{A}$$

(2)求出甲苯(或间二甲苯)的亨利系数 H(dyne · cm/g)

从表 8.1 和表 8.2 的数据作出苯(或间二甲苯)的蒸汽压-温度及溶解度-温度曲线图,用内插法从曲线上找出该化合物在实验温度下的蒸气压 $P(\mathrm{dyne/cm^2})$和溶解度 $S(\mathrm{g/cm^3})$,求得亨利函数

$$H/(\mathrm{dyne \cdot cm/g}) = \frac{P}{S}$$

表 8.2 不同温度下苯、间二甲苯的蒸气压

苯	T/℃	0	10	20	30	40	50	60	65
	p×133.322/Pa	26	46	76	122	184	273	394	463
间二甲苯	T/℃	0	20	45	50	60	70	79.7	80
	p×133.322/Pa	6.5	22	56	93.5	141.5	203	288	292.5

(3)求挥发系数 β 和 α 值

测出化合物挥发速率 Q、相对分子质量 M、饱和蒸汽压 P_0、室温 K 及 R 值(8.314×10^7 ery/mol),代入方程式(8.8),即可求得 β。

将计算得到的 β 和亨利系数 H 代入方程(8.3)得到

$$\alpha = \frac{Q}{\beta H\left(\frac{M}{2\pi RT}\right)^{1/2}}$$

(4)求挥发速率常数 K_v、半衰期 $t_{1/2}$ 和传质系数 K

从工作曲线查得各化合物不同时间在溶液中的浓度,作出 $\ln c-t$ 曲线图,直线的斜率的绝对值即为 $K_v(\mathrm{min}^{-1})$。

将 K_v 值代入方程式(8.5),得到 $t_{1/2}(\mathrm{min})$。

将 K_v 及溶液深度 L 值代入方程式(8.6),得到 $K(\mathrm{cm/min})$。

表 8.3　不同温度下苯、间二甲苯在水中的溶解度

苯	T/℃	5.4	10	20	30	40	50	60	70
	%/(W·W⁻¹)	0.033 5	0.041	0.057	0.082	0.114	0.155	0.205	0.270
间二甲苯	T/℃	0	10	20	25	30	40	50	
	%/(W·W⁻¹)	0.027	0.035	0.045	0.050	0.057	0.075	0.100	

8.5.4　思考题

1. 比较稀溶液中苯和间二甲苯的挥发速率大小,并说明原因。
2. 测定 α、β 值对预测有机化合物在环境中的挥发速率有何意义?

8.6　实验三十一　环境中化合物的辛醇-水的分配系数的测定

环境中各种有机污染物,在不同环境条件下的分配是不同的,有机物在土壤中被吸附,经日光照射、雨水冲刷,可能进行转化和迁移,特别是有机物在生物体中可以被浓缩,进入食物链。因此,我们测定有机化合物在不同环境中的分配系数,对评价有机物在环境中的危险性起着重要作用。

8.6.1　实验原理

正辛醇是一种长链烷烃醇,在结构上与生物体内的碳水化合物和脂肪类似。因此,可用正辛醇-水分配体系来模拟研究生物-水体系。有机物的辛醇-水分配系数是衡量其脂溶性大小的重要理化性质。研究表明,有机物的分配系数与水的溶解度、生物富集系数及土壤、沉积物吸附系数均有很好的相关性。因此,有机物在环境中的迁移在很大程度上与它的分配系数有关。此外,有机药物和毒物的生物活性亦与其分配系数密切相关。所以,在有机物的危险性评价方面,分配系数的研究是不可缺少的。

化合物在辛醇相中的平衡浓度与水相中该化合物非离解形式的平衡浓度的比值,即为该化合物的辛醇-水分配系数,以 P 表示,即

$$P=\frac{[D]_c}{[D]_a} \tag{8.8}$$

式中　$[D]_c$——化合物在非水相中的平衡浓度;

$[D]_a$——化合物在水相中的平衡浓度;

P——分配系数。

为了比较化合物在生物体中的富集情况,一般选用正辛醇(n-Octanol)为非水相,得到化合物的正辛醇-水分配系数 P_{ow}。

由于辛醇中有机物的浓度难以测定,我们只选择测定水中有机物的浓度,根据测定的水相中分配前后有机物的浓度差,确定样品在有机相中分配后的浓度,求得分配系数的计算公式为

$$P_{ow}=\frac{c_oV_o-c_wV_w}{c_wV_o} \tag{8.9}$$

式中　c_o——有机相初始浓度;

c_w——分配平衡后水相浓度;

V_o、V_w——分别为有机相和水相的体积;

P_{ow}——分配系数。

本实验分别选择对二甲苯和萘两种有机物作为实验对象,对二甲苯在 227 nm 波长有吸收峰,萘在 278 nm 波长处有吸收峰,因而可以采用紫外分光光度法测定其水溶液浓度。

8.6.2　特别指导

(1)分配系数的间接测定法。测定有机辛醇-水分配系数的常规方法是摇瓶法,这种方法简便易行,但其缺点是测定大量化合物时费时太多,而且对高脂溶性的化合物测定误差大。通常认为摇瓶法只适用于测定从-5 至+5 以内的 $\log K_{ow}$值。

近年来,国内外的研究者开始采用反相高效液相色谱法间接测定有机物的分配系数。这种方法是利用反相液相色谱系统来模拟正辛醇-水分配体系,在 HPLC 系统中测量出待测物及已知其 $\log K_{ow}$值的参比物的容量因子 K,再根据参比物的 $\log K$-$\log K_{ow}$标准曲线计算待测物的 $\log K_{ow}$。

(2)正辛醇黏度较大,在移取时应让黏在管壁上的正辛醇基本流下为止。

(3)比色皿在使用前后,应用乙醇洗干净,以免残存化合物吸附在比色皿上。

8.6.3　实验内容

1.溶液的制备

(1)对二甲苯标准储备液(8.65 mg/mL)。于 250 mL 容量瓶内加入 100 mL 乙醇,再加入2.50 mL对二甲苯(相对密度 0.865)试剂,振荡 2 min,然后用乙醇定容,配成储备液。

(2)对二甲苯标准使用液(86.5 μg/mL)。于 250 mL 容量瓶内加入 100 mL 蒸馏水,再加入 2.50 mL 对二甲苯储备液,振荡 2 min,然后用乙醇定容。

(3)对二甲苯-辛醇溶液(34.6 mg/mL)。移取 0.40 mL 对二甲苯于 10 mL 容量瓶中,用正辛醇稀释至刻度,配成质量浓度为 34.6 mg/mL 的对二甲苯-辛醇溶液。

(4)萘标准储备液(2 000 μg/mL)。称取 0.200 g 萘,用乙醇溶解后转入 100 mL 容量瓶中,并稀释至刻度。

(5)萘-辛醇溶液(7 000 μg/mL)。称取 0.700 g 萘,用正辛醇溶解后转入 100 mL 容量瓶中,并稀释至刻度。

2.标准曲线制作

(1)对二甲苯标准曲线制作

分别取配好的对二甲苯标准使用液(86.5 μg/mL)1.00 mL、2.00 mL、3.00 mL、4.00 mL和5.00 mL,移入 5 只 10 mL 的容量瓶中,用蒸馏水稀释至刻度,配成质量浓度为

8.65 μg/mL、17.3 μg/mL、25.95 μg/mL、34.6 μg/mL、43.25 μg/mL 的标准溶液系列，摇匀。在 752 型分光光度计上，选择测定波长为 227 nm，以水为参比，测定标准系列的吸光度 A。以吸光度 A-浓度 c 作图，绘出标准曲线。

(2)萘标准曲线制作

用微量注射器分别吸取配好的萘标准溶液(2 000 μg/mL)10 mL、20 mL、30 mL、40 mL 和 50 mL，移入 5 只 10 mL 容量瓶中，用蒸馏水稀释至刻度，摇匀，在 752 型分光光度计上，选择测定波长为 278 nm，以水为参比，测定标准系列的吸光度 A。以吸光度 A-浓度 c 作图，绘出标准曲线。

3. 分配系数的测定

(1)对二甲苯的测定

取已配制的对二甲苯-辛醇溶液 1.0 mL，加入塑料瓶中，再加入 9.0 mL 蒸馏水，盖好，在摇床上振荡 1 h。做三个平行样，同时做一个空白样。振荡后的样品转移到离心管中，用 3 500 r/min离心分离 10 min，用滴管吸取有机相，重复离心一次，在 227 nm 下测定水相吸光度 A，由标准曲线查出其浓度。

由公式(8.2)计算其分配系数。

(2)萘的测定

取已配制的萘-辛醇溶液 1.00 mL，加入塑料瓶中，再加入 9.0 mL 蒸馏水，盖好，在摇床上振荡 1 h。做三个平行样，同时做一个空白样。振荡后的样品转移到离心管中，用 3 500 r/min离心分离 10 min，用滴管吸取有机相，重复离心一次，在 278 nm 下测定水相吸光度 A，由标准曲线查出其浓度。

由公式(8.2)计算其分配系数。

8.6.4 思考题

1. 如果以环己烷代替正辛醇，试比较萘的环己烷-水分配系数的大小?
2. 用 Leo 方法估算 α-甲基萘的辛醇-水分配系数。

8.7 实验三十二　酚的光降解速率常数的测定

酚是天然水中普遍存在的污染物，在石油、煤气等工业废水中，都含有一定量的酚，排入江河中，使得天然水中的含酚量经常超标。因此，研究天然水中酚的降解对控制酚的污染是很有意义的。

8.7.1 实验原理

光降解是天然水体自净途径之一，溶于水中的有机污染物，在太阳光的作用下，不断产生游离基，例如

$$RH+h\nu \longrightarrow H\cdot +R\cdot$$

除游离基外，水体中还存在有单态氧，使得天然水中的有机污染物不断被氧化，最终生成 CO_2、CH_4、H_2O 等离开水体。

水体中有机污染物(本实验为酚)的降解速率可用下式表示

$$-\frac{dc}{dt}=kc[O_x] \tag{8.10}$$

式中 c——水中酚的浓度；

$[O_x]$——水中的氧化基团。

上式积分得

$$\ln\frac{c_0}{c}=k[O_x]t=k't \tag{8.11}$$

式中 c_0——水中酚的起始浓度；

c——时间为 t 时测得的酚的浓度；

$[O_x]$——水中氧化基团的浓度，在反应过程中浓度基本保持不变，可以并入反应速率常数。

以 $\ln\frac{c_0}{c}-t$ 作图，可得一直线，其斜率为 k'，即光降解常数。

本实验在苯酚的蒸馏水溶液中加入 H_2O_2 来模拟含酚天然水进行光降解实验，实验在光化学反应器内进行，采用低压汞灯作光源。

对酚的测定采用分光光度法。酚与4-氨基安替比林反应，在碱性条件和氧化剂铁氰化钾的作用下，生成橘红色的吲哚酚安替比林染料，其水溶液呈红色，在510 nm处有最大吸收峰。

8.7.2 特别指导

光化学分解是污染物在大气、水环境中和土壤、植物表面变化的重要方式。一些难以用微生物或化学方法降解的物质，在吸收光能后常会引起各种化学反应，如异构体转变、重排、聚合、裂解、氧化-还原等。

光强是影响光化学反应速率的主要因素，在其他条件相同时，用不同的光源做实验得到的反应速率常数不同。

8.7.3 实验内容

1. 溶液配制

(1) 酚标准储备液。称取1.00 g无色苯酚(C_6H_5OH)溶于无酚水中，稀释至1 000 mL，置冰箱中保存，可稳定一个月。酚标准储备液的准确浓度需标定后确定。

(2) 酚标准使用液。取适量酚标准储备液加入到250 mL容量瓶中，用蒸馏水稀释至刻度，此溶液质量浓度为50 μg/mL，使用时当天配置。

(3) 待降解酚溶液。取酚标准储备液5 mL于250 mL容量瓶中，用无酚水稀释至刻线，摇匀。

(4) 缓冲溶液。称取20 g氯化铵(NH_4Cl)溶于100 mL浓氨水中。

(5) 硫代硫酸钠标准溶液。称取6.2 g硫代硫酸钠溶于煮沸放冷的水中，加入0.2 g碳酸钠，稀释至1 000 mL，贮于棕色瓶中。临用前，用0.025 mol/L重铬酸钾标准溶液标定。

(6) H_2O_2溶液。取36%的H_2O_2溶液3 mL稀释至250 mL。

(7) 1% 4-氨基安替比林溶液（贮于棕色瓶中在冰箱内可稳定一周）；4%铁氰化钾溶液（每周新配）；溴酸钾-溴化钾溶液；1%淀粉指示剂。

2. 酚标准储备液标定

吸取 10 mL 酚标准储备液于 250 mL 碘量瓶中,加水稀释至 100 mL,加 10 mL 浓度为 0.1 mol/L的溴酸钾-溴化钾溶液,立即加入 5 mL 盐酸,盖好瓶塞,轻轻摇匀,于暗处放置 10 min,加入 1 g 碘化钾固体,密闭,再轻轻摇匀,放置暗处 5 min。用 0.012 5 mol/L 的硫代硫酸钠标准溶液滴定至淡黄色,加入 1 mL 淀粉溶液,继续滴定至蓝色刚好退去,记录用量(V_1)。

同时以无酚水代替酚标准储备液做空白实验,记录硫代硫酸钠标准溶液用量(V_2)。

酚标准储备液浓度由下式计算

$$c_{C_6H_5OH}(\text{mg/mL})=\frac{(V_1-V_2)\times c\times 15.68}{V}$$

式中　V——酚标准储备液体积,mL;

V_1——滴定酚标准储备液消耗的硫代硫酸钠标准溶液体积,mL;

V_2——空白实验中消耗的硫代硫酸钠标准溶液体积,mL;

c——硫代硫酸钠标准溶液浓度,mol/L;

15.68——摩尔质量($\frac{1}{6}C_6H_5OH$),g/mol。

3. 光降解实验

取待降解的酚溶液 500 mL,置于光化学反应器中,加入 2 mL H_2O_2 溶液,混匀,此溶液即为模拟的含酚天然水溶液。

取上述溶液 5 mL 置于 25 mL 容量瓶中(编号),此样为 $t=0$ min。

启动光反应器,在汞灯光照射下进行实验,每隔 20 min 取一次样,每次取 5 mL,共取 6 次样(即分别在 $t=20$ min、40 min、60 min、80 min、100 min、120 min 时取样,每次取 5 mL)。分别置于有编号的25 mL容量瓶中,放置待测定。

4. 样品分析

首先绘制标准曲线,分别取 50 μg/mL 的酚标准使用液 0.00 mL、0.50 mL、1.00 mL、1.50 mL、2.00 mL、2.50 mL于 25 mL 容量瓶中,加少量无酚水,然后加入 0.5 mL 缓冲溶液,1 mL 4-氨基安替比林溶液,混匀。再加入 1 mL 铁氰化钾溶液,再彻底混匀。最后用无酚水定容至 25 mL,放置15 min后,在 752 型分光光度计上,于 510 nm 波长处,用 1 cm 比色皿,以空白溶液为参比,测量吸光度。以质量浓度(μg/mL)为横坐标,吸光度为纵坐标在坐标纸上绘出标准曲线。

将取得的样品,按绘制标准曲线的操作方法,测定吸光度。

5. 数据处理

在标准曲线上查得浓度,制得数据表。

根据测定结果绘出 $\ln\frac{c_0}{c}-t$ 图形,根据直线的斜率,计算出 k' 值。

讨论实验过程中出现的现象。

8.7.4 思考题

1. 一些难降解的物质，在吸收光能后常会起怎样的化学反应？

2. 用不同的光源做实验得到的反应速率常数是否有不同？

8.8 实验三十三 腐殖酸对汞(Ⅱ)的配合作用

含汞废水对环境的污染是工业废水污染环境的重要内容。我国有些河流受到含汞废水的污染，使底泥和水体中都存在有较高含量的不同形态的汞。汞可通过各种途径进入人体，对人体造成极大危害。近年来，腐殖酸对汞(Ⅱ)的配合作用，越来越引起人们的重视。目前，人们一致认为，腐殖酸是水中重金属离子的重要配位体，对重金属离子的迁移转化有着重要的影响。

8.8.1 实验原理

腐殖质是一种未知分子的复杂的混合物，这些分子的官能团的体积和数目可相差几个数量级。它们在环境水域的表层水中到处存在，影响着污染物的迁移转化。

本实验用强碱从草炭中提取腐殖酸，用得到的腐殖酸配合汞(Ⅱ)。当二者发生配合作用后，生成较稳定的固体沉淀，不易再参与转化。用离心机离心后，采用冷原子吸收法测定上层清液中的汞(Ⅱ)浓度。与配合前汞(Ⅱ)浓度相比较，即可知道被配合了的汞(Ⅱ)浓度。通过实验，求得最佳反应条件。

1. 仪器

①F-732 型测汞仪；

②THZ-82 型恒温振荡器；

③TSH-4000 型离心机；

④20 mL 注射器。

2. 试剂

①0.015 mol/L 重铬酸钾(K_2CrO_7)溶液；

②0.15 mol/L 硫酸亚铁铵溶液。

硫酸亚铁铵的标定：移取 0.015 mol/L $K_2Cr_2O_7$ 标准溶液 25 mL 于 250 mL 锥形瓶内，加水 70～80 mL，浓 H_2SO_4 10 mL，3 滴邻菲罗啉指示剂，用硫酸亚铁铵滴定，溶液由橙色变为黄绿色变为绿色，当呈现砖红色时为滴定终点，记录消耗硫酸亚铁铵溶液的体积。

$$c(\text{mol/L})=\frac{25.00\times0.015}{V}$$

式中 c——硫酸亚铁铵溶液的浓度，mol/L；

V——滴定时消耗硫酸亚铁铵溶液的体积，mL。

③0.5% 邻菲罗啉指示剂；

④汞标准溶液；

⑤5% 硝酸(HNO_3)溶液；

⑥浓硫酸(H_2SO_4)；

⑦1.5%氢氧化钠(NaOH)。

8.8.2　特别指导

时间、腐殖酸的量 以及pH值对配合反应均有影响,因此在实验过程中要分别进行研究来确定最佳反应参数。

8.8.3　实验步骤

1.腐殖酸的提取与标定

(1)腐殖酸的提取。将草炭在烘箱内烘干,研碎。准确称取3 g于100 mL锥形瓶中,加1.5%的NaOH溶液30 mL(草炭与碱溶液的质量比为1∶10),水浴加热30 min,过滤,滤液定容至250 mL。

(2)腐殖酸的标定。将上述定容后的溶液稀释10倍后,取10 mL于250 mL锥形瓶中,移取0.12 mol/L $K_2Cr_2O_7$ 溶液5 mL,用量筒加10 mL浓 H_2SO_4,沸水浴上加热氧30 min,取下用蒸馏水吹洗瓶壁(约20 mL),冷却2滴邻菲罗啉,用标定过的 $(NH_4)_2Fe(SO_4)_2$ 溶液滴定到砖红色即终点。

空白试验以10 mL水代替试样,重复上述操作。

$$c=\frac{0.03(v_0-v)M}{0.58G}$$

式中　c——腐殖酸百分含量;

v_0——空白滴定平均值,mL;

v——样品滴定平均值,mL;

M——$(NH_4)_2Fe(SO_4)_2$ 浓度,mol/L;

G——草炭质量,g(应进行计算)。

2.腐殖酸配合汞的研究

标准工作曲线的制作:取0.5 μg/mL的汞标准溶液0.2 mL、0.3 mL、0.4 mL、0.5 mL、0.6 mL于100 mL细口反应瓶中,加1 mL 30% $SnCl_2$,19 mL 5% HNO_3,加盖橡胶反口塞,摇动10 min。用20 mL注射器取出10 mL气体,注入吸收池中,测定出吸光度。

在坐标纸上以汞的浓度与吸光度的关系,作出标准曲线。

3.时间对配合反应的影响

取2 μg/mL $HgCl_2$ 溶液5 mL,加腐殖酸5 mL,用二次水稀释至25 mL,用1∶1盐酸调pH值为1.4,有沉淀生成,振荡不同的时间,离心分离,取1 mL上层清液,1 mL 30% $SnCl_2$,18 mL 5% HNO_3,摇动几分钟,取10 mL气体注入测汞仪,测得吸光度,由工作曲线可求得汞浓度。

表8.4　时间对配合反应的影响

t/h	0.5	1.0	1.5	2.0
吸光度				
配合百分数				

以配合百分数-时间作图,选取最佳反应时间。

4. 腐殖酸量对配合反应的影响

取 2 μg/mL $HgCl_2$ 溶液 4 mL,分别加腐殖酸 3 mL、5 mL、7 mL、9 mL 稀释到 25 mL,调 pH=1.4,振荡 1 h,按上述方法测吸光度值。

表 8.5 腐殖酸量对配合反应的影响

腐殖酸/mL	3	5	7	9
吸光度				
配合百分数				

5. pH 值对配合反应的影响

取 2 μg/mL $HgCl_2$ 溶液 5 mL,加腐殖酸 5 mL,稀释到 25 mL,分别调 pH 值为 1.4、3.0、5.0,振荡 1 h,按上述方法测吸光度值。

表 8.6 pH 值对配合反应的影响

pH 值	1.4	3.0	5.0
吸光度			
配合百分数			

以配合百分数-pH 值作图,选取最佳 pH 值。

5. 结果与讨论

由实验所得的曲线图,选取最佳反应条件。

8.8.4 思考题

1. 研究腐殖酸对汞的配合作用有何环境意义,并简述腐殖酸配合汞反应的原理。
2. 简述腐殖酸的提取步骤。

8.9 实验三十四 底泥中磷的形态分析

河流和湖泊底泥中释放出的磷是水体富营养化的主要因素。底泥中的磷可分为有机态磷和无机态磷两大类,其中有机磷以磷脂、核酸、核素等含磷有机化合物为主,无机态磷以钙、铁、铝等的磷酸盐为主。本实验对底泥中的总磷、有机态磷、无机态磷分别作了测定。

8.9.1 实验原理

磷酸盐可以采用钼锑钪比色法。其原理是基于正磷酸盐溶液在一定的酸度下,与酒石酸锑钾和钼酸铵混合液反应,形成磷钼杂多酸 $H_3[P(Mo_3O_{10})_4]$。在三价锑存在时,抗坏血酸能使磷钼杂多酸变成磷钼蓝,其颜色在一定浓度范围内与磷的浓度成正比,可在 700 nm 波长下比色测定。生成磷钼蓝的反应为

```
                                      O
                           H        /   \
H3[P(Mo3O10)4] + 2H2C — C — CH    C=O ——→
                      |     |     |     /
                      OH    OH   C==C
                                /    \
                              HO      OH

                                         O
                                       /   \
H3PO4·8MoO3·Mo2O5 + 2H2C — C — CH    C=O + 2H2
                          |     |    |     /
                          OH    OH   C——C
                                    //    \\
                                    O      O

                                      O
                           H        /   \
H3[P(Mo3O10)4] + 2H2C — C — CH    C=O ——→
                      |     |     |     /
                      OH    OH   C==C
                                /    \
                              HO      OH

                                         O
                                       /   \
H3PO4·8MoO3·Mo2O5 + 2H2C — C — CH    C=O + 2H2O
                          |     |    |     /
                          OH    OH   C——C
                                    //    \\
                                    O      O
```

测定总磷时样品一般采取高氯酸-硫酸法预处理。高氯酸能氧化有机质和分解矿物质。它有很强的脱水能力，从而有助于胶状硅的脱水。高氯酸还能与铁配合，在磷的比色测定中能抑制硅、铁的干扰。硫酸的存在可提高消化温度，同时防止消化过程中溶液被蒸干。样品在高氯酸-硫酸的作用下能完全分解，并转化成无机正磷酸盐进入溶液，然后再用钼锑抗比色法测定。

底泥中有机态磷的分析实现将样品高温灼烧，使有机磷转化为无机磷，然后未经灼烧的底泥样品分别用稀酸浸提，比色测定后所得的差值即为有机态磷。

底泥中无机态磷可用含氟化氨的稀酸溶液浸提，用钼锑抗比色法测定。酸性条件下能溶解底泥中大部分磷酸钙，氟离子又能与三价铁、铝离子形成配合物，促使磷酸铁、磷酸铝的溶解。

8.9.2　特别指导

(1)钼锑抗比色法要求显色液中硫酸的浓度为 0.23～0.33 mol/L。酸度太低实现色液的稳定时间变短，酸度太高则显色变慢。

(2)室温低于 20 ℃，当磷的质量浓度在 0.4 mg/kg 以上时，呈色后的蓝色有沉淀生成，此时可放置在 30～40 ℃的恒温箱中保温 30 min，待冷至室温后比色。

(3)风干底泥样品要测定含水量，计算时，样品应扣除水分。

(4)测定无机态磷时，加入硼酸可防止氟离子的干扰和对玻璃器皿的腐蚀。硼酸和氟离子的反应为

$$4F^- + H_3BO_3 + 3H^+ = (BF_4)^- + 3H_2O$$

8.9.3 实验步骤

1.溶液的制备

(1)2,6-二硝基酚指示剂。称取0.2 g 2,6-二硝基酚[$C_6H_3OH(NO_2)_2$]溶于100 mL蒸馏水中。其变色点的pH值约为3,pH<3呈无色,pH>3呈黄色。

(2)钼锑混合液。称取10 g钼酸氨[$(NH_4)_6Mo_7O_{24}\cdot 4H_2O$]溶于450 mL蒸馏水中,徐徐加入153 mL浓硫酸,边加边搅拌。再加入100 mL 0.5%酒石酸锑钾溶液,最后加蒸馏水至1 L,充分摇匀,贮于棕色瓶中。

(3)钼锑抗试剂。称取1.5 g抗坏血酸溶于100 mL钼锑混合液中,临用时配制。

(4)磷标准储备液。称取在105 ℃烘箱中烘过的磷酸二氢钾0.219 5 g,溶于400 mL蒸馏水中,加浓硫酸5 mL,转入1 L容量瓶中,加水至刻度,摇匀。磷的质量浓度为50 mg/L。

(5)磷标准使用液。吸取25 mL磷标准储备液,用水稀释至250 mL,其质量浓度为5 mg/L(其溶液不宜久存)。

(6)底泥样品。从河流、湖泊中采集底泥经风干,磨碎,过100目筛后装瓶保存。

2.标准曲线的绘制

吸取5 mg/L磷标准使用液0 mL、1.00 mL、2.00 mL、4.00 mL、6.00 mL、8.00 mL、10.00 mL,分别注入50 mL比色管中,加水至30 mL,加1滴2,6-二硝基酚指示剂,滴加4 mol/L氢氧化钠溶液直至溶液转为黄色,再加1滴1 mol/L硫酸溶液使黄色刚刚褪去,此时溶液的pH约为3。然后加5 mL钼锑抗试剂,用水定容,摇匀。各比色管中磷的质量浓度分别为0 mg/L、0.10 mg/L、0.20 mg/L、0.40 mg/L、0.60 mg/L、0.80 mg/L、1.00 mg/L。室温下放置30 min后,在700 nm波长下用1 cm比色皿比色测定。以吸光度为纵坐标,浓度(mg/L)为横坐标绘制标准曲线。

3.底泥中总磷的测定

准确称取底泥样品1 g左右置于50 mL磨口锥形瓶中,以少量水湿润后,加浓硫酸8 mL,摇匀后,加70%~72%高氯酸10滴和几颗玻璃珠,摇匀,瓶口接一冷凝管。然后置于可调电炉上加热消解,待消解液转白时,继续加热20 min,全部消煮时间为45~60 min。同时要做试剂空白实验。将冷却的消煮液转入100 mL容量瓶中,缓缓摇动容量瓶,待冷至室温后加水定容。取50 mL于离心管中,以4 000 r/min的速度离心5 min。

吸取上清液3.00 mL(吸取量应根据磷含量而确定)加入50 mL比色管中,用水稀释至约30 mL,调节pH值为3,然后加钼锑抗试剂5 mL,加水定容后摇匀。30 min后以试剂空白的消煮液为参比比色测定。根据测得的消光度在标准曲线上查出显色液磷的浓度。

4.有机态磷的测定

准确称取底泥样品1 g左右置于30 mL坩埚中,在马弗炉中550 ℃下灼烧1 h,取出冷却后用100 mL 0.1 mol/L硫酸溶液溶解并转入200 mL容量瓶中。另外准确称取1 g左右的统一样品于另一200 mL容量瓶中,加入100 mL 0.1 mol/L硫酸溶液。两瓶溶液摇匀后,分别将瓶塞松放在瓶口上,一起放入40 ℃恒温箱内保温1 h。然后取出冷却至室温,加水定容,充分摇匀后,取出50 mL于离心管中,以4 000 r/min的速度离心5 min。吸取上清液10 mL分别置于50 mL比色管中,加水稀释至约30 mL,调节pH值至3,然后再加钼锑抗试剂5 mL,定容。30 min后作比色测定。

5. 无机态磷的测定

准确称取底泥样品 1 g 左右置于 50 mL 具塞锥形瓶中，加 0.5 mol/L 氟化铵-盐酸浸提 50 mL，盖紧塞子，在振荡器上振荡 1.5 h 后将底泥浑浊液倒入离心管中，以 4 000 r/min 的转速离心 5 min，吸取上清液 3.00 mL 于 50 mL 比色管中，加 10 mL 0.8 mol/L 硼酸及 17 mL 水，摇匀后调节 pH 值至 3，然后再加钼锑抗试剂 5 mL，定容。30 min 后作比色测定。

8.9.4　数据处理

$$样品中磷的质量分数(mg/kg)=\frac{c\times V\times V_2}{W\times V_1}$$

式中　c——测定液中磷的质量浓度，mg/L；

V_1——吸取离心后清液的体积，mL；

V_2——测定液的体积，mL；

V——样品制备溶液的体积，mL；

W——烘干的底泥质量，g。

由该式分别求出总磷、无机态磷和有机态磷的质量分数。

8.9.5　思考题

1. 测定底泥样品中磷的环境意义是什么？

2. 简述钼锑抗比色法测定磷的原理。

8.10　实验三十五　土壤对铜的吸附

铜是植物生长必不可少的微量营养元素，但含量多也会造成植物中毒，土壤中铜含量一般为 3～100 mg/kg。随着现代化工业的发展，有色金属冶炼、电镀、化工、印染行业排放的废水灌入农田使土壤受到铜的污染。因此，研究土壤对铜的吸附特性，有助于了解铜进入土壤后的变化规律，从而为合理施用铜肥及处理土壤对铜的污染提供理论依据。

8.10.1　实验原理

不同土壤对铜的吸附能力不同，这是由于土壤中所含物质不同，尤其是土壤本身含铜量也不同，另外土壤本身酸碱度不同，土壤吸附也受温度影响。

实验中得到的土壤对铜的吸附量为表观吸附量，它包括铜在土壤表面上的吸附、配合及沉淀等。

目前常用 Freundlih 和 Langmuir 方程描述土壤体系中的吸附现象。本实验采用 Freundlih 方程来描述不同 pH 值条件下土壤对铜的吸附，以比较 pH 值变化对铜吸附的影响。

Freundlih 吸附等温方程为

$$\Gamma=K\cdot c^{1/n}\tag{8.12}$$

式中　Γ——土壤对铜的吸附量，mg/g；

c——平衡溶液中铜的质量浓度，mg/L；

K,n——经验常数，其值取决于离子种类、吸附剂质量及温度等。

式(8.11)也可写成直线型方程

$$\log \Gamma = \log K + \frac{1}{n} \log c \tag{8.13}$$

以 $\log \Gamma$ 对 $\log c$ 作图可求得常数 K 和 n,于是得到某特定条件下的 Freundlih 方程,此方程能较好描述土壤体系中的吸附现象。

本实验通过测定土壤在一系列不同浓度的铜溶液中的吸附平衡时的溶液浓度,最终确定 Freundlih 方程。铜离子浓度采用原子吸收光谱仪测定。

8.10.2 特别指导

(1)实验中得到的土壤对铜的吸附量为表观吸附量,它包括铜在土壤表面上的吸附、配合及沉淀。

(2)不同土壤对铜吸附达到平衡所需的时间不同,因此,对实验中所用的土壤需测定吸附铜的平衡时间。

(3)由于土壤中缓冲作用,加入 pH 值为 2.5 和 5.5 的铜标准系列溶液后,需用酸度计测定平衡溶液中的 pH 值。

8.10.3 实验内容

1. 溶液的配制

(1)氯化钙溶液(0.01 mol/L)。称取 1.5 g $CaCl_2 \cdot 2H_2O$,溶于 1 000 mL 水中。

(2)铜标准储备溶液(1 000 mg/L)。将 0.500 0 g 金属铜(99.9%)溶解于 30 mL 浓度为1∶1的 HNO_3 溶液中,用水定容至 500 mL。

(3)铜标准使用溶液(50 mg/L)。吸取 25 mL 质量浓度为 1 000 mg/L 的铜标准溶液于 500 mL容量瓶中,定容至刻度。

(4)pH 值为 2.5 和 5.5 的铜标准系列溶液。分别吸取 10.00 mL、15.00 mL、20.00 mL、25.00 mL、30.00 mL 质量浓度为 1 000 mg/L 的铜标准储备溶液于 250 mL 烧杯中,用 0.01 mol/L的 $CaCl_2$ 溶液稀释至 240 mL,先用 0.5 mol/L 的 H_2SO_4 溶液调节 pH 值为 2,再以 1 mol/L 的 NaOH 溶液调节 pH 值为 2.5,将此溶液移入 250 mL 容量瓶中,用 0.01 mol/L 的 $CaCl_2$ 溶液定容,溶液系列浓度为 40 mg/L、60 mg/L、80 mg/L、100 mg/L、120 mg/L。

按同样方法,配制 pH 值为 5.5 的铜标准系列溶液。

2. 土壤样品制备

将新采集的土壤样品经风干、磨碎,过 0.15 mm(100 目)筛后装瓶备用。对粒径大于 100 目不能通过筛子的样品要再次磨碎、过筛,直到全部样品都通过 100 目筛。

3. 铜的标准曲线绘制

吸取 50 mg/L 铜标准使用溶液 0.00 mL、0.50 mL、1.00 mL、2.00 mL、4.00 mL、6.00 mL、8.00 mL、10.00 mL,分别置于 50 mL 容量瓶中,加 2 滴 0.5 mol/L 的 H_2SO_4,用蒸馏水定容,其质量浓度分别为 0.0 mg/L、0.5 mg/L、1.0 mg/L、2.0 mg/L、4.0 mg/L、6.0 mg/L、8.0 mg/L、10.0 mg/L。然后在原子吸收光谱仪上测定,以吸光度 A 为纵坐标,以浓度 c 为横坐标,绘制标准曲线。

原子吸收光谱仪测定条件为:波长 325.0 nm,灯电流 1 mA,光谱带宽 0.25 Å(1 Å=

0.1 nm),增益粗调位置 2;火焰类型——乙炔;助燃气——空气;火焰类型——氧化型。

4. 土壤对铜吸附平衡时间的测定

不同土壤对铜吸附达到平衡所需时间不同,因此,对实验中所用的土壤需测定其吸附铜的平衡时间。取 1 g 土样加入 50 mL 铜标准溶液,该样品准备 6 份。分别在室温下振荡不同的时间后,离心分离,迅速倾出上层清液并吸取 10 mL 于 50 mL 容量瓶中,加 2 滴 0.5 mol/L的 H_2SO_4 溶液,用水定容后用原子吸收分光光度计测定吸光度。根据实验数据绘图,确定吸附平衡所需时间。以上内容分别用 pH 值为 2.5 和 5.5 的 100 mg/L 铜标准溶液平行操作。

5. 土壤对铜的吸附

称取 10 份 1.000 g 土壤样品分别置于 50 mL 聚乙烯塑料瓶中,依次加入 50 mL pH = 2.5和 5.5 的质量浓度为 40.0 mg/L、60.0 mg/L、80.0 mg/L、100.0 mg/L、120.0 mg/L 的铜标准系列溶液,盖上瓶塞,置于恒温振荡器上振荡 3.5 h(或依据所确定的吸附平衡时间),取 15 mL 土壤浑浊液于离心管中,离心 10 min 迅速倾出上层清液并吸取 10 mL 于 50 mL 容量瓶中,加 2 滴 0.5 mol/L 的 H_2SO_4 溶液,剩余土壤浑浊液用酸度计测定 pH 值。

6. 数据处理

(1)土壤对铜的吸附量

土壤对铜的吸附量按下式计算,即

$$\Gamma=\frac{(c_0-c)V}{m}\times\frac{1}{1\ 000}$$

式中　Γ——土壤对铜的吸附量,mg/g;

c_0——土壤溶液中铜的起始质量浓度,mg/L;

c——土壤溶液中铜的平衡质量浓度,mg/L;

V——土壤溶液的体积,mL;

m——烘干土样质量,g。

由此方程可计算出不同平衡浓度下土壤对铜的吸附量。

(2)土壤对铜的吸附等温线

以 Γ 对 c 作图,即可制得室温下两个不同 pH 值条件下土壤对铜的吸附等温线。

(3)Freundlin 方程拟合

根据方程(8.11)可求出 n 和 K,确定出室温时两个不同 pH 值条件下土壤对铜吸附的 Freundlin方程。

8.10.4　思考题

1. pH 值怎样影响土壤对铜的吸附?
2. 列出能描述土壤体系中的吸附现象方程。

第9章　综合实验与环境监测

9.1　大气采样器

根据大气污染物的存在状态、浓度、物理化学性质及检测方法的不同，要求选用不同的采样仪器，按其用途可分为大气采样器、颗粒物采样器和个体采样器。

常见采样装置将收集器、流量计、抽气泵及气样预处理、流量调节、自动定时控制等部件组装在一起。现市场上有多种型号的商品大气采样器出售。

9.1.1　大气采样器

1. 大气采样器结构原理（NO_x、SO_2）

用于大气污染监测的采样仪器主要由收集器、流量计和采样动力三部分组成，如图9.1所示。

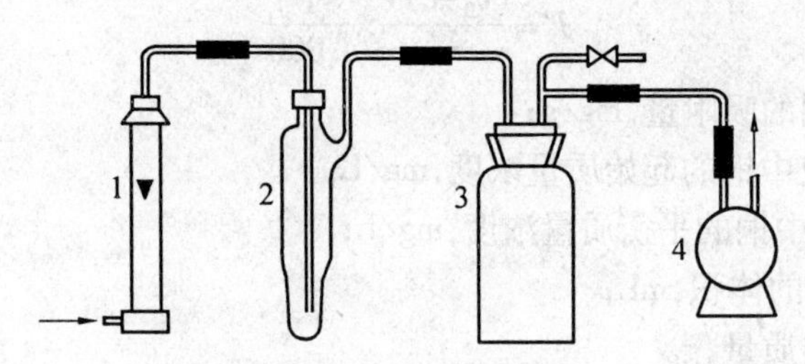

图9.1　采样器组成部分

1—流量计；2—收集器；3—缓冲瓶；4—抽气泵

（1）收集器

收集器是捕集大气中预测物质的装置，如气体吸收管（瓶）、填充柱、滤料采样夹、低温冷凝采样管等都是收集器。要根据被捕集物质的存在状态、理化性质等选用适宜的收集器。

（2）流量计

流量计是测量气体流量的仪器，而流量是计算采集气样体积必知的参数。常用的流量计有孔口流量计（图9.2）、转子流量计（图9.3）和限流孔等。

大气采样器常用转子流量计，转子流量计有一个上粗下细的锥形玻璃管和一个金属制转子组成。当气体由玻璃管下端进入时，由于转子下端的环形孔隙截面积大于转子上端的环形孔隙截面积，所以转子下端气体的流速小于上端的流速。下端的压力大于上端的压力，使转子上升，直到上、下两端压力差与转子的质量相等时，转子停止不动。气体流量越大，转子升得越高，可直接从转子上沿位置读出流量。当空气湿度大时，需在进气口前连接一个干燥管，否则，转子吸附水分后质量增加，影响测量结果。

流量计使用前应进行校准,以保证刻度值的准确性。校正方法是将皂膜流量计或标准流量计串接在采样系统中,以皂膜流量计或标准流量计的读数标定被校流量计。

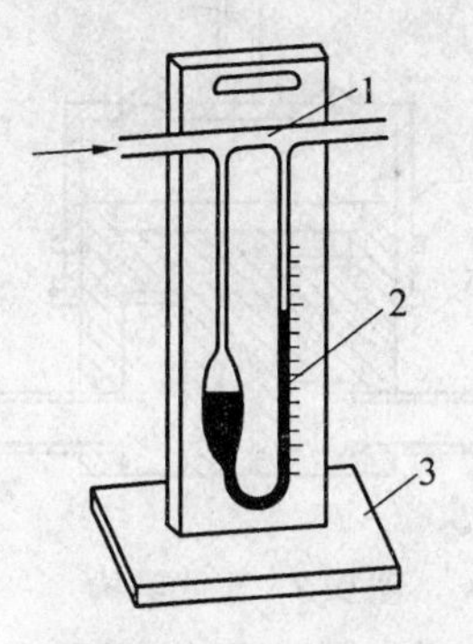

图9.2　孔口流量计

1—隔板;2—液柱;3—支架

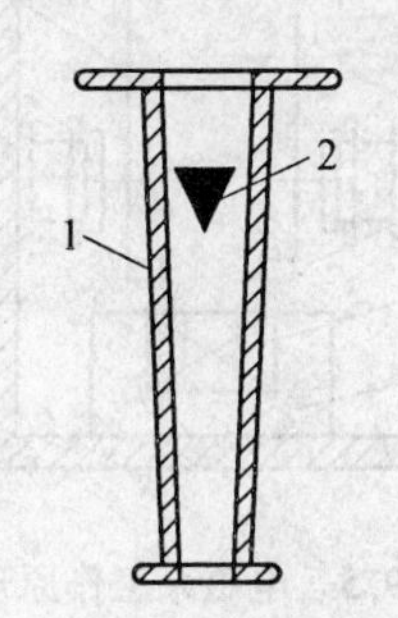

图9.3　转子流量计

1—锥形玻璃管;2—转子

(3)采样动力

采样动力应根据所需采样流量、采样体积、所用收集器及采样点的条件进行选择。一般应选择重量轻、体积小、抽气动力大、流量稳定、连续运行能力强及噪声小的采样动力。

注射器、连续抽气筒、双连球等手动采样动力适用于采气量小、无市电供给的情况。对于采样时间较长和采样速度要求较大的场合,需要使用电动抽气泵。常用的有真空泵、刮板泵、薄膜泵及电磁泵等。

真空泵和刮板泵抽气速度较大,可作为采集大气中颗粒物的动力。

薄膜泵是一种轻便的抽气泵,其结构如图9.4所示。用微电机通过偏心轮带动夹持在泵体上的橡皮膜进行抽气。当电机转动时,橡皮膜就不断地上下移动。橡皮膜上移时,空气经进气活门吸入,出气活门关闭;橡皮膜下移时,进气活门关闭,空气由出气活门排出,其采气流量为0.5~3.0 L/min,适用于阻力不大的收集器(如吸收管)采气。

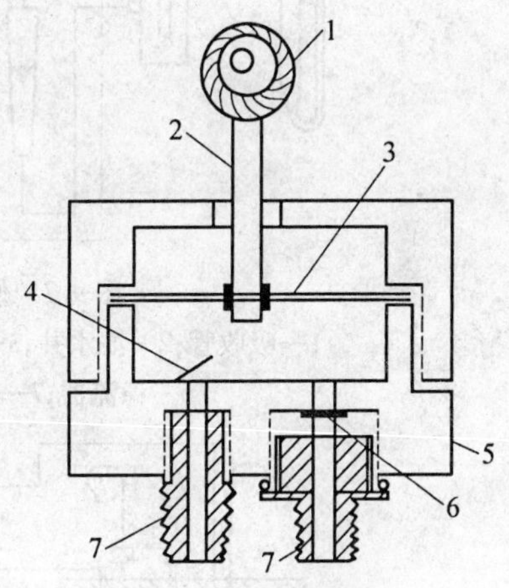

图9.4　薄膜泵的结构

1—偏心轮;2—连杆;3—橡皮膜;4—进气活门;5—泵体;6—出气活门;7—连接管

电磁泵是一种将电磁能量直接转换成被输送流体能量的小型抽气泵,其工作原理如图9.5所示 。由于电磁力的作用,振动杆带动橡皮泵室做往复振动,不断地开启和关闭泵室内的膜瓣,使泵室内造成一定的真空或压力,从而达到抽吸和压送气体的作用。电磁泵的工作动力不用电机,克服了电机电刷易磨损、发热等缺点,可长时间运转,其采气流量为0.5~1.0 L/min,可装配在抽气阻力不大的采样器和某些自动监测仪上。

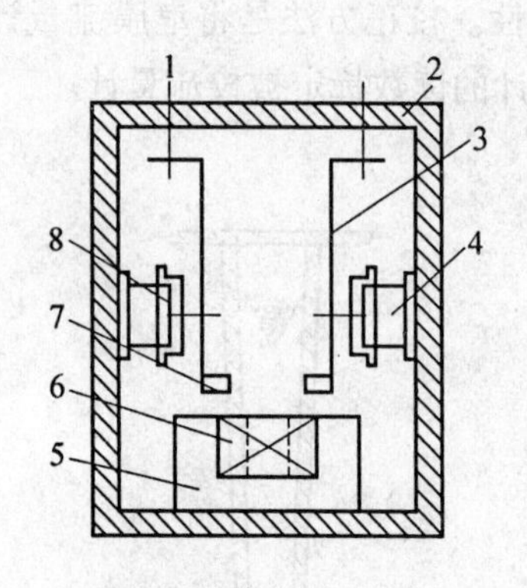

图9.5　电磁泵工作原理

1—固定螺丝;2—外壳;3—振动杆;4—塑料泵室;5—铁芯;6—电磁线圈;7—永久磁铁;8—橡皮泵室

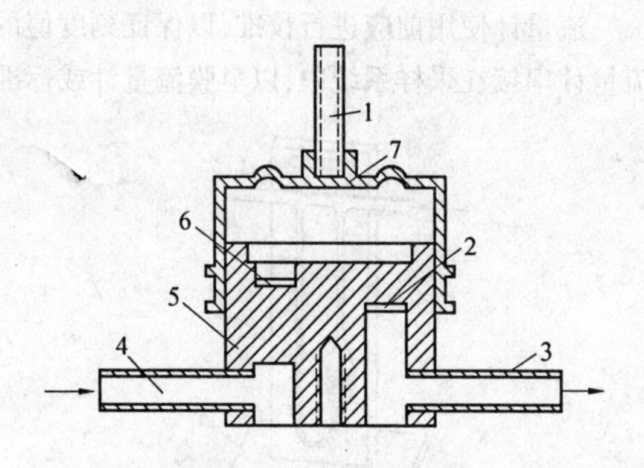

图9.6　泵式结构

1—螺杆;2—橡皮膜瓣;3—出气口;4—进气口;5—塑料泵室;6—橡皮膜瓣;7—橡皮泵室

2. 专用采样装置

用于采集大气中气态和蒸气态物质,采样流量0.5~2.0 L/min,其工作原理如图9.7和图9.8所示。商品仪器如GS-3型、QG-B型、DK-2A型、DQ-3B型等大气采样器,它们都是便携式的,一般可用交、直流两种电源。

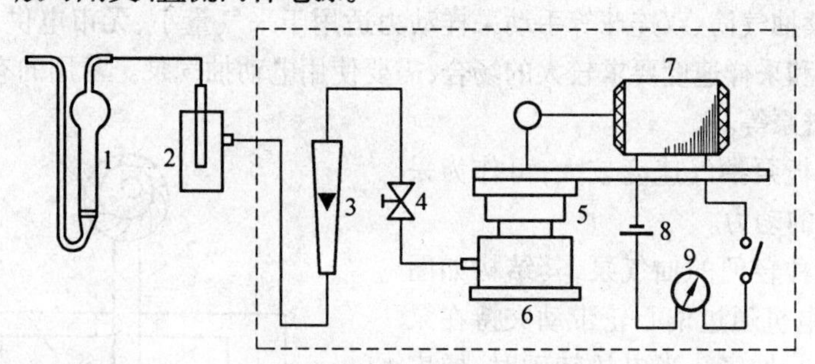

图9.7　便携式采样器工作原理

1—吸收管;2—滤水井;3—流量计;4—流量调节阀;5—抽气泵;6—稳流器;7—电动机;8—电源;9—定时器

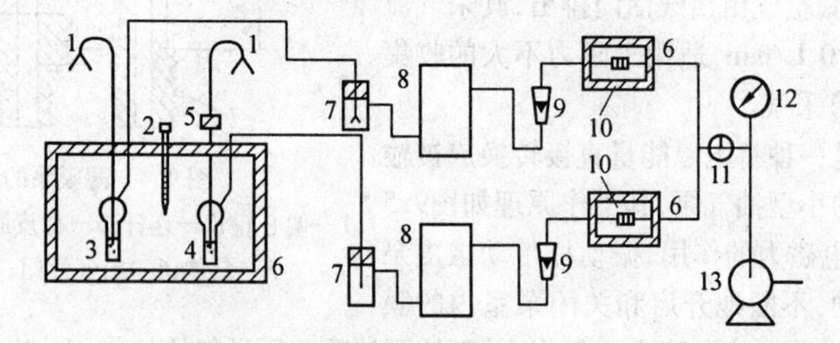

图9.8　恒温恒流采样器工作原理

1—进气口;2—温度计;3—二氧化硫吸收瓶;4—氮氧化物吸收瓶;5—三氧化铬-砂子氧化管;6—恒温装置;7—滤水井;8—干燥器;9—转子流量计;10—尘过滤膜及限流孔;11—三通阀;12—真空表;13—泵

9.1.2　颗粒物采样器

颗粒物采样器有总悬浮颗粒物(TSP)采样器和飘尘采样器。

1. 总悬浮颗粒物采样器

这种采样器按其采气流量大小分为大流量(1.1 ~ 1.7 m^3/min)和中流量(50 ~ 150 m^3/min)两种类型。

大流量采样器的结构如图 9.9 所示。由滤料采样夹、抽气风机、流量记录仪、计时器及控制系统、壳体等组成。滤料夹可安装(20×25)cm^2 的玻璃纤维滤膜,以 1.1 ~ 1.7 m^3/min 流量采样 8 ~ 24 h。当采气量达 1 500 ~ 2 000 m^3 时样品滤膜可用于测定颗粒物中的金属、无机盐及有机污染物等组成。商品仪器有 ZC-1000G 型、DCG-1 型、SH-1 型等大流量 TSP 采样器。中流量采样器由采样夹、流量计、采样管及采样泵等组成,如图 9.10 所示。这种采样器的工作原理与大流量采样器相似,只是采样夹面积和采样流量比大流量采样器小。我国规定采样夹有效直径为 80 mm 或 100 mm。当用有效直径 80 mm 滤膜采样时,采气流量控制在 7.2 ~ 9.6 m^3/h;用 100 mm 滤膜采样时,流量控制在 11.3 ~ 15 m^3/h。商品仪器有 KB-120E 型、ZC-150 型、TSPM-1 型、NA-1 型等。

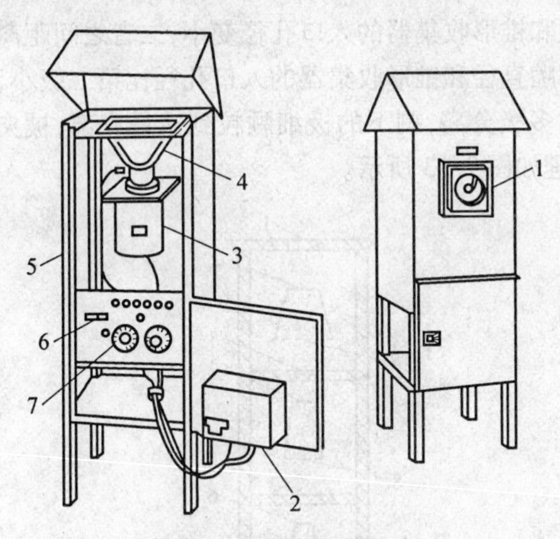

图 9.9　大流量采样器结构

1—流量记录器;2—流量控制器;3—抽气风机;4—滤膜夹;5—铝壳;6—工作计时器;7—计时器的程序控制器

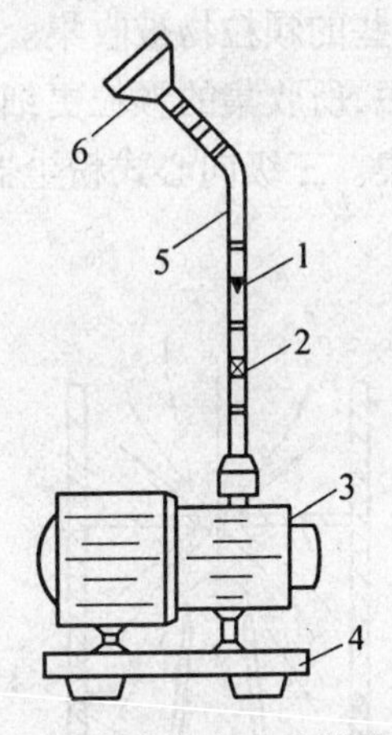

图 9.10　中流量 TSP 采样器结构

1—流量计;2—调节阀;3—采样泵;4—消声器;5—采样管;6—采样头

2. 飘尘采样器

采集飘尘(可吸入尘)广泛使用大流量采样器。在连续自动监测仪器中,可采用静电捕集法、β 射线法或光散射法直接测定飘尘浓度。但不论哪种采样器都装有分离大于 10 μm 颗粒物的装置(称为粉尘器或切割器)。粉尘器有旋风式、向心式、多层薄板式、撞击式等多种。它们又分为二级式和多级式。前者用于采集 10 μm 以下的颗粒物,后者可分级采集不同粒径的颗粒物,用于测定颗粒物的粒度分布。

(1)二级旋风粉尘采样器

二级旋风粉尘采样器的工作原理如图9.11所示。空气以高速沿 180°渐开线进入粉尘器的圆筒内，形成旋转气流，在离心力的作用下，将颗粒物甩到筒壁上并继续向下运动，粗颗粒在不断与筒壁撞击中失去前进的能量而落入大颗粒物收集器内，细颗粒随气流沿气体排出管上升，被过滤器的滤膜捕集，从而将粗、细颗粒物分开。粉尘器必须用标准粒子发生器制备的标准粒子进行校准后方可使用。

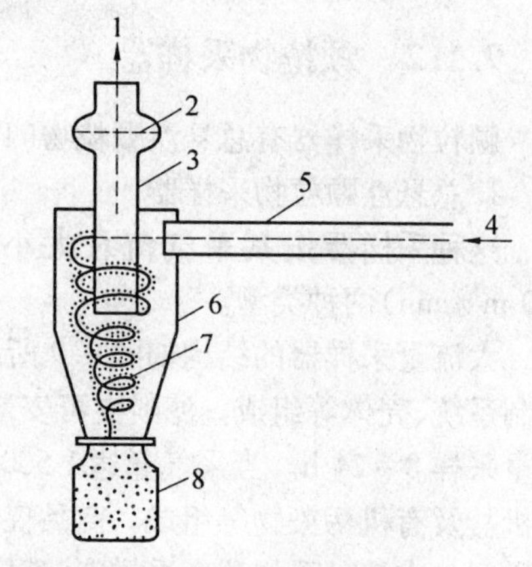

图9.11 旋风粉尘器工作原理
1—空气出气口；2—滤膜；3—气体排出管；4—空气入口；5—气体导管；6—圆筒体；7—旋转气流轨线；8—大粒子收集器

(2)向心式粉尘器

向心式粉尘器工作原理如图9.12所示。当气流从小孔高速喷出时，因所携带的颗粒物大小不同，惯性也不同，颗粒质量越大，惯性越大。不同粒径的颗粒各有一定的运动轨线，其中，质量较大的颗粒运动轨线接近中心轴线，最后进入锥形收集器被底部的滤膜收集；小颗粒物惯性较小，离中心轴线较远，偏离锥形收集器入口，随气流进入下一级。第二级的喷嘴直径和锥形收集器的入口孔径变小，二者之间距离缩短，使小一些的颗粒物被收集。第三级的喷嘴直径和锥形收集器的入口孔径比第二级小，其间距离更短，所收集的颗粒更细。如此经过多级分离，剩下的极细颗粒到达最底部，被夹持的滤膜收集。三级向心式粉尘器的工作原理如图9.13所示。

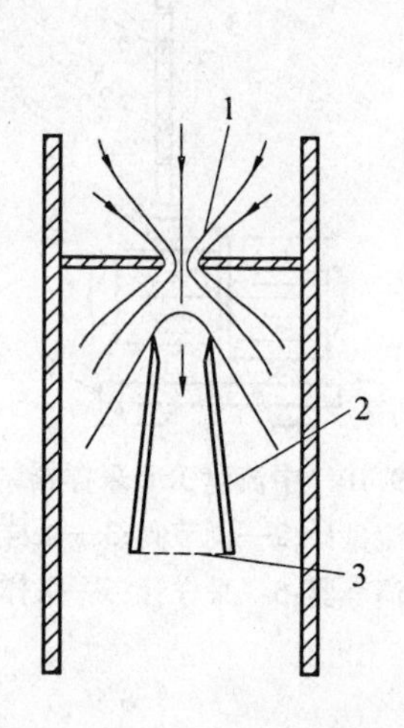

图9.12 向心式粉尘器工作原理
1—空气喷孔；2—收集器；3—滤膜

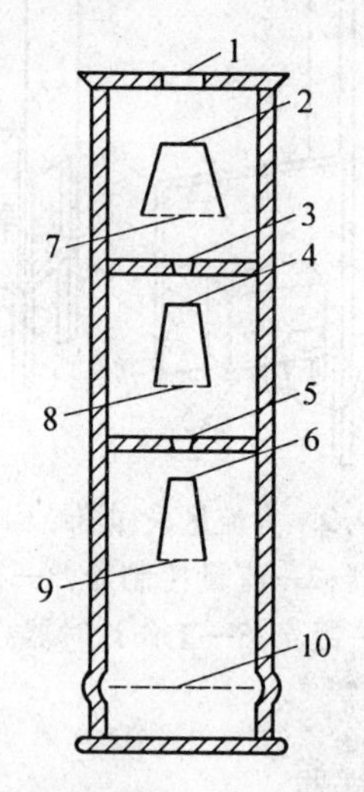

图9.13 三级向心式粉尘器工作原理
1,3,5—气流喷孔；2,4,6—锥形收集器；7,8,9,10—滤膜

(3)撞击式粉尘采样器

撞击式粉尘采样器的工作原理如图9.14所示。当含颗粒物气体以一定速度由喷嘴喷出后，颗粒获得一定的动能并且有一定的惯性。在同一喷射速度下，粒径越大，惯性越大，因此气流从第一级喷嘴喷出后，惯性大的大颗粒物难于改变运动方向，与第一块捕集板碰撞被

沉积下来,而惯性较小的颗粒则随气流绕过第一块捕集板进入第二级喷嘴。因第二级喷嘴较第一级小,故喷出颗粒动能增加,速度较大,其中惯性较大的颗粒与第二块捕集板碰撞而被沉积,而惯性较小的颗粒继续向下级运动。如此一级一级地进行下去,则气流中的颗粒由大到小地被分开,沉积在不同的捕集板上,最末级捕集板用玻璃纤维滤膜代替,捕集更小的颗粒。这种采样器可以设计为 3 ~6 级,也有 8 级的,称为多级撞击式采样器。单喷嘴多级撞击式采样器采样面积有限,不宜长时间连续采样,否则会因捕集板上堆积颗粒过多而造成损失。多级喷嘴撞击式采样器捕集面积大,应用较普遍的一种称为安德森采样器捕集颗粒物粒径范围为 0.34 ~11 μm。

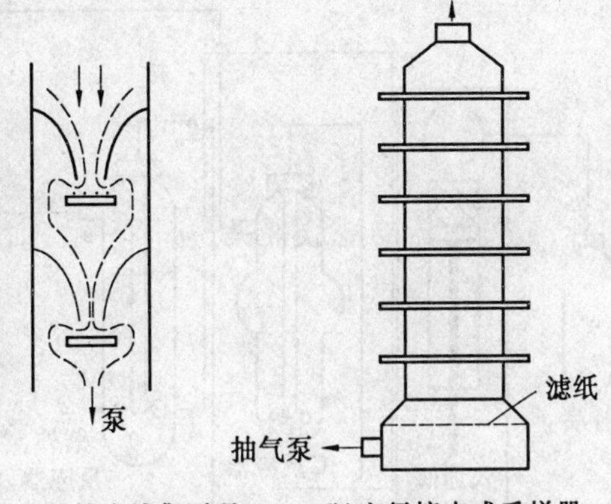

(a)撞击捕集原理　(b)六级撞击式采样器

图 9.14　撞击式采样器示意图

3. 个体计量器

近年来,为研究大气污染物对人体健康的危害,已研制出多种个体计量器,其特点是体积小、重量轻,便于携带在人体上,可以随人的活动连续地采样,经分析测定得出污染物的时间加权平均浓度,以反映人体实际吸入的污染物量。这种计量器有扩散式、渗透式等,但都只能采集挥发较大的气态和蒸气态物质。

扩散式计量器由外壳、扩散层和收集剂三部分组成,其工作原理是空气通过计量器外壳通气孔进入扩散层,则被收集组分分子也随之通过扩散到达收集剂表面被吸附或吸收,收集剂为吸附剂、化学试剂浸渍的惰性颗粒物质或滤膜等。如用吗啡啉浸渍的滤膜可采集大气中的 SO_2 等。

渗透式计量器由外壳、渗透膜和收集剂组成。渗透膜为有机合成薄膜,如硅酮膜等。收集剂一般用吸收液或固体吸附剂,装在具有渗透膜的盒内,气体分子通过渗透膜到达收集剂被收集。如大气中的 H_2S 通过二甲基硅酮膜渗透到含有乙二胺四乙酸二钠的 0.2 mol/L 氢氧化钠溶液而被吸收。

9.2　总有机碳分析仪

总有机碳(TOC)分析仪可以测定水中的总碳、无机碳、总有机碳。总有机碳是以碳的含量表示水体中有机物质总量的综合指标。由于 TOC 的测定采用燃烧氧化-红外检测法,因此能将有机物全部氧化,它比 BOD_5 或 COD 更能直接表示有机物的总量。

测定 TOC 的方法是燃烧氧化-非色散红外吸收法。分别测得总碳(TC)和无机碳(IC),二者之差即为总有机碳。

9.2.1　总有机碳(TOC)分析仪的结构与工作原理

1. 总有机碳(TOC)分析仪的结构(图 9.15)

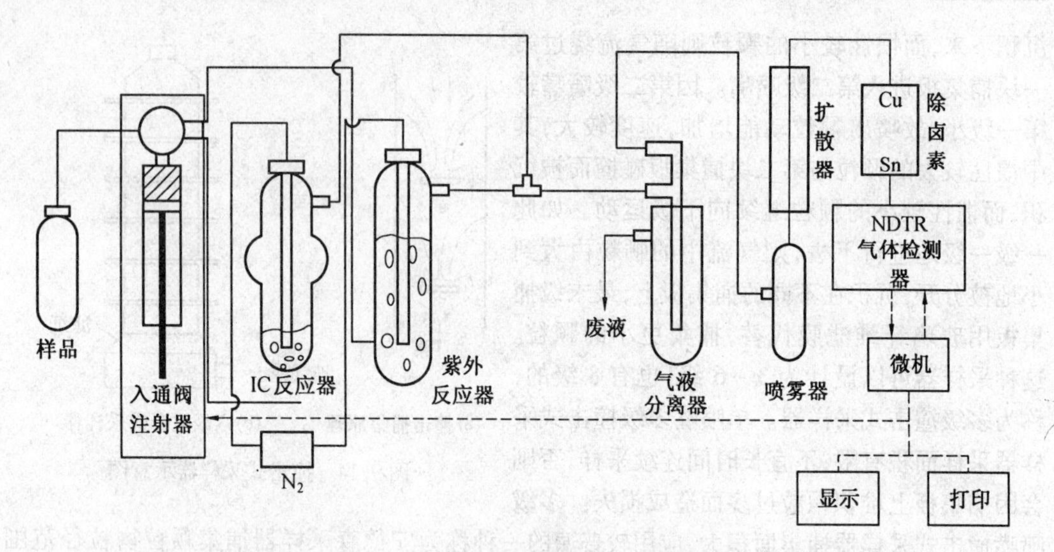

图9.15　总有机碳(TOC)分析仪的结构

2. 总有机碳(TOC)分析仪的工作原理

水样由双路计量泵的一路打入分配管中,气液分离后液体由双路计量泵的另一路送进高温炉中燃烧,高温炉燃烧的助燃气来源于高温炉旁温度稍高的干燥空气。这部分空气由另一泵抽取,经 Cu—Zn 过滤器除去其中具有氧化、还原的杂质后,由流量计调节气量,再经高效碱石灰除去空气中的 CO_2,以免造成测量误差,最终吹入高温炉中助燃。燃烧生成的气体有两种:CO_2 和 H_2O。这些气体经两个冷凝器和一个 Cu—Zn 过滤器后即可除去其中的全部 H_2O 和杂质。最后,燃烧生成的纯 CO_2 进入 QGS-08 红外分析仪对 CO_2 含量进行测定,换算成 TOC 浓度后由 TOC 浓度显示窗显示出。

TOC 分析仪的总有机碳燃烧效率可以达到 99% 以上。测量范围最低可达 0 ~ 3 mg(C)/L,分析误差小于 2% 测量范围。

其标准测量范围有两挡:Ⅰ:0 ~ 10 mg(C)/L;Ⅱ:0 ~ 100 mg(C)/L。

9.2.2　总有机碳(TOC)分析仪的使用说明

1. 实验准备

(1)标准样品(分析水)的配制

标样是醋酸溶液,在配制时首先将含有醋酸 6.005 g 的标样用双蒸馏水(零水)稀释至 100 mL,此即是 0.1 mol/L 的醋酸溶液,溶液中含碳 2.4 g,该溶液可以用于配制标准溶液的储备液。

配制含碳 0 ~ 10 mg(C)/L 的标准样品系列见表 9.1。

配制含碳 0 ~ 100 mg(C)/L 的标准样品系列见表 9.2。

注意:在配制标样时,所用的器皿必须非常干净,清洗后要用去离子水、双蒸馏水冲洗,最后放在烘箱内烘干。标准溶液必须放在暗色瓶中保存,新配制的样品使用时间不能超过 3 天。

表9.1　配制含碳0~10 mg(C)/L的标准样品表

序号	标样含碳/(mg·L^{-1})	0.1 mol/L 醋酸/mL	双蒸馏水/mL
1	2.4	1	999
2	4.8	2	998
3	7.2	3	997
4	9.6	4	996

表9.2　配制含碳0~100 mg(C)/L的标准样品表

序号	标样含碳/(mg·L^{-1})	0.1 mol/L 醋酸/mL	双蒸馏水/mL
1	24	10	990
2	48	20	980
3	72	30	970
4	96	40	960

(2)待测样品的预处理

①根据样品是否含固体杂质及杂质颗粒大小进行过滤,以防止分配管过早被污染。

②根据样品来源及COD值估算,确定适当稀释倍数进行稀释处理,并选择合适的标准测量范围。

③所有水样(包括零水、分析水、取样水)都必须用浓盐酸进行酸化处理,使其达到pH=3~3.5,以除去水中的碳酸盐。

2.实验操作

(1)接通电源,风扇即开始工作。

(2)按Power,打开QGS-08红外分析仪开关,此时可调1挡或2挡。

(3)按Netz,温度控制器即开始工作,并调温度控制旋钮至所需温度(800 ℃左右)。

(4)温度升至所需温度时,ofen Temp自动亮,此时按下"Kuhl-Wasser"键,接通冷却水,而后调节流量计流量。

(5)让仪器在此状态下工作一段时间,使QGS-08红外分析仪显示回零。待石英盖上水珠消失后按下Dosier-Pumpe使仪器在零水下运行,至红外分析仪显示再次回零。

(6)同时打开记录仪开关,调零后使记录仪预热30 min(此时记录笔可不工作)。

(7)用分析水进行校正仪器(由指导教师操作),直到测定值与标准值一致,再回零,并记录100%时间T。

(8)此后即可连续进样,并在T时间读取TOC数值,此时即该样品总有机碳浓度。同时通过记录仪观察TOC变化情况,当测定值较低时,每次都应进零水使TOC读数回零再进样品。

(9)分析完样品后,应使仪器在零水下再运行10 min。

(10)试验运行完毕后应按下列步骤操作:

①关Dosier-Pumpe。

②关冷却水,Kuhl-Wasser即自动关闭。

③关 Netz 及 Power,并将温度控制旋钮调回零。

④关记录仪电源开关,盖上笔帽。

⑤关总电源。

⑥仪器若长时间停用应使进样管处于放松状态。

9.3 冷原子吸收测汞分析仪

汞(Hg)及其化合物属于剧毒物质,可以体内蓄积。进入水体的无机汞离子可转变为毒性更大的有机汞,由食物链进入人体,引起全身中毒作用。汞的检测是很重要的,因此采用冷原子吸收测汞分析仪来测定这一指标,该方法适用于各种水体中汞的测定,其最低检测质量浓度为 0.1 ~ 0.5 μg/L。

9.3.1 冷原子吸收测汞分析仪的结构及工作原理

1. 冷原子吸收测汞分析仪的结构(图 9.16)。

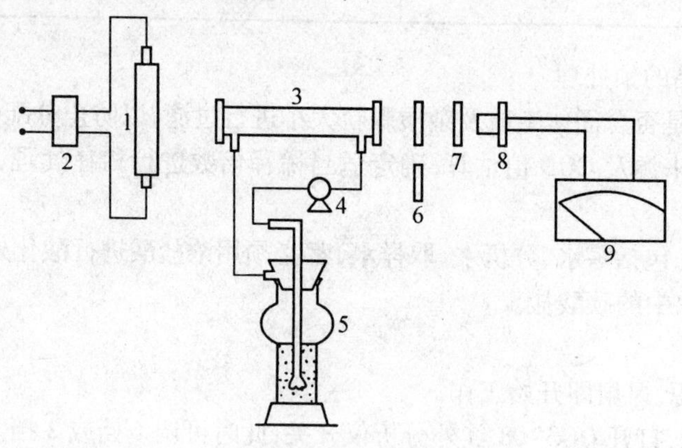

图 9.16 F732 测汞仪结构示意图

1—低压汞灯;2—汞灯电源;3—吸收池;4—循环泵;5—翻泡瓶;6—校正玻璃;7—光屏;8—光导管;9—电流表

2. 冷原子吸收测汞分析仪的工作原理

低压汞灯辐射 253.7 nm 紫外光,经紫外光滤光片射入吸收池,则部分试样中还原释放出的汞蒸气吸收,剩余紫外光经石英透镜聚焦于光电倍增管上,产生的光电流经电子放大系统放大,送入指示表示或记录仪记录。当指示表刻度用标准样校准后,可直接读出汞浓度。汞蒸气发生气路是:抽气泵将载气(空气或氮气)抽入盛有经预处理的水样和氯化亚锡的还原瓶,在此产生汞蒸气并随载气经分子筛瓶除水蒸气后进入吸收池测其吸光度,然后经流量计、脱汞井(吸收废气中的汞)排出。如图 9.17 所示。

测定要点:

(1)水样预处理:在硫酸-硝酸介质中,加入高锰酸钾和过硫酸钾溶液消解水样,也可以用溴酸钾溴化钾混合试剂在酸性介质中于 20 ℃以上室温消解水样。过剩的氧化剂在临测定前用盐酸羟胺溶液还原。

(2)绘制标准曲线:依照水样介质条件,配制系列汞标准溶液。分别吸取适量汞标准溶

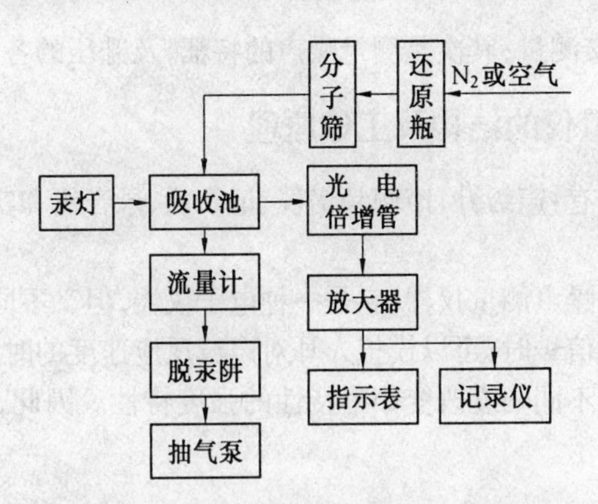

图9.17　冷原子吸收测汞仪工作流程

液于还原瓶内,加入氯化亚锡溶液,迅速通入载气,记录表头的最高指示值或记录以上的峰值。以经过空白校正值的各测量值(吸光度)为纵坐标,相应标准溶液的汞浓度为横坐标,绘制出标准曲线。

(3)水样测定:取一定量处理好的水样于还原瓶中,按照标准溶液测定方法测其吸光度,经空白校正后,从标准曲线上查得汞浓度,再乘以样品的稀释倍数,即得水样中汞的浓度。

9.3.2　冷原子吸收测汞分析仪的使用方法

(1)将仪器平放在工作台上,用塑料软管连接翻泡瓶,注意"出气"与"进气",接通220 V、50 Hz交流电源。

(2)把"粗调"、"细调"、"校零"旋钮依次按逆时针方向旋到最小位置,"光路切换开关"按到"校正"位置,开启电源开关。预热20 min左右,使汞灯发光稳定。

(3)预热完毕后,开启泵开关。把"光路切换开关"按到"测定"位置,按顺时针方向依次调节"粗调"、"细调"旋钮,使读数指示器指针指在透光率100%处,接着再把"光路切换开关"按到"校正"位置(此时玻片移入光路),调节"校零"旋扭使接针指在透过率0%处,再把"光路切换开关"按到"测定"位置,略等片刻,调节"粗调"、"细调"旋钮,使指针在100%处,按上述步骤反复调节数次,仪器即可工作。

(4)仪器工作时,光路切换开关应在"测定"位置,读数指示器指针应在100%处,这时可把已经处理好的被测溶液移入翻泡瓶内,再加入还原剂,迅速盖紧瓶塞。并观察读数指示器指针的最大指示值。

(5)读数后,倒掉翻泡瓶内的溶液,并进行清洗,略等片刻,待泵将管道内的残余气体吹尽,读数指示器指针应返回100%处,如稍有出入可调节"细调"旋钮使之返回100%处。

(6)需加外接记录仪,可直接将记录仪接到仪器背后标有"记录仪"的插口上,此时电表已断开,数据即由记录仪上反映出来。

9.4　噪声测量仪

噪声测量仪器的测量内容有噪声的强度,主要是声场中的声压,而声强、声功率的直接测量较麻烦,故较少直接测量;其次是测量噪声的特征,及升压的各种频率组成成分。

9.4.1　噪声测量仪的结构及工作原理

噪声测量仪器主要有:声级计、声频频谱仪、记录仪、录音机和实时分析仪器。

1. 声级计的结构

升级计是最基本的噪声测量仪器,它是一种电子仪器,但又不同于电压表等客观电子仪表在把声信号转换成电信号时,可以模拟人耳对声波反应速度的时间特性;对高低频有不同灵敏度的频率特性以及不同响度改变频率特性的强度特性。因此,声级计是一种主观性的电子仪器,如图9.18所示。

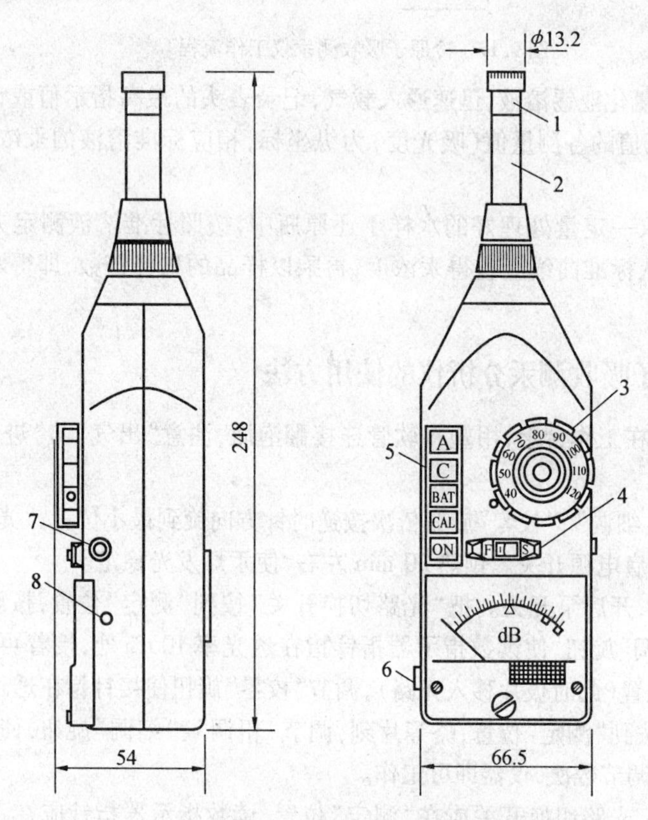

图9.18　PSJ-2型声级计结构

1—测试传声器;2—前置级;3—分贝拨盘;4—快慢(F、S);

5—按键;6—输出插孔;7—+10 dB按钮;8—灵敏度调节孔

2. 声级计的工作原理

声压由传声器膜片接收后,将声压信号转换成电信号,经前置放大器作阻抗变换后送到输入衰减器,由于表头指示范围一般只有20 dB,而声音范围变化可高达140 dB,甚至更高,所以必须使用衰减器来衰减较强的信号,再由输入放大器进行定量放大,放大后的信号由计权网络计权。它的设计是模拟人耳对不同频率有不同的灵敏度的听觉响应。在计权网络处可外接滤波器,这样可做频谱分析。输出的信号由输出衰减器减到额定值,随即送到输出放大器放大。使信号达到相应的功率输出,输出信号经RMS检波后(均方根检波电路)送出有效值电压,推动电表,显示所测得的声压级分贝值。

9.4.2　声级计的分类

声级计整机灵敏度是指在标准条件下测量1 000 Hz纯音所表现出的精度。根据该精度声级计可分成两类:一类是普通升级计,它对传声器要求不太高,动态范围和频响平直范围较狭,一般不与带通滤波器相连用;另一类是精密声级计,其传声器要求频响宽,灵敏度高,长期稳定性好,且能与各种带通滤波器配合使用,放大器输出可直接和电平记录器、录音机相连接,可将噪声信号显示或储存起来,如将精密声级计的传声器取下,换以输入转换器并接加速度计就成为振动计可作振动测量。

近年来有人又将声级计分为四类,即0型、1型、2型、3型。它们的精度分别为±0.4 dB、±0.7 dB、±1.0 dB、±1.5 dB。

仪器上有阻尼开关能反映人耳听觉动态特性,快挡“F”用于测量起伏不大的稳定噪声。如噪声起伏超过4 dB可利用慢挡“S”,有的仪器还有读取脉冲噪声的“脉冲”挡。

声级计的表头刻度方式,通常采用由-5(或-10)到0,以及0到10,跨度共15(或20)dB。

9.4.3　其他噪声测量仪器

1. 声级频谱仪

噪声测量中如需进行频谱分析,通常在精密声级计配用倍频程滤波器。根据规定需要使用10挡,即中心频率为31.5、63、125、250、500、1 K、2 K、4 K、8 K、16 K。

2. 录音机

有些噪声现场,由于某些原因不能当场进行分析,需要储备噪声信号然后带回实验室分析,这就需要录音机。供测量用的录音机不同于家用录音机,其性能要求高得多。它要求频率范围宽(一般为20~150 000)Hz,失真小(小于3%),信噪比大(35 dB以上),此外,还要求频响特性尽可能平直,动态范围大等。

3. 记录仪

记录仪是将测量的噪声声频信号随时间变化记录下来,从而对环境噪声做出准确评价,记录仪能将交变的声谱电信号作对数转换,整流后将噪声的峰值、均方根值(有效值)和平均值表示出来。

4. 实时分析仪

实时分析仪是一种数字式谱线显示仪,能把测量范围的输入信号在短时间内同时反映在一系列信号通道视屏上,通常用于较高要求的研究、测量,目前使用尚不普遍。

9.5　实验三十六　大气中二氧化硫的测定

SO_2是主要大气污染物之一,为大气环境污染例行的必测项目。它来源于煤和石油等燃料的燃烧、含硫矿石的冶炼、硫酸等化工产品生产排放的废气。SO_2是一种无色、易溶于水、有刺激性气味的气体,能通过呼吸进入气管,对局部组织产生刺激和腐蚀作用,特别是当它与烟尘等气体溶胶共存时,可加重对呼吸道黏膜的损害。

测定SO_2常用的方法有分光光度法、紫外银光法、电导法、库仑滴定法、火焰光度法等。

9.5.1 实验原理

大气中SO_2用四氯汞钾溶液吸收后,生成稳定的二氯亚硫酸盐络合物,此络合物再与甲醛及盐酸副玫瑰苯胺发生反应,生成紫红色的络合物,根据其颜色深浅,用分光光度法测定。反应式如下

$$HgCl_2+2KCl \xlongequal{} K_2[HgCl_4]$$

$$[HgCl_4]^{2-}+SO_2+H_2O \xlongequal{} [HgCl_2SO_3]^{2-}+2H^++2Cl^-$$

$$[HgCl_2SO_3]^{2-}+HCHO+2H^+ \xlongequal{} HgCl_2+HOCH_2SO_3H$$

（羟基甲基磺酸）

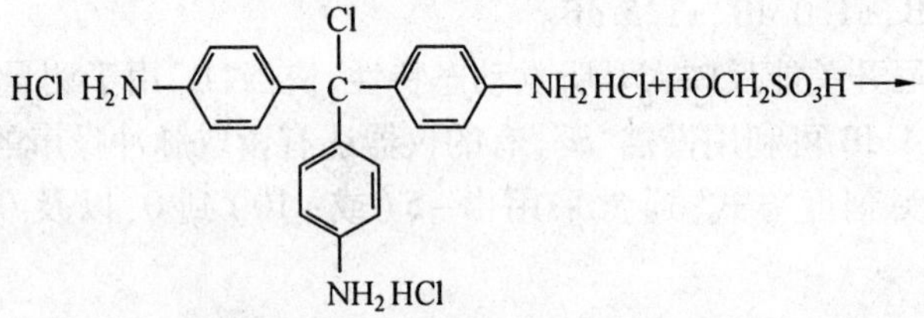

HCl H_2N—C(Cl)—NH_2 HCl + $HOCH_2SO_3H$ ⟶

NH_2 HCl

（盐酸副玫瑰苯胺，俗称品红）

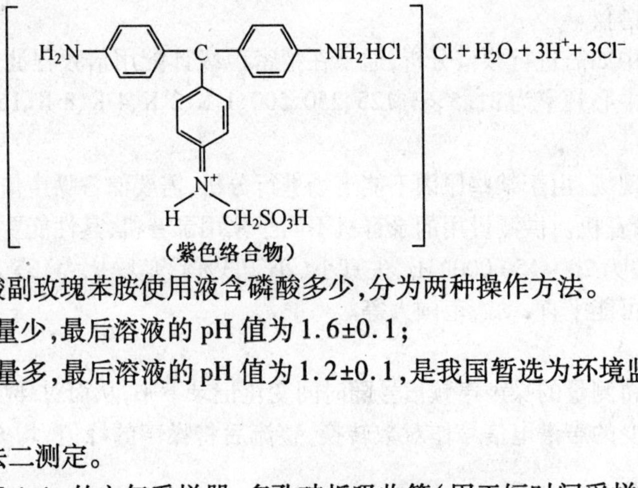

[H_2N—C—NH_2 HCl ; N^+(H)(CH_2SO_3H)] Cl + H_2O + $3H^+$ + $3Cl^-$

（紫色络合物）

按照所用的盐酸副玫瑰苯胺使用液含磷酸多少,分为两种操作方法。

方法一:含磷酸量少,最后溶液的 pH 值为 1.6±0.1;

方法二:含磷酸量多,最后溶液的 pH 值为 1.2±0.1,是我国暂选为环境监测系统的标准方法。

本实验采用方法二测定。

使用流量 0~1 L/min 的空气采样器、多孔玻板吸收管(用于短时间采样)或多孔玻板吸收瓶(用于 24 h 采样)吸收大气中的二氧化硫,用分光光度法测定。

9.5.2 特别指导

(1)温度对显色影响较大,温度越高,空白值越大。温度高时显色快,褪色也快,最好用恒温水浴控制显色温度。

(2)对品红试剂必须提纯后方可使用,否则,其中所含杂质会引起试剂空白值增高,使方法灵敏度降低。

(3)六价铬能使紫红色络合物褪色,产生负干扰,故应避免用硫酸-铬酸洗液洗涤所用玻璃器皿,若已用此洗液洗过,则需用(1+1)盐酸溶液浸洗,再用水充分洗涤。

(4)用过的具塞比色管及比色皿应及时用酸洗涤,否则红色难于洗净。具塞比色管用

(1+4)盐酸溶液洗涤,比色皿用(1+4)盐酸加1/3体积乙醇混合液洗涤。

(5)四氯汞钾溶液为剧毒试剂,使用时应小心,如溅到皮肤上,立即用水冲洗。使用过的废液要集中回收处理,以免污染环境。

9.5.3　实验内容

1.溶液配制

(1)四氯汞钾吸收液

称取10.9 g氯化汞($HgCl_2$)、6.0 g氯化钾和0.070 g乙二胺四乙酸(EDTA-Na_2)溶解于水,稀释至1 000 mL,此溶液的浓度为0.04 mol/L。在密闭容器中贮存时,可稳定6个月,如发现有沉淀,不能再用。

(2)碘溶液

称取12.7 g碘于烧杯中,加入40 g碘化钾和25 mL水搅拌至全部溶解后,用水稀释至1 000 mL,贮于棕色试剂瓶中。此为浓度$c_{1/2I_2}$=0.10 mol/L的碘储备液。

使用时,量取50 mL碘储备液,用水稀释至500 mL,配成浓度为$c_{1/2I_2}$=0.010 mol/L的碘使用液,贮于棕色试剂瓶中。

(3)碘酸钾标准溶液

准确称取3.566 8 g碘酸钾晶体(KIO_3,优级纯,预先在110 ℃下烘干2 h并冷却),溶解于水,移入1 000 mL容量瓶中,用水稀释至标线。此溶液的浓度为$c_{1/6KIO_3}$=0.100 0 mol/L。

(4)硫代硫酸钠标准溶液

称取25 g硫代硫酸钠($Na_2S_2O_3 \cdot 5H_2O$),溶解于1 000 mL新煮沸并已冷却的水中,加0.20 g无水碳酸钠,贮于棕色瓶中,放置一周后标定其浓度。若溶液呈现浑浊时,应该过滤。该溶液按如下方法标定:

吸取碘酸钾标准溶液25.00 mL,置于250 mL碘量瓶中,加70 mL新煮沸并已冷却的水,加1.0 g碘化钾,振荡至完全溶解后,再加入1.2 mol/L的盐酸溶液10.0 mL,立即盖好瓶塞,混匀。在暗处放置5 min后,用硫代硫酸钠溶液滴定至淡黄色,加淀粉指示剂5 mL,继续滴定至蓝色刚好消失。按下式计算硫代硫酸钠的浓度,即

$$c=\frac{25.00\times0.100\ 0}{V}$$

式中　c——硫代硫酸钠溶液浓度,mol/L;

V——消耗硫代硫酸钠溶液的体积,mL。

该溶液为浓度约为0.1 mol/L的硫代硫酸钠储备液。使用时,取50.00 mL硫代硫酸钠储备液于500 mL容量瓶中,用新煮沸并已冷却的水稀释至标线,计算其准确浓度。

(5)二氧化硫标准溶液

称取0.20 g亚硫酸钠(Na_2SO_3)及0.010 g乙二胺四乙酸二钠,将其溶解于200 mL新煮沸并已冷却的水中,轻轻摇匀(避免振荡,以防充氧)。放置2~3 h后标定。此溶液每毫升相当于含320~400 μg二氧化硫。该溶液按如下方法标定:

取四个250 mL碘量瓶(A_1、A_2、B_1、B_2),分别加入0.010 mol/L的碘溶液50.00 mL。在A_1、A_2瓶内各加25 mL水,在B_1瓶内加入25.00 mL亚硫酸钠标准溶液,盖好瓶塞。立即吸取2.00 mL亚硫酸钠标准溶液于已加有40~50 mL四氯汞钾溶液的100 mL容量瓶中,使其

生成稳定的二氯亚硫酸盐络合物。再吸取 25.00 mL 亚硫酸钠标准溶液于 B_2 瓶内,盖好瓶塞。然后用四氯汞钾吸收液将 100 mL 容量瓶中的溶液稀释至标线。

A_1、A_2、B_1、B_2 四瓶于暗处放置 5 min 后,用 0.01 mol/L 硫代硫酸钠标准溶液滴定至浅黄色,加 5 mL 淀粉指示剂,继续滴定至蓝色刚好褪去。平行滴定所用硫代硫酸钠溶液体积之差应不大于 0.05 mL。

所配 100 mL 容量瓶中的亚硫酸钠标准溶液相当于二氧化硫的浓度由下式计算,即

$$SO_2(\mu g/\ mL)=\frac{(V_0-V)\times c\times 32.02\times 1\ 000}{25.00}\times\frac{2.00}{100}$$

式中 V_0——滴定 A 瓶时所用硫代硫酸钠标准溶液体积的平均值,mL;

V——滴定 B 瓶时所用硫代硫酸钠标准溶液体积的平均值,mL;

c——硫代硫酸钠标准溶液的准确浓度,mol/L;

32.02——相当于 1 mmol/L 硫代硫酸钠溶液的二氧化硫($\frac{1}{2}SO_2$)的质量,mg。

根据以上计算的二氧化硫标准溶液的浓度,再用四氯汞钾吸收液稀释成每毫升含 2.0 μg二氧化硫的标准溶液,此溶液用于绘制标准曲线,在冰箱中存放,可稳定 20 天。

(6)盐酸副玫瑰苯胺溶液

称取 0.20 g 经提纯的盐酸副玫瑰苯胺,溶解于 100 mL 1.0 mol/L 盐酸溶液中。此为 0.2% 盐酸副玫瑰苯胺(PRA,即对品红)储备液。

吸取上述 0.2% 盐酸副玫瑰苯胺储备液 20.00 mL 于 250 mL 容量瓶中,加 3 mol/L 磷酸溶液 200 mL,用水稀释至标线,配制成 0.016% 的盐酸副玫瑰苯胺使用液。该使用液至少放置 24 h 方可使用。存于暗处,可稳定 9 个月。

(7)甲醛溶液

量取 36% ~38% 甲醛溶液 1.1 mL,用水稀释至 200 mL,配制成 2.0 g/L 的溶液。临用现配。

(8)氨基磺酸铵溶液

称取 0.60 g 氨基磺酸铵,溶解于 100 mL 水中,配制成 6.0 g/L 的溶液。临用现配。

(9)淀粉指示剂

称取 0.20 g 可溶性淀粉,用少量水调成糊状,慢慢倒入 100 mL 沸水中,继续煮沸直至溶液澄清,冷却后存于试剂瓶中。

(10)盐酸溶液

量取 100 mL 浓盐酸,用水稀释至 1 000 mL,配制成 1.2 mol/L 的溶液。

2. 实验内容

(1)绘制标准曲线

取 8 支 10 mL 具塞比色管,按表 9.3 所列参数配制标准色列。

在以上各管中加入 6.0 g/L 氨基磺酸铵溶液 0.50 mL,摇匀。再加入 2.0 g/L 甲醛溶液 0.50 mL 及 0.016% 盐酸副玫瑰苯胺使用液 1.50 mL,摇匀。当室温为 15 ~20 ℃时显色 30 min;室温为 20 ~25 ℃时显色 20 min;室温为 25 ~30 ℃时,显色 15 min。用 1 cm 比色皿,于 575 nm 波长处,以水为参比,测定吸光度。以吸光度对二氧化硫质量(μg)绘制标准曲线,或用最小二乘法计算出回归方程式。

表 9.3　二氧化硫标准色列

加入溶液	色列管编号							
	0	1	2	3	4	5	6	7
2.0 μg/mL 亚硫酸钠标准溶液	0	0.60	1.00	1.40	1.60	1.80	2.20	2.70
四氯汞钾吸收液/mL	5.00	4.40	4.00	3.60	3.40	3.20	2.80	2.30
二氧化硫质量/μg	0	1.2	2.0	2.8	3.2	3.6	4.4	5.4

(2)采样

① 短时间采样。用内装 5 mL 四氯汞钾吸收液的多孔玻璃吸收管以 0.5 L/ min 的流量采样 10 ~20 L。

② 24 h 采样。测定 24 h 平均浓度时,用内装 50 mL 吸收液的多孔玻璃板吸收瓶以 0.2 L/min流量,10 ~16 ℃恒温采样。

(3)样品测定

当样品浑浊时,应离心分离除去。采样后样品放置 20 min,以使臭氧分解。

① 短时间样品。将吸收管中的吸收液全部移入 10 mL 具塞比色管内,用少量水洗涤吸收管,洗涤液并入具塞比色管中,使总体积为 5 mL。加 6 g/L 氨基磺酸铵溶液 0.50 mL,摇匀,放置 10 min,以除去氮氧化物的干扰。以下步骤同标准曲线的绘制。

② 24 h 样品。将采集样品后的吸收液移入 50 mL 容量瓶中,用少量水洗涤吸收瓶,洗涤液并入容量瓶中,使总体积为 50.0 mL,摇匀。吸取适量样品溶液置于 10 mL 具塞比色管中,用吸收液定容为 5.00 mL。以下步骤同短时间样品测定。

3. 数据处理

$$二氧化硫(SO_2, mg/m^3)=\frac{W}{V_n}\times\frac{V_t}{V_a}$$

式中　W——测定时所取样品溶液中二氧化硫质量(μg,由标准曲线查知);

V_t——样品溶液总体积,mL;

V_a——测定时所取样品溶液体积,mL;

V_n——标准状态下的采样体积,L。

9.5.4　思考题

1. SO_2 是主要大气污染物之一,它来自于哪些污染源?

2. 叙述测定 SO_2 的实验原理。

3. 测定 SO_2 时,影响显色反应的因素有哪些?

9.6　实验三十七　大气中氮氧化物的样品采集与测定

大气中的氮氧化物主要以一氧化氮(NO)和二氧化氮(NO_2)形式存在,它们主要来源于石化燃料高温燃烧和硝酸、化肥等生产排放的废气,以及汽车排气。

大气中一氧化氮(NO)和二氧化氮(NO_2)可分别测定,也可以测定二者的总量。常用的测定方法有盐酸萘乙二胺分光光度法、化学发光法及恒电流库仑滴定法等。

9.6.1 实验原理

大气中氮氧化物主要是一氧化氮(NO)和二氧化氮(NO_2)。在测定氮氧化物浓度时,首先使空气中的一氧化氮通过三氧化铬氧化管氧化成二氧化氮。

二氧化氮用冰乙酸、对氨基苯磺酸和盐酸萘乙二胺配成吸收液进行采样,被吸收液吸收后,生成亚硝酸和硝酸,其中,亚硝酸与对氨基苯磺酸发生重氮化反应,再与盐酸萘乙二胺耦合,生成玫瑰红色偶氮染料,据其颜色深浅,用分光光度法定量。吸收及显色反应如下

$$2NO_2 + H_2O = HNO_2 + HNO_3$$

$$HO_3S-C_6H_4-NH_2 + HNO_2 + CH_3COOH \longrightarrow [HO_3S-C_6H_4-N^+\equiv N]CH_3COO^- + 2H_2O$$

$$[HO_3S-C_6H_4-N^+\equiv N]CH_3COO^- + C_{10}H_7-NH-CH_2-CH_2-NH-NH_2\cdot 2HCl \longrightarrow$$

$$HO_3S-C_6H_4-N=N-C_{10}H_6-NH-CH_2-CH_2-NH_2 + CH_3COOH + 2HCl$$

(玫瑰红色偶氮染料)

因为NO_2(气体)转变为NO_2^-(液)的转换系数为0.76,故在计算结果时应除以0.76。

9.6.2 特别指导

(1)吸收液应避光,且不能长时间暴露在空气中,以防止光照时吸收液显色或吸收空气中的氮氧化物而使试剂空白值增高。

(2)氧化管适于在相对湿度为30%~70%时使用。当空气相对湿度大于70%时,应勤换氧化管,平衡1 h。在使用过程中,应经常注意氧化管是否吸湿引起板结,或变成绿色。若有板结会使采样系统阻力加大,影响流量;若变成绿色,表示氧化管失效。

(3)亚硝酸钠(固体)应密封保存,防止空气及湿气侵入。部分氧化成硝酸钠或呈粉末状的试剂都不能用直接法配制标准溶液。若无颗粒状亚硝酸钠试剂,可用高锰酸钾容量法标定出亚硝酸钠储备溶液的准确浓度后,再稀释为含亚硝酸根5.0 μg/mg的标准溶液。

(4)溶液若呈黄棕色,表明吸收液已受三氧化铬污染,该样品应报废。

(5)绘制标准曲线,向各管中加亚硝酸钠标准使用溶液时,都应均匀、缓慢地加入。

(6)所有试剂均用不含亚硝酸根的重蒸馏水配制。其检验方法是:所配制的吸收液对540 nm光的吸光度不超过0.005。

9.6.3 实验内容

1.溶液的配置

(1)吸收液

称取5.0 g对氨基苯磺酸,置于1 000 mL容量瓶中,加入50 mL冰乙酸和900 mL水的

混合溶液,盖塞振摇使其完全溶解,继之加入0.050 g盐酸萘乙二胺,溶解后,用水稀释至标线,此为吸收原液,储存于棕色瓶中,在冰箱内可保存两个月。保存时应密封瓶口,防止空气与吸收液接触。

采样时,按4份吸收原液与1份水的比例混合配成采样用吸收液。

(2)三氧化铬-砂子氧化管

筛取20~40目海砂(或河砂),用1∶2的盐酸溶液浸泡一夜,用水洗至中性,烘干。将三氧化铬与砂子按质量比1∶20混合,加少量水调匀,放在红外灯箱或烘箱内于105 ℃烘干,烘干过程应搅拌几次。制备好的三氧化铬-砂子应是松散的,若黏在一起,说明三氧化铬比例太大,可适当增加一些砂子,重新制备。称取约8 g三氧化铬-砂子装入双球玻璃管内,两端用少量脱脂棉塞好,用乳胶管或塑料管制的小帽将氧化管两端密封,备用。采样时将氧化管与吸收管用一小段乳胶管相连。

(3)亚硝酸钠标准溶液

准确称取0.150 0 g粒状亚硝酸钠($NaNO_2$,预先在干燥器内放置24 h以上),移入1 000 mL容量瓶中,用水稀释至标线。此溶液每毫升含100.0 μg NO_2^-,贮于棕色瓶内。此为亚硝酸钠标准储备液,冰箱中保存,可稳定三个月。

使用时,吸取储备液5.00 mL于100 mL容量瓶中,用水稀释至标线。此溶液每毫升含5.0 μg NO_2^-。

2. 实验操作

(1)绘制标准曲线

取7只10 mL具塞比色管,按表9.4所列数据配置标准色列。

表9.4　亚硝酸钠标准色列

管　　号	0	1	2	3	4	5	6
亚硝酸钠标准溶液/mL	0	0.10	0.20	0.30	0.40	0.50	0.60
吸收原液/mL	4.00	4.00	4.00	4.00	4.00	4.00	4.00
水/mL	1.00	0.90	0.80	0.70	0.60	0.50	0.40
NO_2^- 质量/μg	0	0.5	1.0	1.5	2.0	2.5	3.0

以上溶液摇匀,避开阳光直射放置15 min,在540 nm波长处,用1 cm比色皿,以水为参比,测定吸光度。以吸光度为纵坐标,相应的标准溶液中 NO_2^- 质量(μg)为横坐标,绘制标准曲线。

(2)采样

将一只内装5.00 mL吸收液的多孔玻板吸收管进气口接三氧化铬-砂子氧化管,并使管口略微向下倾斜,以免当湿空气将三氧化铬弄湿时污染后面的吸收液。将吸收管出气口与空气采样器相连接,以0.2~0.3 L/min的流量避光采样至吸收液成微红色为止,记下采样时间,密封好采样管,带回实验室,当日测定。若吸收液不变色,应延长采样时间,采样量应不少于6 L。在采样的同时,应测定采样现场的温度和大气压力,并做好记录。

(3)样品的测定

采样后,放置15 min,将样品溶液移入1 cm比色皿中,按绘制标准曲线的方法和条件测定试剂空白溶液和样品溶液的吸光度。若样品溶液的吸光度超过标准曲线的测定上限,可用吸收液稀释后再测定吸光度。计算结果时应乘以稀释倍数。

3. 数据处理

$$\text{氮氧化物}(NO_2, mg/m^3) = \frac{(A - A_0) \times \frac{1}{b}}{0.76 V_n}$$

式中 A——样品溶液的吸光度;

A_0——试剂空白溶液的吸光度;

$\frac{1}{b}$——标准曲线斜率的倒数,即单位吸光度对应的 NO_2 毫克数;

V_n——标准状态下的采样体积,L;

0.76——NO_2(气)转换为 NO_2^-(液)的系数。

9.6.4 思考题

1. 多孔玻板吸收管的作用是什么?
2. 实验过程存在哪些干扰?应该如何消除?

9.7 实验三十八 大气中总悬浮颗粒的测定

大气中颗粒物质的测定项目有:总悬浮颗粒物的测定、可吸入颗粒物(飘尘)的测定。总悬浮颗粒物,即总悬浮微粒,简称为 TSP,系指空气动力学当量直径在 100 μm 以下的固体和液态颗粒物。

9.7.1 实验原理

用重量法测定大气中总悬浮颗粒物的方法基于如下原理:使用大气采样器抽取一定体积的空气,使之通过已恒重的滤膜,空气中粒径在 100 μm 以下的悬浮微粒物被阻留在滤膜上,根据采样前、后滤膜质量之差及通过该滤膜的气体体积,即可计算总悬浮颗粒物的质量浓度。

总悬浮颗粒物的采集,所用的采样器按采样量的不同,可分为大流量(0.967 ~ 1.14 m^3/min)、中流量(0.05 ~ 0.15 m^3/min)及小流量(0.01 ~ 0.05 m^3/min)等。为能够采集到空气动力学当量直径在 100 μm 以下的固体和液态颗粒物,本实验采用小流量采样法测定,使用便携式大气采样器。

9.7.2 特别指导

(1)滤膜在使用前需要放在干燥器中平衡 24 h 以上,使其恒重。

(2)注意检查采样头是否漏气。如果滤膜上颗粒物与四周白边之间的界线逐渐模糊,则表明应更换面板密封垫。

(3)采样口必须向下,空气气流垂直向上进入采样口,采样口抽气速度规定为 0.30 m/s。

(4)每张滤膜使用前均需用光照检查,不得使用有针孔或有任何缺陷的滤膜采样。

(5)称量不带衬纸的聚氯乙烯滤膜时,在取放滤膜时,用金属镊子触一下天平盘,以消除静电的影响。

9.7.3 实验内容

本实验采用小流量采样器,流量控制在10~15 L/min,使用超细玻璃纤维滤膜或聚氯乙烯滤膜,滤膜直径35 mm。

1.准备

(1)每张滤膜使用前均需用光照检查,不得使用有针孔或有任何缺陷的滤膜采样。

(2)采样滤膜在称重前需在干燥器内已平衡24 h,然后在规定的条件下迅速称重,读数准确至0.1 mg,记下滤膜的编号和质量,将滤膜平展地放在光滑洁净的纸袋内,然后贮存于盒内备用,采样前的滤膜不能弯曲或折叠。

(3)天平应放置在平衡室内,平衡室温度在20~25 ℃之间,温度变化小于±3 ℃,相对湿度变化小于5%。

(4)采样前,将已称重的滤膜用小镊子取出,“毛”面向上,平放在采样夹上,小心拧紧采样夹。

2.采样

把装好滤膜的采样夹与采样器连接,按照规定的流量采样。采样5 min后和采样结束前5 min,各记录一次环境温度和大气压力,采样时间控制在2~4 h。若测定日平均浓度,则一般从上午8:00开始采样至第二天上午8:00结束。污染严重时,可用几张滤膜分段采样,合并计算日平均浓度。

采样后,用镊子小心取下滤膜,使采样“毛”面朝内,以采样有效面积的长边为中线对叠好,放回表面光滑的纸袋并储于盒内。记录现场温度、大气压力、采样流量、采样时间等数据,填写表9.5。

表9.5 总悬浮颗粒物现场采样记录

月,日	时间	采样温度/K	采样气压/kPa	滤膜号	压差值/cmH_2O			流量/($m^3 \cdot min^{-1}$)		备注
					开始	结束	平均	Q_2	Q_n	

3.样品测定

采样后的滤膜在干燥器内平衡24 h,迅速称重,称重记录填写于表9.6。

表9.6 总悬浮颗粒物样品浓度分析记录

月,日	时间	膜编号	流量/($m^3 \cdot min^{-1}$)	采样体积/m^3	滤膜质量/g			总悬浮颗粒物质量浓度/($mg \cdot m^{-3}$)
					采样前	采样后	样品重	

4.数据处理

总悬浮颗粒物(TSP)的质量浓度可按下式计算,即

$$c_{TSP}=\frac{(W_2-W_1)\times 1\ 000}{Q_n\times t}$$

式中　c_{TSP}——空气中总悬浮颗粒物的质量浓度,mg/m³;

W_2——采样后滤膜质量,mg;

W_1——采样前滤膜质量,mg;

t——采样时间,min;

Q_n——换算成标准状态下的采样流量,m³/min。

其中标准状态下的采样流量 Q_n 按下式计算,即

$$Q_n=Q\times\frac{273\times P}{101.3\times T}=2.69\times Q\times\frac{P}{T}$$

式中　Q——现场采样流量,m³/min;

P——采样时大气压力,kPa;

T——采样时的空气温度,K。

9.7.4　思考题

1. 采样点如何选择?
2. 滤膜在恒重称量时应注意哪些问题?

9.8　实验三十九　水中总有机碳(TOC)的测定

总有机碳(TOC)是以碳的含量来表示水体中有机物质总量的综合指标,是表示水中有机污染程度的定量指标之一。与化学需氧量(COD)和生化需氧量(BOD_5)相比,TOC更能直接表示有机物的总量。而且在采用COD和BOD_5这两个指标时,有许多局限性,如操作复杂、测定时间长、受到许多干扰因素的影响等,因而近年来多采用快速而简易的测定TOC的方法。

国内外已研制成各种类型的TOC分析仪,按工作原理可分为燃烧氧化-非分散红外吸收法、电导法、气相色谱法、湿法氧化-非分散红外吸收法等。其中本实验所采用的燃烧氧化-非分散红外吸收法只需一次性转化,流程简单,重现性好,灵敏度高,因此这种TOC分析仪在国内外采用较多。

9.8.1　实验原理

水中的碳包括无机碳、有机碳,还有一些不溶于水的碳。用过滤器可以除去200 μm以上的颗粒杂质,剩下的物质进行酸化。无机碳转换成CO_2经分配管进行气液分离而被空气带走,含有机碳的溶液进入高温炉被分解,在高温催化作用下被氧化成CO_2和H_2O,分离掉游离水后气体进入红外线分析仪,测定CO_2含量进而换算成水中总有机碳浓度后直接在显示窗中显示出。该方法最低检出质量浓度为0.5 mg/L。

1. 差减法测定总有机碳

水样分别被注入高温燃烧管(680~850 ℃)和低温反应管中。经高温燃烧管的水样受高温催化氧化,使有机物和无机碳酸盐均转换成为二氧化碳;经低温反应管的水样受酸化而

使无机碳酸盐分解成二氧化碳，两者所生成的二氧化碳依次导入非色散红外检测器，从而分别测得水中的总碳（TC）和无机碳（IC）。总碳和无机碳的差值即为总有机碳（TOC）。

2. 直接法测定总有机碳

将水样酸化后曝气，使无机碳酸盐均转换成为二氧化碳而被驱除后，再注入高温燃烧管中，可直接测定总有机碳。一些TOC分析仪器可以将酸化的样品直接注入，样品中无机碳转换成 CO_2 经分配管进行气液分离而被空气带走，含有机碳的溶液进入高温炉被分解后直接测定。由于在曝气过程中会造成水样中挥发性有机物的损失而产生误差，直接测定法的结果只代表不可吹出的有机碳的值。

9.8.2　特别指导

1. 干扰及消除

下列常见共存离子对测定地表水中总有机碳均无明显的干扰：硫酸根，400 g/L；氯离子，400 g/L；硝酸根，100 mg/L；磷酸根，100 mg/L；硫离子，100 mg/L。当分析含高浓度阴离子的水样时，可影响红外吸收，必要时，应用无二氧化碳蒸馏水稀释后再测定。水样含大颗粒悬浮物时，由于受水样注射器针孔的限制，测定结果往往不包含全部颗粒状有机碳。

2. 方法的适用范围

本方法检测限为0.5 g/L；测定上限为400 g/L；若变换仪器灵敏度档次，可继续测定大于400 g/L的高浓度样品。

3. 水样的采集

必须储存于棕色玻璃瓶中，常温下水样可以保存24 h。如不能及时分析，水样可加酸调节至pH=2，并在4 ℃冷藏，可以保存7 d。

4. 确定样品的稀释倍数

根据样品来源及COD值估算，确定适当稀释倍数进行稀释处理，并选择合适的标准测量范围。

9.8.3　实验内容

1. 无二氧化碳蒸馏水

将重蒸馏水在烧杯中煮沸蒸发，蒸掉约10%为止。稍冷，立即倾入瓶口装有碱石灰管的下口瓶中。实验中使用的蒸馏水皆为无二氧化碳蒸馏水。

2. 有机碳标准溶液

（1）有机碳标准储备液

称取在115 ℃干燥2 h后的邻苯二甲酸氢钾（优级纯）0.850 0 g，用水溶解，转移至1 000 mL容量瓶中，稀释至标线。此为含碳400 mg/L的碳标准储备液，4 ℃下可保存约40 d。

（2）有机碳标准使用液

准确吸取10.00 mL有机碳标准储备液，置于50 mL容量瓶中，稀释至标线。其质量浓度为80 mg/L碳。用时现配。

3. 无机碳标准溶液

（1）无机碳标准储备液

称取在干燥器中干燥的碳酸氢钠（优级纯）1.400 g和在280 ℃干燥2 h后的无水碳酸

钠(优级纯)1.770 g,用水溶解,转移至1 000 mL容量瓶中,稀释至标线。其质量浓度为400 mg/L的无机碳标准储备液。

(2)无机碳标准使用液

准确吸取10.0 mL无机碳标准储备液,置于50 mL容量瓶中,稀释至标线。其质量浓度为80 mg/L。用时现配。

4. 开机

开氧气钢瓶总阀,调节分压至5~6 kg/cm^2。打开仪器开关,进入主菜单。调解仪器内的载气分压;在主菜单中,进入“General Condition”菜单,选择炉温为on。待炉温升至680 ℃,仪器稳定,可进行样品分析。

5. 校正曲线的绘制

分别吸取0.00 mL、0.50 mL、1.50 mL、3.00 mL、4.50 mL、6.00 mL、7.50 mL的有机碳标准使用液和无机碳标准使用液于10 mL比色管中,用水稀释至标线,配成含0.0 mg/L、4.0 mg/L、12.0 mg/L、24.0 mg/L、36.0 mg/L、48.0 mg/L、60.0 mg/L的有机碳和无机碳两个系列标准溶液。

分别移取20 μL不同浓度的有机碳标准系列溶液,注入燃烧管进口,测量记录仪上出现的吸峰高,与对应浓度作图,绘制有机碳校准曲线。

分别移取20 μL不同浓度的无机碳标准系列溶液,注入反应管进口,记录吸峰高,与对应浓度作图,绘制无机碳校准曲线。

6. 水样的测定

(1)差减测定法。

经酸化的水样,在测定前应以氢氧化钠中和至中性。过滤处理后测定。

吸取20 μL混均水样分别注入燃烧管进口及反应管进口读取峰值。重复测定2~3次,使相应的总碳和无机碳测定值相对偏差在10%以内为止,求其峰高均值。从上述两个校准曲线上分别查得相应的总碳(TC)和无机碳(IC)值。

(2)直接测定法。

按每100 mL水样加0.04 mL(1∶1)硫酸的比例将水样酸化至pH≤2(已经酸化的水样不必再加),取25 mL水样移入50 mL烧杯中,在磁力搅拌器上剧烈搅拌几分钟或向烧杯中通入无二氧化碳的氮气,以除去无机碳。吸取20 μL经除去无机碳的混均水样分别注入燃烧管进口。重复测定2~3次,使相应的总碳和无机碳测定值相对偏差在10%以内为止。求其峰高均值。在有机碳校准曲线上查得相应的浓度值。

9.8.4　数据处理

1. 差减法测定总有机碳

$$TOC(mg/L)=TC-IC$$

2. 直接法测定总有机碳

$$TOC(mg/L)=TC$$

9.8.5　思考题

1. 为什么样品测定前要对其TOC值进行估算,并在稀释处理后才能进行测定?

2.测定总有机碳浓度本实验所用标准物质是邻苯二甲酸氢钾，它能否被其他物质所代替？为什么？

9.9　实验四十　电极法工业废水中溶解氧的测定

水中微生物、鱼类等得以生存的一个重要条件是水中溶解有一定量的氧气，这些氧简称溶解氧(DO)。当水体中含有还原性污染物时，溶解氧量就会降低。当降低到 4 mg/L 以下时，水中生物就难以生存了。因此，溶解氧是水质监测的重要指标之一。

使用溶解氧测定仪测定水中溶解氧具有快速、稳定性好、校准容易、仪器设计简单等优点，因此国家标准 GB 11913—93(等同国际标准 ISO 5814—1984)规定了用溶解氧仪测定水中溶解氧，可测定水中饱和百分率为 0% ~100% 的溶解氧。适于测定色度高及浑浊的水，还适于测定含铁及能与碘作用的物质的水，而这些物质会干扰经典的碘量法的测定。

9.9.1　实验原理

溶解氧电极由工作电极和对电极组成。电极内部电解液为氯化钾或氢氧化钾，两金属电极浸没在电解质溶液中，电极和电解质溶液装在有氧半透膜(25 ~50 μm 的聚乙烯或聚四氟乙烯薄膜)的小室内，分子氧可以透过薄膜扩散到电极表面上，当电极两端加 0.5 ~0.8 V 电压时，透过薄膜的溶解氧在工作电极被还原：

工作电极　　$O_2+2H_2O+4e^- \longrightarrow 4OH^-$

对电极　　$4Ag+Cl^- \longrightarrow 4AgCl+4e^-$

达到稳定状态时，电流受氧分子从溶液本体扩散到达电极表面的速度所控制。扩散电流 i_∞ 可用下式表示：

$$i_\infty = \frac{nFAP_m}{L}c$$

式中　i_∞——稳定扩散电流，μA；

n——电极反应中的得失电子数；

A——工作电极面积，cm^2；

F——Faraday 常数，F=96 487 C/mol；

P_m——薄膜渗透系数，cm^2/s；

L——薄膜厚度，cm；

c——溶解氧浓度，mmol/L。

当电极参数一定时，在一定温度下，稳定后的扩散电流与水样中的氧浓度成正比。

9.9.2　特别指导

(1)不得用手触摸膜的活性表面；

(2)当电极浸入样品中时，应保证没有空气泡截流在膜上；

(3)样品接触电极的膜时，应保持一定的流速，以防止与膜接触的瞬间将该部位样品中的溶解氧耗尽，而出现虚假的读数。

9.9.3 实验内容

本实验采用 inoLab Oxi Level 2 型溶解氧仪,测定工业废水中的溶解氧。

1.准备工作

检查溶解氧测试仪是否完好,将溶解氧电极连接到主机上;

接通电源,开机后,观察仪器自检过程,待其进入测试状态;

如有必要,可对电极进行校正。

2.测试

工业废水测试时,将电极浸于被测溶液中,此时仪表显示的读数即为被测水样的溶解氧值。应注意所需的最小流速,测量时应保证水样相对电极有一定流速,如拿着电极在水中来回慢慢搅动或在电极顶端装一个搅拌附件。

3.电极的清洗与保存

电极外部清洗可用蒸馏水彻底清洗,把电极贮存在保存校正套中,并保持校正套中的空气潮湿。

9.10 实验四十一 碘量法测定水中溶解氧(DO)

溶解在水中的分子态氧称为溶解氧,常以 DO 表示。溶解氧是水质好坏的重要指标之一,也是鱼类和其他水生生物生存的必要条件。比较清洁的河流湖泊中溶解氧一般在7.5 mg/L以上,当溶解氧质量浓度低于2 mg/L时,水质严重恶化,水体因厌氧菌繁殖而发臭。

9.10.1 实验原理

在水样中加入硫酸锰和碱性碘化钾,水中溶解氧将低价锰氧化成高价锰,生成四价锰的氢氧化物棕色沉淀,这一过程称为溶解氧的固定:

$$Mn^{2+}+2OH^- = Mn(OH)_2\downarrow \text{(白色)}$$

$$2Mn(OH)_2+O_2 = 2MnO(OH)_2\downarrow \text{(棕色)}$$

然后加酸后,氢氧化物沉淀溶解,四价的锰与碘离子反应而释出游离的碘:

$$MnO(OH)_2+2I^-+4H^+ = Mn^{2+}+I_2+3H_2O$$

I_2 在水中溶解度很小,但在含有 KI 的溶液中,I_2 以 I_3^- 的形式存在,具有较大的溶解度。因此碘化钾必须是过量的。

以淀粉作指示剂,用硫代硫酸钠滴定释出的碘,计算溶解氧的含量:

$$I_2+2S_2O_3^{2-} = 2I^-+S_4O_6^{2-}$$

9.10.2 特别指导

1.方法选择

测定水中溶解氧常采用碘量法及其修正法和膜电极法。清洁水可直接采用碘量法测定。水样有色或含有氧化性及还原性物质、藻类、悬浮物等干扰测定,所以大部分受污染的地面水和工业废水,必须采用修正的碘量法或膜电极法测定。

2. 水样的采集与保存

用碘量法测定水中溶解氧，水样常采集到溶解氧瓶中。采集水样时，要注意不使水样曝气或有气泡残存在采集样瓶中，可用水样冲洗溶解氧瓶后，沿瓶壁直接倾注水样或用虹吸法将细管插入溶解氧瓶底部，注入水样至溢出瓶容积的 1/3 ~ 1/2 左右。

水样采集后，为防止溶解氧的变化，应立即加固定剂于样品中，并存于冷暗处，同时记录水温和大气压力。

9.10.3　实验内容

1. 采集水样

水样的采集一般用专用的溶解氧瓶，也可以用碘量瓶代替。采集水样时，要注意不使水样曝气或有气泡残存在采样瓶中。可用虹吸法将细管插入溶解氧瓶底部，注入水样至溢流出瓶容积的 1/3 ~ 1/2 左右。迅速盖上玻璃塞，瓶口不能留有气泡。

2. 固定溶解氧

用移液管依次向水样中加入 1 mL $MnSO_4$ 溶液、2 mL 碱性 KI 溶液，加入时移液管尖端要插入液面以下，防止将空气带入瓶内。立即将瓶塞盖好，颠倒混合十余次，静置。待棕色沉淀物降至瓶内一半时再颠倒混合数次，静置，使沉淀物下降到瓶底。

3. 析出碘

轻轻打开瓶塞，立即用滴管插入液面以下加入 2 mL 浓硫酸。小心盖好瓶塞，颠倒混合摇匀，至沉淀物完全溶解为止，于暗处放置 5 min。

4. 滴定

用移液管吸取 100.0 mL 上述水样，注入 250 mL 锥形瓶中，用已经标定过的硫代硫酸钠标准溶液滴定。滴定至溶液呈淡黄色时，加入 1 mL 淀粉溶液，继续滴定至溶液蓝色刚好褪去为止，记录硫代硫酸钠的消耗量。

重复上述操作，记录硫代硫酸钠的消耗量。两次测定误差不应超过±0.2 mL。

9.10.4　数据处理

按下式计算溶解氧量

$$溶解氧(O_2,mg/L)=\frac{c_{Na_2S_2O_3}\times V_{Na_2S_2O_3}\times 8\times 1\,000}{V_{水样}}$$

式中　$c_{Na_2S_2O_3}$——标准硫代硫酸钠溶液浓度，mol/L；

$V_{Na_2S_2O_3}$——滴定时消耗标准硫代硫酸钠溶液的体积，mL；

$V_{水样}$——水样体积，mL。

9.10.5　思考题

1. 为什么采用虹吸法取水样？直接倾倒或灌注会使溶解氧的值增大还是减小？
2. 很多食品中含有淀粉，设计一个定性鉴定淀粉是否存在的实验方法。

9.11　实验四十二　化学需氧量的测定

化学需氧量（COD）是指在一定条件下，用强氧化剂处理水样时所消耗氧化剂的量。

COD反映了水中受还原性物质污染的程度,水中还原性物质有有机物、亚硝酸盐、亚铁盐、硫化物等。水被有机物污染是很普遍的,因此COD测定主要反映了水样中有机物质的含量。COD_{Cr}是我国实施排放总量控制的指标之一。

9.11.1 实验原理

在强酸性溶液中,准确加入过量的重铬酸钾标准溶液,加热回流,将水样中还原性物质(主要是有机物)氧化,过量的重铬酸钾以试亚铁灵作指示剂,用硫酸亚铁铵标准溶液回滴,根据所消耗的重铬酸钾标准溶液量计算水样化学需氧量。

回流装置采用带有24号标准磨口的250 mL锥形瓶的全玻璃回流装置,球形回流冷凝管长度为300~500 mm。若取样量在30 mL以上时,可采用500 mL锥形瓶的全玻璃回流装置,如图9.19所示。

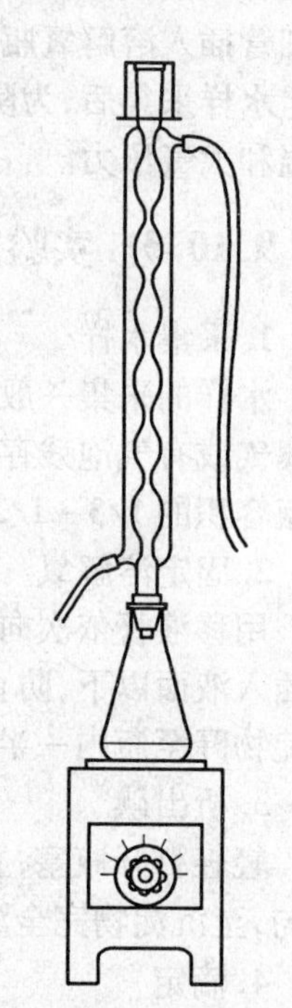

图9.19 回流装置

9.11.2 特别指导

(1)氯离子干扰测定,当废水中氯离子质量浓度超过30 mg/L时,应首先把0.4 g硫酸汞加入回流锥形瓶中,再加20.00 mL废水(或废水稀释至20.00 mL),摇匀。若氯离子的浓度较低,也可少加硫酸汞,只要保证硫酸汞:氯离子=10:1(*w*/*w*)即可。出现少量氯化汞沉淀时,并不影响测定。

(2)特殊情况下,测定水样的体积可以在10.00~50.00 mL范围内,但试剂用量及浓度需按表9.5进行相应调整,也可得到满意结果。

表9.7 水样取用量和试剂用量表

水样体积/mL	0.250 0 mol/L K_2CrO_7 溶液/mL	H_2SO_4-Ag_2SO_4 溶液/mL	$HgSO_4$/g	$[(NH_4)_2Fe(SO_4)_2]$/$(mol \cdot L^{-1})$	滴定前总体积/mL
10.0	5.0	15	0.2	0.050	70
20.0	10.0	30	0.4	0.100	140
30.0	15.0	45	0.6	0.150	210
40.0	20.0	60	0.8	0.200	280
50.0	25.0	75	1.0	0.250	350

(3)该方法测定水样COD的上限为700 mg/L,超过限度的水样必须经稀释后测定。

对于污染严重的废水样,可先取上述操作所需体积1/10的废水样和试剂于15 mm×150 mm硬质玻璃试管中,摇匀,加热至沸腾数分钟后观察是否呈绿色。如溶液显绿色,再适当减少废水取样量,直至溶液不变绿色为止,从而确定废水样分析时应取用的体积。稀释时,所取废水样量不得少于5 mL,如果化学需氧量很高,则废水样应多次稀释。

(4)对于化学需氧量小于50 mg/L的水样,应采用低浓度的重铬酸钾标准溶液,即将本实验中所用试剂稀释10倍使用(浓度为$1/6K_2Cr_2O_7$=0.025 0 mol/L),回滴时的硫酸亚铁铵标准溶液也稀释10倍。

(5)可以采用邻苯二甲酸氢钾标准溶液检查试剂的质量和实验人员的操作技术。每克邻苯二甲酸氢钾的理论COD_{Cr}为1.176 g,称取已干燥的邻苯二甲酸氢钾0.425 1 g溶于重蒸馏水中,转入1 000 mL容量瓶,用重蒸馏水稀释至标线,使之成为500 mg/L的COD_{Cr}标准溶液(用时新配)。

按测定水样同样的方法分析20.0 mL上述邻苯二甲酸氢钾标准溶液的COD值,如果校验结果大于理论值的96%,即可认为实验步骤基本上是可行的,否则,必须寻找失败的原因,重复试验,使之达到要求。

9.11.3　实验内容

1.硫酸-硫酸银溶液

于500 mL硫酸中加入5 g硫酸银。放至1~2 d,不时摇动使其溶解。

2.重铬酸钾标准溶液

准确称取12.258 g在105~110 ℃下烘干2 h并冷却的重铬酸钾,用少量水溶解,移入1 000 mL容量瓶中,稀释至刻度。此溶液为$1/6K_2Cr_2O_7$=0.250 0 mol/L的重铬酸钾标准储备溶液。

3.硫酸亚铁铵标准溶液

称取39.5 g硫酸亚铁铵溶于水中,边搅拌边缓慢加入20 mL浓硫酸,待溶液冷却后稀释至1 000 mL。此溶液浓度$(NH_4)_2Fe(SO_4)_2 \cdot 6H_2O \approx 0.1$ mol/L。临用前,用重铬酸钾标准溶液标定其准确浓度。

4.硫酸亚铁铵标准溶液的标定

准确吸取10.00 mL重铬酸钾标准溶液于500 mL锥形瓶中,加水稀释至100 mL左右,缓慢加入30 mL浓硫酸,混匀。冷却后,加入3滴试亚铁灵指示液(约0.15 mL),用硫酸亚铁铵溶液滴定,溶液的颜色由黄色经蓝绿色至红褐色即为终点。记录硫酸亚铁铵标准溶液的消耗量V(mL),按下式计算硫酸亚铁铵标准溶液的浓度:

$$c_{(NH_4)_2Fe(SO_4)\cdot 6H_2O}=\frac{10.00\times 0.250}{V}$$

5.水样的测定

将水样充分摇匀,取出20.00 mL(或适量水样稀释至20.00 mL)置于250 mL磨口回流锥形瓶中,准确加入10.00 mL重铬酸钾标准溶液及数粒小玻璃珠或沸石,连接磨口回流冷凝管,从冷凝管上口慢慢地加入30 mL硫酸-硫酸银溶液,轻轻摇动锥形瓶使溶液混匀,加热回流2 h(自开始沸腾时计时)。

冷却后,用20~30 mL水自冷凝管上端冲洗冷凝管壁,取下锥形瓶,再用水稀释至140 mL左右。最后的溶液总体积不得少于140 mL,否则,因酸度太大,滴定终点不明显。

溶液再度冷却后,加3滴试亚铁灵指示液,用硫酸亚铁铵标准溶液滴定,溶液的颜色由黄色经蓝绿色至红褐色即为终点,记录硫酸亚铁铵标准溶液的用量。

测定水样的同时,取20.00 mL重蒸馏水,按同样操作步骤做空白试验。记录滴定空白时硫酸亚铁铵标准溶液的用量。

9.11.4　数据处理

以 mg/L 表示水样的耗氧量，计算公式如下：

$$COD_{Cr}(O_2, mg/L) = \frac{c \times (V_1 - V_2) \times 8 \times 1\,000}{V_0}$$

式中　c——硫酸亚铁铵标准溶液的浓度，mol/L；

V_1——滴定空白试液时硫酸亚铁铵标准溶液的用量，mL；

V_2——滴定水样时硫酸亚铁铵标准溶液的用量，mL；

V_0——水样的体积，mL；

8——1/4 O_2 的摩尔质量，g/mol。

测定结果一般保留三位有效数字，对 COD 值小的水样，当计算出 COD 值小于 10 mg/L 时，应表示为"COD<10 mg/L"。

9.11.5　思考题

1. 水中高锰酸盐指数与化学需氧量有何异同？
2. COD 的计算公式中，为什么用空白值(V_1)减去水样值(V_2)？

9.12　实验四十三　生化需氧量的测定

生活污水与工业废水中含有大量各类有机物。当其污染水域后，这些有机物在水体中分解时要消耗大量溶解氧，从而破坏水体中氧的平衡，使水质恶化。水体因缺氧会造成鱼类及其他水生生物的死亡。

生化需氧量是反映水体被有机物污染程度的综合指标，也是研究废水的可生化降解性的生化处理效果，以及生化处理废水工艺设计和动力学研究中的重要参数。

9.12.1　实验原理

生化需氧量是指在规定条件下，微生物分解存在于水中的某些可氧化物质，主要是有机物质所进行的生物化学过程中消耗溶解氧的量。

生物化学反应过程可以用下式概括：

$$\text{有机污染物} \xrightarrow[\text{微生物}]{O_2} CO_2 + H_2O + NH_3$$

微生物分解有机物是个缓慢的过程，要把可分解的有机物全部分解掉常需要 20 d 以上的时间，一般来说，在第 5 天消耗的氧量大约是总需氧量的 70%，为了便于测定，目前普遍采用在 20±1 ℃培养 5 天所需要的氧作为指标，以氧的 mg/L 表示，简称 BOD_5。

对于某些地面水及大多数工业废水、生活污水，因含较多的有机物，需要稀释后再培养测定，以降低其浓度，保证降解过程在有足够溶解氧的条件下进行。其具体水样稀释倍数可借助于高锰酸钾指数或化学需氧量(COD_{Cr})推算。

对于不含或少含微生物的工业废水，在测定 BOD_5 时应进行接种，以引入能分解废水中有机物的微生物。当废水中存在难于被一般生活污水中的微生物以正常速度降解的有机物或含有剧毒物质时,应接种经过驯化的微生物。

稀释法测定BOD是将水样经过适当稀释后,使其中含有足够的溶解氧供微生物5 d生化需氧的要求,将此水分成两份,一份测定培养前的溶解氧,另一份放入20 ℃恒温箱内培养5 d后测定溶解氧,两者的差值即为BOD_5。

9.12.2 特别指导

(1)测定一般水样的BOD_5时,硝化作用很不明显或根本不发生。但对于生物处理池出水,则含有大量硝化细菌。因此,在测定BOD_5时也包括了部分含氮化合物的需氧量。对于这种水样,如只需测定有机物的需氧量,应加入硝化抑制剂,如丙烯基硫脲(ATU,$C_4H_8N_2S$)等。

(2)在两个或三个稀释比的样品中,凡消耗溶解氧大于2 mg/L和剩余溶解氧大于1 mg/L都有效,计算结果时应取平均值。

(3)稀释倍数应根据水中有机物的含量来确定。地面水可由测得的高锰酸盐指数乘以适当的系数求出稀释倍数(见表9.8)。

表9.8 由高锰酸盐指数与一定系数的乘积求得的稀释倍数

高锰酸盐指数/($mg \cdot L^{-1}$)	系数
<5	—
5~10	0.2、0.3
10~20	0.4、0.6
>20	0.5、0.7、1.0

工业废水的稀释倍数可由重铬酸钾法测得的COD值来确定。通常需作三个稀释比,既将测得的COD值分别乘以0.075、0.15和0.25,获得三个稀释倍数。

(4)为检查稀释水和接种稀释水的质量,以及化验人员的操作技术,可将20 mL葡萄糖-谷氨酸标准溶液用接种稀释水稀释至1 000 mL,测其BOD_5,其结果应在180~230 mg/L之间。否则,应检查接种液、稀释水或操作技术是否存在问题。

9.12.3 实验内容

1. 接种水

可选用以下任一方法,以获得适用的接种液。

(1)城市污水:一般采用生活污水,在温室下放置一昼夜,取上层清液使用。

(2)表层土壤浸出液:取100 g花园土壤或植物生长土壤,加入1 L水,混合并静置10 min,取上清液使用。

(3)使用含城市污水的河水或湖水,或污水处理厂的出水。

(4)当分析含有难于降解物质的废水时,在排污口下游3~8 km处取水样作为废水的驯化接种液。如无此种水源,可取中和或经适当稀释后的废水进行连续曝气,每天加入少量该种废水,同时加入适量表层土壤或生活污水,使能适应该种废水的微生物大量繁殖。当水中出现大量絮状物,或检查其化学需氧量的降低值出现突变时,表明适用的微生物已进行繁殖,可用做接种液。一般驯化过程需要3~8 d。

2. 稀释水和接种稀释水

稀释水：在5～20 L玻璃瓶内装入一定量的水，控制水温在20 ℃左右。然后用无油空气压缩机或薄膜泵，将此水曝气2～8 h，使水中溶解氧接近饱和，也可以鼓入适量纯氧。瓶口盖以两层经洗涤晾干的纱布，置于20 ℃培养箱中放置数小时，使水中溶解氧质量浓度达到8 mg/L左右。临用前于每升水中加入氯化钙溶液、氯化铁溶液、硫酸镁溶液、磷酸盐缓冲溶液各1 mL，混合均匀。稀释水的pH值应为7.2，其BOD_5小于0.2 mg/L。

接种稀释水：取适量接种液，加入稀释水中，混匀。每升稀释水中接种液加入量，生活污水为1～10 mL；表层土壤浸出液为20～30 mL；河水、湖水为10～100 mL。接种稀释水的pH值应为7.2，BOD_5值以在0.3～1.0 mg/L之间为宜。接种稀释水配制后应立即使用。

3. 葡萄糖（谷氨酸标准溶液）

将葡萄糖（$C_6H_{12}O_6$）和谷氨酸（$HOOC—CH_2—CH_2—CHNH_2—COOH$）在103 ℃下干燥1 h后，各称取150 mg溶于水中，移入1 000 mL容量瓶内并稀释至标线，混合均匀。此溶液临用前配制。

4. 溶液的配制

（1）磷酸盐缓冲溶液：将8.5 g磷酸二氢钾（KH_2PO_4），21.8 g磷酸氢二钾（K_2HPO_4），33.4 g磷酸氢二钠（$Na_2HPO_4 \cdot H_2O$）和1.7 g氯化铵（NH_4Cl）溶于水中，稀释至1 000 mL。此溶液的pH应为7.2。

（2）硫酸镁溶液：将22.5 g硫酸镁（$MgSO_4 \cdot 7H_2O$）溶于水中，稀释至1 000 mL。

（3）氯化钙溶液：将27.5 g无水氯化钙溶于水，稀释至1 000 mL。

（4）氯化铁溶液：将0.25 g氯化铁（$FeCl_3 \cdot 6H_2O$）溶于水，稀释至1 000 mL。

（5）亚硫酸钠溶液（$c_{1/2Na_2SO_3}=0.025$ mol/L）：将1.575 g亚硫酸钠溶于水，稀释至1 000 mL。此溶液不稳定，需当天配制。

5. 水样的采集和预处理

采集水样于适当大小的玻璃瓶中（根据水质情况而定），用玻璃塞塞紧，且不留气泡。采样后，须在2 h内测定；否则，应在4 ℃或4 ℃以下保存，且应在采集后10 h测定。

水样的pH值若超出6.5～7.5范围时，可用0.5 mol/L的盐酸或0.5 mol/L的氢氧化钠溶液调节至近于7，但用量不要超过水样体积的0.5%。若水样的酸度或碱度很高，可改用较高浓度的碱或酸液进行中和。

含有少量游离氯的水样，一般放置1～2 h，游离氯即可消失。对于游离氯在短时间不能消散的水样，可加入亚硫酸钠溶液除去。其加入量的计算方法是：取中和好的水样100 mL，加入1+1乙酸10 mL，10%（m/V）碘化钾1 mL，混匀。以淀粉溶液为指示剂，用亚硫酸钠标准溶液滴定游离碘。根据亚硫酸钠标准溶液消耗的体积及其浓度，计算水样中所需加亚硫酸钠溶液的量。

从水温较低的水域采集的水样，可能遇到含有过饱和的溶解氧，此时应将水样迅速升温至20 ℃左右，充分振摇，以赶出过饱和的溶解氧。从水温较高的水域或废水排放口取得的水样则应迅速使其冷却至20 ℃左右，并充分振摇，使与空气中氧分压接近平衡。

6. 水样的测定

（1）不经稀释水样的测定

溶解氧含量较高、有机物含量较少的地面水，可不经稀释，而直接以虹吸法将约20 ℃的混合水样转移至两个溶解氧瓶内,转移过程中应注意不使其产生气泡。以同样的操作使两个溶解氧瓶充满水样,加塞水封。

立即测定其中一瓶溶解氧,将另一瓶放入培养箱中。在20±1 ℃培养5 d后,测其溶解氧。

(2)需经稀释水样的测定

按照选定的稀释比例,用虹吸法沿筒壁先引入部分稀释水(或接种稀释水)于1 000 mL量筒中,加入需要量的均匀水样,再引入稀释水(或接种稀释水)至800 mL,用特制的搅拌棒(在玻璃棒下端装一个2 mm厚、大小和量筒相匹配的有孔橡胶板)小心上下搅匀。搅拌时勿使搅棒的胶板露出水面,防止产生气泡。

按不经稀释水样的测定步骤,进行装瓶,测定当天溶解氧和培养5 d后的溶解氧含量。

另取两个溶解氧瓶,用虹吸法装满稀释水(或接种稀释水)作为空白,分别测定5 d前、后的溶解氧含量

在 BOD_5 测定中,一般采用叠氮化钠改良法测定溶解氧。如遇干扰物质,应根据具体情况采用其他测定法。

9.12.4　数据处理

(1)不经稀释直接培养的水样

$$BOD_5(mg/L)=c_1-c_2$$

式中　c_1——水样在培养前的溶解氧质量浓度,mg/L;

c_2——水样经5 d培养后,剩余溶解氧质量浓度,mg/L。

(2)经稀释后培养的水样

$$BOD_5(mg/L)=\frac{(c_1-c_2)-(B_1-B_2)f_1}{f_2}$$

式中　B_1——稀释水(或接种稀释水)在培养前的溶解氧质量浓度,mg/L;

B_2——稀释水(或接种稀释水)在培养后的溶解氧质量浓度,mg/L;

f_1——稀释水(或接种稀释水)在培养液中所占比例;

f_2——水样在培养液中所占比例。

9.12.5　思考题

1. 本实验误差的主要来源是什么?如何使实验结果较准确?

2. BOD_5 在环境评价中有何作用?有何局限性?

9.13　实验四十四　离子色谱法分析降水中的阴离子

随着工业建设的迅猛发展,大量的废气被排放到大气中,大气中的水分对废气吸收(凝聚)、沉降,便形成酸雨。酸雨使森林枯萎死亡,水生生物大量灭绝,给人类身心健康和生态环境造成极大影响,因此,酸雨已成为世界各国政府和人民普遍关心的问题。为了防治和控制酸雨,搞清酸雨的形成机制,有必要对不同空间和时间所形成的酸雨实行监测。目前国内外监测酸雨的主要项目有pH值、电导率、酸值、F^-、Cl^-、NO_3^-、SO_4^{2-}、K^+、Na^+、Ca^{2+}、Mg^{2+}和

NH_4^+。国内外都普遍采用离子色谱法测定。

9.13.1　实验原理

离子色谱法是利用离子交换原理和液相色谱技术测定溶液中各种离子型物质的一种分析方法。离子色谱通常使用离子交换剂固定相和电导检测器。

分析无机阴离子使用阴离子交换柱。其填料通常为季铵盐交换基团,样品阴离子以静电相互作用进入固定相的交换位置,又被带负电荷的淋洗离子交换下来进入流动相。不同阴离子与交换基团的作用力大小不同,在固定相中的保留时间也就不同,从而彼此达到分离。降水与自来水中主要是F^-、Cl^-、NO_3^-和SO_4^{2-}等常见无机阴离子,这些离子在一般的阴离子交换柱上均能得到良好的分离。柱流出液经检测器检测,可得到不同的色谱峰,然后由积分仪进行定性、定量分析。

与普通液相色谱不同之处是,离子色谱在分析流程中增加了一个抑制柱。这是因为测定溶液中多种离子通常采用电导检测器,所检测的电导是溶液中离子的共性,在低浓度时与离子浓度呈线性关系。但是,由于用于离子交换分离的淋洗液几乎都是强电解质,其本身的电导一般比待测离子高2~3个数量级,完全掩盖了待测离子的信号。引入抑制柱就可以解决这个问题,方法是使由分离柱流出的携带待测离子的淋洗液在检测前先进入一个具有与分离柱相反电荷的离子交换膜抑制柱,对阴离子的分离,抑制柱填充高容量H^+型阳离子交换膜,淋洗液($NaHCO_3$与Na_2CO_3)带着样品阴离子通过抑制柱时,在抑制柱上发生如下反应:

$$(R-H^+)+Na^+HCO_3^- \longrightarrow R-Na^+ + H_2CO_3$$

$$2(R-H^+)+Na_2^+CO_3^{2-} \longrightarrow 2(R-Na^+)+H_2CO_3$$

$$R-H^+ + Na^+A^- \longrightarrow R-Na^+ + H^+A^-$$

式中　R——离子交换膜;

A^-——待测离子。

待测离子从盐的形式转变成相应的高电导的酸,而淋洗液通过抑制柱转变成弱电解质的低电导的碳酸,使背景电导大大降低。由于H^+的离子淌度(离子移动速率)是Na^+的7倍(H^+的$\lambda_0=350$,Na^+的$\lambda_0=50$),所以提高了样品的检测灵敏度。待测离子以酸的形式进入电导池,在稀溶液中,各离子浓度与电导之间呈线性关系。这种带有抑制柱的离子色谱称为抑制型离子色谱或双柱离子色谱。

本实验使用Dionex-4500i型离子色谱仪,其AMMS—Ⅱ型抑制柱是平板微膜抑制器,它具有高容量和自动连续再生以及保持动态平衡的优点。

9.13.2　特别指导

(1)实验用水均为二次去离子水,电导值应小于1 μS/cm。

(2)淋洗液为含有1.7 mmol/L $NaHCO_3$和1.8 mmol/L Na_2CO_3的混合溶液。在使用前需经超声波清洗器处理10 min,以除去气泡,然后倒入淋洗液贮罐中。

(3)再生液为浓度0.025 mol/L的H_2SO_4溶液;小心地将2.8 mL浓硫酸加入水中,稀释至4 L,倒入再生液贮罐中。

(4)在配置各种标准溶液时,每次应加入1%的洗脱液。

9.13.3 实验内容

1. 阴离子标准溶液

分别用优级纯钠盐配制 F^-、Cl^-、NO_2^-、Br^-、NO_3^- 和 SO_4^{2-} 等阴离子标准溶液的储备液，储备液质量浓度为 1 000 mg/L。

使用时分别吸取上述六种离子储备液各 0.50 mL，分别置于 7 个 50 mL 容量瓶中，各加入 0.5 mL 的洗脱液，然后用二次去离子水稀释至刻度，摇匀，既得各阴离子的工作溶液。

含上述六种离子的混合标准溶液配置方法如下：按表 9.9 所示的体积分别吸取上述六种离子储备液置于同一个 500 mL 容量瓶中，加入 5 mL 的洗脱液，然后用二次去离子水稀释至刻度，摇匀。所得混合标准溶液的浓度见表 9.9。

表 9.9 六种储备液体积

阴离子	F^-	Cl^-	NO_2^-	Br^-	NO_3^-	SO_4^{2-}
储备液用量/mL	0.75	1.00	2.50	2.50	5.00	12.50
混合标准液浓度/($mg \cdot L^{-1}$)	1.50	2.00	5.00	5.00	10.00	25.00

2. 样品

取天然降水或自来水，用 0.45 μm 水相滤膜减压过滤，必要时用二次去离子水稀释 5 ~ 10 倍。

3. 测定保留时间

本实验测定的色谱条件见表 9.10。

表 9.10 AS4A—SC 分离柱测定阴离子的色谱条件

抑制柱型号	AMMS—Ⅱ
分离柱型号	AS4A—SC
淋洗液浓度	1.80 mmol/L Na_2CO_3 + 1.70 mmol/L $NaHCO_3$
淋洗液流速	2 mL/min
再生液浓度	25 mmol/L H_2SO_4
再生液流速	5 mL/min
进样体积	25 μL

电导检测器的灵敏度输出挡设置到 30 μS。

打开积分仪开关，在教师指导下设置参数。待系统平衡后（检测器显示的电导值为 20 μS以下时）即可注入标准样品，确定每种组分的保留时间。

每一种阴离子的保留时间均通过单独注入该阴离子的标准溶液 100 μL 并记下其在图谱上出现的时间来确定。由于保留时间随试验条件改变而有所改变，且受存在离子浓度的影响。因此，尽管使用标准淋洗液时，所测的 6 种阴离子出峰的顺序不变，仍需在色谱条件改变时，测定其保留时间。

待基线平稳后，用微量注射器取 100 μL 阴离子混合标准溶液进样。此时从色谱图上可看到分离状况，积分仪会给出包括保留时间、峰面积等在内的分析结果，同时将所有数据储存于积分仪内。重复进样两次。

4. 工作曲线

分别吸取阴离子混合标准溶液 1.00 mL、2.00 mL、4.00 mL、6.00 mL、8.00 mL 于 5 只 10 mL 容量瓶中,各加入 0.1 mL 洗脱液,用水稀释至刻度,摇匀。分别吸取 100 μL 进样,记录色谱图。

5. 样品测试

取经预处理的样品 100 μL,按同样的试验条件进样,记录色谱图。同一样品连续分析两次,两次分析结果相差较大时,应再进样一次,取 3 次的平均值。

分析停止后,积分仪自动给出各离子的定量结果。

6. 关机

所有的分析完毕后,让流动相继续清洗 10 ~ 20 min,以免色谱柱上残留样品或杂质。先停泵,再关闭气源及仪器上的总电源开关。

9.13.4 数据处理

(1)从 6 种阴离子混合溶液的分析数据,计算各离子单位浓度的峰高或峰面积,并按峰高或峰面积排列出 6 种阴离子的检测灵敏度顺序。

(2)参照表 9.11 整理降水或自来水中无机阴离子的分析结果

表 9.11 无机阴离子的分析结果

阴离子	F^-	Cl^-	NO_2^-	Br^-	NO_3^-	SO_4^{2-}
保留时间/min						
第一次测定值/(mg · L^{-1})						
第二次测定值/(mg · L^{-1})						
平均值/(mg · L^{-1})						

9.13.5 思考题

1. 流动相流速增加,离子的保留时间是增加还是减少?说明为什么?
2. 为什么离子色谱分离柱不需要再生,而抑制柱需要再生?
3. 淋洗液在分离过程中起什么作用?

9.14 实验四十五 工业废水中不同价态铬的测定

工业废水中铬的化合物的常见价态有六价和三价两种。在水体中,六价铬一般以 CrO_4^{2-}、$HCrO_4^-$ 两种阴离子形式存在,受水中 pH 值、有机物、氧化还原物质、温度及硬度等条件影响,三价铬和六价铬的化合物可以互相转化。六价铬有致癌性,易被人体吸收并在体内积蓄,其毒性比三价铬高 100 倍。

9.14.1　实验原理

1. 六价铬的测定原理

在酸性溶液中，六价铬与二苯碳酰二肼反应，生成紫红色的化合物，其最大吸收波长为542 nm，吸光度与浓度的关系符合比耳定律，可用分光光度法测定。其反应方程式为

$$O{=}C\begin{matrix}\diagup NH{-}NH{-}C_6H_5\\ \diagdown NH{-}NH{-}C_6H_5\end{matrix} + Cr^{6+} \longrightarrow O{=}C\begin{matrix}\diagup NH{-}NH{-}C_6H_5\\ \diagdown N{=}N{-}C_6H_5\end{matrix} + Cr^{6+} \longrightarrow \text{紫红色络合物}$$

（DPC）　　　　　　　　（苯肼羟基偶氮苯）

本方法最低检出质量浓度为0.004 mg/L，使用10 mm比色皿，测定上限为1 mg/L。

2. 总铬的测定原理

在酸性条件中，首先，将水样中的三价铬用高锰酸钾氧化为六价铬，过量的高锰酸钾用亚硝酸钠分解，过量的亚硝酸钠用尿素分解，然后，加入二苯碳酰二肼显色，于540 nm处进行分光光度测定。其最低检测浓度同六价铬。

三价铬是通过测定的总铬减去六价铬得出。

9.14.2　特别指导

（1）用于测定铬的所有玻璃器皿，不能用重铬酸钾洗液洗涤。

（2）六价铬与显色剂的显色反应一般控制酸度在0.05～0.3 mol/L（$1/2H_2SO_4$）范围，以0.2 mol/L时显色最好。显色前，水样应调节至中性。显色温度和放置时间对显色有影响，在15 ℃时，5～15 min颜色即可稳定。

（3）如测定清洁地面水样，显色剂可按以下方法配制：溶解0.2 g二苯碳酰肼于100 mL 95%的乙醇中，边搅拌边加入1∶9硫酸400 mL。该溶液在冰箱中可存放一个月，用此显色剂，在显色时直接加入2.5 mL即可，不必再加酸。但加入显色剂后，要立即摇匀，以免六价铬被乙醇还原。

9.14.3　实验内容

1. 溶液的配置

（1）铬标准溶液

称取于120 ℃干燥2 h的重铬酸钾（优级纯）0.282 9 g，用水溶解后移入1 000 mL容量瓶中，定容。此为铬标准储备溶液，每毫升储备液含0.100 mg六价铬。

使用时，吸取5.00 mL铬标准储备液于500 mL容量瓶中，用水稀释至标线，摇匀。作为铬标准使用液，每毫升标准使用液含1.00 μg六价铬。使用当天配制。

（2）氢氧化锌共沉淀剂

称取硫酸锌（$ZnSO_4 \cdot 7H_2O$）8 g溶于水并稀释至100 mL；称取氢氧化钠2.4 g，溶于120 mL水中。然后将以上两溶液混合。

（3）二苯碳酰二肼溶液

称取二苯碳酰二肼（$C_{13}H_{14}N_4O$，简称 DPC）0.2 g 溶于 50 mL 丙酮中，加水稀释至 100 mL，摇匀，储于棕色瓶内，置于冰箱中保存。颜色变深后不能再用。

2. 水样预处理

（1）对不含悬浮物、低色度的清洁地面水，可直接进行测定。

（2）如果水样有色但不深，可进行色度校正。即另取一份试样，加入除显色剂以外的各种试剂，以 2 mL 丙酮代替显色剂，用此溶液作为测定试样溶液吸光度的参比溶液。

（3）对混浊、色度较深的水样，可采用锌盐沉淀剂分离法处理。取适量水样（含+6 价铬少于 100 μg），置于 150 mL 烧杯中，加水至 50 mL，滴加 0.2% 氢氧化钠溶液，调节 pH 值为 7～8。在不断搅拌下，滴加氢氧化锌共沉淀剂至溶液 pH 值为 8～9。将此溶液转移至 100 mL容量瓶中，用水稀释至标线。用慢速滤纸干过滤，弃去 10～20 mL 初滤液，取其中 50.0 mL滤液供测定。

3. 标准曲线的制作

取 9 支 50 mL 比色管，依次加入 0.00 mL、0.20 mL、0.50 mL、1.00 mL、2.00 mL、4.00 mL、6.00 mL、8.00 mL 和 10.00 mL 铬标准使用液，用水稀释至标线，加入 1∶1 硫酸 0.5 mL和 1∶1 磷酸 0.5 mL，摇匀。加入 2 mL 显色剂溶液，摇匀。5～10 min 后，于540 nm 波长处，用 1 cm 或 3 cm 比色皿，以水为参比，测定吸光度并作空白校正。以吸光度为纵坐标，相应六价铬含量为横坐标绘出标准曲线。

4. 六价铬的测定

取适量（含+6 价铬少于 50 μg）无色透明或经预处理的水样于 50 mL 比色管中，用水稀释至标线，测定方法同标准溶液。进行空白校正后根据所测吸光度从标准曲线上查得六价铬的含量。

5. 总铬的测定

一般清洁地面水可直接用高锰酸钾氧化后测定。

对含大量有机物的水样，需进行消解处理。即取 50 mL 或适量（含铬少于 50 μg）水样，置于 150 mL 烧杯中，加入 5 mL 硝酸和 3 mL 硫酸，加热蒸发至冒白烟。如溶液仍有色，再加入 5 mL 硝酸，重复上述操作，至溶液清澈，冷却。用水稀释至 10 mL，用氢氧化铵溶液中和至 pH 值为 1～2，移入 50 mL 容量瓶中，用水稀释至标线，摇匀，供测定。

取 50.00 mL 或适量（铬含量少于 50 μg）清洁水样或经预处理的水样（如不到50.0 mL，用水补充至 50.0 mL）于 150 mL 锥形瓶中，用 1∶1 氢氧化铵和 1∶1 硫酸溶液调至中性，加入几粒玻璃珠，加入 1∶1 硫酸和 1∶1 磷酸各 0.5 mL，摇匀。加入 4% 高锰酸钾溶液2 滴，如紫色消退，则继续滴加高锰酸钾溶液至保持紫红色。加热煮沸至溶液剩约 20 mL 冷却后，加入 1 mL 20% 尿素溶液，摇匀。用滴管加 2% 亚硝酸溶液，每加一滴充分摇匀，至紫色刚好消失。稍停片刻，待溶液内气泡逸尽，转移至 50 mL 比色管中，稀释至标线，供测定。

标准曲线的绘制、水样的测定和计算同六价铬的测定。

9.14.4 数据处理

（1）六价铬 $$c(\mathrm{Cr,mg/L})=\frac{m}{V}$$

式中　m——由校准曲线查得的六价铬质量，μg；

V——水样体积，mL。

(2)总铬

$$c_1(\mathrm{Cr,mg/L}) = \frac{m_1}{V_1}$$

式中　m_1——由校准曲线查得的六价铬质量，μg；

V_1——水样体积，mL

$$c_2(\mathrm{Cr,mg/L}) = c_1 - c$$

9.14.5　思考题

1. 测总铬时，加高锰酸钾溶液氧化后，先加入尿素溶液，再逐滴加入亚硝酸钠溶液，各起什么作用？

2. 测定时加入磷酸的作用是什么？

9.15　实验四十六　水中挥发酚的测定

挥发酚的主要污染源是炼油、焦化、煤气发生站，木材防腐及某些化工(如酚醛树脂)等工业废水。酚属高剧毒物质，人体摄入一定量会出现急性中毒症状；长期饮用被酚污染的水，可引起头昏、瘙痒、贫血及神经系统障碍。当水中含酚量大于 5 mg/L 时，就会使鱼中毒死亡。

9.15.1　实验原理

按酚类能否与水蒸气一起蒸出，化合物分为挥发酚与不挥发酚。通常认为沸点在 23 ℃以下为挥发酚(属一元酚)，而沸点在 23 ℃以上的为不挥发酚。

酚类化合物于 pH＝10.0±0.2 介质中，在铁氰化钾存在下，与 4-氨基安替比林反应，生成橙红色的吲哚酚安替比林染料，其水溶液在 510 nm 波长处有最大吸收。用比色法定量。

显色反应受酚环上取代基的种类、位置、数目等影响，如对位被烷基、芳香基、脂、硝基、苯酰、亚硝基或醛基取代，而邻位未被取代的酚类，与 4-氨基安替比林不产生显色反应。

该方法可以测定苯酚及邻、间位取代的酚，但不能测定对位有取代基的酚，由于样品中各种酚的相对含量不同，因而不能提供一个含混合酚的通用标准。通常选用苯酚作标准，任何其他酚在反应中产生的颜色都看作是苯酚的结果。取代酚一般会降低响应值，因此，用该方法测定的值仅代表水样中挥发酚的最低浓度，结果以苯酚计算含量。

用 20 mm 比色皿测定，方法最低检出质量浓度为 0.1 mg/L。如果显色后用三氯甲烷萃取，于 460 nm 波长处测定，其最低检出质量浓度可达 0.002 mg/L；测定上限为 0.12 mg/L。此外，在直接光度中，有色络合物不够稳定，应立即测定，三氯甲烷萃取后有色络合物可稳定 3 h。

9.15.2　特别指导

水样中的酚不稳定、易挥发和氧化，并受微生物作用而损失，因此水样采集后应加氢氧化钠保存剂,并尽快测定。

如水样含挥发酚较高,则取适量水样并加水至 250 mL 进行蒸馏,在计算时应乘以稀释倍数。

9.15.3 实验内容

1. 溶液配制

(1)无酚水(本实验均用无酚水)

于 1 L 水中加入 0.2 g 经 200 ℃活化 0.5 h 的活性炭粉末,充分振摇后,放置过夜。用双层中速滤纸过滤,或加氢氧化钠使水呈碱性,并滴加高锰酸钾溶液至紫红色,移入蒸馏瓶中加热蒸馏,收集馏出液备用。

无酚水应贮于玻璃瓶中,取用时应避免与橡胶制品(橡皮塞或乳胶管)接触。

(2)溴酸钾-溴化钾标准参考溶液

称取 2.784 g 溴酸钾($KBrO_3$)溶于水,加入 10 g 溴化钾(KBr),使其溶解,移入1 000 mL 容量瓶中,稀释至标线。

(3)苯酚标准溶液

① 苯酚标准储备液:称取 1.00 g 无色苯酚(C_6H_5OH)溶于水,移入 1 000 mL 容量瓶中,稀释至标线。置冰箱内保存,至少稳定一个月。

② 苯酚标准中间液:取适量苯酚储备液,用水稀释至每毫升含 0.010 mg 苯酚。使用时当天配制。

(4)其他试剂

① 硫酸铜溶液:称取 50 g 硫酸铜($CuSO_4 \cdot 5H_2O$)溶于水,稀释至 500 mL。

② 磷酸溶液:量取 50 mL 磷酸($\rho_{20℃}=1.69$ g/mL),用水稀释至 500 mL。

③ 缓冲溶液(pH 约为 10):称取 20 g 氯化铵(NH_4Cl)溶于 100 mL 氨水中,加塞,置冰箱中保存。

注意要避免因氨挥发引起 pH 值的改变,在低温下保存和取用后立即加塞盖严,并根据使用情况适量配制。

④ 4-氨基安替比林溶液:称取 4-氨基安替比林($C_{11}H_{13}N_3O$)2 g 溶于水,稀释至 100 mL,置于冰箱中保存。可使用一周。4-氨基安替比林固体试剂易潮解和氧化,宜保存在干燥器中。

⑤ 铁氰化钾溶液:称取 8 g 铁氰化钾($K_3[Fe(CN)_6]$)溶于水,稀释至 100 mL,置于冰箱内保存。可使用一周。

2. 苯酚标定

吸 10.00 mL 苯酚储备液于 250 mL 碘量瓶中,加水稀释至 100 mL,加 10.0 mL 浓度为 0.1 mol/L 的溴酸钾-溴化钾溶液,立即加入 5 mL 盐酸,盖好瓶盖,轻轻摇匀,于暗处放置 10 min。加入 1 g 碘化钾,密塞,再轻轻摇匀,放置暗处 5 min。用 0.012 5 mol/L 硫代硫酸钠标准溶液滴定至淡黄色,加入 1 mL 淀粉溶液,继续滴定至蓝色刚好褪去,记录用量。

同时以水代替苯酚储备液做空白试验,记录硫代硫酸钠标准滴定溶液用量。

苯酚储备液浓度由下式计算:

$$苯酚(mg/mL)=\frac{(V_1-V_2)c\times 15.68}{V}$$

式中　V_1——空白试验中硫代硫酸钠标准滴定溶液用量,mL;

V_2——滴定苯酚储备液时,硫代硫酸钠标准滴定溶液用量,mL;

V——取用苯酚储备液体积,mL;

c——硫代硫酸钠标准溶液浓度,mol/L;

15.68——$1/6C_6H_5OH$ 摩尔质量,g/mol。

3. 水样预处理

量取250 mL水样置500 mL全玻璃蒸馏瓶中,加数粒小玻璃珠以防暴沸,再加两滴甲基橙指示液,用磷酸溶液调节pH=4(溶液呈紫红色),加5.0 mL硫酸铜溶液(如采样时已加过硫酸铜,则补加适量)。

如加入硫酸铜溶液后产生较多量的黑色硫化铜沉淀,则应摇匀后放置片刻,待沉淀后,再滴加硫酸铜溶液,至不再产生沉淀为止。

连接冷凝器,加热蒸馏,至蒸馏出约225 mL时,停止加热,放冷。向蒸馏瓶中加入25 mL水,继续蒸馏至馏出液为250 mL为止。

蒸馏过程中,如发现甲基橙的红色褪去,应在蒸馏结束后,再加1滴甲基橙指示液观察。如发现蒸馏后残液不呈酸性,则应重新取样,增加磷酸加入量,进行蒸馏。

4. 萃取比色法测定

(1)将250 mL馏出液转入500 mL分液漏斗中,或者用移液管取部分馏出液稀释到250 mL,使溶液的酚含量不大于15 μg。

(2)分别取酚标准使用液0 mL、0.05 mL、1.00 mL、2.00 mL、4.00 mL、6.00 mL、8.00 mL、10.00 mL、15.00 mL,用250 mL煮沸后的冷却水稀释,移入500 mL分液漏斗中。

(3)在分液漏斗内依次加入2 mL缓冲溶液,1.5 mL 4-氨基安替比林溶液,混匀,加入1.5 mL铁氰化钾溶液,再混匀。静置10 min显色。

(4)分别加入13.00 mL氯仿,剧烈振摇2 min萃取,放置分层。

(5)擦干分液漏斗的导管内壁,塞入一小团脱脂棉,将有机相直接放入比色皿中。

(6)在λ=460 nm处,以氯仿为参比,用3 cm比色皿测定各标准系列的吸光度,绘制标准曲线,同时测定样品的吸光度,从标准曲线上查出对应的含酚量。

标准系列和样品的吸光度都应扣除试剂的空白值。

5. 直接光度法测定

水样含酚质量浓度在0.1~5.0 mg/L时,可采用此法。

于一组8支50 mL比色管中,分别加入0 mL、0.50 mL、1.00 mL、3.00 mL、5.00 mL、7.00 mL、10.00 mL和12.50 mL酚标准中间液,加水至50 mL标线。加0.5 mL缓冲溶液,混匀,此时pH值为10.0±0.2,加4-氨基安替比林溶液1.0 mL,混匀。再加1.0 mL铁氰化钾溶液,充分混匀后,放置10 min立即于510 nm波长,用光程为2 cm比色皿,以水为参比,测量吸光度。经空白校正后,绘制吸光度对苯酚含量(mg)的标准曲线。

分取适量的馏出液放入50 mL比色管中,稀释至50 mL标线。用与绘制标准曲线相同的步骤测定吸光度,最后减去空白试验所得吸光度。

6. 空白试验

以水代替水样,按水样预处理流程蒸馏后,按水样测定步骤进行测定,以其结果作为水样测定的空白校正值。

9.15.4 数据处理

$$挥发酚(以苯酚计,mg/L)=\frac{m}{V}\times 1\ 000$$

式中 m——由水样的校正吸光度,从标准曲线上查得的苯酚含量,mg;

V——移取馏出液的体积,mL。

9.15.5 思考题

1. 还有哪些其他方法用于酚的测定?
2. 水样进行蒸馏时,应保持溶液呈酸性,为什么?

9.16 实验四十七 水中氨态氮的分析(含蒸馏预处理)

氨氮(NH_3-N)以游离氨(NH_3)或铵盐(NH_4^+)形式存在于水中,两者的组成比例取决于水的 pH 值和水温。

未受污染的自然水体中的含氮化合物很少。水体中含氮物质的主要来源是生活污水和某些工业废水。当含氮有机物进入水体后,由于微生物和氧的作用,可以逐步分解为氨氮、亚硝酸氮(NO_2^-)和最终产物硝酸氮(NO_3^-)。测定水中各种形态的氮化合物,有助于评价水体被污染和自净的状况。

9.16.1 实验原理

氨氮的测定方法,通常有纳氏比色法、苯酚-次氯酸盐(或水杨酸-次氯酸盐)比色法和电极法等。纳氏比色法具有操作简便、灵敏等特点,但钙、镁、铁等金属离子、硫化物、醛、酮类,以及水中色度和混浊等干扰测定,需要相应的预处理。苯酚-次氯酸盐比色法具有灵敏、稳定等优点,干扰情况和消除方法同纳氏比色法。电极法通常不需要对水样进行预处理和具有测量范围宽等优点。氨氮含量较高时,可采用蒸馏-酸滴定法。

本试验采用纳氏比色法,其作用原理为在水样中加入碘化汞和碘化钾的碱性溶液(纳氏试剂),则与氨反应生成淡红色胶态化合物,此颜色在较宽的波长范围内具有强烈吸收作用,颜色深浅与氨氮含量成正比,通常可在波长 410~425 nm 范围内测其吸光度,反应式如下:

$$2K_2[HgI_4]+3KOH+NH_3 \longrightarrow NH_2Hg_2IO+7KI+2H_2O$$

本法最低检出质量浓度为 0.025 mg/L(光度法),测定上限为 2 mg/L。采用目视比色法,最低检出质量浓度为 0.02 mg/L。水样做适当的预处理后,本法可适用于地面水、地下水、工业废水和生活污水的测定。

为消除干扰,通常需要对水样进行蒸馏预处理。调节水样的 pH 值在 6.0~7.4 的范围,加入适量氧化镁使呈弱碱性,蒸馏释放出的氨被吸收于硼酸吸收液中。蒸馏使用带氮球的定氮蒸馏装置(包括500 mL凯氏烧瓶、氮球、直行冷凝管和导管,如图9.20所示)。

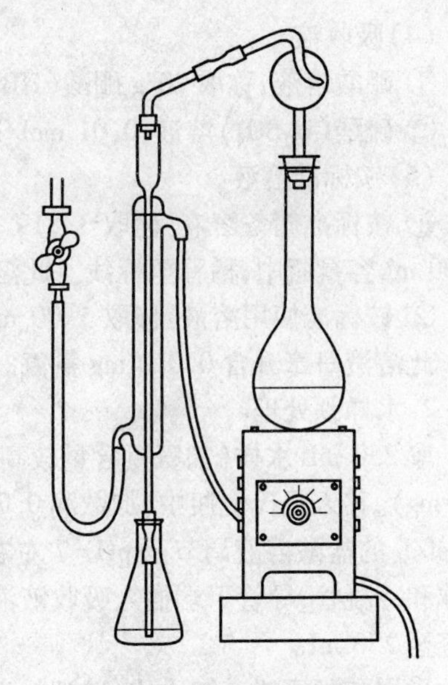

图9.20　氨氮蒸馏装置图

9.16.2　特别指导

(1)蒸馏预处理时也可以加入 pH = 9.5 的 $Na_2B_4O_7$-NaOH 缓冲溶液使呈弱碱性进行蒸馏,过高的pH值能促使有机氮的水解,导致结果偏高。

(2)纳氏试剂中碘化汞与碘化钾的比例,对显色反应的灵敏度有较大影响。静置后生成的沉淀应除去。

(3)滤纸中常含痕量铵盐,使用时注意用无氨水洗涤。所用玻璃器皿应避免实验室空气中氨的污染。

9.16.3　实验内容

1.溶液的配制

(1)无氨水

配制试剂用水均为无氨水,可选用下列方法之一进行制备。

① 蒸馏法:每升蒸馏水中加0.1 mL硫酸,在全玻璃蒸馏器中重蒸馏,弃去50 mL初馏液,接取其余馏出液于具塞磨口的玻璃瓶中,密封保存。

② 离子交换法:使蒸馏水通过强酸性阳离子交换树脂柱。

(2)轻质氧化镁

将氧化镁在500 ℃加热以除去碳酸盐。

(3)纳氏试剂

可选择下列一种方法制备:

① 称取20 g碘化钾(KI)溶于约25 mL水中,边搅拌边分次少量加入二氯化汞($HgCl_2$)结晶粉末(约10 g),至出现朱红色沉淀不易溶解时,改为滴加饱和二氯化汞溶液,并充分搅拌,当出现微量朱红色沉淀不再溶解时,停止滴加氯化汞溶液。

另称取60 g氢氧化钾(KOH)溶于水,并稀释至250 mL,冷却至室温后,将上述溶液在边搅拌下徐徐注入氢氧化钾溶液中,用水稀释至400 mL,混匀。静置过夜。将上清液移入聚乙烯瓶中,密塞保存。

② 称取16 g氢氧化钠(NaOH)溶于50 mL水中,冷却至室温。

另称取7 g碘化钾(KI)和碘化汞(HgI_2)溶于水中,然后将此溶液在搅拌条件下徐徐注入氢氧化钠溶液中,用水稀释至100 mL,混匀。储于聚乙烯瓶中,密塞保存。

(3)酒石酸钾钠

称取50 g酒石酸钾钠($KNaC_4H_4O_6 \cdot 4H_2O$)溶于100 mL水中,加热煮沸以除去氨,放冷,定容至100 mL。

(4)吸收液

① 硼酸溶液:称取 20 g 硼酸(HB)溶于水中,稀释至 1 L。

② 硫酸(H_2SO_4)溶液:0.01 mol/L。

(5)铵标准溶液

① 铵标准储备溶液:称取 3.819 g 经 100 ℃干燥过的氯化铵(NH_4Cl)溶于水中,移入 1 000 mL容量瓶中,稀释至标线。此溶液每毫升含 1.00 mg 氨氮。

② 铵标准使用溶液:移取 5.00 mL 氨标准储备液于 500 mL 容量瓶中,用水稀释至标线。此溶液每毫升含 0.010 mg 氨氮。临用时配置。

2. 水样预处理

取 250 mL 水样(如氨氮含量较高,可取适量水样并加水至 250 mL,使氨氮含量不超过 2.5 mg),移入凯氏烧瓶中,加数滴 0.05% 溴百里酚蓝指示液,用 1 mol/L 的氢氧化钠溶液或 1 mol/L 的盐酸溶液调节至 pH=7 左右。加入 0.25 g 轻质氧化镁和数粒玻璃珠,立即连接氮球和冷凝管,导管下端插入吸收液液面下。加热蒸馏,至馏出液达 200 mL 时,停止蒸馏。定容至 250 mL。

采用酸滴定法或纳氏比色法时,以 50 mL 硼酸溶液为吸收液;采用水杨酸-次氯酸比色法时,改用 50 mL 浓度为 0.01 mol/L 的硫酸溶液为吸收液。

3. 标准曲线的绘制

吸取 0.00 mL、0.50 mL、1.00 mL、3.00 mL、5.00 mL、7.00 mL 和 10.0 mL 铵标准使用液于 50 mL 比色管中,加水至标线,加 1.0 mL 浓度为 50% 的酒石酸钾钠溶液,混匀。加 1.5 mL 纳氏试剂,混匀。放置 10 min 后,在波长 420 nm 处,用光程 20 mm 比色皿,以水为参比,测定吸光度。

由测得的吸光度,减去零浓度空白管的吸光度后,得到校正吸光度,绘制以氨氮含量(mg)对校正吸光度的标准曲线。

4. 水样的测定

对清洁水样,可直接取 50 mL 置于 50 mL 比色管中,一般水样则先蒸馏预处理。取适量经蒸馏预处理后的馏出液,加入 50 mL 比色管中,加一定量 1 mol/L 氢氧化钠溶液以中和硼酸,稀释至标线。

加 1.5 mL 纳氏试剂,混匀。放置 10 min 后,同标准曲线步骤测量吸光度。

空白试验:以无氨水代替水样,做全程序空白试验。

9.16.4 数据处理

由水样测得的吸光度减去空白试验的吸光度后,从标准曲线上查得氨氮含量(mg)。

$$氨氮(N,mg/L)=\frac{m}{V}\times 1\,000$$

式中 m——由校准曲线查得的氨氮量,mg;

V——水样体积,mL。

9.16.5 思考题

(1)测定水样氨氮时,为什么要先蒸馏?

(2)加入纳氏试剂显色时间过长对测定结果有无影响?

9.17　实验四十八　溶剂萃取气相色谱法测定饮用水中的氯仿

9.17.1　实验原理

饮用水氯消毒中产生的氯仿 $CHCl_3$、二氯一溴甲烷 $CHCl_2Br$、一氯二溴甲烷($CHClBr_2$)和溴仿($CHBr_3$)等微量卤仿,用正乙烷和乙醚混合溶剂($V/V=1:1$)萃取富集后,用带有电子捕获检测器(ECD)的气相色谱法(GC)分离、定量。根据峰高或峰面积由标准曲线法查出水样中卤仿的含量。本实验通过对水中的卤仿 $CHCl_3$ 测定,使学生掌握气相色谱法的基本操作。

根据实验确定测定氯仿的色谱条件如下:

(1)固定相与柱温:OV-101 毛细管色谱柱 50 m×0.3 mm,64 ℃。或者 10% FFAP 填充柱 1.5 m×3 mm,90 ℃。

(2)载气:99.999% 氮气,流速 33.3 cm/s,流量 40 mL/min。

(3)检测器:电子捕获检测器(Ni^{63}),检测室温度 220 ℃。

(4)气化室温度:210 ℃。

9.17.2　特别指导

(1)乙醚是挥发性有机物,可以与水混溶,是配制标准溶液的优良溶剂。但乙醚易燃,且容易产生过氧化物。使用前一般需要纯化。其方法是:让乙醚通过装有活性铝的分液漏斗,以除去过氧化物,然后再经分级蒸馏。

(2)如果取氯化水样,应立即按每升水 1 g 的加入量加入抗坏血酸,以消除水中余氯的继续氯化作用。

(3)$CHCl_3$ 对人体有害,操作时注意安全,勿吸入口内。

9.17.3　实验内容

1. 溶液的配制

(1)$CHCl_3$ 的蒸馏水将普通蒸馏水煮沸 20 min 即得。

(2)$CHCl_3$ 标准溶液

准确吸取 64.74 μL 色谱纯 $CHCl_3$,加入到盛有少量正乙烷的 10 mL 容量瓶中,用正乙烷稀释至刻度。此溶液 $CHCl_3$ 质量浓度为 10 μg/μL。

再取 10 μg/μL 的 $CHCl_3$ 溶液 250 μL,加入到盛有正乙烷的 25 mL 容量瓶中,用正乙烷稀释至刻度,此溶液为 0.1 μg/μL 的 $CHCl_3$ 标准溶液。置于冰箱中待用。

2. 标准曲线的绘制

用微量注射器吸取 0.0 μL、10.0 μL、20.0 μL、30.0 μL 和 40.0 μL 的 $CHCl_3$ 标准溶液,分别放入盛有少量无 $CHCl_3$ 蒸馏水的 100 mL 容量瓶中,用无 $CHCl_3$ 蒸馏水稀释至刻度。

分别加入 1.0 mL 正乙烷与乙醚的混合溶剂($V/V=1:1$),萃取 2 min。再放置 2 min 后,用微量注射器吸取 0.5 μL 有机相,进样,记录色谱图的峰高,填表 9.12。

表9.12　色谱的峰高

实验编号	1	2	3	4	5
标准溶液体积/μL	0	10.0	20.0	30.0	40.0
$CHCl_3$ 含量/μg	0	1.00	2.00	3.00	4.00
$CHCl_3$ 浓度/(μg·L^{-1})	0	10.0	20.0	30.0	40.0
峰高 h/mm					

根据表中数据,扣除空白后,以水中 $CHCl_3$ 含量(μg/L)为横坐标,对应的峰高 h(mm)为纵坐标绘制标准曲线。

3. 水样的测定

吸取100 mL水样,放入100 mL容量瓶中,按绘制标准曲线的步骤测定。记录色谱图的峰高,要求做2个平行样。

9.17.4　数据处理

由测得水样的峰高,在标准曲线上求出水样中 $CHCl_3$ 的含量。

9.17.5　思考题

1. 根据实验数据和色谱图,如何确定本实验中 $CHCl_3$ 的保留时间 t_R? 色谱法中 t_R 有何意义?

2. 根据绘制坐标曲线的数据,谈谈色谱法峰高 h 的作用是什么?

9.18　实验四十九　土壤中微量铜的测定

铜(Cu)是人体必不可少的元素,缺铜会发生贫血、腹泻等病症,但过量摄入铜亦会产生危害。水中铜达0.01 mg时,对水体自净有明显的抑制作用。铜对水生生物毒性很大,其毒性与铜在水体中的形态有关,游离铜离子的毒性比络合态铜大得多。

9.18.1　实验原理

对土壤或其他固体中微量金属元素的测定,通常需要首先对样品进行消解,使有机化合物分解除去,同时使待测金属以可溶性离子形式存在。消解分为湿法和干法,湿法消解使用具有强氧化性的酸,如 HNO_3、H_2SO_4、$HClO_4$ 等与样品共沸,使有机物分解除去;干法灰化是在高温下灰化、灼烧,使有机物质被空气中的氧所氧化。

本实验采用湿法消解、火焰原子吸收分光光度法测定土壤中的铜。铜含量较低时可先用碘化钾-甲基异丁基甲酮萃取富集后测定,方法简便,灵敏、准确,选择性好,可以排除背景和基体效应的干扰。适合于铜测定的工作条件如下:

适用浓度范围:0.2~10 μg/mL;

灵敏度:0.1 μg/mL;

检出限:0.01 μg/mL;

波长:324.7 nm;

火焰:乙炔-空气焰,氧化型。

9.18.2　特别指导

(1)在消解过程中,黑色底质、泥炭质土壤或其他含有机物过多的土壤,应多加王水,反复加几次,使大部分有机物消解完毕,方能加 $HClO_4$,以免有机物过多,引起剧烈反应,致使瓶中有机物溅出甚至爆炸。消解时必须在通风良好的通风橱中进行。

(2)土壤用 $HClO_4$ 消解近于干后,土渣仍为深灰色,说明有机物还未消解完全,应再加少量(1~3 mL) $HClO_4$ 或加数滴双氧水,重新消解至白色或灰白色,呈糊状为止。

(3) $HClO_4$ 消解有机物,应尽可能将过量 $HClO_4$ 白烟驱尽,否则加入 KI 时会产生大量 $KClO_4$ 沉淀而影响测定,少量沉淀并不影响测定。

(4) $HClO_4$ 的纯度对空白值影响较大,直接关系到结果的准确度,因此在消解时,应注意加入 $HClO_4$ 的量和试样保持一致,并尽可能地少加,以便降低空白值。

(5)在进行萃取测定时,有机相分层后,应尽快测定,防止样品中的元素分解。

9.18.3　实验内容

1. 铜标准溶液

(1)铜标准储备溶液:称取1.00 g电解铜(AR级),溶于10 mL的1:1硝酸中,用去离子水稀释至1 L,配成1 mg/mL铜标准储备液,储存用数月。

(2)铜标准使用液:取1 mg/mL的铜标准储备液5 mL于100 mL容量瓶中,用去离子水稀释至标线,配制成50 μg/mL的铜标准使用溶液。

2. 样品预处理

准确称取土样1.000~2.000 g,于100 mL高型硬质玻璃烧杯中(两份),加少许水润湿,加王水(硝酸:盐酸=1:3)10~20 mL,于电热板上加热。开始低温,慢慢提高温度,保持微沸状态,使其充分分解。当剧烈反应完毕,大部分有机物分解后,取下烧杯冷却,加 $HClO_4$ 2~10 mL,继续加热至冒白烟,强火加热,直至土样呈灰白色,小心赶去 $HClO_4$。要注意不出现棕色烧结干块,若出现此情况,再加少许王水复原仍为白色。

取下样品,用1% HNO_3 溶解,过滤,放入50 mL容量瓶中,定容至标线,摇匀。同时做试剂空白。

3. 标准曲线的绘制

分别向6个已编号的50 mL容量瓶中按顺序加入0.00 mL、0.50 mL、1.00 mL、1.50 mL、2.00 mL和2.50 mL的50 μg/mL铜标准使用溶液,用0.1 mol/L的HCl或0.1 mol/L的 HNO_3 稀释至标线,摇匀。此溶液代表含铜分别为0.00 μg/mL、0.50 μg/mL、1.00 μg/mL、1.50 μg/mL、2.00 μg/mL、2.50 μg/mL的标准系列。

分别准确吸取上述标准溶液20 mL于6个已编好号的50 mL具塞比色管中,加2 mL浓盐酸,2 mL浓度为2 mol/L的KI溶液,0.2 g抗坏血酸,摇匀,准确加入10.0 mL甲基异丁酮,萃取1~2 min,静置分层后,将有机相喷入火焰测其吸光度,以吸光度为纵坐标,以浓度为横坐标绘制标准曲线。

4. 样品分析

取 20 mL 滤液于 50 mL 具塞比色管中，按照标准曲线的萃取及测定步骤，测定铜的吸光度，在相应的标准曲线上，查得铜的含量。

9.18.4　数据处理

$$铜(\mu g/kg)=\frac{M/V\times V_{总}}{W_{总}}$$

式中　M——曲线查得的含量，μg；

V——萃取测定的样品体积，mL；

$V_{总}$——试样定容总体积，mL；

$W_{总}$——称样质量，g。

9.18.5　思考题

1. 试分析原子吸收分光光度法测定土壤中铜元素的误差来源可能有哪些？

9.19　实验五十　环境噪声的监测

在工业生产过程中，噪声污染与河水污染、空气污染、固体废弃物污染等一样，是当代主要的环境污染之一。但噪声与后者不同，它是物理污染，一般情况下并不致命。噪声源分布很广，较难集中处理。由于噪声渗透到人们生产和生活的各个领域，且能够直接感觉到它的干扰，不像物质污染那样，只有产生后果才受到注意。

9.19.1　实验原理

测点选择如下：

1. 城市区域环境噪声监测

将全区域划分为不少于 100 个网络，检测点选在网络中心，若中心点不易测量，可移至附近能测量的位置。

2. 城市交通噪声的监测

在每两个交通路口之间的交通线上先设一个测点，在马路边人行道上（一般距马路沿 20 cm）所测噪声可代表两个路口之间的该段马路的交通噪声。

3. 城市环境噪声的长期监测

根据可能条件决定测点数目，尽量不少于 7 点，例如，繁华市区 1 点，典型居民区 1 点，交通干线 2 点，工厂区 2 点，混合区 2 点。

4. 工业企业噪声检测

在测量工业企业噪声时，应将传声器放在操作人员的耳朵位置（人离开），若车间内各处 A 声级不大（小于 3 dB），则只需在车间内选择 1 ~ 3 个测点。

若车间各处声级波动较大（大于 3 dB），只需按声级大小，将车间分成若干区域，任意两个区域的声级差应大于或等于 3 dB，每个区域内的声级波动必须小于 3 dB，每个区域取 1 ~ 3 个测点。这些区域必须包括所有工人经常工作和活动的地点和范围。

5. 机动车辆噪声的测量

(1)车外噪声的测量

测试话筒应距20m跑道中心点两侧,各距中线7.5 m,距地面高度1.5 m,话筒平行于地面,其轴线垂直于车辆行驶方向。

(2)车内噪声测量

车内噪声测点通常设在人耳附近。驾驶室内噪声测点可选择在离驾驶员的椅子(750±10)mm的高度上。载客车室内噪声测点选在车厢中部和最后一排座位的中间位置。

9.19.2　特别指导

(1)天气条件要求在无雨无雪的时间,声级计应保持传声器膜片清洁,风力在三级以上必须加风罩(以避免风噪声干扰),五级以上大风应停止测量。

(2)每次测量前应仔细校准声级计。

(3)注意反射对测量的影响,一般使传声器远离反射面2~3 m,手持声级计测量,传声器要求距地面1.2 m,距人体至少50 cm。

附:PSJ-2型声级计使用方法

①按下电源按键(ON),接通电源,预热半分钟,使整机进入稳定的工作状态。

②电池校准:分贝拨盘可在任意位置,按下电池(BAT)按键,当表指针指示超过表面所标的"BAT"刻度时,表示机内电池电能充足,即可正常工作,否则需要更换电池。

③整机灵敏度校准:先将分贝拨盘置于90dB位置,然后按下校准"CAL"和"A"(或"C"按键)这时指针应有指示,用起子放入灵敏度校正孔进行调节,使表指针指在"CAL"刻度上,此时整机灵敏度正常,可进行测量使用。

④分贝(dB)拨盘的使用与读数法:转动分贝拨盘选择测量量程,读数时应将量程数加上表针指示数,如:当分贝拨盘(dB)选择在90挡,而表针指示为4 dB时,则是计读数为90+4=94(dB);若指针指示为-5(dB)时,则读数应为90-5=85(dB)。

⑤+10(dB)按钮的使用,在测试中当有瞬时大讯号出现时,为了能快速正确地进行读数,可按下+10(dB)按钮,此时应按分贝拨盘和表指针指示的读数再加上10 dB作为读数。如再按下+10(dB)按钮后,表针指示仍超过满度,则应将分贝拨盘转动至更高一挡再进行读数。

⑥表面刻度:有0.5 dB与1 dB两种分度刻度。0刻度以上指示为正值,长刻度为1 dB的分度,短刻度为0.5 dB的分度,0刻度以下为负值,长刻度为5 dB的分度,短刻度为1 dB的分度。

⑦计权网络:本机的计权网络有A、C两挡,当按下A或C时,则表示测量的计权网络为A或C,当不按按键时,整机不反应测试结果。

⑧表头阻尼开关:当开关处于"F"位置时,表示表头为"快"的阻尼状态;当开关在"S"位置时,表示表头为"慢"的阻尼状态。

⑨输出插口:可将测出的电信号送至示波器、记录仪等仪器。

9.19.3　实验内容

(1)选取学校校园4~5个地点,如:教学区、学生生活区、安静的树林、临近马路的校园门口、家属住宅区，作为测量地点。

(2)每组三人配置一台声级计，依次到各点测量。

(3)读数方式用慢挡，每5 s读一个瞬时A声级，连续读取100个数据。度数同时要判断和记录附近主要噪声来源和天气条件。

9.19.4　数据处理

环境噪声是随时间而起伏的无规律噪声，因此测量结果一般用统计值或等效声级来表示，本实验用等效声级表示。

将各测量地点的测量数据(100个)按下式求出等效连续声级 L_{eq}，作为该地点的环境噪声评价量。将结果记录于表9.13中。

$$L_{\mathrm{Aeq \cdot T}} = 10\lg\left[\frac{1}{T}\int_0^T 10^{0.1L_{PA}}\mathrm{d}t\right]$$

表9.13　等效连续环境噪声记录表

	测点	中心升级									等效连续声级
		80	85	90	95	100	105	110	115	120	
暴露时间	教学区										
	学生生活区										
	寂静的树林										
	嘈杂的马路边										
	家属住宅区										
备注											

9.19.5　思考题

1. 等效声级的意义是什么？
2. 影响噪声测定的因素有哪些？如何注意？

9.20　实验五十一　头发中含汞量的测定

汞及其化合物属于剧毒物质，可在体内蓄积。进入水体的无机汞离子可转变为毒性更大的有机汞，由食物链进入人体内，引起全身中毒作用。天然水中含汞极少，一般不超过0.1 μg/L。我国饮用水标准限值为0.001 mg/L。

9.20.1　实验原理

头发中汞化合物(有机，无机)经消化成 Hg^{2+} 溶液，用氯化亚锡还原成 Hg^0，并立即在测汞仪中测定其含量。汞是常温下唯一的液态金属,且有较大的蒸气压,测汞仪利用汞蒸气对光源发射的253.7 nm谱线具有特征吸收来测定汞的含量。

9.20.2　特别指导

1.采样方法

每采集1 L水样应立即加入10 mL硫酸或7 mL硝酸,使水样pH值低于或等于1。若取样后不能立即进行测定,向每升样品中加入5%(*m/V*)高锰酸钾溶液4 mL,必要时多加一些,使其呈现持久的淡红色。样品储存于硼硅玻璃瓶中。

2.干扰

碘离子质量浓度高于或等于3.8 mg/L时,明显影响高锰酸钾-过硫酸钾消解法的回收率与精密度。

若有机物含量较大,规定的消解试剂最大用量不足以氧化样品中有机物时,则本法不适用。

3.方法适用范围

视仪器型号与试样体积不同而异,本方法最低检出质量浓度为0.1~0.5 μg/L汞;在最佳条件下(测汞仪灵敏度高,基线噪声极小及空白试验值稳定),当试样体积为200 mL时,最低检出质量浓度可为0.05 μg/L。

9.20.3　实验内容

1.仪器和试剂

(1)F-732测汞仪(或其他型号测汞仪)。

(2)25 mL容量瓶。

(3)50 mL烧杯(配表面皿)和1 mL、5 mL刻度吸管。

(4)100 mL锥形瓶。

(5)浓硫酸(AR)。

(6)5% $KMnO_4$(AR)。

(7)10%盐酸羟胺:称10 g盐酸羟胺($NH_2OH \cdot HCl$)溶于蒸馏水中稀释至100 mL,以2.5 L/min的流量通氮气或干净空气30 min,以驱除微量汞。

(8)10%氯化亚锡:称10 g氯化亚锡($SnCl_2 \cdot H_2O$)溶于10 mL浓盐酸中,加蒸馏水至100 mL。同上法通氮或干净空气驱除微量汞,加几粒金属锡,密塞保存。

(9)汞标准储备液:称取0.135 4 g氯化汞,溶于含有0.05%重铬酸钾(5+95)的硝酸溶液中,转移到1 000 mL容量瓶中并稀至标线,此溶液每毫升含100.0 μg汞。

(10)汞标准液:临用时将储备液用含有0.05%重铬酸钾(5+95)的硝酸稀释至每毫升含0.05 μg汞的标准液。

2.实验步骤

(1)发样预处理:将发样用50 ℃中性洗涤剂水溶液洗15 min,然后用乙醚浸洗5 min。上述过程的目的是去除油脂污染物。将洗净的发样在空气中晾干,用不锈钢剪剪成3 mm长,保存备用。

(2)发样消化:准确称取30~50 mg洗净的干燥发样于50 mL烧杯中加入5% $KMnO_4$

8 mL，小心加浓硫酸（H_2SO_4）5 mL，盖上表面皿。小心加热至发样完全消化，如消化过程中紫红色消失应立即滴加 $KMnO_4$。冷却后，滴加盐酸羧胺至紫红色刚消失，以除去过量的 $KMnO_4$，所得溶液不应有黑色残留物或发样。稍静置（去氯气），转移到 25 mL 容量瓶稀释至标线，立即测定。

（3）标准曲线绘制：在 7 个 100 mL 锥形瓶中分别加入汞标准液 0 mL、0.50 mL、1.00 mL、2.00 mL、3.00 mL、4.00 mL 及 5.00 mL（即 0 μg、0.025 μg、0.05 μg、0.10 μg、0.15 μg、0.20 μg 及 0.25 μg 汞）。各加蒸馏水至 50 mL，再加 2 mL H_2SO_4 和 2 mL 5% $KMnO_4$煮沸 10 min（加玻璃珠防暴沸），冷却后滴加盐酸羟胺至紫红色消失。转移到25 mL 容量瓶，稀释至标线立即测定。

（4）测定：按规定调好测汞仪（图 9.22），将标准液和样品液分别倒入 25 mL 翻泡瓶，加 2 mL10% 氯化亚锡，迅速塞紧瓶塞，开动仪器，待指针达最高点，记录吸收值，其测定次序应按浓度从小到大进行。

9.20.4　数据处理

以标准溶液系列作吸收值－微克数的标准曲线。根据试样吸收值查出相应的汞微克数，以下式计算

$$\text{发汞含量}(\mu g/g)=\frac{\text{查标准曲线所得汞微克数}}{\text{发样克数}}$$

9.21　实验五十二　大气中长寿命 α 放射性的测定

环境放射性监测是环境保护工作中的一项重要工作，尤其在当今世界，原子能工业迅速发展，核武器爆炸，核事故屡有发生，放射性物质在医学、国防、航天、科研、民用等领域的应用不断扩大，有可能使环境中的放射性水平高于天然本底值，甚至超过规定标准，构成放射性污染，危害人体和生物。为此，有必要对环境中的放射性物质进行经常性的检测和监督。

9.21.1　实验原理

放射性探测原理是根据辐射与物质的相互作用所产生的各种效应（电离、光或热）进行的观测和测量，如 α 射线、β 射线、γ 射线与物质相互作用时发生某些物理、化学效应，以此来间接进行观测和测量，基于这些效应可制成能观测核辐射的各类仪器成为核辐射探测仪。几种常用的探测仪有电离探测仪、闪烁探测仪和半导体探测仪等。

空气放射性对人体危害最大的是 α 放射性，目前均采取滤膜法测定长寿命 α 放射性。利用超细纤维滤膜吸附空气中的 α 放射性物质，取样后放置 4 d，用 α 计数器测定滤膜上的 α 放射性，将测得的 α 计数代入公式，从而计算出空气中的长寿命 α 放射性的浓度。

9.21.2　特别指导

（1）实验对环境中常遇到的大气 α 辐射体的整个浓度范围都适用。

（2）采样点应选在人员经常活动的地点，取样头放置在人员呼吸带处，并要求迎风流采样。

(3)滤膜过滤效率,指捕集在滤膜上的放射性气溶胶每分钟放出的 α 粒子数与被测空气中放射性气溶胶每分钟应放射的 α 粒子数之比。F 总是小于 1,因为取样时有一部分放射性气溶胶渗入到过滤材料内部,放射的 α 粒子数总有一部分被吸收。

9.21.3　实验内容

1. 仪器与试剂

(1)抽气泵,流量 20 ~100 mL/min。

(2)α 闪烁计数装置和 α 辐射探测仪。要求计数效率高,本底计数低。

(3)取样头。

(4)取样架,高度可调。

(5)超细纤维滤膜,如国产 1 号滤布或 LXGL-15。

(6)干燥器。

(7)镊子。

2. 实验步骤

(1)采样

将滤膜放入取样头,与抽气泵连接,启动抽气泵,记录采样时间,采集 1 000 ~2 000 L 气体。采样后,将样品滤膜放入盒内,于干燥器内放置 4 d。

(2)测定

4 d 后,用 α 计数器测定其长寿命 α 放射性。注意在样品计数前,要对仪器测定本底计数。

9.21.4　数据处理

空气中长寿命 α 活性为

$$c_\alpha = \frac{N_a \cdot N_b}{\mu Q t}$$

式中　N_a——样品加本底计数率;

N_b——仪器本底计数率;

μ——仪器计数效率;

Q——气体流量;

t——抽提时间。

9.21.5　思考题

1. 常用于测量放射性的检测仪器有哪几种? 说明其原理和适用范围。

2. 造成环境放射性污染的原因有哪些? 放射性污染对人体产生哪些危害作用?

附 录

附录1 国际相对原子质量表

附表1.1

元素		相对原子质量	元素		相对原子质量
名称	符号		名称	符号	
银	Ag	107.868 2	锂	Li	6.941
铝	Al	26.981 539	镁	Mg	24.305 0
氩	Ar	39.948	锰	Mn	54.938 05
砷	As	47.921 59	钼	Mo	95.94
金	Au	196.966 54	氮	N	14.006 74
硼	B	10.811	钠	Na	22.989 768
钡	Ba	137.327	氖	Ne	20.179 7
铍	Be	9.012 182	镍	Ni	58.693 4
铋	Bi	208.980 37	氧	O	15.999 4
溴	Br	79.904	磷	P	30.973 762
碳	C	12.011	铅	Pb	207.2
钙	Ca	40.078	钯	Pd	106.42
镉	Cd	112.411	铂	Pt	195.08
铈	Ce	140.115	镭	Ra	226.025 4
氯	Cl	35.452 7	硫	S	32.066
钴	Co	58.933 20	锑	Sb	121.75
铬	Cr	51.996 1	硒	Se	78.96
铯	Cs	132.905 43	硅	Si	28.085 5
铜	Cu	63.546	钐	Sm	168.934 21
氟	F	18.998 403 2	锡	Sn	118.710
铁	Fe	55.847	锶	Sr	87.62
镓	Ca	69.727	锝	Tc	180.947 9
锗	Ge	72.61	钍	Th	232.038 1
氢	H	1.007 94	钛	Ti	47.88
氦	He	4.002 602	铀	U	238.028 9
汞	Hg	200.59	矾	V	50.941 5
碘	I	126.904 47	钨	W	183.85
钾	K	39.098 3	锌	Zn	65.39
镧	La	138.905 5	锆	Zr	91.224

附录 2　常用的化学常数

附表 2.1　常见无机化合物在水中的溶解度[①]（单位：g/100 g H_2O）

溶解度 温度/℃ 化合物	0	20	40	60	80	100
$AgC_2H_3O_2$	0.72	1.04	1.41	1.89	2.52	2×10^{-3}
AgF	85.9	172	203			
$AgNO_3$	122	216	311	440	585	733
Ag_2SO_4	0.57	0.80	0.98	1.15	1.30	1.41
$AlCl_3$	43.9	45.8	47.3	48.1	48.6	49.0
AlF_3	0.56	0.67	0.91	1.10	1.32	1.72
$Al(NO_3)_3$	60.0	73.9	88.7	106	132	160
$Al_2(SO_4)_3 \cdot 18H_2O$	31.2	36.4	45.8	49.2	73.0	89.0
As_2O_3	1.20	1.82	2.93	4.31	6.11	8.2
As_2O_5	59.5	65.8	71.2	73.0	75.1	76.7
$BaCl_2 \cdot 2H_2O$	31.2	35.8	40.8	46.2	52.5	59.4
$Ba(NO_3)_2$	4.95	9.02	14.1	20.4	27.2	34.4
$Ba(OH)_2$	1.67	3.89	8.22	20.94	101.4	
$CaCl_2 \cdot 6H_2O$	59.5	74.5	128	137	147	159
CaC_2O_4	4.5	2.25	1.49	0.83		
$Ca(HCO_3)_2$	16.15	16.60	17.05	17.50	17.95	18.40
CaI_2	64.6	67.6	70.8	74	78	81
$Ca(NO_3)_2 \cdot 4H_2O$	102	129	191		358	363
$Ca(OH)_2$	0.189	0.173	0.141	0.121		0.076
$CaSO_4 \cdot \frac{1}{2}H_2O$		0.32				0.071
$CaSO_4 \cdot 2H_2O$	0.223		0.265			0.205
$CdCl_2 \cdot H_2O$		135	135	136	140	147
$Cd(NO_3)_2$	122	150	194	310	713	
$CdSO_4$	75.4	76.6	78.5	81.8	66.7	60.8
Cl_2(101.3 kPa)	1.46	0.716	0.451	0.324	0.219	0
CO_2(101.3 kPa)	0.384		0.097	0.058		
$CoCl_2$	43.5	52.9	69.5	93.8	97.6	106

注：①溶解度表是在一定温度下，给定化学式的物质溶解在 100 g H_2O 中成饱和溶液时，该物质的质量（单位为 g）。

续附表 2.1

溶解度 温度/℃ 化合物	0	20	40	60	80	100
$Co(NO_3)_2$	84.0	97.4	125	174	204	
$CoSO_4$	25.5	36.1	48.8	55.0	53.8	38.9
$CoSO_4 \cdot 7H_2O$	44.8	65.4	88.1	101		
CrO_3	164.9	167.2	172.5		191.6	206.8
$CuCl_2$	68.6	73.0	87.6	96.5	104	120
$Cu(NO_3)_2$	83.5	125	163	182	208	247
$CuSO_4 \cdot 5H_2O$	23.1	32.0	44.6	61.8	83.8	114
$FeCl_2$	49.7	62.5	70.0	78.3	88.7	94.9
$FeCl_3 \cdot 6H_2O$	74.4	91.8			525.8	535.7
$FeSO_4 \cdot 7H_2O$	15.6	26.5	40.2			
H_3BO_3	2.67	5.04	8.72	14.81	23.62	40.25
HBr(101.3 kPa)	221.2	198				130
HCl(101.3 kPa)	82.3		63.3	56.1		
$HgCl_2$	3.63	6.57	10.2	16.3	30.0	61.3
I_2		0.029	0.056			
KBr	53.48	65.2	75.5	85.5	95.2	102
$KBrO_3$	3.1	6.9	13.3	22.7	34.0	49.75
KCl	27.6	34.0	40.0	45.5	51.1	56.7
$KClO_3$	3.3	7.1	13.9	23.8	37.6	57
$KClO_4$	0.75	1.68	3.73	7.3	13.4	21.8
K_2CO_3	105	111	117	127	140	156
K_2CrO_4	58.2	62.9	65.2	68.6	72.1	79.2
$K_2Cr_2O_7$	4.9	12	26	43	61	102
$K_3[Fe(CN)_6]$	30.2	46	59.3	70		91
$K_4[Fe(CN)_6]$	14.5	28.2	41.4	54.8	66.9	74.2
$KHCO_3$	22.4	33.7	47.5	65.6		
KI	128	144	162	176	192	206
KIO_3	4.74	8.08	12.6	18.3	24.8	32.3
$KMnO_4$	2.83	6.38	12.6	22.1		
KNO_2	281	306	329	348	376	413
KNO_3	13.3	31.6	61.3	106	167	247
KOH	95.7	112	134	154		178
KSCN	177	224	289	372	492	675
K_2SO_4	7.4	11.1	14.8	18.2	21.4	24.1

续附表 2.1

溶解度 \ 温度/℃ 化合物	0	20	40	60	80	100
$K_2S_2O_8$	1.75	4.70	11.0			
$KAl(SO_4)_2\cdot 12H_2O$	3.00	5.90	11.70	24.80	71.0	
LiCl	63.7	83.5	89.8	98.4	112	
Li_2CO_3	1.54	1.33	1.17	1.01	0.85	0.72
LiI	151	165	179	202	435	481
$LiNO_3$	53.4	70.1	152	175		
LiOH	11.91	12.35	13.22	14.63	16.56	19.12
Li_2SO_4	36.1	34.8	33.7	32.6	31.4	
$MgCl_2$	52.9	54.2	57.5	61.0	66.1	72.7
$Mg(NO_3)_2$	62.1	69.5	78.9	78.9	91.6	
$MgSO_4$	22.0	33.7	44.5	54.6	55.8	50.4
$MnCl_2$	63.4	73.9	88.5	109	113	115
MnF_2		1.06	0.67	0.44		0.48
$Mn(NO_3)_2$	102	139				
$MnSO_4$	52.9	62.9	60.0	53.6	45.6	35.3
NaBr	79.5	90.8	107	118	120	121
$Na_2B_4O_7$	1.11	2.56	6.67	19.0	31.4	52.5
$NaBrO_3$	27.5	36.4	48.8	62.6	75.7	90.9
$NaC_2H_3O_2$	36.2	46.4	65.6	139	153	170
$Na_2C_2O_4$	2.69	3.41	4.18	4.93	5.71	6.33
NaCl	35.7	36.0	36.6	37.3	38.4	39.1
$NaClO_3$	79	95.9	115	137	167	204
Na_2CO_3	7.1	21.5	49.0	46.0	43.9	45.5
Na_2CrO_4	31.7	84.0	96.0	115	125	126
$Na_2Cr_2O_7$	163	180	215	269	376	415
NaF	3.66	4.06	4.40	4.68	4.89	5.08
$NaHCO_3$	6.9	9.6	12.7	16.4		
NaH_2PO_4	56.5	86.9	133	172	211	
Na_2HPO_4	1.68	7.83	55.3	82.8	92.3	104
NaI	159	178	205	257	295	302
$NaIO_3$	2.48	9	13.3	19.8	26.6	34
$NaNO_2$	71.2	80.8	94.9	111	133	163
$NaNO_3$	73.0	87.6	102	122	148	180
NaOH	42	109	129	174		347

续附表 2.1

溶解度 温度/℃ 化合物	0	20	40	60	80	100
Na_3PO_4	4.5	12.1	20.2	29.9	60.0	77.0
Na_2S	9.6	15.7	26.6	39.1	55.0	
Na_2SO_3	14.4	26.3	37.2	32.6	29.4	
Na_2SO_4	4.9	19.5	48.8	45.3	43.7	42.5
$Na_2SO_4 \cdot 7H_2O$	19.5	44.1				
$Na_2S_2O_3 \cdot 5H_2O$	50.2	70.1	104			
$NaVO_3$		19.3	26.3	33.0	40.8	
Na_2WO_4	71.5	73.0	77.6		90.8	97.2
NH_4Cl	29.7	37.2	45.8	55.3	65.6	77.3
$(NH_4)_2C_2O_4$	2.54	4.45	8.18	14.0	22.4	34.7
$(NH_4)_2CrO_4$	25.0	34.0	45.3	59.0	76.1	
$(NH_4)_2Cr_2O_7$	18.2	35.0	58.5	86.0	115	156
$(NH_4)_2Fe(SO_4)_2$	12.5	26.4	46			
NH_4HCO_3	11.9	21.7	36.6	59.2	109	354
$NH_4H_2PO_4$	22.7	37.4	56.7	82.5	118	173.2
$(NH_4)_2HPO_4$	42.9	68.9	81.8	97.2		
NH_4I	154.2	172	191	209	229	250.3
NH_4NO_3	118.3	192	297	421	580	871
NH_4SCN	120	170	234	248		
$(NH_4)_2SO_4$	70.6	75.4	81	88	95	103.8
$NiCl_2$	53.4	60.8	73.2	81.2	86.6	87.6
$Ni(NO_3)_2$	79.2	94.2	119	158	187	
$NiSO_4 \cdot 7H_2O$	26.2	37.7	50.4			
$Pb(C_2H_3O_2)_2$	19.8	44.3	116			
$PbCl_2$	0.67	1.00	1.42	1.94	2.54	3.20
$Pb(NO_3)_2$	37.6	54.3	72.1	91.6	111	133
SO_2(101.3 kPa)	22.83	11.09	5.41			
$SbCl_3$	602	910	1 368			
$SrCl_2$	43.5	52.9	63.5	81.8	90.5	101
$Sr(NO_3)_2$	39.5	69.5	89.4	93.4	96.9	
$Sr(OH)_2$	0.91	1.77	3.95	8.42	20.2	91.2
$ZnCl_2$	389	446	591	618	645	672
$Zn(NO_3)_2$	98	118.3	211			
$ZnSO_4$	41.6	53.8	70.5	75.4	71.1	60.5

附表 2.2　弱酸在水中的离解常数(25 ℃, $I=0$)

编号	弱酸名称	化学式	K_a	pK_a
1	砷酸	H_3AsO_4	$6.3\times10^{-3}(K_{a_1})$	2.20
			$1.0\times10^{-7}(K_{a_2})$	7.00
			$3.2\times10^{-12}(K_{a_3})$	11.50
2	偏亚砷酸	$HAsO_2$	6.0×10^{-10}	9.22
3	硼酸	H_3BO_3	5.8×10^{-10}	9.24
4	四硼酸	$H_2B_4O_7$	$1\times10^{-4}(K_{a_1})$	4
			$1\times10^{-9}(K_{a_2})$	9
5	碳酸	$H_2CO_3(CO_2+H_2O)$	$4.2\times10^{-7}(K_{a_1})$	6.38
			$5.6\times10^{-11}(K_{a_2})$	10.25
6	次氯酸	$HClO$	3.2×10^{-8}	7.49
7	氢氰酸	HCN	4.9×10^{-10}	9.31
8	氰酸	$HCNO$	3.3×10^{-4}	3.48
9	铬酸	H_2CrO_4	$1.8\times10^{-1}(K_{a_1})$	0.74
			$3.2\times10^{-7}(K_{a_2})$	6.50
10	氢氟酸	HF	6.6×10^{-4}	3.18
11	亚硝酸	HNO_2	5.1×10^{-4}	3.29
12	过氧化氢	H_2O_2	1.8×10^{-12}	11.75
13	磷酸	H_3PO_4	$7.5\times10^{-3}(K_{a_1})$	2.12
			$6.3\times10^{-8}(K_{a_2})$	7.20
			$4.4\times10^{-13}(K_{a_3})$	12.36
14	焦磷酸	$H_4P_2O_7$	$3.0\times10^{-2}(K_{a_1})$	1.52
			$4.4\times10^{-3}(K_{a_2})$	2.36
			$2.5\times10^{-7}(K_{a_3})$	6.60
			$5.6\times10^{-10}(K_{a_4})$	9.25
15	正亚磷酸	H_3PO_3	$3.0\times10^{-2}(K_{a_1})$	1.52
			$1.6\times10^{-7}(K_{a_2})$	6.79

续附表 2.2

编号	弱酸名称	化学式	K_a	pK_a
16	氢硫酸	H_2S	$1.3\times10^{-7}(K_{a_1})$	6.89
			$7.1\times10^{-15}(K_{a_2})$	14.15
17	硫酸	H_2SO_4	$1.2\times10^{-2}(K_{a_2})$	1.92
18	亚硫酸	H_2SO_3	$1.3\times10^{-2}(K_{a_1})$	1.89
			$6.3\times10^{-8}(K_{a_2})$	7.20
19	硫代硫酸	$H_2S_2O_3$	$2.3(K_{a_1})$	0.6
			$3\times10^{-2}(K_{a_2})$	1.6
20	偏硅酸	H_2SiO_3	$1.7\times10^{-10}(K_{a_1})$	9.77
			$1.6\times10^{-12}(K_{a_2})$	11.8
21	甲酸	$HCOOH$	1.7×10^{-4}	3.77
22	乙酸(醋酸)	CH_3COOH	1.7×10^{-5}	4.77
23	丙酸	$CH_3(CH_2)_2COOH$	1.3×10^{-5}	4.87
24	丁酸	$CH_3(CH_2)_2COOH$	1.5×10^{-5}	4.82
25	戊酸	$CH_3(CH_2)_3COOH$	1.4×10^{-5}	4.84
26	羟基乙酸	$CH_2(OH)COOH$	1.5×10^{-4}	3.83
27	一氯乙酸	$CH_2ClCOOH$	1.4×10^{-3}	2.86
28	二氯乙酸	$CHCl_2COOH$	5.0×10^{-2}	1.30
29	三氯乙酸	CCl_3COOH	0.23	0.64
30	氨基乙酸盐	$^+NH_3CH_2COOH$	$4.5\times10^{-3}(K_{a_1})$	2.35
			$1.7\times10^{-10}(K_{a_2})$	9.77
31	抗坏血酸	$C_6H_8O_6$	$5.0\times10^{-5}(K_{a_1})$	4.30
			$1.5\times10^{-10}(K_{a_2})$	9.82
32	乳酸	$CH_3CHOHCOOH$	1.4×10^{-4}	3.86
33	苯甲酸	C_6H_5COOH	6.2×10^{-5}	4.21
34	草酸	$H_2C_2O_4$	$5.9\times10^{-2}(K_{a_1})$	1.23
			$6.4\times10^{-5}(K_{a_2})$	4.19

续附表 2.2

编号	弱酸名称	化学式	K_a	pK_a
35	α-酒石酸	HOOC(CHOH)$_2$COOH	$9.1\times10^{-4}(K_{a_1})$	3.04
			$4.3\times10^{-5}(K_{a_2})$	4.37
36	邻苯二甲酸	$C_6H_4(COOH)_2$（邻位）	$1.12\times10^{-3}(K_{a_1})$	2.95
			$3.9\times10^{-6}(K_{a_2})$	5.41
37	苯酚	C_6H_5OH	1.1×10^{-10}	9.95
38	乙二胺四乙酸	H_6-$EDTA^{2+}$	$0.13(K_{a_1})$	0.90
	(I=0.1)	H_6-$EDTA^{+}$	$2.5\times10^{-2}(K_{a_2})$	1.60
		H_4-EDTA	$8.5\times10^{-3}(K_{a_3})$	2.07
		H_2-$EDTA^{-}$	$1.77\times10^{-3}(K_{a_4})$	2.75
		H_2-$EDTA^{2-}$	$5.75\times10^{-7}(K_{a_5})$	6.24
		H-$EDTA^{3-}$	$4.57\times10^{-11}(K_{a_6})$	10.34
39	丁二酸	HOOC(CH_2)$_2$COOH	6.2×10^{-5}	4.21
			2.3×10^{-6}	5.64
40	顺-丁烯二酸（马来酸）	$CHCO_2H$=$CHCO_2H$（顺式）	1.2×10^{-2}	1.91
			4.7×10^{-7}	6.33
41	反-丁烯二酸（富马酸）	HO_2CCH=$CHCO_2H$（反式）	8.9×10^{-4}	3.05
			3.2×10^{-5}	4.49
42	邻苯二酚	$C_6H_4(OH)_2$（邻位）	4.0×10^{-10}	9.40
			2×10^{-13}	12.80
43	水杨酸	$C_6H_4(OH)COOH$（邻位）	1.1×10^{-3}	2.97
			1.8×10^{-14}	13.74
44	磺基水杨酸	^-O_3S-$C_6H_3(OH)COOH$	4.7×10^{-3}	2.33
			4.8×10^{-12}	11.32
45	柠檬酸	CH_2CO_2H-C(OH)CO_2H-CH_2CO_2H	7.4×10^{-4}	3.13
			1.8×10^{-5}	4.74
			4.0×10^{-7}	6.40

附表 2.3　弱碱在水中的离解常数(25 ℃,I=0)

编号	弱碱名称	化学式	K_a	pK_b
1	氨	NH_3	1.8×10^{-5}	4.74
2	联氨	H_2NNH_2	$3.0\times10^{-8}(K_{b_1})$	5.52
			$7.6\times10^{-15}(K_{b_2})$	14.12
3	羟氨	NH_2OH	9.1×10^{-9}	8.04
4	甲胺	CH_3NH_2	4.2×10^{-4}	3.38
5	乙胺	$C_2H_5NH_2$	4.3×10^{-4}	3.37
6	丁胺	$CH_3(CH_2)_3NH_2$	4.4×10^{-4}	3.36
7	乙醇胺	$HOCH_2CH_2NH_3$	3.2×10^{-5}	4.50
8	三乙醇胺	$(HOCH_2CH_2)_3N$	5.8×10^{-7}	6.24
9	二甲胺	$(CH_3)_2NH$	5.9×10^{-4}	3.23
10	二乙胺	$(CH_3CH_3)_2NH$	8.5×10^{-4}	3.07
11	三乙胺	$(CH_3CH_2)_3N$	5.2×10^{-4}	3.29
12	苯胺	$C_6H_5NH_2$	4.0×10^{-10}	9.40
13	邻甲苯胺	CH_3 NH_2	2.8×10^{-10}	9.55
14	对甲苯胺	CH_3— —NH_2	1.2×10^{-9}	8.92
15	六次甲基四胺	$(CH_2)_6N_4$	1.4×10^{-9}	8.85
16	咪唑	N N H	9.8×10^{-8}	7.01
17	吡啶	N	1.8×10^{-9}	8.74
18	哌啶	N H	1.3×10^{-3}	2.88
19	喹啉	N	7.6×10^{-10}	9.12
20	乙二胺	$H_2NCH_2CH_2NH_2$	$8.5\times10^{-5}(K_{b_1})$	4.07
			$7.1\times10^{-8}(K_{b_2})$	7.15
21	8-羟基喹啉	C_9H_6NOH	6.5×10^{-5}	4.19
			8.1×10^{-10}	9.09

附表2.4　微溶化合物的活度积和溶度积(25℃)

化合物	$I=0$ mol/kg		$I=0.1$ mol/kg	
	K_{sp}^0	pK_{sp}^0	K_{sp}	pK_{sp}
AgAc	2×10^{-3}	2.7	8×10^{-3}	2.1
AgCl	1.77×10^{-10}	9.75	3.2×10^{-10}	9.50
AgBr	4.95×10^{-13}	12.31	8.7×10^{-13}	12.06
AgI	8.3×10^{-17}	16.08	1.48×10^{-16}	15.83
Ag_2CrO_4	1.12×10^{-12}	11.95	5×10^{-12}	11.3
AgSCN	1.07×10^{-12}	11.97	2×10^{-12}	11.7
AgCN	1.2×10^{-16}	15.92		
Ag_2S	6×10^{-50}	49.2	6×10^{-49}	48.2
Ag_2SO_4	1.58×10^{-5}	4.80	8×10^{-5}	4.1
$Ag_2C_2O_4$	1×10^{-11}	11.0	4×10^{-11}	10.4
$AgAsO_4$	1.12×10^{-20}	19.95	1.3×10^{-19}	18.9
Ag_3PO_4	1.45×10^{-16}	15.34	2×10^{-15}	14.7
AgOH	1.9×10^{-8}	7.71	3×10^{-8}	7.5
$Al(OH)_3$ 无定形	4.6×10^{-33}	32.34	3×10^{-32}	31.5
$BaCrO_4$	1.17×10^{-10}	9.93	8×10^{-10}	9.1
$BaCO_3$	4.9×10^{-9}	8.31	3×10^{-8}	7.5
$BaSO_4$	1.07×10^{-10}	9.97	6×10^{-10}	9.2
BaC_2O_4	1.6×10^{-7}	6.79	1×10^{-6}	6.0
BaF_2	1.05×10^{-6}	5.98	5×10^{-6}	5.3
$Bi(OH)_2Cl$	1.8×10^{-31}	30.75		
$Ca(OH)_2$	5.5×10^{-6}	6.26	1.3×10^{-5}	4.9
$CaCO_3$	3.8×10^{-9}	8.42	3×10^{-8}	7.5
CaC_2O_4	2.3×10^{-9}	8.64	1.6×10^{-10}	7.8
CaF_2	3.4×10^{-11}	10.47	1.6×10^{-10}	9.8
$Ca_3(PO_4)_2$	1×10^{-26}	26.0	1×10^{-23}	23
$CaSO_4$	2.4×10^{-5}	4.62	1.6×10^{-4}	3.8
$CdCO_3$	3×10^{-14}	13.5	1.6×10^{-13}	12.8
CdC_2O_4	1.51×10^{-8}	7.82	1×10^{-7}	7.0
$Cd(OH)_2$(新析出)	3×10^{-14}	13.5	5×10^{-14}	13.2
CdS	8×10^{-27}	26.1	5×10^{-26}	25.3

续附表 2.4

化合物	I=0 mol/kg		I=0.1 mol/kg	
	K_{sp}^0	pK_{sp}^0	K_{sp}	pK_{sp}
$Ce(OH)_3$	6×10^{-21}	20.2	3×10^{-20}	19.5
$CePO_4$	2×10^{-20}	23.7		
$Co(OH)_2$(新析出)	1.6×10^{-15}	14.8	4×10^{-15}	14.4
CoS α型	4×10^{-21}	20.4	3×10^{-20}	19.5
CoS β型	2×10^{-25}	24.7	1.3×10^{-24}	23.9
$Cr(OH)_3$	1×10^{-31}	31.0	5×10^{-31}	30.3
CuI	1.1×10^{-12}	11.96	2×10^{-12}	11.7
CuSCN			2×10^{-13}	12.7
CuS	6×10^{-36}	35.2	4×10^{-35}	34.4
$Cu(OH)_2$	2.6×10^{-19}	18.59	6×10^{-19}	18.2
$Fe(OH)_2$	8×10^{-16}	15.1	2×10^{-15}	14.7
$FeCO_3$	3.2×10^{-11}	10.50	2×10^{-10}	9.7
FeS	6×10^{-18}	17.2	4×10^{-17}	16.4
$Fe(OH)_3$	3×10^{-39}	38.5	1.3×10^{-38}	37.9
Hg_2Cl_2	1.32×10^{-18}	17.88	6×10^{-18}	17.2
HgS(黑)	1.6×10^{-52}	51.8	1×10^{-51}	51
(红)	4×10^{-53}	52.4		
$Hg(OH)_2$	4×10^{-26}	25.4	1×10^{-25}	25.0
$KHC_4H_4O_6$	3×10^{-4}	3.5		
K_2PtCl_6	1.10×10^{-5}	4.96		
LaF_3	1×10^{-24}	24.0		
$La(OH)_3$(新析出)	1.6×10^{-19}	18.8	8×10^{-19}	18.1
$LaPO_4$			4×10^{-23}	22.4
				(I=0.5 mol/kg)
$MgCO_3$	1×10^{-5}	5.0	6×10^{-5}	4.2
MgC_2O_4	8.5×10^{-5}	4.07	5×10^{-4}	3.3
$Mg(OH)_2$	1.8×10^{-11}	10.74	4×10^{-11}	10.4
$MgNH_4PO_4$	3×10^{-13}	12.6		
$MnCO_3$	5×10^{-10}	9.30	3×10^{-9}	8.5
$Mn(OH)_2$	1.9×10^{-13}	12.72	5×10^{-13}	12.3

续附表 2.4

化合物	$I=0$ mol/kg		$I=0.1$ mol/kg	
	K_{sp}^0	pK_{sp}^0	K_{sp}	pK_{sp}
MnS(无定形)	3×10^{-10}	9.5	6×10^{-9}	8.8
MnS(晶形)	3×10^{-13}	12.5		
$Ni(OH)_2$(新析出)	2×10^{-15}	14.7	5×10^{-15}	14.3
NiS α型	3×10^{-19}	18.5		
NiS β型	1×10^{-24}	24.0		
NiS γ型	2×10^{-26}	25.7		
$PbCO_3$	8×10^{-14}	13.1	5×10^{-13}	12.3
$PbCl_2$	1.6×10^{-5}	4.79	8×10^{-5}	4.1
$PbCrO_4$	1.8×10^{-14}	13.75	1.3×10^{-13}	12.9
PbI_2	6.5×10^{-9}	8.19	3×10^{-8}	7.5
$Pb(OH)_2$	8.1×10^{-17}	16.09	2×10^{-16}	15.7
PbS	3×10^{-27}	26.6	1.6×10^{-26}	25.8
$PbSO_4$	1.7×10^{-8}	7.78	1×10^{-7}	7.0
$SrCO_3$	9.3×10^{-10}	9.03	6×10^{-9}	8.2
SrC_2O_4	5.6×10^{-8}	7.25	3×10^{-7}	6.5
$SrCrO_4$	2.2×10^{-5}	4.65		
SrF_2	2.5×10^{-9}	8.61	1×10^{-8}	8.0
$SrSO_4$	3×10^{-7}	6.5	1.6×10^{-6}	5.8
$Sn(OH)_2$	8×10^{-29}	28.1	2×10^{-28}	27.7
SnS	1×10^{-25}	25.0		
$Th(C_2O_4)_2$	1×10^{-22}	22.0		
$Th(OH)_4$	1.3×10^{-45}	44.9	1×10^{-44}	44.0
$TiO(OH)_2$	1×10^{-29}	29.0	3×10^{-29}	28.5
$ZnCO_3$	1.7×10^{-11}	10.78	1×10^{-10}	10.0
$Zn(OH)_2$(新析出)	2.1×10^{-16}	15.68	5×10^{-16}	15.3
ZnS α型	1.6×10^{-24}	23.8		
ZnS β型	5×10^{-25}	24.3		
$ZrO(OH)_2$	6×10^{-49}	48.2	1×10^{-47}	47.0

附表 2.5　络合物的稳定常数(18 ~ 25 ℃)

金属离子	n	$\lg \beta_n$	I
氨络合物			
Ag^{+}	1,2	3.40;7.40	0.1
Cd^{2+}	1,…,6	2.65;4.75;6.19;7.12;6.80;5.14	2
Co^{2+}	1,…,6	2.11;3.74;4.79;5.55;5.73;5.11	2
Co^{3+}	1,…,6	6.7;14.0;20.1;25.7;30.8;35.2	2
Cu^{+}	1,2	5.93;10.86	2
Cu^{2+}	1,…,6	4.31;7.98;11.02;13.32;12.36	2
Ni^{2+}	1,…,6	2.80;5.04;6.77;7.96;8.71;8.74	2
Zn^{2+}	1,…,4	2.27;4.61;7.01;9.06	0.1
溴络合物			
Ag^{+}	1,…,4	4.38;7.33;8.00;8.73	0
Bi^{3+}	1,…,6	4.30;5.55;5.89;7.82;—;9.70	2.3
Cd^{2+}	1,…,4	1.75;2.34;3.32;3.70	3
Cu^{+}	2	5.89	0
Hg^{2+}	1,…,4	9.05;17.32;19.74;21.00	0.5
氯络合物			
Ag^{+}	1,…,4	3.04;5.04;5.04;5.30	0
Hg^{2+}	1,…,4	6.74;13.22;14.07;15.07	0.5
Sn^{2+}	1,…,4	1.51;2.24;2.03;1.48	0
Sb^{3+}	1,…,6	2.26;3.49;4.18;4.72;4.72;4.11	4
氰络合物			
Ag^{+}	1,…,4	—;21.1;21.7;20.6	0
Cd^{2+}	1,…,4	5.48;10.60;15.23;18.78	3
Co^{2+}	6	19.09	
Cu^{+}	1,…,4	—;24.0;28.59;30.3	0
Fe^{2+}	6	35	0
Fe^{3+}	6	42	0
Hg^{2+}	4	41.4	0
Ni^{2+}	4	31.3	0.1
Zn^{2+}	4	16.7	0.1

续附表 2.5

金属离子	n	$\lg\beta_n$	I
氟络合物			
Al^{3+}	1,…,6	6.13;11.15;15.00;17.75;19.37;19.84	0.5
Fe^{3+}	1,…,6	5.2;9.2;11.9;—;15.77;—	0.5
Th^{4+}	1,…,3	7.65;13.46;17.97	0.5
TiO_2^{2+}	1,…,4	5.4;9.8;13.7;18.0	3
ZrO_2^{2+}	1,…,3	8.80;16.12;21.94	2
碘络合物			
Ag^{+}	1,…,3	6.58;11.74;13.68	0
Bi^{3+}	1,…,6	3.63;—;—;14.95;16.80;18.80	2
Cd^{2+}	1,…,4	2.10;3.43;4.49;5.41	0
Pb^{2+}	1,…,4	2.00;3.15;3.92;4.47	0
Hg^{2+}	1,…,4	12.87;23.82;27.60;29.83	0.5
磷酸络合物			
Ca^{2+}	CaHL	1.7	0.2
Mg^{2+}	MgHL	1.9	0.2
Mn^{2+}	MnHL	2.6	0.2
Fe^{3+}	FeHL	9.35	0.66
硫氰酸络合物			
Ag^{+}	1,…,4	—;7.57;9.08;10.08	2.2
Au^{+}	1,…,4	—;23;—;42	0
Co^{2+}	1	1.0	1
Cu^{+}	1,…,4	—;11.00;10.90;10.48	5
Fe^{3+}	1,…,5	2.3;4.2;5.6;6.4;6.4	离子强度不定
Hg^{2+}	1,…,4	—;16.1;19.0;20.9	1
硫代硫酸络合物			
Ag^{+}	1,…,3	8.82;13.46;14.15	0
Cu^{+}	1,2,3	10.35;12.27;13.71	0.8
Hg^{2+}	1,…,4	—;29.86;32.26;33.61	0
Pb^{2+}	1,3	5.1;6.4	0
乙酰丙酮络合物			
Al^{3+}	1,2,3	8.60;15.5;21.30	0

续附表 2.5

金属离子	n	$\lg \beta_n$	I
Cu^{2+}	1,2	8.27;16.84	0
Fe^{2+}	1,2	5.07;8.67	0
Fe^{3+}	1,2,3	11.4;22.1;26.7	0
Ni^{2+}	1,2,3	6.06;10.77;13.09	0
Zn^{2+}	1,2	4.98;8.81	0
柠檬酸络合物			
Ag^{+}	Ag_2HL	7.1	0
Al^{3+}	AlHL	7.0	0.5
	AlL	20.0	
	AlOHL	30.6	
Ca^{2+}	CaH_3L	10.9	0.5
	CaH_2L	8.4	
Ca^{2+}	CaHL	3.5	
Cd^{2+}	CdH_2L	7.9	0.5
	CdHL	4.0	
	CdL	11.3	
Co^{2+}	CoH_2L	8.9	0.5
	CoHL	4.4	
	CoL	12.5	
Cu^{2+}	CuH_2L	12.0	0.5
	CuHL	6.1	0
	CuL	18.0	0.5
Fe^{2+}	FeH_2L	7.3	0.5
	FeHL	3.1	
	FeL	15.5	
Fe^{3+}	FeH_2L	12.2	0.5
	FeHL	10.9	
	FeL	25.0	
Ni^{2+}	NiH_2L	9.0	0.5
	NiHL	4.8	
	NiL	14.3	

续附表 2.5

金属离子	n	$\lg\beta_n$	I
Pb^{2+}	PbH_2L	11.2	0.5
	PbHL	5.2	
	PbL	12.3	
Zn^{2+}	ZnH_2L	8.7	0.5
	ZnHL	4.5	
	ZnL	11.4	
草酸络合物			
Al^{2+}	1,2,3	7.26;13.0;16.3	0
Cd^{2+}	1,2	2.9;4.7	0.5
Co^{2+}	CoHL	5.5	0.5
	CoH_2L	10.6	
	1,2,3	4.79;6.7;9.7	0
Co^{3+}	3	~20	
Cu^{2+}	CuHL	6.25	0.5
	1.2	4.5;8.9	
Fe^{2+}	1,2,3	2.9;4.52;5.22	0.5~1
Fe^{3+}	1,2,3	9.4;16.2;20.2	0
Mg^{2+}	1,2	2.76;4.38	0.1
Mn(Ⅲ)	1,2,3	9.98;16.57;19.42	2
Ni^{2+}	1,2,3	5.3;7.64;8.5	0.1
Th(Ⅳ)	4	24.5	0.1
TiO^{2+}	1,2	6.6;9.9	2
Zn^{2+}	ZnH_2L	5.6	0.5
	1,2,3	4.89;7.60;8.15	
磺基水杨酸络合物			
Al^{3+}	1,2,3	13.20;22.83;28.89	0.1
Cd^{2+}	1,2	16.68;29.08	0.25
Co^{2+}	1,2	6.13;9.82	0.1
Cr^{3+}	1	9.56	0.1
Cu^{2+}	1,2	9.52;16.45	0.1
Fe^{2+}	1,2	5.90;9.90	1~0.5

续附表 2.5

金属离子	n	$\lg \beta_n$	I
Fe^{3+}	1,2,3	14.64;25.18;32.12	0.25
Mn^{2+}	1,2	5.24;8.24	0.1
Ni^{2+}	1,2	6.42;10.24	0.1
Zn^{2+}	1,2	6.05;10.65	0.1
酒石酸络合物			
Bi^{3+}	3	8.30	0
Ca^{2+}	CaHL	4.85	0.5
	1,2	2.98;9.01	0
Cd^{2+}	1	2.8	0.5
Cu^{2+}	1,…,4	3.2;5.11;4.78;6.51	1
Fe^{3+}	3	7.49	0
Mg^{2+}	MgHL	4.65	0.5
	1	1.2	
Pb^{2+}	1,2,3	3.78;—;4.7	0
Zn^{2+}	ZnHL	4.5	0.5
	1,2	2.4;8.32	
乙二胺络合物			
Ag^{+}	1,2	4.70;7.70	0.1
Cd^{2+}	1,2,3	5.47;10.09;12.09	0.5
Co^{2+}	1,2,3	5.91;10.64;13.94	1
Co^{3+}	1,2,3	18.70;34.90;48.69	1
Cu^{+}	2	10.8	
Cu^{2+}	1,2,3	10.67;20.00;21.0	1
Fe^{2+}	1,2,3	4.34;7.65;9.70	1.4
乙二胺络合物			
Hg^{2+}	1,2	14.30;23.3	0.1
Mn^{2+}	1,2,3	2.73;4.79;5.67	1
Ni^{2+}	1,2,3	7.52;13.80;18.06	1
Zn^{2+}	1,2,3	5.77;10.83;14.11	1
硫脲络合物			
Ag^{+}	1,2	7.4;13.1	0.03

续附表 2.5

金属离子	n	$\lg\beta_n$	I
Bi^{3+}	6	11.9	
Cu^{2+}	3,4	13;15.4	0.1
Hg^{2+}	2,3,4	22.1;24.7;26.8	
氢氧基络合物			
Al^{3+}	4	33.3	2
	$Al_6(OH)_{15}^{3+}$	163	
Bi^{3+}	1	12.4	3
	$Bi_6(OH)_{12}^{6+}$	168.3	
Cd^{2+}	1,…,4	4.3;7.7;10.3;12.0	3
Co^{2+}	1,3	5.1;—;10.2	0.1
Cr^{3+}	1,2	10.2;18.3	0.1
Fe^{2+}	1	4.5	1
Fe^{3+}	1,2	11.0;21.7	3
	$Fe_2(OH)_2^{4+}$	25.1	
Hg^{2+}	2	21.7	0.5
Mg^{2+}	1	2.6	0
Mn^{2+}	1	3.4	0.1
Ni^{2+}	1	4.6	0.1
Pb^{2+}	1,2,3	6.2;10.3;13.3	0.3
	$Pb_2(OH)^{3+}$	7.6	
Sn^{2+}	1	10.1	3
Th^{4+}	1	9.7	1
Ti^{3+}	1	11.8	0.5
TiO^{2+}	1	13.7	1
VO^{2+}	1	8.0	3
Zn^{2+}	1,…,4	4.4;10.1;14.2;15.5	0

说明：(1)β_1 为络合物的累积稳定常数，即

$$\beta_n = K_1 \times K_2 \times K_3 \times \cdots \times K_n = K_{稳}$$

$$\lg\beta_n = \lg K_1 + \lg K_2 + \lg K_3 + \cdots + \lg K_n$$

例如 Ag^+ 与 NH_3 络合物：

$\lg\beta_1 = 3.40$，即 $\lg K_1 = 3.40$，$K_{稳}[Ag(NH_3)]^+ = 3.40$；

$\lg\beta_2 = 7.40$，即 $\lg K_1 = 3.40$，$\lg K_2 = 4.00$，$K_{稳}[Ag(NH_3)_2]^+ = 7.40$。

(2)酸式、碱式络合物及多核氢氧基络合物的化学式标明于 n 栏中。

附表 2.6　氨羧络合剂类络合物的稳定常数(18～25 ℃,I=0.1)

金属离子	lg K						
	EDTA	DCyTA	DTPA	EGTA	HEDTA	NTA	
						lg β_1	lg β_2
Ag^+	7.32			6.88	6.71	5.16	
Al^{3+}	16.13	19.5	18.6	13.9	14.3	11.4	
Ba^{2+}	7.86	8.69	8.87	8.41	6.3	4.82	
Be^{2+}	9.2	11.51				7.11	
Bi^{3+}	27.49	32.3	35.6		22.3	17.5	
Ca^{2+}	10.69	13.20	10.83	10.97	8.3	6.41	
Cd^{2+}	16.46	19.93	19.2	16.7	13.3	9.83	14.61
Co^{2+}	16.31	19.62	19.27	12.39	14.6	10.38	14.39
Co^{3+}	36				37.4	6.84	
Cr^{3+}	23.4					6.23	
Cu^{2+}	18.80	22.00	21.55	17.71	17.6	12.96	
Fe^{2+}	14.32	19.0	16.5	11.87	12.3	8.33	
Fe^{3+}	25.1	30.1	28.0	20.5	19.8	15.9	
Ca^{3+}	20.3	23.2	25.54		16.9	13.6	
Hg^{2+}	21.7	25.00	26.70	23.2	20.30	14.6	
In^{3+}	25.0	28.8	29.0		20.2	16.9	
Li^+	2.79					2.51	
Mg^{2+}	8.7	11.02	9.30	5.21	7.0	5.41	
Mn^{2+}	13.87	17.48	15.60	12.28	10.9	7.44	
Mo(Ⅴ)	~28						
Na^+	1.66						1.22
Ni^{2+}	18.62	20.3	20.32	13.55	17.3	11.53	16.42
Pb^{2+}	18.04	20.38	18.80	14.71	15.7	11.39	
Pd^{2+}	18.5						
Sc^{2+}	23.1	26.1	24.5	18.2			24.1
Sn^{2+}	22.11						
Sr^{2+}	8.63	10.59	9.77	8.50	6.9	4.98	
Th^{4+}	23.2	25.6	28.78				
TiO^{2+}	17.3						
Tl^{3+}	37.8	38.3				20.9	32.5
U(Ⅳ)	25.8	27.6	7.69				
VO^{2+}	18.8	20.1					
Y^{3+}	18.09	19.85	22.13	17.16	14.78	11.41	20.43
Zn^{2+}	16.50	19.37	18.40	12.7	14.7	10.67	14.29
ZrO^{2+}	29.5		35.8			20.8	
稀土元素	16～20	17～22	19		13～16	10～12	

EDTA:乙二胺四乙醇

DCyTA(或 DCTA、CyDTA):1,2-二胺基环己烷四乙酸

DTPA:二乙基三胺五乙酸

EGTA:乙二醇二乙醚二胺四乙酸

HEDTA:N-β羟基乙基乙二胺三乙酸

NTA:氨三乙酸

附表 2.7 标准电极电位(18~25 ℃)

元素	半反应	φ^{θ}(V)
Ag	$Ag_2S+2e^- \rightleftharpoons 2Ag+S^{2-}$	-0.71
	$Ag_2S+H_2O+2e^- \rightleftharpoons 2Ag+OH^-+HS^-$	-0.67
	$Ag_2S+H^++2e^- \rightleftharpoons 2Ag+HS^-$	-0.272
	$Ag_2S+2H^++2e^- \rightleftharpoons 2Ag+H_2S$	-0.036 2
	$AgI+e^- \rightleftharpoons Ag+I^-$	-0.152
	$[Ag(S_2O_3)_2]^{3-}+e^- \rightleftharpoons Ag+2S_2O_3^{2-}$	0.017
	$AgBr+e^- \rightleftharpoons Ag+Br^-$	0.071
	$AgCl+e^- \rightleftharpoons Ag+Cl^-$	0.222
	$Ag_2O+H_2O+e^- \rightleftharpoons 2Ag+2OH^-$	0.342
	$Ag(NH_3)_2^++e^- \rightleftharpoons Ag+2NH_3$	0.37
	$AgO+H_2O+2e^- \rightleftharpoons Ag_2O+2OH^-$	0.06
	$Ag^++e^- \rightleftharpoons Ag$	0.799
	$Ag_2O+2H^++2e^- \rightleftharpoons 2Ag+H_2O$	1.17
	$2AgO+2H^++2e^- \rightleftharpoons Ag_2O+H_2O$	1.40
	$Ag(\text{Ⅱ})+e^- \rightleftharpoons Ag^+$	1.927
Al	$Al(OH)_4^-+3e^- \rightleftharpoons Al+4OH^-$	-2.33
	$[AlF_6]^{3-}+3e^- \rightleftharpoons Al+6F^-$	-2.07
	$Al^{3+}+3e^- \rightleftharpoons Al$	-1.66
As	$As+3H_2O+3e^- \rightleftharpoons AsH_3+3OH^-$	-1.37
	$AsO_2^-+2H_2O+3e^- \rightleftharpoons As+4OH^-$	-0.68
	$AsO_4^{3-}+2H_2O+2e^- \rightleftharpoons AsO_2^-+4OH^-$	-0.67
	$As+3H^++3e^- \rightleftharpoons AsH_3$	-0.60
	$H_3AsO_3+3H^++3e^- \rightleftharpoons As+3H_2O$	0.248
	$H_3AsO_4+2H^++2e^- \rightleftharpoons H_3AsO_3+H_2O$	0.559
Au	$Au(CN)_2^-+e^- \rightleftharpoons Au+2CN^-$	-0.61
	$H_2AuO_3^-+H_2O+3e^- \rightleftharpoons Au+4OH^-$	0.7
	$AuBr_4^-+2e^- \rightleftharpoons AuBr_2^-+2Br^-$	0.82
	$AuBr_4^-+3e^- \rightleftharpoons Au+4Br^-$	0.87
	$AuCl_4^-+2e^- \rightleftharpoons AuCl_2^-+2Cl^-$	0.93
	$AuBr_2^-+e^- \rightleftharpoons Au+2Br^-$	0.96
	$AuCl_4^-+3e^- \rightleftharpoons Au+4Cl^-$	0.99

续附表 2.7

元 素	半　反　应	φ^θ(V)
Au	$AuCl_2^- + e^- = Au + 2Cl^-$	1.15
	$Au^{3+} + 2e^- = Au^+$	1.40
	$Au^{3+} + 3e^- = Au$	1.50
	$Au^+ + e^- = Au$	1.69
Ba	$Ba^{2+} + 2e^- = Ba$	-2.91
Be	$Be^{2+} + 2e^- = Be$	-1.85
Bi	$Bi_2O_3 + 3H_2O + 6e^- = 2Bi + 6OH^-$	-0.46
	$BiOCl + 2H^+ + 3e^- = Bi + H_2O + Cl^-$	0.16
	$BiO^+ + 2H^+ + 3e^- = Bi + H_2O$	0.32
	$Bi_2O_4 + H_2O + 2e^- = Bi_2O_3 + 2OH^-$	0.56
	$Bi_2O_4 + 4H^+ + 2e^- = 2BiO^+ + 2H_2O$	1.59
	$NaBiO_3 + 4H^+ + 3e^- = BiO^+ + Na^+ + 2H_2O$	>1.80
Br	$BrO^- + H_2O + 2e^- = Br^- + 2OH^-$	0.76
	Br_2(液)$ + 2e^- = 2Br$	1.06
	$HBrO + H^+ + 2e^- = Br^- + H_2O$	1.33
	$BrO_3^- + 6H^+ + 6e^- = Br^- + 3H_2O$	1.44
	$BrO_3^- + 6H^+ + 5e^- = \frac{1}{2}Br_2 + 3H_2O$	1.52
	$HBrO + H^+ + e^- = \frac{1}{2}Br_2 + H_2O$	1.59
C	$CNO^- + H_2O + 2e^- = CN^- + 2OH^-$	-0.97
	$2CO_2 + 2H^+ + 2e^- = H_2C_2O_4$	-0.49
	$CO_2 + 2H^+ + 2e^- = HCOOH$	-0.20
	$CH_3COOH + 2H^+ + 2e^- = CH_3CHO + H_2O$	-0.12
	$CO_2 + 2H^+ + 2e^- = CO + H_2O$	-0.12
	$HCHO + 2H^+ + 2e^- = CH_3OH$	0.23
	$2HCNO + 2H^+ + 2e^- = (CN)_2 + 2H_2O$	0.33
	$\frac{1}{2}(CN)_2 + H^+ + e^- = HCN$	0.37
Ca	$Ca^{2+} + 2e^- = Ca$	-2.87
Cd	$[Cd(CN)_4]^{2-} + 2e^- = Cd + 4CN^-$	-1.09
	$Cd^{2+} + 2e^- = Cd$	-0.402
	$Cd^{2+} + 2e^- = Cd(Hg)$	-0.352

续附表 2.7

元素	半反应	φ^{θ}(V)
Ce	$Ce^{3+}+3e^{-}=Ce$	-2.34
	$Ce^{4+}+2e^{-}=Ce^{3+}$	1.61
Cl	$ClO_3^{-}+H_2O+2e^{-}=ClO_2^{-}+2OH^{-}$	0.33
	$ClO_4^{-}+H_2O+2e^{-}=ClO_3^{-}+2OH^{-}$	0.36
	$ClO^{-}+H_2O+2e^{-}=\frac{1}{2}Cl_2+2OH^{-}$	0.40
	$ClO_4^{-}+4H_2O+8e^{-}=Cl^{-}+8OH^{-}$	0.56
	$ClO_2^{-}+H_2O+2e^{-}=ClO^{-}+2OH^{-}$	0.66
	$ClO_2^{-}+2H_2O+4e^{-}=Cl^{-}+4OH^{-}$	0.77
Cl	$ClO^{-}+H_2O+2e^{-}=Cl^{-}+2OH^{-}$	0.89
	$ClO_3^{-}+2H^{+}+e^{-}=ClO_2^{-}+H_2O$	1.15
	$ClO_2+e^{-}=ClO_2^{-}$	1.16
	$ClO_3^{-}+3H^{+}+2e^{-}=HClO_2+H_2O$	1.21
	$2ClO_4^{-}+16H^{+}+14e^{-}=Cl_2+8H_2O$	1.34
	Cl_2(气)$+2e^{-}=2Cl^{-}$	1.36
	$ClO_4^{-}+8H^{+}+8e^{-}=Cl^{-}+4H_2O$	1.37
	Cl_2(水)$+2e^{-}=2Cl^{-}$	1.395
	$ClO_3^{-}+6H^{+}+6e^{-}=Cl^{-}+3H_2O$	1.45
	$2ClO_3^{-}+12H^{+}+10e^{-}=Cl_2+6H_2O$	1.47
	$HClO+H^{+}+2e^{-}=Cl^{-}+H_2O$	1.49
	$2ClO^{-}+4H^{+}+2e^{-}=Cl_2+2H_2O$	1.63
	$ClO_2+4H^{+}+5e^{-}=Cl^{-}+2H_2O$	1.95
Co	$[Co(CN)_6]^{3-}+e^{-}=[Co(CN)_6]^{4-}$	-0.83
	$[Co(NH_3)_6]^{2+}+2e^{-}=Co+6NH_3$	-0.43
	$Co^{2+}+2e^{-}=Co$	-0.277
	$[Co(NH_3)_6]^{2+}+e^{-}=[Co(NH_3)_6]^{2+}$	0.1
	$Co(OH)_3+e^{-}=Co(OH)_2+OH^{-}$	0.17
	$Co^{3+}+3e^{-}=Co$	0.33
	$Co^{3+}+e^{-}=Co^{2+}$	1.95
Cr	$Cr^{2+}+2e^{-}=Cr$	-0.91
	$Cr^{3+}+3e^{-}=Cr$	-0.74
	$Cr^{3+}+e^{-}=Cr^{2+}$	-0.41

续附表 2.7

元素	半反应	φ^{θ}(V)
Cr	$CrO_4^{2-}+4H_2O+3e^-$ ══ $Cr(OH)_3+5OH^-$	0.13
	$HCrO_4^-+7H^++3e^-$ ══ $Cr^{3+}+4H_2O$	1.195
	$Cr_2O_7^{2-}+14H^++6e^-$ ══ $2Cr^{3-}+7H_2O$	1.33
Cu	$[Cu(CN)_2]^-+e^-$ ══ $Cu+2CN^-$	−0.43
	$Cu_2O+H_2O+2e^-$ ══ $2Cu+2OH^-$	−0.361
	$[Cu(NH_3)_2]^++e^-$ ══ $Cu+2NH_3$	−0.12
	$[Cu(NH_3)_4]^{2+}+2e^-$ ══ $Cu+4NH_3$	−0.04
	$[Cu(NH_3)_4]^{2+}+e^-$ ══ $[Cu(NH_3)_2]^+2NH_3$	−0.01
	$CuCl+e^-$ ══ $Cu+Cl^-$	0.137
	$Cu(edta)^{2-}+2e^-$ ══ $Cu+(edta)^{4-}$	0.13
	$Cu^{2+}+e^-$ ══ Cu^+	0.159
	Cu^++e^- ══ Cu	0.337
	Cu^++e^- ══ Cu	0.52
	$Cu^{2+}+Cl^-+e^-$ ══ $CuCl$	0.57
Cu	$Cu^{2+}+I^-+e^-$ ══ CuI	0.87
	$Cu^{2+}+2CN^-+e^-$ ══ $[Cu(CN)_2]^-$	1.12
Cs	Cs^++e^- ══ Cs	−2.923
F	F_2+2e^- ══ $2F^-$	2.87
	$F_2+2H^++2e^-$ ══ $2HF$	3.06
Fe	$Fe(OH)_3+e^-$ ══ $Fe(OH)_2+OH^-$	−0.56
	$Fe^{2+}+2e^-$ ══ Fe	−0.44
	$Fe^{3+}+3e^-$ ══ Fe	−0.036
	$[Fe(C_2O_4)_3]^{3-}+e^-$ ══ $[Fe(C_2O_4)_2]^{2-}+C_2O_4^{2-}$	0.02
	$Fe(EDTA)^-+e^-$ ══ $Fe(EDTA)^{2-}$	0.12
	$[Fe(CN)_6]^{3-}+e^-$ ══ $[Fe(CN)_6]^{4-}$	0.36
	$[FeF_6]^{3-}+e^-$ ══ $Fe^{2+}+6F^-$	0.4
	$FeO_4^{2-}+2H_2O+3e^-$ ══ $FeO_4^-+4OH^-$	0.55
	$Fe^{3+}+e^-$ ══ Fe^{2+}	0.77
	$FeO_4^{2-}+8H^++3e^-$ ══ $Fe^{3+}+4H_2O$	1.9
Ga	$Ga(OH)_4^-+3e^-$ ══ $Ga+4OH^-$	−1.26
	$Ga^{3+}+3e^-$ ══ Ga	−0.56

续附表 2.7

元素	半反应	φ^θ(V)
Ge	$GeO_2+4H^++4e^- = Ge+2H_2O$	-0.15
	$Ge^{2+}+2e^- = Ge$	0.23
H	$H_2-2e^- = 2H^+$	-2.25
	$2H_2O+2e^- = H_2+2OH^-$	-0.828
	$2H^++2e^- = H_2$	0.000
	$H_2O_2+2H^++2e^- = 2H_2O$	1.77
Hg	$Hg_2Cl_2+2e^- = 2Hg+2Cl^-$	0.268 0
	$Hg_2SO_4+2e^- = 2Hg+SO_4^{2-}$	0.614
	$2HgCl_2+2e^- = Hg_2Cl_2+2Cl^-$	0.63
	$Hg_2^{2+}+2e^- = 2Hg$	0.792
	$Hg^{2+}+2e^- = Hg$	0.854
	$2Hg^++2e^- = Hg_2^{2+}$	0.908
I	$IO_3^-+2H_2O+4e^- = IO^-+4OH^-$	0.14
	$IO_3^-+3H_2O+6e^- = I^-+6OH^-$	0.26
	$I_3^-+2e^- = 3I^-$	0.536
	I_2(液)$+2e^- = 2I^-$	0.622
	$IO_3^-+6H^++6e^- = I^-+3H_2O$	1.085
	$IO_3^-+5H^++4e^- = HIO+2H_2O$	1.14
	$2IO_3^-+12H^++10e^- = I_2+6H_2O$	1.19
	$2HIO+2H^++2e^- = I_2+2H_2O$	1.45
I	$H_5IO_6+H^++2e^- = IO_3^-+3H_2O$	1.6
In	$In^{3+}+2e^- = In^+$	-0.40
	$In^{3+}+3e^- = In$	-0.34
Ir	$IrCl_6^{3-}+3e^- = Ir+6Cl^-$	0.77
	$IrCl_6^{2-}+4e^- = Ir+6Cl^-$	0.835
	$IrCl_6^{2-}+e^- = IrCl_6^{3-}$	1.026
	$Ir^{3+}+3e^- = Ir$	1.15
K	$K^++e^- = K$	-2.92
La	$La^{3+}+3e^- = La$	-2.52
Li	$Li+e^- = Li$	-3.045
Mg	$Mg^{2+}+2e^- = Mg$	-2.375

续附表 2.7

元素	半反应	φ^{θ}(V)
Mn	$Mn^{2+}+2e^- = Mn$	-1.18
	$Mn(CN)_6^{3-}+e^- = Mn(CN)_6^{4-}$	-0.244
	$MnO_4^-+e^- = MnO_4^{2-}$	0.564
	$MnO_4^{2-}+2H_2O+2e^- = MnO_2+4OH^-$	0.6
	$MnO_4^-+2H_2O+3e^- = MnO_2+4OH^-$	0.588
	$MnO_2+4H^++2e^- = Mn^{2+}+2H_2O$	1.23
	$Mn^{3+}+e^- = Mn^{2+}$	1.54
	$MnO_4^-+8H^++5e^- = Mn^{2+}+4H_2O$	1.51
	$MnO_4^-+4H^++3e = MnO_2+2H_2O$	1.695
Mo	$Mo^{3+}+3e^- = Mo$	-0.20
	$MoO_2^++4H^++2e^- = Mo^{3+}+2H_2O$	-0.01
	$H_2MoO_4+2H^++e^- = MoO_2^++2H_2O$	0.48
	$MoO_3^{2+}+2H^++e^- = MoO^{3+}+H_2O$	0.48
	$Mo(CN)_6^{3+}+e^- = Mo(CN)_6^{4-}$	0.73
N	$N_2+5H^++4e^- = N_2H_5^2$	-0.23
	$N_2O+4H^++H_2O+4e^- = 2NH_2OH$	-0.05
	$NO_3^-+H_2O+2e^- = NO_2^-+2OH^-$	0.01
	$N_2+8H^++6e^- = 2NH_4^+$	0.26
	$NO_3^-+2H^++e^- = NO_2+H_2O$	0.80
	$NO_3^-+3H^++2e^- = HNO_2+H_2O$	0.94
	$NO_3^-+4H^++3e^- = NO+2H_2O$	0.96
	$HNO_2+H^++e^- = NH+H_2O$	1.00
	$2HNO_2+4H^++4e^- = N_2O+3H_2O$	1.27
Na	$Na^++e^- = Na$	-2.713
Nb	$Nb^{3+}+3e^- = Nb$	-1.1
	$NbO^{3+}+2H^++2e^- = Nb^{3+}+H_2O$	-0.34
	$NbO(SO_4)_2^-+2H^++2e^- = Nb^{3+}+H_2O+2SO_4^{2-}$	-0.1
Ni	$Ni(CN)_4^{2-}+e^- = Ni(CN)_3^{2-}+CN^-$	-0.82
	$Ni(OH)_2+2e^- = Ni+2OH^-$	-0.72
	$Ni(NH_3)_6^{2+}+2e^- = Ni+6NH_3$	-0.52
	$Ni^{2+}+2e^- = Ni$	-0.23

续附表 2.7

元素	半反应	φ^{θ}(V)
Ni	$NiO_2+2H_2O+2e^- = Ni(OH)_2+2OH^-$	0.49
	$NiO_2+4H^++2e^- = Ni^{2+}+2H_2O$	1.68
O	$O_2+H_2O+2e^- = HO_2^-+OH^-$	-0.076
	$O_2+2H_2O+4e^- = 4OH^-$	0.401
	$O_2+2H^++2e^- = H_2O_2$	0.68
	$HO_2^-+H_2O+2e^- = 3OH^-$	0.88
	$O_2+4H^++4e^- = 2H_2O$	1.229
	$H_2O_2^++2H^++2e^- = 2H_2O$	1.776
	$O_3+2H^++2e^- = O_2+H_2O$	2.07
Os	$OsCl_6^{3-}+e^- = Os^{2+}+6Cl^-$	0.4
	$OsCl_6^{3-}+3e^- = Os+6Cl^-$	0.71
	$Os^{2+}+2e^- = Os$	0.85
	$OsCl_6^{2-}+e^- = OsCl_6^{3-}$	0.85
	$OsO_4+8H^++8e^- = Os+4H_2O$	0.85
P	$HPO_3^{2-}+2H_2O+2e^- = H_2PO_2^-+3OH^-$	-1.57
	$PO_4^{3-}+2H_2O+2e^- = HPO_3^{2-}+3HO^-$	-1.12
	$H_3PO_2+H^++e^- = P+2H_2O$	-0.51
	$H_3PO_3+2H^++2e^- = H_3PO_2+H_2O$	-0.50
	$H_3PO_4+2H^++2e^- = H_3PO_3+H_2O$	-0.276
Pb	$HPbO_2+H_2O+2e^- = Pb+3OH^-$	-0.54
	$Pd^{2+}+2e^- = Pb$	-0.126
	$PbO_2+H_2O+2e^- = PbO+2OH^-$	0.288
	$PbO_2+4H^++2e^- = Pb^{2+}+2H_2O$	1.455
	$PbO_2+SO_4^{2-}+4H^++2e^- = PbSO_4+2H_2O$	1.685
Pd	$PdCl_4^{2-}+2e^- = Pd+4Cl^-$	0.623
	$PdCl_6^{2-}+4e^- = Pd+6Cl^-$	0.96
	$Pd^{2+}+2e^- = Pd$	0.987
	$PdCl_6^{2-}+2e^- = PbCl_4^{2-}+2Cl^-$	1.29
Pt	$Pt(OH)_2+2e^- = Pt+2OH^-$	0.15
	$Pt(OH)_6^{2-}+2e^- = Pt(OH)_2+4OH^-$	0.2
	$PtCl_6^{2-}+2e^- = PtCl_4^{2-}+2Cl^-$	0.68

续附表 2.7

元素	半反应	φ^θ(V)
Pt	$PtCl_4^{2-}+2e^- = Pt+4Cl^-$	0.755
	$Pt(OH)_2+2H^++2e^- = Pt+2H_2O$	0.98
	$Pt^{2+}+2e^- = Pt$	1.2
Ra	$Ra^{2+}+2e^- = Ra$	-2.92
Rb	$Rb^++e^- = Rb$	-2.924
Re	$Re+e^- = Re^-$	-0.4
	$ReO_4^-+8H^++6Cl^-+3e^- = ReCl_6^{2-}+4H_2O$	0.19
	$ReO_2+4H^++4e^- = Re+2H_2O$	0.260
	$ReCl_6^{2-}+4e^- = Re+6Cl^-$	0.50
	$ReO_4^-+4H^++3e^- = ReO_2+2H_2O$	0.51
Rh	$RhCl_6^{3-}+3e^- = Rh+6Cl^-$	0.44
	$Rh^{2+}+e^- = Rh^+$	0.60
	$Rh^++e^- = Rh$	0.60
S	$SO_4^{2-}+H_2O+2e^- = SO_3^{2-}+2OH^-$	-0.93
	$2SO_3^{2-}+3H_2O+4e^- = S_2O_3^{2-}+6OH^-$	-0.58
	$S+2e^- = S^{2-}$	0.48
	$S_2^{2-}+2e^- = 2S^{2-}$	-0.48
	$2H_2SO_3+H^++2e^- = HS_2O_4^-+2H_2O$	-0.08
	$S_4O_6^{2-}+2e^- = 2S_2O_3^{2-}$	0.08
	$S+2H^++2e^- = H_2S$	0.14
	$SO_4^{2-}+4H^++2e^- = H_2SO_3+H_2O$	0.17
	$S_2O_3^{2-}+6H^++4e^- = 2S+3H_2O$	0.5
	$S_2O_8^{2-}+2e^- = 2SO_4^{2-}$	2.01
Sb	$Sb+3H^++3e^- = SbH_3$	-0.51
	$SbO_3^-+H_2O+2e^- = SbO_2^-+2OH^-$	-0.43
	$Sb_2O_3+6H^++6e^- = 2Sb+3H_2O$	-0.152
	$SbO^++2H^++3e^- = Sb+H_2O$	0.212
	$Sb_2O_5+6H^++4e^- = 2SbO^++3H_2O$	0.581
	$S_2O_8^{2-}+4H^++4e^- = Sb_2O_3+2H_2O$	0.692
Sc	$Sc^{3+}+3e^- = Sc$	-2.08

续附表 2.7

元素	半反应	φ^θ(V)
Se	$Se+2e^- = Se^{2-}$	-0.78
	$Se+2H^++2e^- = H_2Se$	-0.40
	$SeO_3^{2-}+3H_2O+4e^- = Se+6OH^-$	-0.366
	$SeO_4^{2-}+H_2O+2e = SeO_3^{2-}+2OH^-$	0.05
	$H_2SeO_3+4H^++4e^- = Se+3H_2O$	0.74
	$SeO_4^{2-}+4H^++2e^- = H_2SeO_3+H_2O$	1.15
Si	$SeF_6^{2-}+4e^- = Si+6F^-$	-1.24
	$SiO_3^{2-}+H_2O+4e^- = Si+6OH^-$	-1.7
Sn	$Sn(OH)_6^{2-}+2e^- = HSnO_2^-+3OH^-+H_2O$	-0.93
	$HSnO_2^-+H_2O+e^- = Sn+3OH^-$	-0.91
	$Sn^{2+}+2e^- = Sn$	-0.14
Sn	$SnCl_6^{2-}+2e^- = SnCl_4^{2-}+2Cl^-$	0.14
	$Sn^{4+}+2e^- = Sn^{2+}$	0.154
	$SnCl_4^{2-}+2e^- = Sn+4Cl^-$	0.19
Sr	$Sr^{2+}+2e^- = Sr$	-2.89
Ta	$Ta_2O_5+10H^++10e^- = 2Ta+5H_2O$	-0.81
Te	$Te+2e^- = Te^{2-}$	-1.14
	$Te+2H^++2e^- = H_2Te$	-0.72
	$TeO_4^-+8H^++7e^- = Te+4H_2O$	0.472
	$TeO_2+4H^++4e^- = Te+2H_2O$	0.53
	$TeCl_6^{2-}+4e^- = Te+6Cl^-$	0.646
	$H_6TeO_6+2H^++2e^- = TeO_2+4H_2O$	1.02
Th	$Th(OH)_4+4e^- = Th+4OH^-$	-2.48
	$Th^{4+}+4e^- = Th$	-1.90
Ti	$TiF_6^{2-}+4e^- = Ti+6F^-$	-1.19
	$TiO_2+4H^++4e^- = Ti+2H_2O$	-0.86
	$Ti^{3+}+e^- = Ti^{2+}$	-0.37
	$Ti^{4+}+e^- = Ti^{3+}$	0.092
	$TiO^{2+}+2H^++e^- = Ti^{3+}+H_2O$	0.099

续附表 2.7

元素	半反应	φ^{θ}(V)
Tl	$Tl+e^{-}=Tl$	-0.336
	$Tl^{3+}+2e^{-}=Tl^{+}$	1.25
	$Tl^{3+}+Cl^{-}+2e^{-}=TlCl$	1.36
U	$UO_2+2H_2O+4e^{-}=U+4OH^{-}$	-2.39
	$U^{3+}+3e^{-}=U$	-1.80
	$U^{4+}+e^{-}=U^{3+}$	-0.61
	$UO_2^{3+}+4H^{+}+2e^{-}=U_4^{+}+2H_2O$	0.33
	$UO_2^{+}+4H^{+}+e^{-}=U^{4+}+2H_2O$	0.55
V	$V^{2+}+2e^{-}=V$	-1.18
	$V^{3+}+e^{-}=V^{2+}$	-0.256
	$VO_2^{+}+4H^{+}+5e^{-}=V+2H_2O$	-0.25
	$VO^{2+}+2H^{+}+e^{-}=V^{3+}+H_2O$	0.337
	$VO_2^{+}+4H^{+}+3e^{-}=V^{2+}+2H_2O$	0.36
	$VO_2^{+}+2H^{+}+e^{-}=VO^{2+}+H_2O$	1.00
W	$WO_3+6H^{+}+6e^{-}=W+3H_2O$	-0.09
	$W_2O_5+2H^{+}+2e^{-}=2WO_2+H_2O$	-0.04
	$2WO_3+2H^{+}+2e^{-}=W_2O_5+H_2O$	-0.03
Y	$Y^{3+}+3e^{-}=Y$	-2.37
Zn	$[Zn(CN)_4]^{2-}+2e^{-}=Zn+4CN^{-}$	-1.26
	$Zn(OH)_4^{2-}+2e^{-}=Zn+4OH^{-}$	-1.216
	$Zn^{2+}+2e^{-}=Zn$	-0.763
Zr	$Zr^{4+}+4e^{-}=Zr$	-1.53
	$ZrO^{2}+4H^{+}+4e^{-}=Zr+2H_2O$	-1.43

附表2.8　一些氧化还原电对的条件电极电位

元素	半反应	$\varphi^{\theta'}$(V)	介质
Ag	$Ag(II)+e^- = Ag^+$	1.927	4 mol/L HNO_3
		2.00	4 mol/L $HClO_4$
	$Ag^+ + e^- = Ag$	0.792	1 mol/L $HClO_4$
		0.228	1 mol/L HCl
		0.59	1 mol/L NaOH
	$AgCl+e^- = Ag+Cl^-$	0.288 0	0.1 mol/L KCl
		0.222 3	1 mol/L KCl
		0.200 0	饱和 KCl
As	$H_3AsO_4+2H^++2e^- = H_3AsO_3+H_2O$	0.577	1 mol/L HCl,$HClO_4$
		0.07	1 mol/L NaOH
		-0.16	5 mol/L NaOH
Au	$Au^{3+}+2e^- = Au^+$	1.27	0.5 mol/L H_2SO_4(氧化金饱和)
		1.26	1 mol/L HNO_3(氧化金饱和)
		0.93	1 mol/L HCl
	$Au^{3+}+3e^- = Au$	0.30	7~8 mol/L NaOH
Bi	$Bi^{3+}+3e^- = Bi$	-0.05	5 mol/L HCl
		0.0	1 mol/L HCl
Cd	$Cd^{2+}+2e^- = Cd$	-0.8	8 mol/L KOH
Ce	$Ce^{4+}+e^- = Ce^{3+}$	1.70	1 mol/L $HClO_4$
		1.71	2 mol/L $HClO_4$
		1.75	4 mol/L $HClO_4$
		1.82	6 mol/L $HClO_4$
		1.87	8 mol/L $HClO_4$
		1.61	2 mol/L HNO_3
		1.62	2 mol/L HNO_3
		1.61	4 mol/L HNO_3
		1.56	8 mol/L HNO_3
		1.44	0.5 mol/L H_2SO_4
		1.44	1 mol/L H_2SO_4
		1.43	2 mol/L H_2SO_4
		1.28	1 mol/L HCl

续附表 2.8

元素	半反应	$\varphi^{\theta'}$(V)	介质
Co	$Co^{3+}+e^{-}$ ══ Co^{2+}	1.84	3 mol/L HNO_3
	Co(乙二胺)$_3^{3+}+e^{-}$ ══ Co(乙二胺)$_3^{2+}$	-0.2	0.1 mol/L KNO_3+0.1 mol/L 乙二胺
Cr	$Cr^{3+}+e^{-}$ ══ Cr^{2+}	-0.40	5 mol/L HCl
	$Cr_2O_7^{2-}+14H^{+}+6e^{-}$ ══ $2Cr^{3+}+7H_2O$	0.93	0.1 mol/L HCl
		0.97	0.5 mol/L HCl
Cr		1.00	1 mol/L HCl
		1.05	2 mol/L HCl
		1.08	3 mol/L HCl
		1.15	4 mol/L HCl
		0.92	0.1 mol/L H_2SO_4
		1.08	0.5 mol/L H_2SO_4
		1.10	2 mol/L H_2SO_4
		1.15	4 mol/L H_2SO_4
		0.84	0.1 mol/L $HClO_4$
		1.10	0.2 mol/L $HClO_4$
		1.025	1 mol/L $HClO_4$
		1.27	1 mol/L HNO_3
	$CrO_4^{2-}+2H_4O+3e^{-}$ ══ $CrO_2^{-}+4OH^{-}$	-0.12	1 mol/L NaOH
Cu	$Cu^{2+}+e^{-}$ ══ Cu^{+}	-0.09	pH=14
Fe	$Fe^{3+}+e^{-}$ ══ Fe^{2+}	0.73	0.1 mol/L HCl
		0.72	0.5 mol/L HCl
		0.70	1 mol/L HCl
		0.69	2 mol/L HCl
		0.68	3 mol/L HCl
		0.68	0.1 mol/L H_2SO_4
		0.68	0.5 mol/L H_2SO_4
		0.68	1 mol/L H_2SO_4
		0.68	4 mol/L H_2SO_4
		0.735	0.1 mol/L $HClO_4$
		0.732	1 mol/L $HClO_4$
		0.46	2 mol/L H_3PO_4

续附表 2.8

元素	半 反 应	$\varphi^{\theta'}$(V)	介　质
Fe		0.70	1 mol/L HNO_3
		-0.7	pH=14
		0.51	1 mol/L HCl+0.5 mol/L H_3PO_4
	$Fe(EDTA)^- + e^- \longrightarrow Fe(DETA)^{2-}$	0.12	0.1 mol/L EDTA, pH=4~6
	$Fe(CN)_6^{3-} + e^- \longrightarrow Fe(CN)_6^{4-}$	0.56	0.1 mol/L HCl
		0.41	pH=4~13
		0.70	1 mol/L HCl
		0.72	1 mol/L $HClO_4$
Fe		0.72	1 mol/L H_2SO_4
		0.46	0.01 mol/L NaOH
		0.52	5 mol/L NaOH
I	$I_3^- + 2e^- \longrightarrow 3I^-$	0.544 6	0.5 mol/L H_2SO_4
	I_2(水)$+2e^- \longrightarrow 2I^-$	0.627 6	0.5 mol/L H_2SO_4
Hg	$Hg_2^{2+} + 2e^- \longrightarrow 2Hg$	0.33	0.1 mol/L KCl
		0.28	1 mol/L KCl
		0.24	饱和 KCl
		0.66	4 mol/L $HClO_4$
		0.274	1 mol/L HCl
	$2Hg^{2+} + 2e^- \longrightarrow Hg_2^{2+}$	0.28	1 mol/L HCl
In	$In^{3+} + 3e^- \longrightarrow In$	-0.3	1 mol/L HCl
		-0.47	1 mol/L Na_2CO_3
Mn	$MnO_4^- + 8H^+ + 5e^- \longrightarrow Mn^{2+} + 4H_2O$	1.45	1 mol/L $HClO_4$
		1.27	8 mol/L H_3PO_4
Sn	$SnCl_6^{2-} + 2e^- \longrightarrow SnCl_4^{2-} + 2Cl^-$	0.14	1 mol/L HCl
		0.10	5 mol/L HCl
		0.07	0.1 mol/L HCl
		0.40	4.55 mol/L H_2SO_4
	$Sn^{2+} + 2e^- \longrightarrow Sn$	-0.16	1 mol/L $HClO_4$
Sb	Sb(Ⅴ)$+2e^- \longrightarrow$Sb(Ⅲ)	0.75	3.5 mol/L HCl
Mo	$Mo^{4+} + e^- \longrightarrow Mo^{3+}$	0.1	4 mol/L H_2SO_4
	$Mo^{6+} + e^- \longrightarrow Mo^{5+}$	0.53	2 mol/L HCl

续附表 2.8

元素	半 反 应	$\varphi^{\theta'}$(V)	介　　质
Tl	$Tl^{+}+e^{-}$ ══ Tl	−0.551	1 mol/L HCl
	Tl(Ⅲ)$+2e^{-}$ ══ Tl(Ⅰ)	1.23～0.78	1 mol/L HNO_3 0.6 mol/L HCl
U	U(Ⅳ)$+e^{-}$ ══ U(Ⅲ)	～−0.63	1 mol/L HCl 或 $HClO_4$
		−0.85	1 mol/L H_2SO_4
V	$VO_2^{+}+2H^{-}+e^{-}$ ══ $VO^{2+}+H_2O$	−0.74	pH=14
Zn	$Zn^{2+}+2e^{-}$ ══ Zn	−1.36	CN^{-}络合物

附表 2.9　化合物的摩尔质量(g/mol)

化　合　物	摩尔质量	化　合　物	摩尔质量	化　合　物	摩尔质量
Ag_3AsO_4	462.52	$CO(NH_2)_2$	60.06	$Cu(NO_3)_2$	187.56
$AgBr$	187.77	CO_2	44.01	$Cu(NO_3)_2 \cdot 3H_2O$	241.60
$AgCl$	143.32	CaO	56.08	CuO	79.545
$AgCN$	133.89	$CaCO_3$	100.09	Cu_2O	143.09
$AgSCN$	165.95	CaC_2O_4	128.10	CuS	95.61
Ag_2CrO_4	331.73	$CaCl_2$	110.98	$CuSO_4$	159.61
AgI	234.77	$CaCl_2 \cdot 6H_2O$	219.08	$CuSO_4 \cdot 5H_2O$	249.69
$AgNO_3$	169.87	$Ca(NO_3)_2 \cdot 4H_2O$	236.15		
$AlCl_3$	133.34	$Ca(OH)_2$	74.09	$FeCl_2$	126.75
$AlCl_3 \cdot 6H_2O$	241.43	$Ca_3(PO_4)_2$	310.18	$FeCl_2 \cdot 4H_2O$	198.81
$Al(NO_3)_3$	213.00	$CaSO_4$	136.14	$FeCl_3$	162.21
$Al(NO_3)_3 \cdot 9H_2O$	375.13	$CdCO_3$	172.42	$FeCl_3 \cdot 6H_2O$	270.30
Al_2O_3	101.96	$CdCl_2$	183.32	$FeNH_4(SO_4)_2 \cdot 12H_2O$	482.20
$Al(OH)_3$	78.00	CdS	144.48	$Fe(NO_3)_3$	241.86
$Al_2(SO_4)_3$	342.15	$Ce(SO_4)_2$	332.24	$Fe(NO_3)_3 \cdot 9H_2O$	404.00
$Al_2(SO_4)_3 \cdot 18H_2O$	666.43	$Ce(SO_4)_2 \cdot 4H_2O$	404.30	FeO	71.846
As_2O_3	197.84	$CoCl_2$	129.84	Fe_2O_3	159.69
As_2O_5	229.84	$CoCl_2 \cdot 6H_2O$	237.93	Fe_3O_4	231.54
As_2S_3	246.04	$Co(CN_3)_2$	182.94	$Fe(OH)_3$	106.87
		$Co(NO_3)_2 \cdot 6H_2O$	291.03	FeS	87.91
$BaCO_3$	197.34	CoS	90.999	Fe_2S_3	207.89
BaC_2O_4	225.35	$CoSO_4$	154.997	$FeSO_4$	151.91
$BaCl_2$	208.24	$CrCl_3$	158.35	$FeSO_4 \cdot 7H_2O$	278.02
$BaCl_2 \cdot 2H_2O$	244.27	$CrCl_3 \cdot 6H_2O$	266.45	$FeSO_4(NH_4)_2SO_4 \cdot 6HO$	392.14
$BaCrO_4$	253.32	$Cr(NO_3)_3$	238.01		
BaO	153.33	Cr_2O_3	151.99	H_3ASO_3	125.94
$Ba(OH)_2$	171.34	$CuCl$	98.999	H_3ASO_3	141.94
$BaSO_4$	233.39	$CuCl_2$	134.45	H_3BO_3	61.83
$BiCl_3$	315.34	$CuCl_2 \cdot 2H_2O$	170.48	HBr	80.912
$BiOCl$	260.43	$CuSCN$	121.63	HCN	27.026
		CuI	190.45	$HCOOH$	46.026

续附表 2.9

化合物	摩尔质量	化合物	摩尔质量	化合物	摩尔质量
CH_3COOH	60.053	KCl	74.551	MgC_2O_4	112.32
H_2CO_3	62.025	$KClO_3$	122.55	$Mg(NO_3)_2 \cdot 6H_2O$	256.41
$H_2C_2O_4$	90.035	$KClO_4$	138.55	$MgNH_4PO_4$	137.31
$H_2C_2O_4 \cdot 2H_2O$	126.07	KCN	65.116	MgO	40.304
HCl	36.461	$KSCN$	97.18	$Mg(OH)_2$	58.32
HF	20.006	K_2CO_3	138.21	$Mg_2P_2O_7$	222.55
HI	127.91	K_2CrO_4	194.19	$MgSO_4 \cdot 7H_2O$	246.48
HIO_3	175.91	$K_2Cr_2O_7$	294.18	$MnCO_3$	114.95
HNO_3	63.013	$K_3Fe(CN)_6$	329.25	$MnCl_2 \cdot 4H_2O$	197.90
HNO_2	47.013	$K_4Fe(CN)_6$	368.35	$Mn(NO_3)_2 \cdot 6H_2O$	287.04
H_2O	18.015	$KFe(SO_4)_2 \cdot 12H_2O$	503.26	MnO	70.937
H_2O_2	34.015	$KHC_2O_4 \cdot H_2O$	146.14	MnO_2	86.937
H_3PO_4	97.995	$KHC_2O_4 \cdot H_2C_2O_4 \cdot 2H_2O$	254.19	MnS	87.00
H_2S	34.08	$KHC_4H_4O_6$	188.18	$MnSO_4$	151.00
H_2SO_4	82.07	$KHSO_4$	136.16	$MnSO_4 \cdot 4H_2O$	223.06
H_2SO_4	98.07	KI	166.00		
$Hg(CN)_2$	252.63	KIO_3	214.00	NO	30.006
$HgCl_2$	271.50	$KIO_3 \cdot HIO_3$	389.91	NO_2	46.006
Hg_2Cl	472.09	$KMnO_4$	158.03	NH_3	17.03
HgI_2	454.40	$KNaC_4H_4O_6 \cdot 4H_4O$	282.22	CH_3COONH_4	77.083
$Hg(NO_3)_2$	525.19	KNO_3	101.10	NH_4Cl	53.491
$Hg_2(NO_3)_2 \cdot 2H_2O$	561.22	KNO_2	85.104	$(NH_4)_2CO_3$	96.086
$Hg(NO_3)_2$	324.60	K_2O	94.196	$(NH_4)_2C_2O_4$	124.10
HgO	216.59	KOH	56.106	$(NH_4)_2C_2O_4 \cdot H_2O$	142.11
HgS	232.65	K_2SO_4	174.26	NH_4SCN	76.12
$HgSO_4$	296.65	KCN	65.116	NH_4HCO_3	79.056
Hg_2SO_4	497.24	$KSCN$	97.18	$(NH_4)_2MoO_4$	196.01
				NH_4NO_3	80.043
$KAl(SO_4)_2 \cdot 12H_2O$	474.24	$MgCO_3$	84.314	$(NH_4)_2HPO_4$	132.06
KBr	119.00	$MgCl_2$	95.210	$(NH_4)_2SO_4$	116.98
$KBrO_3$	167.00	$MgCl_2 \cdot 6H_2O$	203.30	Na_3AsO_3	191.89

续附表 2.9

化合物	摩尔质量	化合物	摩尔质量	化合物	摩尔质量
$Na_2B_4O_7$	201.22	$NiSO_4 \cdot 7H_2O$		$SrCO_3$	147.63
$Na_2B_4O_7 \cdot 10H_2O$	381.37			SrC_2O_4	175.64
$NaBiO_3$	279.97	P_2O_5	141.94	$SrCrO_4$	203.61
$NaCN$	49.007	$PbCO_3$	267.21	$Sr(NO_3)_2$	211.63
$NaSCN$	81.07	PbC_2O_4	295.22	$Sr(NO_3)_2 \cdot 4H_2O$	283.69
Na_2CO_3	105.99	$PbCl_2$	278.11	$SrSO_4$	183.68
$Na_2CO_3 \cdot 10H_2O$	286.14	$PbCrO_4$	323.19		
$Na_2C_2O_4$	134.00	$Pb(CH_3COO)_2$	325.30	$UO_2(CH_3COO)_2 \cdot 2H_2O$	424.15
CH_3COONa	82.034	$Pb(CH_3COO)_2 \cdot 3H_2O$	379.30		
$CH_3COONa \cdot 3H_2O$	136.08	PbI_2	461.00	$ZnCO_3$	125.40
$NaCl$	58.443	$Pb(NO_2)_4$	331.21	ZnC_2O_4	153.41
$NaClO$	74.442	PbO	223.21	$ZnCl_2$	136.30
$NaHCO_3$	84.007	PbO_2	239.20	$Zn(CH_3COO)_2$	183.48
$Na_2HPO_4 \cdot 12H_2O$	358.14	$Pb_3(PO_4)_2$	811.54	$Zn(CH_3COO)_2 \cdot 2H_2O$	219.51
$Na_2H_2Y \cdot 2H_2O$	372.24	PbS	239.27	$Zn(NO_3)_2$	189.40
$NaNO_2$	68.995	$PbSO_4$	303.26	$Zn(NO_3)_2 \cdot 6H_2O$	297.49
$NaNO_3$	84.995			ZnO	81.39
Na_2O	61.979	SO_3	80.06	ZnS	97.46
Na_2O_2	77.978	SO_2	64.06	$ZnSO_4$	161.45
$NaOH$	39.997	$SbCl_3$	228.11	$ZnSO_4 \cdot 7H_2O$	287.56
Na_3PO_4	163.94	$SbCl_5$	299.02		
Na_2S	78.05	Sb_2O_3	291.51		
$Na_2S \cdot 9H_2O$	240.18	Sb_2S_3	339.70		
$NaSO_3$	126.04	SiF_4	104.08		
Na_2SO_4	142.04	SiO_2	60.084		
$Na_2S_2O_3$	158.11	$SnCl_2$	189.62		
$Na_2S_2O_3 \cdot 5H_2O$	248.19	$SnCl_2 \cdot 2H_2O$	225.65		
$NiCl_2 \cdot 6H_2O$	237.69	$SnCl_4$	260.52		
NiO	74.69	$SnCl_4 \cdot 5H_2O$	350.760		
$Ni(NO_3)_2 \cdot 6H_2O$	290.79	SnO_2	150.71		
NiS	90.76	SnS	150.78		

附录3 常用化合物的性质

附表3.1 一些化合物的相对质量校正因子(f_m)

化合物名称	热导池检测器f_m	氢火焰离子化检测器f_m
甲烷	0.58	1.15
己烷	0.89	1.09
庚烷	0.89	1.12
环己烷	0.94	1.11
乙烯	0.75	1.10
苯	1.00	1.00
甲苯	1.02	1.04
乙苯	1.05	1.09
间二甲苯	1.04	1.08
对二甲苯	1.04	1.12
邻二甲苯	1.08	1.10
甲醇	0.75	4.76
乙醇	0.82	2.43
正丙醇	0.92	1.85
正丁醇	1.00	1.69
乙酸乙酯	1.01	2.94

注:① 以苯为基准物,He为载气。

② 数据摘自吉林化学工业公司研究院《气相色谱实用手册》。

附表3.2 一些气体和蒸气的导热系数(单位:$J\cdot cm^{-1}\cdot s^{-1}\cdot K^{-1}$)

化合物	导热系数$\times10^{-5}$		化合物	导热系数$\times10^{-5}$	
	272 K	373 K		273 K	373 K
空气	24.2	31.4	正丁烷	13.4	23.4
H_2	173.9	223.2	正己烷	12.5	20.9
N_2	24.2	31.4	环己烷	—	18.0
He	145.5	173.9	乙烯	17.6	30.9
O_2	24.7	31.8	乙炔	18.8	28.4
Ar	16.7	21.7	C_6H_6	9.2	18.4
CO	23.4	30.1	CH_3OH	14.2	23.0
CO_2	14.6	22.2	C_2H_5OH	—	22.2
甲烷	30.1	45.6	丙酮	10.0	17.6
乙烷	18	30.5	乙酸乙酯	6.7	17.1
丙烷	15	26.3	乙醚	13.0	—

附表 3.3　HPLC 常用溶剂的性质

溶　剂	折光率 n(20℃)	紫外截止波长/nm	η-黏度(20℃)/($\times10^{-3}$ Pa · s)
正戊烷	1.358	210	0.23
环己烷	1.427	210	1.00
氯仿	1.443	245	0.57
乙醚	1.353	220	0.23
二氯甲烷	1.424	245	0.44
四氢呋喃	1.408	222	0.55
丙酮	1.359	330	0.32
二乙胺	1.39		
乙腈	1.344	210	0.37
甲醇	1.329	210	0.60
乙醇	1.361	210	1.20
乙二醇	1.427	210	
水	1.333	210	1.00

附录 4　常用酸碱溶液

附表 4.1　几种市售酸和氨水的近似密度和浓度

试剂名称	化学式	密度(ρ_{20})	质量分数/%	浓度/(mol · L^{-1})
盐酸	HCl	1.18 ~ 1.19	36 ~ 38	11.6 ~ 12.4
稀盐酸		1.10	20	6
硝酸	HNO_3	1.39 ~ 1.40	65 ~ 68	14.4 ~ 15.2
稀硝酸		1.19	32	6
硫酸	H_2SO_4	1.83 ~ 1.84	95 ~ 98	17.8 ~ 18.4
稀硫酸		1.18	25	3
磷酸	H_3PO_4	1.69	85	14.6
高氯酸	$HClO_4$	1.68	70.0 ~ 72.0	11.7 ~ 12.0
冰醋酸	CH_3COOH	1.05	99.8(优级纯) 99(分析纯化学纯)	17.4
稀醋酸		0.04	34	6
氢氟酸	HF	1.13	40	22.5
氢溴酸	HBr	1.49	47.0	8.6
浓氨水	$NH_3 \cdot HO$	0.88 ~ 0.90	25 ~ 28	13.3 ~ 14.8
稀氨水		0.96	10	6
稀氢氧化钠	NaOH	1.22	10	6

附表 4.2　配制摩尔浓度时一些试剂的常用基本单元

试剂名称	分子式	常用基本单元	与原子量浓度关系
硫酸	H_2SO_4	(H_2SO_4)	1 mol/L 相当于 2N
		($1/2H_2SO_4$)	1 mol/L 相当于 1N
盐酸	HCl	(HCl)	1 mol/L 相当于 1N
氢氧化钠	NaOH	(NaOH)	1 mol/L 相当于 1N
碳酸钠	$NaCO_3$	($NaCO_3$)	1 mol/L 相当于 2N
		($1/2NaCO_3$)	1 mol/L 相当于 1N
苯二甲酸氢钾	$KHC_8H_4O_4$	($KHC_8H_4O_4$)	1 mol/L 相当于 1N
硝酸银	$AgNO_3$	($AgNO_3$)	1 mol/L 相当于 1N
氯化钠	NaCl	(NaCl)	1 mol/L 相当于 1N
碘	I_2	(I_2)	1 mol/L 相当于 2N
		($1/2I_2$)	1 mol/L 相当于 1N
重铬酸钾	$K_2Cr_2O_7$	($1/6K_2Cr_2O_7$)	1 mol/L 相当于 1N
高锰酸钾	$KMnO_4$	($1/5KMnO_4$)	1 mol/L 相当于 1N
硫代硫酸钠	$Na_2S_2O_3 \cdot 5H_2O$	($Na_2S_2O_3 \cdot 5H_2O$)	1 mol/L 相当于 1N
溴酸钾	$KBrO_3$	($1/6KBrO_3$)	1 mol/L 相当于 1N
碘酸钾	KIO_3	($1/6KIO_3$)	1 mol/L 相当于 1N
硫酸亚铁铵	$NH_4Fe(SO_4)_2 \cdot 12H_2O$	【$NH_4Fe(SO_4)_2 \cdot 12H_2O$】	1 mol/L 相当于 1N

附表4.3　常用酸碱的质量分数和相对密度(d_{20}^{20})

质量分数/%	HCl	HNO_3	H_2SO_4	CHCOOH	NaOH	KOH	NH_3
4	1.019 71	1.022 0	1.026 9	1.005 6	1.044 6	1.034 8	0.982 8
8	1.039 5	1.044 6	1.054 1	1.011 1	1.088 8	1.070 9	0.966 8
12	1.059 4	1.067 9	1.082 1	1.016 5	1.132 9	1.107 9	0.951 9
16	1.079 6	1.092 1	1.114 0	1.021 8	1.177 1	1.145 6	0.937 8
20	1.100 0	1.117 0	1.141 8	1.026 9	1.221 4	1.183 9	0.924 5
24	1.120 5	1.142 6	1.173 5	1.031 8	1.265 3	1.223 1	0.911 8
28	1.141 1	1.168 8	1.205 2	1.036 5	1.351 2	1.263 2	0.899 6
32	1.161 4	1.195 5	1.237 5	1.041 0	1.392 6	1.304 3	
36	1.181 2	1.222 4	1.270 7	1.045 2	1.432 4	1.346 8	
40	1.199 9	1.248 9	1.305 1	1.049 2		1.390 6	
44			1.341 0	1.052 9		1.435 6	
48			1.378 3	1.056 4		1.481 7	
52			1.417 4	1.059 6			
56			1.458 4	1.062 4			
61			1.501 3	1.064 8			
64			1.544 8	1.066 8			
68			1.590 2	1.068 7			
72			1.636 7	1.069 5			
76			1.684 0	1.069 9			
80			1.730 3	1.069 9			
84			1.772 4	1.069 2			
88			1.805 4	1.067 7			
92			1.827 2	1.064 8			
96			1.838 8	1.059 7			
100			1.833 7	1.049 6			

附录5 常用指示剂

附表5.1 酸碱指示剂

指示剂名称	变色pH范围	颜色变化	溶液配制方法
甲基紫 (第一变色范围)	0.13~0.5	黄~绿	0.1%或0.05 g水溶液
苦味酸	0.0~1.3	无色~黄	0.1%水溶液
甲基绿	0.1~2.0	黄~绿~浅蓝	0.05%水溶液
孔雀绿 (第一变色范围)	0.13~2.0	黄~浅蓝~绿	0.1%水溶液
甲酚红 (第一变色范围)	0.2~1.8	红~黄	0.4 g指示剂溶于100 mL 50%乙醇中
甲基紫 (第二变色范围)	1.0~1.5	绿~蓝	0.1%水溶液
百里酚蓝 (麝香草酚蓝) (第一变色范围)	1.2~2.8	红~黄	0.1 g指示剂溶于100 mL 20%乙醇中
甲基紫 (第三变色范围)	2.0~3.0	蓝~紫	0.1%水溶液
茜素黄R (第一变色范围)	1.9~3.3	红~黄	0.1%水溶液
二甲基黄	2.9~4.0	红~黄	0.1 g或0.01 g指示剂溶于100 mL 90%乙醇中
甲基橙	3.1~4.4	红~橙黄	0.1%水溶液
溴酚蓝	3.0~4.6	蓝紫~红	0.1 g指示剂溶于100 mL 20%乙醇中
刚果红	3.0~5.2	~	0.1%水溶液
茜素红S (第一变色范围)	3.5~5.2	黄~紫	0.1%水溶液
溴甲酚绿	3.8~5.4	黄~蓝	0.1 g指示剂溶于100 mL 20%乙醇中

续附表 5.1

指示剂名称	变色 pH 范围	颜色变化	溶液配制方法
甲基红	4.4～6.2	红～黄	0.1 g 或 0.2 g 指示剂溶于 100 mL 60% 乙醇中
溴酚红	5.0～6.8	黄～红	0.1 g 或 0.04 g 指示剂溶于 100 mL 20% 乙醇中
溴甲酚紫	5.2～6.8	黄～紫红	0.1 g 指示剂溶于 100 mL 20% 乙醇中
溴百里酚蓝	6.0～7.6	黄～蓝	0.05 g 指示剂溶于 100 mL 20% 乙醇中
中性红	6.8～8.0	红～亮黄	0.1 g 指示剂溶于 100 mL 60% 乙醇中
酚红	6.8～8.0	黄～红	0.1 g 指示剂溶于 100 mL 20% 乙醇中
甲酚红	7.2～8.8	亮黄～紫红	0.1 g 指示剂溶于 100 mL 50% 乙醇中
百里酚蓝（麝香草酚蓝）（第二变色范围）	8.0～9.0	黄～蓝	参看第一变色范围
酚酞	8.2～10.0	无色～紫红	(1)0.1 g 指示剂溶于 100 mL 60% 乙醇中 (2)1 g 酚酞溶于 100 mL 90% 乙醇中
百里酚酞	9.4～10.6	无色～蓝	0.1 g 指示剂溶于 100 mL 90% 乙醇中
茜素红 S（第二变色范围）	10.0～12.0	紫～浅黄	参看第一变色范围
茜素红 R（第二变色范围）	10.1～12.1	黄～淡紫	0.1% 水溶液
孔雀绿（第二变色范围）	11.5～13.2	蓝绿～无色	参看第一变色范围
达旦黄	12.0～13.0	黄～红	0.1% 水溶液

附表 5.2 混合酸碱指示剂

指示剂溶液的组成	pH 变色范围	颜色变化		备注
		酸	碱	
一份 0.1% 甲基黄乙醇溶液 一份 0.1% 次甲基蓝乙醇溶液	3.25	蓝紫	绿	pH 3.2 蓝紫色 pH 3.4 绿色
四份 0.2% 溴甲酚绿乙醇溶液 一份 0.2% 二甲基黄乙醇溶液	3.9	橙	绿	变色点黄色
一份 0.2% 甲基橙乙醇溶液 一份 0.28% 靛蓝(二磺酸)乙醇溶液	4.1	紫	黄绿	调节两者的比例,直至终点敏锐
一份 0.1% 溴百里酚绿钠盐水溶液 一份 0.2% 甲基橙水溶液	4.3	黄	蓝绿	pH 3.5 黄色 pH 4.0 黄绿色 pH 4.3 绿色
三份 0.1% 溴甲酚绿乙醇溶液 一份 0.2% 甲基红乙醇溶液	5.1	酒红	绿	
一份 0.2% 甲基红乙醇溶液 一份 0.1% 次甲基蓝乙醇溶液	5.4	红紫	绿	pH 5.2 红紫 pH 5.4 暗蓝 pH 5.6 绿
一份 0.1% 溴甲酚绿钠盐水溶液 一份 0.1% 氯酚红钠盐水溶液	6.1	黄绿	蓝紫	pH 5.4 蓝绿 pH 5.8 蓝 pH 6.2 蓝绿
一份 0.1% 溴甲酚紫钠盐水溶液 一份 0.1% 溴百里酚蓝钠盐水溶液	7.6	黄	蓝紫	pH 6.2 黄紫 pH 6.6 紫 pH 6.8 蓝紫
一份 0.1% 中性红乙醇溶液 一份 0.1% 次甲基蓝乙醇溶液	7.0	蓝紫	绿	pH 7.0 蓝紫
一份 0.1% 溴百里酚蓝钠盐水溶液 一份 0.1% 酚红钠盐水溶液	7.5	黄	紫	pH 7.2 暗绿 pH 7.4 淡紫 pH 7.6 深紫
一份 0.1% 甲酚红 50% 乙醇溶液 六份 0.1% 百里酚蓝 50% 乙醇溶液	8.3	黄	紫	pH 8.2 玫瑰色 pH 8.4 紫色 变色点微红色

附表 5.3　金属离子指示剂

指示剂名称	离子平衡和颜色变化	溶液配制方法
铬黑 T(EBT)	$pK_{a_2}=6.3$　$pK_{a_3}=11.5$ $\underset{紫红}{H_2In^-} \rightleftharpoons \underset{蓝}{HIn^{2-}} \rightleftharpoons \underset{橙}{In^{3-}}$	1. 0.5%水溶液 2. 与 NaCl 按 1：100(质量比)混合
二甲酚橙(XO)	$pK_a=6.3$ $\underset{黄}{H_3In^{4-}} \rightleftharpoons \underset{红}{H_2In^{5-}}$	0.2%水溶液
K-B 指示剂	$pK_{a_1}=8$　$pK_{a_2}=13$ $\underset{红}{H_2In} \rightleftharpoons \underset{蓝}{HIn^-} \rightleftharpoons \underset{紫红}{In^{2-}}$	0.2 g 酸性铬蓝 K 与 0.34 g 萘酚绿 B 溶于 100 mL 水中。配置后需调节 K-B的比例,终点变化明显
钙指示剂	$pK_{a_2}=7.4$　$pK_{a_3}=13.5$ $\underset{酒红}{H_2In^-} \rightleftharpoons \underset{蓝}{HIn^{2-}} \rightleftharpoons \underset{酒红}{In^{3-}}$	0.5%的乙醇溶液
吡啶偶氮萘酚(PAN)	$pK_{a_2}=7.4$　$pK_{a_3}=13.5$ $\underset{酒红}{H_2In^-} \rightleftharpoons \underset{蓝}{HIn^{2-}} \rightleftharpoons \underset{酒红}{In^{3-}}$	0.1%或0.3%的乙醇溶液
Cu-PAN(CuY-PAN 溶液)	$\underset{浅绿}{CuY}+PAN+\underset{无色}{M^{m+}} \rightleftharpoons MY+\underset{红色}{Cu-PAN}$	取 0.05 mol/L Cu^{2+}溶液 10 mL 加 pH 为 5~6 的 HAc 缓冲溶液 5 mL,1 滴 PAN 指示剂,加热至 60 ℃左右,用 EDTA 滴至绿色,得到约 0.025 mol/L 的 CuY 溶液,使用时取 2~3 mL 于试液中,再加数滴 PAN 溶液
磺基水杨酸	$pK_{a_2}=2.7$　$pK_{a_3}=13.1$ $H_2In \rightleftharpoons \underset{无色}{HIn^-} \rightleftharpoons In^{2-}$	1%或10%的水溶液
钙镁试剂(Calmagite)	$pK_{a_2}=8.1$　$pK_{a_3}=12.4$ $\underset{红}{H_2In^-} \rightleftharpoons \underset{蓝}{HIn^{2-}} \rightleftharpoons \underset{红橙}{In^{3-}}$	0.5%的水溶液
紫脲酸铵	$pK_{a_2}=9.2$　$pK_{a_3}=10.9$ $\underset{紫红}{H_2In^-} \rightleftharpoons \underset{紫}{HIn^{2-}} \rightleftharpoons \underset{蓝}{In^{3-}}$	与 NaCl 按 1：100(质量比)混合

附表 5.4　氧化还原指示剂

指示剂溶液的组成	E · N ·【H^+】= 1 mol/L	颜色变化		溶液配制方法
		氧化态	还原态	
中性红	0.24	红	无色	0.05%的60%乙醇溶液
亚甲基蓝	0.36	蓝	无色	0.05%水溶液
变胺蓝	0.59(pH=2)	无色	蓝色	0.05%水溶液
二苯胺	0.76	紫	无色	0.1%浓 H_2SO_4 溶液
二苯胺磺酸钠	0.85	紫红	无色	0.05%水溶液，如溶液浑浊，可滴加少量盐酸
N-邻苯胺基苯甲酸	1.08	紫红	无色	0.1 指示剂加 20 mL 5%的 Na_2CO_3 溶液，用水稀释至 100 mL
邻二氮菲-Fe(Ⅱ)	1.06	浅蓝	红	1.485 g 邻二氮菲加 0.965 g $FeSO_4$ 溶于 100 mL 水中(0.025 mol/L水溶液)
5-硝基邻二氮菲-Fe(Ⅱ)	1.25	浅蓝	紫红	1.608 g 5-硝基邻二氮菲加 0.695 g $FeSO_4$ 溶于 100 mL 水中(0.025 mol/L 水溶液)

附表 5.5　沉淀滴定吸附指示剂

指示剂名称	被测离子	滴定剂	滴定条件	溶液配制方法
银光黄	Cl^-	Ag^+	pH 7~10(一般 7~8)	0.2%乙醇溶液
二氯荧光黄	Cl^-	Ag^+	pH 4~10(一般 7~8)	0.1%水溶液
曙红	Br^- I^- SCN^-	Ag^+	pH 2~10(一般 7~8)	0.5%水溶液
溴甲酚绿	SCN^-	Ag^+	pH 4~5	0.1%水溶液
甲基紫	Ag^+	Cl^-	酸性溶液	0.1%水溶液
罗丹明 6G	Ag^+	Br^-	酸性溶液	0.1%水溶液
钍试剂	SO_4^{2-}	Ba^{2+}	pH 1.5~3.5	0.5%水溶液
溴酚蓝	Hg^{2+}	Cl^-, Br^-	酸性溶液	0.1%水溶液

附录6　标准缓冲溶液

附表6.1　标准缓冲溶液不同温度时的 pH 值(0~95 ℃)

温度/℃	0.05 mol/L $KH_3(C_2O_4)_2 \cdot 2H_2O$	(25 ℃)饱和溶液 $KHC_4H_4O_6$	0.05 mol/L $KHC_6H_5O_7$	0.05 mol/L $KHC_6H_4O_4$	0.025 mol/L KH_2PO_4 Na_2HPO_4	0.008 695 mol/L KH_2PO_4 Na_2HPO_4	0.01mol/L $Na_2B_4O_7 \cdot 10H_2O$	0.025 mol/L Na_2HCO_3 Na_2CO_3	(25 ℃)饱和溶液 $Ca(OH)_2$
0	1.666	—	3.863	4.003	6.984	7.534	9.464	10.317	13.423
5	1.668	—	3.840	3.999	6.951	7.500	9.395	10.245	13.207
10	1.670	—	3.820	3.998	6.923	7.472	9.332	10.179	13.003
15	1.672	—	3.802	3.999	6.900	7.448	9.276	10.118	12.810
20	1.675	—	3.788	4.002	6.881	7.429	9.225	10.062	12.627
25	1.679	3.557	3.776	4.008	6.865	7.413	9.180	10.012	12.454
30	1.683	3.552	3.766	4.015	6.853	7.400	9.139	9.966	12.289
35	1.688	3.549	3.759	4.024	6.844	7.389	9.102	9.925	12.133
38	1.691	3.548	3.755	4.030	6.840	7.384	9.081	9.903	12.043
40	1.694	3.547	3.753	4.035	6.838	7.380	9.068	9.889	11.984
45	1.700	3.547	3.750	4.047	6.834	7.373	9.038	9.856	11.841
50	1.707	3.549	3.749	4.060	6.833	7.306	9.011	9.828	11.735
55	1.715	3.554	—	4.075	6.834	—	8.985	—	11.574
60	1.723	3.560	—	4.091	6.836	—	8.962	—	11.449
70	1.743	3.580	—	4.126	6.845	—	8.921	—	
80	1.766	3.609	—	4.164	6.859	—	8.885	—	
90	1.792	3.650	—	4.205	6.877	—	8.850	—	
95	1.806	3.674	—	4.227	6.886	—	8.833	—	

附表 6.2　pH 标准缓冲溶液的性质(25 ℃)

溶　液	质量摩尔浓度 /(g·mol^{-1})	密　度 /(g·mL^{-1})	体积摩尔浓度 /(mol·L^{-1})	质量-体积浓度 /(g·L^{-1})	稀释值 $\Delta pH_{1/2}$	缓冲容量 β
$KH_3(C_2O_4)_2 \cdot 2H_2O$	0.05	1.003 2	0.049 62	12.61	+0.186	0.070
$KHC_4H_4O_6$	0.034 1	1.003 6	0.034	25 ℃饱和溶液	+0.049	0.027
$KHC_6H_5O_7$	0.05	1.002 9	0.049 58	11.41	+0.024	0.034
$KHC_6H_4O_4$	0.05	1.001 7	0.049 58	10.12	+0.052	0.016
KH_2PO_4	0.025	1.002 8	0.024 90	3.388	+0.080	0.029
Na_2HPO_4	0.025		0.024 90	3.533		
KH_2PO_4	0.008 695	1.002 0	0.008 665	1.179	+0.07	0.016
Na_2HPO_4	0.030 43		0.030 32	4.302		
$Na_2B_4O_7 \cdot 10H_2O$	0.01	0.999 6	0.009 971	3.80	+0.01	0.020
Na_2HCO_3	0.025	1.001 3	0.024 92	2.092 0	+0.079	0.029
Na_2CO_3	0.025		0.024 92	2.640		
$Ca(OH)_2$	0.020 3	0.999 1	0.020 25	25 ℃饱和溶液	−0.28	0.09

附表 6.3　常见 pH 标准溶液的配制

标准溶液/(mol·L^{-1})	25 ℃的 pH 值	每 1 000 mL 25 ℃水溶液所需药品质量
基本标准:		
酒石酸氢钾(25 ℃饱和)	3.557	6.4 g $KHC_6H_4O_4$
柠檬酸二氢钾(0.05)	3.776	11.41 g $KHC_6H_5O_7$
酚酞酸氢钾(0.05)	4.008	10.12 g $KHC_8H_4O_4$
磷酸二氢钾(0.025)+磷酸氢二钠(0.025)	6.865	3.388 g KH_2PO_4+3.533 g Na_2HPO_4
磷酸二氢钾(0.008 695)+磷酸氢二钠(0.030 43)	7.413	1.179 g KH_2PO_4+4.302 g Na_2HPO_4
水硼酸钠(硼砂)(0.01)	9.180	3.80 g $Na_2B_4O_7 \cdot 10\ H_2O$
碳酸氢钠(+0.025)碳酸钠(0.025)	10.012	2.092 g
辅助标准:		
二水四草酸钾(0.05)	1.679	12.61 g $KH_3C_4O_8 \cdot 2H_2O$
氢氧化钙(25 ℃饱和)	12.454	1.5 g $Ca(OH)_2$

附录7 基准试剂与标准溶液

附表7.1 标准试剂的干燥条件

标准物质			干燥条件
名称	化学式	相对分子质量	
碳酸钠	Na_2CO_3	105.989	270～300 ℃烘干2 h,干燥器中冷却
硼砂	$Na_2B_4O_7 \cdot 10H_2O$	381.372	在盛有NaCl和蔗糖饱和溶液的密闭容器中平衡
邻苯二甲酸氢钾	$KHC_8H_4O_4$	204.229	于110～120 ℃ 烘干3～4 h,干燥器中冷却
氨基磺酸	$HOSO_2NH_2$	97.088	在抽真空的干燥器中放置48 h
对氨基苯磺酸	$H_2NC_6H_4SO_3H$	173.192	在抽真空的干燥器中放置48 h
草酸	$H_2C_2O_4 \cdot 2H_2O$	126.066	室温空气干燥
锌	Zn	65.38	依次用盐酸(1+3)、水、丙酮洗涤,室温干燥器中放置24 h以上
铜	Cu	63.546	依次用乙酸(2+98)、水、乙醇(95%)、甲醇洗涤,室温干燥器中放置24 h以上
氧化锌	ZnO	81.37	700～800 ℃下保持40～50 min,干燥器中冷却
碳酸钙	$CaCO_3$	100.090	110～120 ℃烘干2 h,干燥器中冷却
氧化镁	MgO	40.304	700～800 ℃下保持40～50 min,干燥器中冷却
氯化钠	NaCl	58.443	500～650 ℃下保持40～50 min,干燥器中冷却
氯化钾	KCl	74.551	500～650 ℃下保持40～50 min,干燥器中冷却
氟化钠	NaF	41.998	500～650 ℃下保持40～50 min,干燥器中冷却
硝酸银	$AgNO_3$	169.873	200～250 ℃下保持1～1.5 h,干燥器中冷却
重铬酸钾	$K_2Cr_2O_7$	249.192	100～110 ℃烘干2～4 h,干燥器中冷却
草酸钠	$Na_2C_2O_4$	134.000	150～200 ℃下保持1～1.5 h,干燥器中冷却
碘酸钾	KIO_3	214.004	120～140 ℃下保持1.5～2 h,干燥器中冷却
溴酸钾	$KBrO_3$	167.004	120～140 ℃下保持1.5～2 h,干燥器中冷却
三氧化二砷	As_2O_3	197.841	105 ℃下保持3～4 h,干燥器中冷却

附表7.2　直接配置的标准溶液

标准溶液	配置方法
0.050 00 mol/L Na_2CO_3	5.300 g 基准 Na_2CO_3 溶于去 CO_2 的蒸馏水中,稀释至1 L(容量瓶)
0.050 00 mol/L $Na_2C_2O_4$	6.700 g 基准 $Na_2C_2O_4$,用蒸馏水溶解,稀释至1 L(容量瓶)
0.017 00 mol/L $K_2Cr_2O_7$	5.001 g 基准 $K_2Cr_2O_7$,用蒸馏水溶解,稀释至1 L(容量瓶)
0.025 00 mol/L As_2O_3	4.946 g 基准 As_2O_3,15 g Na_2CO_3 在加热下溶于150 mL 蒸馏水中,加25 mL 0.5 mol/L H_2SO_4,稀释至1 L(容量瓶)
0.017 00 mol/L KIO_3	3.638 g 基准 KIO_3 用蒸馏水溶解,稀释至1 L(容量瓶)
0.017 00 mol/L $KBrO_3$	2.839 g 基准 $KBrO_3$ 用蒸馏水溶解,稀释至1 L(容量瓶)
0.100 0 mol/L NaCl	5.844 g 基准 NaCl 用蒸馏水溶解,稀释至1 L(容量瓶)
0.010 00 mol/L $CaCl_2$	一级 Na_2CO_3 在11 ℃下干燥,称取1.001 g,用少量稀 HCl 溶解,煮沸赶去 CO_2,稀释至1 L(容量瓶)
0.010 00 mol/L $ZnCl_2$	0.653 8 g 基准 Zn 加少量稀 HCl 溶解,加几滴溴水,煮沸赶去剩余的溴,稀释至1 L(容量瓶)
0.100 0 mol/L 邻苯二甲酸氢钾	20.423 g 基准邻苯二甲酸氢钾溶于去 CO_2 的蒸馏水中,稀释至1 L(容量瓶)

附表7.3　需要标定的标准溶液

标准溶液	配制方法	标定方法
	酸 碱 滴 定	
0.1 mol/L HCl	浓 HCl 10 mL 加水稀释至1 L	取[Ⅰ][①]25 mL,用本溶液滴定,指示剂:甲基橙,近终点时煮沸赶走 CO_2,冷却,滴定至终点
0.05 mol/L $H_2C_2O_4$	6.4 g $H_2C_2O_4\cdot 2H_2O$ 加水稀释至1 L	用本表中(3)[②]滴定,指示剂:酚酞
0.1 mol/L NaOH	5 g 分析纯 NaOH 溶于5 mL 蒸馏水中。离心沉降,用干燥的滴管取上层清液,用去 CO_2 的蒸馏水稀释至1 L	准确称取2～2.5 g 基准氨基磺酸,用容量瓶稀释至250 mL,取25 mL,用本溶液滴定,指示剂:甲基橙。或:取[X]25 mL,加热至沸加1～2滴1%酚酞指示剂,用本溶液滴定
	氧 化 还 原 滴 定	
0.02 mol/L $KMnO_4$	约3.3 g $KMnO_4$ 溶于1 L 蒸馏水中,煮沸1～2 h,放置过夜,用四号玻璃砂漏斗过滤,贮于棕色瓶中,暗处保存	取[Ⅱ]25 mL 加水25 mL,9 mol/LH_2SO_4 10 mL,加热到60～70 ℃,用本溶液滴定,近终点时逐滴加入至微红,30 s 不褪色为止
0.1 mol/L $FeSO_4$	28 g $FeSO_4\cdot 7H_2O$ 加水300 mL,浓 H_2SO_4 30 mL,稀释至1 L	取本溶液25 mL,加25 mL 0.5 mol/LH_2SO_4,5 mL 85% H_3PO_4,用本表中(4)滴定

续附表7.3

标准溶液	配置方法	标定方法
0.1 mol/L $(NH_4)_2Fe(SO_4)_2$	40 g $(NH_4)_2Fe(SO_4)_2 \cdot 6H_2O$ 溶于300 mL 2 mol/LH_2SO_4 中,稀释至1 L	标定方法同(5)
0.05 mol/L I_2	12.7 g I_2 加 40 g KI,溶于蒸馏水,稀释至 1 L	a.本溶液25 mL,用本表中(9)滴定,指示剂:淀粉 b.取[Ⅳ]25 mL,稀释一倍,加1 g $NaHCO_3$,用本溶液滴定,指示剂:淀粉
0.1 mol/L $Na_2S_2O_3$	25 g $Na_2S_2O_3 \cdot 5H_2O$ 用煮沸冷却后的蒸馏水 1 L 溶解,加少量 Na_2CO_3,贮于棕色瓶中,放置 1 ~ 2 d后标定	25 mL[Ⅲ]加 5 mL 3 mol/LH_2SO_4,2 g KI,以本溶液滴定,指示剂:淀粉(要进行空白试验)
0.1 mol/L $Ce(SO_4)_2$	42 g $Ge(SO_4)_2 \cdot 4H_2O$ 加水 50 mL,浓 H_2SO_4 30 mL,稀释至1 L	取本表中(5)或(6)加5 mL H_3PO_4,用本溶液滴定,指示剂:邻菲罗啉-Fe(Ⅱ)
0.05 mol/L $K_3Fe(NC)_6$	17 g $K_3Fe(CN)_6$ 溶于水,稀释至1 L,暗处保存	取本溶液50 mL加2 g KI,5 mL 4 mol/L HCl,用本表中(8)滴定生成的 I_2
0.1 mol/L $NaNO_2$	称取7.2 g $NaNO_2$,0.1 g NaOH及0.2 g无水 Na_2CO_3,溶于1 L水中	准确称量0.55 ~0.6 g氨基磺酸基准试剂,溶于200 mL 水及 3 mL $NH_3 \cdot H_2O$ 中,加 20 mL HCl及1 g KBr,冷却,保持温度0 ~5 ℃,用本溶液滴定,近终点时,取出一小滴溶液,以淀粉-KI试纸试验,至产生明显蓝色,放置5 min,再试之仍产生明显蓝色,即为终点
0.05 mol/L $NaHSO_3$	5.2 g $NaHSO_3$ 溶于水,稀释至 1 L	取本表中(7) 50 mL,加本溶液25 mL,放置 5 min,加入1 mL 浓 HCl,用(8)反滴过剩的 I_2。指示剂:淀粉
0.05 mol/L $SnCl_2$	80 mL 浓 HCl 加 4 ~ 5 g $CaCO_3$ 赶走空气,加入 12 g $SnCl_2 \cdot 2H_2O$,稀释至1 L	20 mL[Ⅴ]加 2 mL 浓 HCl,立即用本溶液滴定。指示剂:淀粉
0.05 mol/L 抗坏血酸	8.806 g抗坏血酸溶于水,稀释至1 L。加0.5 g EDTA 作稳定剂,在 CO_2 气氛中保存	20 mL[Ⅴ]加1 g KI,5 mL 2 mol/L HCl,用本溶液滴定至颜色消失。(不必加淀粉指示剂)
沉　淀　滴　定		
0.1 mol/L $AgNO_3$	17 g $AgNO_3$ 加水溶解,稀释至 1 L,贮于棕色瓶中,放置暗处保存	25 mL[Ⅶ]加25 mL水,5 mL 2%的糊精,用本溶液滴定,指示剂:荧光黄
0.1 mol/L KSCN	9.7 g KSCN 溶于煮沸并冷却的水中,稀释至1 L	取本表中(15) 25 mL,加入 5 mL 6 mol/L HNO_3,用本溶液滴定。指示剂: $(NH_4)Fe(SO_4)_2 \cdot 12H_2O$ 饱和溶液1 mL

续附表7.3

标准溶液	配置方法	标定方法
0.1 mol/L NH_4SCN	8 g NH_4SCN溶于水,稀释至1 L	(同上)
0.1 mol/L $Hg(NO_3)_2$	34 g $Hg(NO_3)_2 \cdot 1/2\ H_2O$加5 mL 6 mol/L$HNO_3$,加水溶解,稀释至1 L	取本溶液25 mL,5 mL 3 mol/L H_2SO_4,在20 ℃以下用(16)滴定。指示剂:$(NH_4)Fe(SO_4)_2 \cdot 12H_2O$饱和溶液1 mL
0.1 mol/L $K_4Fe(CN_6)$	42 g $K_4Fe(CN)_6 \cdot 3H_2O$溶于水,稀释至1 L。贮于棕色瓶中,暗处保存	准确称取基准锌0.15~0.2 g,用8 mol/L HCl溶解,用6 mol/L $NH_3 \cdot H_2O$中和,滴加8 mol/L HCl至微酸性后,再加入3 mL。然后加水200 mL,煮沸冷却,用本溶液滴定,外部指示剂:钼酸铵溶液
配 位 滴 定		
0.01 mol/L EDTA	3.8 g EDTA·2 Na·2 H_2O溶于水,稀释至1 L	25 mL[Ⅷ]或[Ⅸ],加1 mol/L NaOH中和,加3 mL pH=10缓冲溶液(70 g NH_4Cl,570 mL $NH_3 \cdot H_2O$,稀释至1 L),1 mL 0.1 mol/L MgEDTA,用本溶液滴定,指示剂:铬黑T
0.01 mol/L $CaCl_2$	1.1 g无水$CaCl_2$溶于水,稀释至1 L	(同上),用(20)滴定
0.01 mol/L $MgCl_2$	1.0 g无水$MgCl_2$溶于水,稀释至1 L	本溶液10 mL,用水稀释至50 mL,加入2 mL pH=10的缓冲液,用(20)滴定,指示剂:铬黑T
0.1 mol/L Mg-EDTA	配制约0.1 mol/L $MgCl_2$溶液(a)和0.1 mol/L EDTA溶液(b)	取20 mL(a)加入30 mL水,5 mL pH=10的缓冲液以铬黑T为指示剂,加热到60 ℃,用(b)滴定,反复数次,求平均值,按体积比混合(a)、(b),用本表中(20)或(21)分别在滴定条件下滴定刚配制好的溶液,最后一滴指示剂不变色即可
0.1 mol/L Zn-EDTA		(同上),不必加热到60 ℃

①[ ]为前表中直接配制的标准溶液,下同。

②( )为本表中需要标定的标准溶液,下同。

附录8 常见水质标准

附表8.1 我国生活饮用水水质标准(GB 5749—85)

项 目	标 准
感观性状和一般化学指标	
色	色度不超过15度,并不呈现其他异色
浑浊度	不超过3度,特殊情况不超过5度
臭和味	不得有异臭、异味
肉眼可见物	不得含有
pH值	6.5~8.5
总硬度(以碳酸钙计)	450 mg/L
铁	0.3 mg/L
锰	0.1 mg/L
铜	1.0 mg/L
锌	1.0 mg/L
挥发酚类(以苯酚计)	0.002 mg/L
阴离子合成洗涤剂	0.3 mg/L
硫酸盐	250 mg/L
氯化物	250 mg/L
溶解性总固体	1 000 mg/L
毒理学指标	
氟化物	1.0 mg/L
氰化物	0.05 mg/L
砷	0.05 mg/L
硒	0.01 mg/L
汞	0.001 mg/L
镉	0.01 mg/L
铬(六价)	0.05 mg/L
铅	0.05 mg/L
银	0.05 mg/L
硝酸盐(以氮计)	20 μg/L
氯仿	60 μg/L
四氯化碳	3 μg/L
苯并(α)芘	0.01 μg/L
滴滴涕	1 μg/L
六六六	5 μg/L
细菌学指数	
细菌总数	100 个/mL
总大肠菌群	3 个/mL
游离余氯	在接触30 min后应不低于0.3 mg/L。集中式给水除出厂水应符合上述要求外,管网末梢水不应低于0.05 mg/L
放射性指标	
总α放射性	0.1 Bq/L
总β放射性	1 Bq/L

我国地面水环境质量标准(GB 3838—88)

为贯彻中华人民共和国《环境保护法(试行)》和《水污染防治法》,控制水污染保护水资源,特制定本标准。

本标准适用于中华人民共和国领域内江、河、湖泊、水库等具有实用功能的地面水水域。

1. 水域功能分类

依据地面水水域使用目的和保护目标将其划分为五类:

一类:主要适用于源头水、国家自然保护区。

二类:主要适用于集中式生活饮用水水源地一级保护区、珍贵鱼类保护区、鱼虾产卵场等。

三类:主要适用于集中式生活饮用水水源地二级保护区、一般鱼类保护区及游泳区。

四类:主要适用于一般工业用水区及人体非直接接触的娱乐用水区。

五类:主要适用于农业用水区及一般景观要求水域。

同一水域兼有多类功能的,以最高功能划分类别。有季节性功能的,可分季节划分类别。

附表 8.2　地面水环境质量标准

标准值参数 ＼ 分类[①]	一类	二类	三类	四类	五类
基本要求	所有水体不应有非自然原因所导致的下述物质: a. 凡沉淀而形成令人厌恶的沉积物; b. 漂浮物,诸如碎片、浮渣、油类或其他的一些引起感官不快的物质; c. 产生令人厌恶的色、臭、味或混浊度的; d. 对人类、动物或植物有损害、毒性或不良生理反应的; e. 易滋生令人厌恶的水生生物的。				
水温	人为造成的环境水温变化应限制在: 夏季周平均最大温升≤1; 秋季周平均最大温降≤2。				
pH 值	6.5~8.5				6~9
硫酸盐[①](以 SO_4^{2-} 计) ≤	250 以下	250	250	250	250
氯化物[①](以 Cl^- 计) ≤	250 以下	250	250	250	250
溶解性铁[①] ≤	0.3 以下	0.3	0.5	0.5	1.0
总锰[①] ≤	0.1 以下	0.1	0.1	0.5	1.0
总铜[①] ≤	0.01 以下	1.0(渔 0.01)	1.0(渔 0.01)	1.0	1.0
总锌[①] ≤	0.05	1.0(渔 0.1)	1.0(渔 0.1)	2.0	2.0
硝酸盐(以 N 计) ≤	10 以下	10	20	20	25
亚硝酸盐(以 N 计) ≤	0.06	0.1	0.15	1.0	1.0
非离子氨 ≤	0.02	0.02	0.02	0.2	0.2
凯氏氮 ≤	0.5	0.5	1	2	2
总磷(以计) ≤	0.02	0.1 (湖库 0.025)	0.1 (湖库 0.025)	0.2	0.2

续附表 8.2

标准值参数 \ 分类①		一类	二类	三类	四类	五类
高锰酸盐指数	≤	2	4	6	8	10
溶解氧	≥	饱和率 90%	6	5	3	2
化学需氧量	≤	15 以下	15 以下	15	20	25
生化需氧量	≤	3 以下	3	4	6	10
氟化物(以计)	≤	1.0 以下	1.0	1.0	1.5	1.5
硒(四价)	≤	0.01 以下	0.01	0.01	0.02	0.02
总砷	≤	0.05	0.05	0.05	0.1	0.1
总汞②	≤	0.000 05	0.000 05	0.000 1	0.001	0.001
总隔③	≤	0.001	0.005	0.005	0.005	0.01
铬(六价)	≤	0.01	0.05	0.05	0.05	0.1
总铅②	≤	0.01	0.05	0.05	0.05	0.1
总氰化物	≤	0.005	0.05(渔 0.005)	0.05(渔 0.005)	0.2	0.2
挥发酚②	≤	0.002	0.002	0.005	0.01	0.1
石油类②(石油醚萃取)	≤	0.05	0.05	0.05	0.5	1.0
阴离子表面活性剂	≤	0.2 以下	0.2	0.2	0.3	0.3
总大肠菌群③/(个·L^{-1})	≤			10 000		
苯并(α)芘③/(μg·L^{-1})	≤	0.002 5	0.002 5	0.002 5		

①允许根据地方水域背景值特征做适当调整的项目。

②规定分析检测方法的最低检出限,达不到基准要求。

③试行标准。

附表 8.3　第一类污染物最高容许排放浓度

污染物	最高容许排放浓度/(mg·L^{-1})
总汞	0.05①
烷基汞	不得检出
总隔	0.1
总铬	1.5
六价铬	0.5
总砷	0.5
总铅	1.0
总镍	1.0
苯并(α)芘②	0.000 03

注:①烧碱行业(新建、扩建、改建企业)采用 0.005 mg/L。

②为试行标准,二级、三级标准区暂不考核。

附表 8.4　第二类污染物最高容许排放浓度(mg/L)

标准分级 规格 标准值污染物	一级标准		二级标准		三级标准
	新扩改	现　有	新扩改	现　有	
pH 值	6~9	6~9	6~9	6~9①	6~9
色度	50	80	80	100	—
悬浮物	70	100	200	250②	400
生化需氧量	30	60	60	80	300③
化学需氧量	100	150	150	200	500③
石油类	10	15	10	20	30
动植物油	20	30	20	40	100
挥发酚	0.5	1.0	0.5	1.0	2.0
氰化物	0.5	0.5	0.5	0.5	1.0
硫化物	1.0	1.0	1.0	2.0	2.0
氨氮	15	25	25	40	—
氰化物	10	15	10	15	20
	—	—	20④	30④	—
磷酸盐(以 P 计)⑤	0.5	1.0	1.0	2.0	—
甲醛	1.0	2.0	2.0	3.0	—
苯胺类	1.0	2.0	2.0	3.0	5.0
硝基苯类	2.0	3.0	3.0	5.0	5.0
阴离子合成洗涤剂(LAS)	5.0	10	10	15	20
铜	0.5	0.5	1.0	1.0	2.0
锌	2.0	2.0	4.0	5.0	5.0
锰	2.0	5.0	2.0⑥	5.0⑥	5.0

注:①现有火电厂和粘胶纤维工业,二级标准放宽到 pH 值为 9.5。

②磷肥工业悬浮物放宽至 300 mg/L。

③对排入带有二级污水处理厂的城镇下水道的造纸、皮革、洗毛、酿造、发酵、生物制药、肉类加工、纤维板等工业废水,BOD_5 可放宽至 600 mg/L;COD_{Cr} 可放宽至 1 000 mg/L。具体限度还可以与市政部门协商。

④为低氟地区(系指水体含氟量<0.5 mg/L)容许排放浓度。

⑤为排入蓄水性河流和封闭性水域的控制指标。

⑥合成脂肪酸工业新扩改为 5 mg/L,现有企业为 7.5 mg/L。

附录9　常见大气质量标准

附表9.1　空气中污染物三级标准浓度限值(GB 3095—82)

污染物名称	浓度限值/(mg·m^{-3})			
	取值时间	一级标准	二级标准	三级标准
总悬浮物	日平均①	0.15	0.30	0.50
	任何一次②	0.30	1.00	1.50
飘　尘	日平均	0.05	0.15	0.25
	任何一次	0.15	0.50	0.70
二氧化硫	年日平均③	0.02	0.06	0.10
	日平均	0.05	0.15	0.25
	任何一次	0.15	0.50	0.70
氮氧化物	日平均	0.05	0.10	0.15
	任何一次	0.10	0.15	0.30
一氧化碳	日平均	4.00	4.00	6.00
	任何一次	10.00	10.00	20.00
光化学氧化剂(O_3)	1小时平均	0.12	0.16	0.20

注:①“日平均”为任何一日的平均浓度不许超过的限值。

②“任何一次”为任何一次采样测定不许超过的浓度限值。不同污染物(任何一次)采样时间见有关规定。

③“年日平均”为任何一年的平均浓度不许超过的限值。时间见有关规定。

附表9.2　居民区大气中有害物质最高容许浓度(TJ 3679)

物质名称	最高容许浓度/(mg·m^{-3})		物质名称	最高容许浓度/(mg·m^{-3})	
	一次	日平均		一次	日平均
一氧化碳	9.00	1.00	环氧氯丙烷	0.20	
乙醛	0.01		氟化物	0.20	0.007
二甲苯	0.30		氨	0.20	
二氧化硫	0.50	0.15	氧化氮	0.15	
二硫化碳	0.04		砷化物		0.003
五氧化二磷	0.15	0.05	敌百虫	0.10	
丙烯腈		0.05	酚	0.02	
丙烯醛	0.10	0.05	硫化氢	0.01	
丙酮	0.80		硫酸	0.30	0.10
甲基对硫磷(甲基E605)	0.01		硝基苯	0.01	
甲醇	3.00	1.00	铅及其无机化合物		0.001 5
甲醛	0.05		氯	0.10	0.03
汞		0.000 3	氯丁二烯	0.10	
吡啶	0.08		氯化氢	0.05	0.015
苯	2.40	0.80	铬(六价)	0.001 5	
苯乙烯	0.01		锰及其化合物		0.01
苯胺	0.10	0.03	飘尘	0.5	0.15

附录10　常见噪声标准

附表10.1　我国环境噪声允许范围

人的活动	最高值	理想值
体力劳动	90	70
脑力劳动(保证语言清晰度)	60	40
睡眠	30	30

附表10.2　一天不同时间对基数的修正值

时　　间	修　正　值
白天	0
晚间	-5
夜间	-10 ~ -15

附表10.3　城市各类区域环境噪声标准

适用区域	昼　间	夜　间
特殊住宅区	45	35
居民、文化区	50	40
一类混合区	55	45
商业中心区、二类混合区	60	50
工业集中区	65	55
交通干线道路两侧	70	60

附表10.4　机动车辆允许噪声标准

车辆种类		1985年以前生产的车辆 /dB(A)	1985年以后生产的车辆 /dB(A)
载重汽车	8 t≤载重量<15 t	92	89
	3.5 t≤载重量<8 t	90	86
	载重量<3.5 t	89	84
公共汽车		89	86
		88	83
轿车		84	82
摩托车		90	84
轮式拖拉机		91	86

注:①各类机动车辆加速行驶车外最大噪声应不超过表中的标准。

②表中所列各类机动车辆的改型车也应符合标准,轻型越野车按其公路载重量使用标准。

附录 11 污水分析和采样方法

附表 11.1 污水分析测定方法

项目	测定方法	方法标准编号
总汞	冷原子吸收光谱法	GB 7468—87
	过硫酸钾消解法-双硫腙分光光度法	GB 7469—87
烷基汞	原子吸收分光光度法	GB 7475—87
总镉	双硫腙分光光度法	GB 7471—87
总铬	高锰酸钾氧化-二苯碳酰二肼分光光度法	GB 7466—87
六价铬	二苯碳酰二肼分光光度法	GB 7467—87
总砷	二乙基二硫代氨基甲酸银分光光度法	GB 7485—87
总铅	原子吸收分光光度法	GB 7475—87
	双硫腙分光光度法	GB 7470—87
总镍	原子吸收分光光度法①	
	丁二酮肟光光度法①	
苯并(α)芘	纸层析-银光分光光度法	GB 5750—87
pH 值	玻璃电极法	GB 6920—87
色度	稀释倍数法①	
悬浮物	滤纸法②	
	石棉坩埚法②	GB 7488—87
生化需氧量	稀释接种法	
化学需氧量	重铬酸钾法①	
石油类	重量法②	
	非分散红外法②	
动植物油	重量法	
挥发酚	蒸馏后用 4-氨基安替比邻分光光度法	GB 7490—87
	蒸馏后用溴化容量法	GB 7491—87
氰化物	异烟酸-吡唑啉酮比色法	GB 7487—87
硫化物	碘量法(高浓度)	
	对氨基二甲基苯胺比色法(低浓度)②	
氨氮(NH_3-N)	蒸馏-中和滴定法	GB 7478—87
	纳氏试剂比色法	GB 7479—87
氟化物	水杨酸分光光度法	GB 7481—87
	氟试剂分光光度法	GB 7483—87
	离子选择电极法	GB 7484—87
	茜素磺酸锆目视比色法	GB 7482—87
磷酸盐	钼蓝比色法③	
甲醛	乙酰丙酮比色法④	
苯胺类	重氮耦合比色法或分光光度法①	
硝基苯类	还原偶氮比色法或分光光度法①	GB 7494—87

续附表 11.1

项　目	测定方法	方法标准编号
阴离子合成洗涤剂	甲基蓝分光光度法	GB 7475—87
铜	原子吸收分光光度法	GB 7474—87
	二乙基二硫化氨基甲酸钠分光光度法	GB 7475—87
锌	原子吸收分光光度法	GB 7472—87
	双硫腙分光光度法	
锰	原子吸收分光光度法①	
	过硫酸铵比色法①	
有机磷农药		
大肠菌群数	发酵法	GB 7450—87
样品采集与保存	采样方法	

注:暂时采用下列方法,待国家方法标准发布后,执行国家标准。

①水和废水标准检验法(第15版),中国建筑工业出版社,1985年.

②污水源统一监测分析方法(废水部分),技术标准出版社,1983年.

③环境监测分析方法.城乡建设环境保护部环境保护局,1983年.

④环境污染标准分析方法手册——工业废水分析方法.中国环境科学出版社,1987年.

附录 12　常用水样保存技术

附表 12.1　常用水样保存技术

项　目	容器类别	保存方法	分析地点	可保存时间	建　议
pH 值	P 或 G		现场		
酸碱度	P 或 G	2～5 ℃，暗处	实验室	24 h	水样充满容器
嗅	G		实验室	6 h	最好现场测定
电导	P 或 G	2～5 ℃，冷藏	实验室	24 h	最好现场测定
色度	P 或 G	2～5 ℃，冷藏	实验室	24 h	最好现场测定
悬浮物	P 或 G		实验室	24 h	尽快测 最好单独定容采样
浊度	P 或 G		实验室	尽快	最好现场测定
余氯	P 或 G	加 NaOH 固定	实验室	6 h	最好现场测定
二氧化碳	P 或 G		实验室		同酸、碱度
DO	G(DO 瓶)	加 $MnSO_4$-KI，现场固定，冷暗处	实验室	数小时	最好现场测定
COD	G	2～5 ℃，冷藏 加 H_2SO_4 酸化 pH<2 -20 ℃，冷冻	实验室	尽快 1 周 1 月	
BOD_5	G	2～5 ℃，冷藏 -20 ℃，冷冻	实验室	尽快 1 月	
凯氏氮	P 或 G	加 H_2SO_4 酸化 pH≤2	实验室	24 h	注意 H_2SO_4 中 NH_4^+ 空白
氨氮	P 或 G	加 H_2SO_4 酸化 pH≤2 2～5 ℃，冷藏			为阻止消化细菌作用，可加杀菌剂 $HgCl_2$ 或 $CHCl_3$
硝酸盐氮	P 或 G	酸化，pH≤2 2～5 ℃，冷藏	实验室	24 h	有些废水不能保存，应尽快分析
亚硝酸盐氮	P 或 G	加 H_2SO_4 pH<2 2～5 ℃，冷藏	实验室	尽快 24 h	有些废水不能保存，应尽快分析
TOC	G	2～5 ℃，冷藏	实验室	24 h	应尽快分析
有机氯农药	G	加 H_2SO_4 pH<2 2～5 ℃，冷藏	实验室	1 周	应尽快分析
有机磷农药	G	加 H_2SO_4 pH<2 2～5 ℃，冷藏	实验室	48 h	最好先用有机溶剂萃取
油和脂	G	加 4% 甲醛使含 1%	实验室	1 月	建议定容
阴离子表面活性剂	G	充满容器，冷藏加 H_2SO_4 pH 为 1～2	实验室	数月	
非离子表面活性剂	G	加 NaOH，pH 为 12 每 100 mL 水样加 2 mol/L	实验室	24 h	

续附表 12.1

项　目	容器类别	保存方法	分析地点	可保存时间	建　议
砷	P	$Zn(Ac)_2$ 和 1 mol/L NaOH 各 2 mL,2～5 ℃冷藏	实验室		生活污水、工业废水用此法
硫化物		加 NaOH，pH 为 12 加 H_3PO_4,$CuSO_4$,pH 小于 2	实验室	24 h	现场固定
总氰	P 或 G	加 NaOH，pH 为 12	实验室	24 h	
游离氰	P 或 G	加 HCl 至 1 mmol/L,冷暗处	实验室	24 h	若含余氯，应加 $Na_2S_2O_3$ 除去
酚	P 或 BG P	1% HNO_3-0.05% $K_2Cr_2O_7$ 现场过滤，HNO_3	实验室	2 周 1 月	现场固定
肼	G	酸化滤液，pH 1～2	实验室	1 月	
汞	P 或 BG	现场过滤，滤渣	实验室	1 月	
铝可滤态	P	加 HNO_3，pH 1～2	实验室	1 月	
铝不可滤态		加 HNO_3，pH 1～2	实验室		滤渣用于不可滤钛铝测定 取混匀样，消解后测定
总铝	P	加 HNO_3，pH 1～2	实验室		
钡	P 或 G	加 HNO_3，pH 1～2	实验室		
镉	P 或 BG	加 HNO_3，pH 1～2	实验室		
铜	P 或 BG	加 HNO_3，pH 1～2	实验室		
总铁	P 或 BG	加 HNO_3，pH 1～2	实验室		
铅	P 或 BG	加 HNO_3，pH 1～2	实验室		
锰	P 或 BG	加 HNO_3，pH 1～2	实验室		
镍	P 或 BG	加 HNO_3，pH 1～2	实验室		
银	BG	加 HNO_3，pH 1～2	实验室		
锡	P 或 BG	加 HNO_3，pH 1～2	实验室		
铀	P 或 BG	加 HNO_3，pH 1～2	实验室		
锌	P 或 BG	加 HNO_3，pH 1～2	实验室		
总铬	P 或 BG	加 HNO_3，pH<2	实验室		
六价铬	BG	加 NaOH，pH 8～9	实验室	尽快	
钴	P 或 BG	加 HNO_3，pH 1～2	实验室		
钙	P 或 BG	加 HNO_3，pH 1～2	实验室	24 h	
钙可滤态		酸化滤液 pH<2	实验室	数月	酸化不能用硫酸
镁	P 或 BG	加 HNO_3，pH 1～2	实验室		
总硬度	P 或 BG	加 HNO_3，pH 1～2	实验室		
锂	P	加 HNO_3，pH 1～2	实验室		

续附表 12.1

项　目	容器类别	保存方法	分析地点	可保存时间	建　　议
钾	P	加 HNO_3，pH 1～2	实验室		
钠	P	加 HNO_3，pH 1～2	实验室		
溴化物	P 或 G	2～5 ℃冷藏	实验室	尽快	避光保存
氯化物	P 或 G		实验室	数月	
氟化物	P		实验室	数月	
碘化物	棕色玻璃瓶	加 NaOH，pH 为 8 2～5 ℃冷藏		1 个月 24 h	避光保存
正磷酸盐	P	2～5 ℃冷藏	实验室	24 h	尽快分析可溶性磷酸盐
总磷	BG	加 H_2SO_4 pH<2	实验室	数月	
硒	P 或 BG	加 NaOH，pH>11	实验室	数月	
硅酸盐	P	酸化滤液 pH<2，2～5 ℃冷藏	实验室	24 h	
总硅	P		实验室	数月	
硫酸盐	P 或 G	2～5 ℃，冷藏	实验室	1 周	
亚硫酸盐	P 或 G	现场按 100 mL 水样加 25%	实验室	1 周	
硼及硼酸盐	P	(m/V) EDTA 1 μm 微孔滤膜		数月	

注：P 为聚乙烯容器；G 为玻璃容器；BG 为硼硅玻璃容器。

附录13　原子吸收分析中元素主要吸收线及相对灵敏度

附表13.1　原子吸收分析中元素主要吸收线及相对灵敏度

元　素	吸收线/nm	相对灵敏度	元　素	吸收线/nm	相对灵敏度
Ag	328.1	1.0	Cr	428.9	4.5
	338.3	1.9	Cs	852.1	1.0
Al	309.3	1.0		455.5	85
	396.2	1.1	Cu	324.7	1.0
	394.4	2.4		216.5	6.0
	236.7	6.3		224.4	157
As	193.7	1.0	Dy	421.2	1.0
	197.2	2.0		419.5	1.6
Au	242.8	1.0		416.8	6.8
	267.6	1.8	Er	400.8	1.0
B	249.68			389.3	5.0
Ba	553.55	1.0		390.5	20
	3501.1	16	Eu	459.4	
Be	234.86		Fe	248.3	1.0
Bi	233.0	1.0		371.9	5.7
	222.8	2.4		373.7	10
	306.7	3.7		346.5	110
Ca	422.7	1.0	Ga	287.4	1.0
	239.8	120		294.4	1.0
Cd	228.8	1.0		245.0	9.6
	326.1	435		271.9	20
Co	240.7	1.0	Gd	407.8	1.0
	252.1	2.0		368.4	1.1
	346.5	30		394.6	6.5
Cr	357.8	1.0	Ge	265.1	1.0
	360.5	2.2		269.1	3.8
Hf	286.6		Mn	280.1	1.9
Hg	253.6			403.1	9.5
Ho	410.4	1.0	Mo	313.3	1.0
	404.1	5.2		315.8	4.0

续附表 13.1

元　素	吸收线/nm	相对灵敏度	元　素	吸收线/nm	相对灵敏度
	412.7	11		311.2	20
	395.5	45	Na	589.0	1.0
In	303.9	1.0		589.6	1.0
	325.6	1.0		330.2	185
	256.0	12	Nb	334.4	1.0
	275.4	29		357.6	2.5
Ir	263.9	1.0		415.3	5.1
	254.4	2.1	Nd	463.4	1.0
	351.3	8.6		471.9	2.1
K	766.5	1.0		345.2	2.4
	769.9	2.3	Ni	232.0	1.0
	404.4	500		305.1	4.5
La	550.1	1.0		303.7	12
	357.4	4.0		294.4	54
	392.8	4.0	Os	290.9	1.0
Li	670.8	1.0		301.8	3.2
	823.3	235		426.1	30
Lu	336.0	1.0	P	213.8	1.0
	337.7	2.0	Pb	283.3	1.0
	451.9	11		217.0	0.4
Mg	285.2	1.0		261.4	10
	202.5	24		368.4	25
Mn	279.5	1.0	Pd	247.6	1.0
Pd	340.5	3.0	Si	221.1	8
Pr	495.1	1.0	Sm	429.7	1.0
	502.7	2.5		472.8	2.0
	503.3	3.7	Sn	224.6	1.0
Pt	265.9	1.0		254.7	5.4
	248.7	5.0		266.1	29
	271.9	8.2		351.5	2.8
Rb	780.0	1.0	Ta	274.2	1.0

续附表 13.1

元　素	吸收线/nm	相对灵敏度	元　素	吸收线/nm	相对灵敏度
	420.2	120		293.4	2.5
Re	346.1	1.0	Tb	432.7	1.0
Rh	343.5	1.0		410.5	3.6
	365.8	6.0	Tc	261.4	1.0
	350.7	45		261.6	1.0
Ru	349.8	1.0		318.2	10
	379.9	2.2		317.3	100
Sr	460.7		Te	214.3	1.0
	392.6	11		225.9	15
Sb	217.6	1.0	Ti	365.4	1.0
	231.2	2.1		364.3	1.1
Sc	394.2	1.0	Tl	276.8	1.0
	390.8	1.0		238.0	6.7
	327.4	12	Tm	371.8	1.0
Se	196.6	1.0	U	358.5	1.0
	204.0	3.0	V	318.3	1.0
	207.5	35		318.5	1.0
Si	251.6	1.0		390.2	6.5
	252.9	3.2	W	400.8	1.0
W	255.1	0.5	Yb	267.2	40
	283.1	1.0	Zn	213.9	1.0
Y	410.2	1.0		307.6	4 700
	362.1	2.0	Zr	360.1	1.0
Yb	398.8	1.0		298.5	1.7
	246.5	7.5		362.4	1.9

附录14　常用气液色谱担体

附表 14.1　常用的气液色谱担体

担体	特点	用途	产地
红色硅藻土担体;6201 担体;201 担体	比表面积 4.0 m^2/g,平均孔径 1 μm	分离非极性和弱极性物质	大连 上海
釉化担体;301 担体	性能介于红色担体和白色担体之间	分离非极性和弱极性物质	大连 上海
白色硅藻土担体;101 白色担体;102 硅烷化白色担体	一般白色担体,比表面积 1.0 m^2/g,孔径 8 ~ 9 μm 经过硅烷化处理	宜于配极性固定液,分析极性或碱性物质 分析氢键型化合物	上海 上海
Tefoln-6 非硅藻土型担体 Daiflon 玻璃球担体	聚四氯乙烯担体,表面积 105 m^2/g 聚三氟氯乙烯担体,比表面积 0.02 m/g	高极性物质、腐蚀性气体 同上	美国 日本 上海

附录 15 常用气液色谱固定液

附表 15.1 常用气液色谱固定液

类型	名称	分子式或结构式	沸点/℃	最高柱温	相对极性	溶剂	主要分析对象和特点
非极性	液体石蜡	$CH_3(CH_2)_nCH_3$		100		乙醚、石油醚	碳氢化合物
	角鲨烷	$C_{30}H_{62}$	375	140	0	乙醚	非极性基准固定液。适于一般烃类及非极性化合物等,是分离 Cs 以前碳氢化合物最理想的固定液
	硅(酮)油 Silicomlie			200		丙酮、氯仿	热稳定性高,适于非极性和弱极性各类有机化合物
	阿皮松			250		苯、氯仿	各类高沸点有机化合物
非极性	邻苯二甲酸二壬脂	$C_6H_4(COOC_9H_{19})_2$					烃、醇、醛、酮、酯、酸各类有机化合物
	酸二壬脂 (DNP)	$-O-Si(Me)_2-O-Si(Me)_2-O-$	245	130	+3	乙醚、甲醇	
	苄基联苯			100		丙 酮	芳香族及其他有机物
极性型	β,β′-氧二丙腈 (NODP)	$O[(CH_2)CN][CH_2CN]$	270	100	+5	甲醇 丙酮	芳香烃、含氧化合物等极性物质
氢键型	聚乙二醇 (PEG) 300 ~ 20 000	$HOCH_2CH_2-O(C_2H_4O)_nCH_2-CH_2OH$		60 ~ 275	+4	乙醇、氯仿、丙酮	含氧、含氮化合物及含水样品
	甘油	$CH_2(OH)-CH(OH)-CH_2(OH)$	290	70	+4	甲醇	含氧、含氮化合物及含水样品

附录16　部分气体钢瓶的标记

附表16.1

气体钢瓶名称	外表颜色	字体颜色	色环（压力单位:Pa）	字样	工作压力/Pa	性质	钢瓶内气体状态
氧气	天蓝	黑	$P=1.520\times10^7$无环 $P=2.026\times10^7$白色一环 $P=3.040\times10^7$白色二环	氧	1.471×10^7	助燃	压缩气体
压缩空气	黑	白	$P=1.520\times10^7$无环 $P=2.026\times10^7$白色一环 $P=3.040\times10^7$白色二环	压缩空气	1.471×10^7	助燃	压缩气体
氯气	草绿	白	白色环	氯	1.961×10^6	助燃	液态
氢气	深绿	红	$P=1.520\times10^7$无环 $P=2.026\times10^7$红 $P=3.040\times10^7$红	氢	1.471×10^7	易燃	压缩气体
氨气	黄	黑		氨	2.942×10^6	可燃	液态
乙炔	白	红		乙炔	2.942×10^6	可燃	溶解在活性丙酮中
石油液化气	灰	红		石油液化气	1.569×10^6	易燃	液态
乙烯	紫	红	$P=1.216\times10^7$无环 $P=1.520\times10^7$白色一环 $P=3.040\times10^7$白色二环	乙烯		可燃	液态
甲烷	褐	白	$P=1.520\times10^7$无环 $P=2.026\times10^7$黄色一环 $P=3.040\times10^7$黄色二环	甲烷	1.471×10^7	可燃	液态
硫化氢	白	红	红色环	硫化氢	2.942×10^6	可燃	液态
氮气	黑	黄	$P=1.520\times10^7$无环 $P=2.026\times10^7$棕色一环 $P=3.040\times10^7$棕色二环	氮气	1.471×10^6	不可燃	压缩气体
二氧化碳	黑	黄	$P=1.520\times10^7$无环 $P=2.026\times10^7$ 黑色一环	二氧化碳	1.226×10^7	不可燃	液态
氩气	灰	绿		氩	1.471×10^7	不可燃	压缩气体
氦气	棕	白	$P=1.520\times10^7$无环 $P=2.026\times10^7$白色一环 $P=3.040\times10^7$白色二环	氦	1.471×10^7	不可燃	压缩气体
光气	绿	红	红	光气	2.942×10^6	不可燃	液态
氖气	褐红	白	$P=1.520\times10^7$无环 $P=2.026\times10^7$白色一环 $P=3.040\times10^7$白色二环	氖	1.471×10^7	不可燃	压缩气体
二氧化硫	黑	白		二氧化硫	1.961×10^6	不可燃	液态
氟利昂气	银灰	黑		氟利昂		不可燃	液态

附录 17　常用计量单位及其进位关系

质量单位

1 千克(kg)= 1 000 克(g)

1 克(g)= 1 000 毫克(mg)

1 毫克(mg)= 1 000 微克(μg)

1 微克(μg)= 1 000 纳克(ng)

1 千克(kg)= 10^3 克(g)= 10^6 毫克(mg)= 10^9 微克(μg)= 10^{12} 纳克(ng)

长度单位

1 米(m)= 100 厘米(cm)= 1 000 毫米(mm)

1 毫米(mm)= 1 000 微米(μm)

1 微米(μm)= 1 000 纳米(nm)

1 米(m)= 10^3 毫米(mm)= 10^6 微米(μm)= 10^{12} 纳米(nm)

容积单位

1 升(L)= 1 000 毫升(mL)

1 毫升(mL)= 1 000 微升(μL)

1 升(L)= 10^3 毫升(mL)= 10^6 微升(μL)

参考文献

[1] 国家环保总局《水和废水监测分析方法》编委会.水和废水监测分析方法[M].3版.北京:中国环境科学出版社,1984.
[2] 国家环保总局《空气和废气监测分析方法》编委会.空气和废气监测分析方法[M].北京:中国环境科学出版社,1985.
[3] 尤宏.基础化学实验[M].哈尔滨:哈尔滨工业大学出版社,1998.
[4] 奚旦立.环境监测[M].北京:高等教育出版社,1995.
[5] 孔令仁,等.环境化学实验[M].南京:南京大学出版社,1989.
[6] 南开大学环境化学教研室、杭州大学环境化学教研室.环境化学实践指南[M].杭州:浙江教育出版社,1986.
[7] 汤鸿霄.用水废水化学基础[M].北京:中国建筑工业出版社,1979.
[8] 严健汉.环境土壤学[M].上海:华东师范大学出版社,1985.
[9] 吴忠标.大气污染检测与监督[M].北京:化学工业出版社,2002.
[10] 南京大学《无机及分析化学实验》编写组.无机及分析化学实验[M].北京:高等教育出版社,2001.
[11] 黄君礼.水分析化学[M].北京:中国建筑工业出版社,2003.
[12] 大连理工大学《分析化学实验》编写组.分析化学实验[M].大连:大连理工大学出版社,1991.
[13] 清华大学分析化学教研室.现代仪器分析[M].北京:清华大学出版社,1983.
[14] 杭州大学化学系分析化学教研室.分析化学手册——第二分册[M].北京:化学工业出版社,2003.
[15] 中国标准出版社第二编辑室.中国环境保护标准汇编——大气质量分析方法[M].北京:中国标准出版社,2000.
[16] 刘绮.环境化学[M].北京:化学工业出版社,2004.
[17] 东华大学化学化工学院基础化学编写组.基础化学实验[M].北京:东华大学出版社,2004.
[18] 徐功骅,蔡作乾.大学化学实验[M].北京:清华大学出版社,1997.
[19] 戴树桂.环境化学[M].北京:高等教育出版社,1997.
[20] 唐孝炎.大气环境化学[M].北京:高等教育出版社,1990.
[21] 陈静生.水环境化学[M].北京:高等教育出版社,1987.
[22] 王正萍,周雯.环境有机污染物监测分析[M].北京:化学工业出版社,2002.
[23] 何金兰,杨克让,李小戈.仪器分析原理[M].北京:科学出版社,2002.
[24] 杭州大学化学系分析化学教研室.分析化学手册(第三分册)[M].北京:化学工业出版社,1983.

[25] 路春明,牛安妮,叶维明.实用仪器分析[M].北京:航空工业出版社,1997.
[26] 黄秀莲,张大年,何燧源.环境分析与检测[M].北京:高等教育出版社,1993.
[27] 陈安之.作业环境空气中有毒物质检测方法[M].北京:北京经济学院出版社,1991.
[28] 中国预防医学中心卫生研究所.大气污染检测方法[M].北京:化学工业出版社,1984.
[29] 刘德生.环境监测[M].北京:化学工业出版社,2001.

市政与环境工程系列丛书(本科)

书名	作者	定价
建筑水暖与市政工程 AutoCAD 设计	孙　勇	38.00
建筑给水排水	孙　勇	38.00
污水处理技术	柏景方	39.00
环境工程土建概论(第3版)	闫　波	20.00
环境化学(第2版)	汪群慧	26.00
水泵与水泵站(第3版)	张景成	28.00
特种废水处理技术(第2版)	赵庆良	28.00
污染控制微生物学(第4版)	任南琪	39.00
污染控制微生物学实验	马　放	22.00
城市生态与环境保护(第2版)	张宝杰	29.00
环境管理(修订版)	于秀娟	18.00
水处理工程应用试验(第3版)	孙丽欣	22.00
城市污水处理构筑物设计计算与运行管理	韩洪军	38.00
环境噪声控制	刘惠玲	19.80
市政工程专业英语	陈志强	18.00
环境专业英语教程	宋志伟	20.00
环境污染微生物学实验指导	吕春梅	16.00
给水排水与采暖工程预算	边喜龙	18.00
水质分析方法与技术	马春香	26.00
污水处理系统数学模型	陈光波	38.00
环境生物技术原理与应用	姜　颖	42.00
固体废弃物处理处置与资源化技术	任芝军	38.00
基础水污染控制工程	林永波	45.00
环境分子生物学实验教程	焦安英	28.00
环境工程微生物学研究技术与方法	刘晓烨	58.00
基础生物化学简明教程	李永峰	48.00
小城镇污水处理新技术及应用研究	王　伟	25.00
环境规划与管理	樊庆锌	38.00
环境工程微生物学	韩　伟	38.00
环境工程概论——专业英语教程	官　涤	33.00
环境伦理学	李永峰	30.00
分子生态学概论	刘雪梅	40.00
能源微生物学	郑国香	58.00
基础环境毒理学	李永峰	58.00
可持续发展概论	李永峰	48.00
城市水环境规划治理理论与技术	赫俊国	45.00
环境分子生物学研究技术与方法	徐功娣	32.00
环境实验化学	尤　宏	45.00

市政与环境工程系列研究生教材

城市水环境评价与技术	赫俊国	38.00
环境应用数学	王治桢	58.00
灰色系统及模糊数学在环境保护中的应用	王治桢	28.00
污水好氧处理新工艺	吕炳南	32.00
污染控制微生物生态学	李建政	26.00
污水生物处理新技术(第3版)	吕炳南	25.00
定量构效关系及研究方法	王　鹏	38.00
模糊-神经网络控制原理与工程应用	张吉礼	20.00
环境毒理学研究技术与方法	李永峰	45.00
环境毒理学原理与应用	郜　爽	98.00
恢复生态学原理与应用	魏志刚	36.00
绿色能源	刘关君	32.00
微生物燃料电池原理与应用	徐功娣	35.00
高等流体力学	伍悦滨	32.00
废水厌氧生物处理工程	万　松	38.00
环境工程微生物学	韩　伟	38.00
环境氧化还原处理技术原理与应用	施　悦	58.00
基础环境工程学	林海龙	78.00
活性污泥生物相显微观察	施　悦	35.00
生态与环境基因组学	孙彩玉	32.00
产甲烷菌细菌学原理与应用	程国玲	28.00